STUART PIGOTT

PLANET RIESLING

WEISSWEIN DER SPITZENKLASSE

Tre Torri

STUART PIGOTT

PLANET RIESLING

WEISSWEIN DER SPITZENKLASSE

Tre Torri

INHALT

don't fear the riesling
IRF

EINFÜHRUNG

Diese Story beginnt mit der einfachen Beobachtung, dass abgesehen von allen Vorurteilen Riesling häufig einfach besser schmeckt als alle anderen Weißweine. Bis vor kurzem wäre das eine gewagte Behauptung gewesen, aber seit dem 1. Februar 2012, als ich begonnen habe, an diesem Buch und dem begleitenden Blog zu arbeiten (www.stuartpigott.de), habe ich eine ganz neue Riesling-Begeisterung an Orten erlebt, die physisch und kulturell weit voneinander entfernt sind, wie New York, San Francisco, Sydney und Berlin. Für mich war das eine echte Überraschung, weil die Dinge noch vor wenigen Jahren ganz anders lagen, ganz zu schweigen von den 1980ern, meinen Anfängen in der Weinwelt und den ersten Riesling-Erlebnissen.

Es gibt nicht nur einen Zeitgeist, sondern auch einen Wein, der ihm entspricht, und Riesling ist der Weißwein unserer Zeit. Einer der wichtigsten Gründe dafür lautet, dass ihn die Pfennigfuchser und die Marketing-Abteilungen der großen Firmen im Gegensatz zu so vielen anderen Weinen und so vielen anderen Dingen in unserer globalisierten (und somit vereinheitlichten) Welt weitgehend in Ruhe gelassen haben.

In einer Weinwelt, die von Rauch und Schall beherrscht wird, in der Geschmacksstandardisierung die Norm ist, bleibt Riesling auffallend und wunderbar eigenständig. Doch Moment mal – ich höre da ein paar Einwände:

»Riesling ist meistens deutsch und immer süß, das kann nie Mainstream werden.«

»Was ist mit Chardonnay? Ist der nicht viel bedeutender als Riesling?«

»Was ist mit den großen weißen Burgundern und den hervorragenden Chardonnays aus Italien, Kalifornien und so?«

»Hey, Sauvignon Blanc und Pinot Grigio (Grauburgunder) sind total in – irren sich all die Fans dieser Weine?«

»Was soll das überhaupt für eine Behauptung sein, Riesling sei besser als alle anderen Weine?«

Viele ältere Weintrinker betrachten Riesling weiterhin mit Skepsis wegen der germanischen Ursprünge dieser Rebsorte. Ihnen ist nicht bewusst (oder sie übersehen es geflissentlich), dass Riesling an vielen Orten über den gesamten Erdball verstreut wächst, und sie beharren darauf, dass dieser Wein aus der falschen Ecke der Weinkultur kommt. Viele von ihnen leiden nach wie vor unter der irrigen Vorstellung, Riesling sei grundsätzlich süß, nur weil er das während der zweiten Hälfte des letzten Jahrhunderts im Allgemeinen war. Heutzutage ist Riesling entweder richtig trocken oder zumindest trocken genug, um einen Platz am Esstisch zu verdienen. In der Tat sind Riesling-Weine ausgesprochen gute Essensbegleiter.

In den letzten Jahren erfreuen sich diese Weine unter neuen jungen und offenen älteren Weintrinkern immer größerer Beliebtheit. Sie sind dafür verantwortlich, dass Riesling in fünf aufeinanderfolgenden Jahren die Rebsorte war, die im US-amerikanischen Markt am meisten Wachstum verbuchen konnte (laut Nielsen), und in vielen anderen Märkten weltweit im Aufsteigen begriffen ist. Heute sorgt Riesling regelmäßig für Begeisterung und Trinkspaß bei Millionen von Menschen, die genau diese Weine als zeitgemäß empfinden.

Obgleich Riesling weltweit angebaut wird, stellt er nur etwa ein Prozent der Weltweinproduktion dar. Doch wenn Größe eine Rolle spielt, dann muss man auch Chardonnay vergessen und sich stattdessen mit der weißen Sorte Airén beschäftigen. Sie wird auf etwa 30 Prozent aller Weinberge kultiviert, das ist über das Doppelte vom Chardonnnay, doch wann haben wir das letzte Mal einen großartigen Airén getrunken? Wahrscheinlich ist uns noch nie einer begegnet, weil er ausschließlich in Spanien angebaut wird, der Name höchst selten auf dem Etikett auftaucht und die Weine ziemlich einfach ausfallen.

Ich habe nicht das Geringste gegen eleganten Chardonnay, ob er nun aus dem Burgund, Kalifornien oder von irgendwo anders kommt, aber die richtig guten neigen dazu, selten und teuer zu sein. Auf der anderen Seite habe ich sehr wohl etwas gegen das, was ich »chardonnayhaltige Getränke« nenne, nämlich Weine, die vor allem nach den in die Tanks gehängten Eichenchips schmecken, nach Toast und Vanille. Das Verschneiden mit kleinen Mengen von Weinen aus aromatischen Sorten und die Zugabe von Süße in Form von Traubenkonzentrat sind andere übliche und legale Methoden, die »chardonnayhaltige Getränke« geschmeidiger erscheinen lassen, als sie eigentlich sind. Easy Drinking, klar, und genauso beliebt wie Easy Listening.

Niemand, der sich auch nur entfernt für Wein interessiert, wird die Modewellen für Sauvignon Blanc und Pinot Grigio (Grauburgunder) übersehen haben. Diesen an sich sehr unterschiedlichen Sorten ist gemein, dass jede einzelne eine ganze Branche hervorgebracht hat, die der Massenproduktion technisch korrekter, immer gleicher Weine für die Supermarktregale der Welt gewidmet ist. Gute Rieslinge sind aromatischer und erfrischender als »Industrie-Sauvignon Blanc«, vor allem aber weniger aufdringlich und harmonischer. Sie wirken viel lebendiger und verfügen über weitaus mehr Charakter als die große Mehrheit der austauschbaren »Industrie-Pinot Grigios (Grauburgunder)« – obwohl manche nicht-industrielle Weine aus diesen Sorten auch mir viel Spaß machen. Fakt ist jedoch, dass Riesling wie nichts anderes auf der Welt schmeckt und er bei weitem nicht genug Anerkennung findet: daher dieses Buch.

Ich bin dazu erzogen worden, fortwährend skeptisch nach dem Hinkefuß einer Sache Ausschau zu halten, und deshalb habe ich ziemlich lange gebraucht, um zu kapieren, dass beim Riesling im Moment wirklich alles im grünen Bereich ist. Nicht nur hat die Qualität der Weine in den allermeisten Anbaugebieten einen gewaltigen Sprung nach oben gemacht, die Menge an guten Weinen ist auch drastisch gestiegen. Nirgendwo ist das auffallender als in den Vereinigten Staaten des Rieslings, die sich von den Finger Lakes im Staat New York über Nord-Michigan bis ins Columbia Valley in Washington State erstrecken. Die besten amerikanischen Rieslinge stellen jetzt ernstzunehmende Mitbewerber für die Weine aus der europäischen Heimat der Sorte und ihrem zweiten Wohnsitz in Australasien dar. Das war für mich ebenso eine Überraschung wie der Umstand, dass der Klimawandel im Allgemeinen auf all diesen Kontinenten für den Riesling eine gute Nachricht war.

Was mich auch unerwartet traf, war das neue weltweite Netzwerk, das um diese neuen Rieslinge herum zwischen Winzern, Sommeliers und Weinhändlern entstanden ist. Ich nenne es Planet Riesling. Wie ist es dazu gekommen? Ich bin nicht ganz sicher, aber es hatte irgendetwas mit der 50 Quadratmeter und 24 Plätze kleinen Weinbar Terroir im East Village von New York zu tun, wo am 21. Juni 2008 der erste *Summer of Riesling* begann. So neu ist das Phänomen Planet Riesling!

Auf dem Papier ist *Summer of Riesling*, der Riesling-Sommer, nur eine Werbeaktion für glasweise ausgeschenkten Riesling in US-amerikanischen Bars und Restaurants, aber die Kreativität und Entschlossenheit von Paul »Mr. Terroir« Grieco in Verbindung mit dem ganz eigenen Zauber des Rieslings ließ daraus eine weltumspannende Geschichte entstehen. Inzwischen gibt es eigenständige *Summer-of-Riesling*-Festivals in Australien und Neuseeland und eine Reihe von Veranstaltungen an Orten wie Berlin und Vancouver, aber auch in Israel und Costa Rica.

Im Vergleich mit der Offenheit des neuen Rieslings scheinen »bedeutende« Weine wie die Grand-Cru-Classé-Rotweine aus Bordeaux und Kaliforniens Kult-Cabernets in einer Sackgasse gelandet zu sein. Zugegeben, diese Weine verkaufen sich schnell und zu hohen Preisen, aber sie erreichen nur eine ziemlich begrenzte Gruppe von neureichen Konsumenten, die paradoxerweise eine altmodische und status-orientierte Wein-Einstellung zutage legen. Manche dieser Weine schmecken großartig, obwohl sie wie Luxusgüter vermarktet werden (mit entsprechenden Monster-Aufschlägen!), aber nur allzu oft wird der Geschmack im Glas vom Geprotze vollständig ausgeblendet. Im Gegensatz dazu ist das weltweite Riesling-Netzwerk aufgrund der einzigartigen Geschmacksvielfalt dieser Weine entstanden, und genau das ist auch der Grund, warum es ständig weiter wächst.

Der einzige andere Wein für den es eine ähnlich begeisterte Lobby wie für den Riesling gibt, ist der ähnlich weltweit verbreitete Spätburgunder – doch Riesling ist demokratischer, und das hat viel mit dem Preis zu tun. Ich liebe guten Spätburgunder bzw. Pinot Noir, aber für die gefragtesten Flaschen werden saftige drei- oder sogar vierstellige Summen aufgerufen. Ganz anders beim Riesling, wo dreistellige Preise die grosse Ausnahme sind und man richtig guten Stoff bereits für wenig mehr als zehn Dollar oder Euro finden kann, in manchen Ländern (mit freundlichen Steuersätzen) sogar zu einstelligen Preisen! Es ist ein besonderer Wein, den man sich leisten kann, statt die Drohung finanziellen Ruins bei anderen Sorten.

Was den Riesling aber ganz besonders auszeichnet, ist die enorme Vielfalt an Weinen, die aus dieser einen Rebsorte erzeugt werden. Obgleich sie alle eine gewisse Familienähnlichkeit haben – vor allem die atemberaubende Frische und ihre Aufgeschlossenheit am Esstisch – ist die Bandbreite ihrer Aromen weiter aufgefächert als bei allen anderen Sorten. Es gibt Riesling jedweder Gradation von knochentrocken bis honigsüß und von federleicht bis superschwer. Diese Unterschiede sind nicht durch Zufall entstanden: Dahinter steckt eine Logik – und um sie zu verstehen, braucht man auch keineswegs 30 Jahre Erfahrung wie ich. Es genügt, dieses Buch zu lesen und dem Riesling im Glas seine ganze Aufmerksamkeit zu schenken, dann beginnt man selbst zu schmecken, wo er herkommt und wer ihn gemacht hat.

An diesem Punkt ist wahrscheinlich schon klar, dass Riesling nicht einfach nur ein Wein ist, sondern auch eine Geisteshaltung. In diesem Buch geht es darum ebenso wie um den Wein im Glas. Die Gegensätze zwischen Riesling und anderen Weinen sagen viel über beide Seiten aus, und deshalb gibt es in diesem Buch wie auch auf der begleitenden Website solche Vergleiche häufig. Aus der Riesling-Perspektive lässt sich die Welt als solche betrachten. Wenn man die Türen der Wahrnehmung öffnet, entdeckt man in einem Glas Riesling eine ganze ein ganzes Universum von Aromen und Geschmack!

Dieses Buch ist viel zu kurz, um über wirklich jede Einzelheit berichten zu können, die auf Planet Riesling passiert, aber es beinhaltet alles, was man braucht, um die besten Weine zu finden und sie zu verstehen, und eine Menge darüber hinaus. Wissen ist Macht, aber auch der Weg zum Vergnügen. Dies ist eine Einladung an jeden einzelnen, selbst Teil des globalen Riesling-Netzwerks zu werden, und dafür braucht man gar nichts über Wein zu wissen. So wie jemand, der zufällig bei einer internationalen Riesling-Veranstaltung in Sydney/Australien landete, mir sagte: »Ich kam als unbedarfter Beobachter. Jetzt bin ich nicht mehr unbedarft und viel mehr als nur ein Beobachter.«

GRUNDLAGENFORSCHUNG:

Zuerst Dribbeln lernen, dann erst ans Tore schießen denken

WISSEN IST BESSER ALS VERMUTEN, TEIL 1

Wenn man durch dieses Buch blättert, stößt man auf eine Reihe von Kästen mit der Überschrift »Grundlagenforschung«. Denn der Weg nach oben fängt ganz unten an – wer nicht dribbeln kann, hat es schwer, den Ball ins Tor zu bekommen! Beim Wein heißt Grundlage Basiskenntnisse. Es ist ganz erstaunlich, wie viele der sogenannten Profis keine Ahnung von den Grundlagen haben und trotzdem überzeugt sind, sie hätten nur Tore geschossen ... Als ich 2008/09 die berühmte Fachhochschule für Weinbau in Geisenheim am Rhein als Gaststudent besucht habe, musste ich oft zugeben, wirklich grundlegende Prinzipien nicht begriffen zu haben. In diesen Kästen geht es ums Dribbeln (um das Gefühl für den Ball, um beim Fußball zu bleiben), um Riesling und Wein im Allgemeinen zu verstehen. Und Achtung: Es wird ein paar Überraschungen geben!

VERRÜCKTE RIESLING-ZAHLEN:
ein entscheidender Teil der Wahrheit
WISSEN IST BESSER ALS VERMUTEN, TEIL 2

Vielleicht bin ich gestrig und nach wie vor ein ziemlicher Engländer, obwohl ich so lange in Berlin und New York gelebt habe, aber es liegt einfach in meinem Wesen, alles skeptisch zu hinterfragen, was die Leute mir so erzählen, ich in der Zeitung lese oder im Fernsehen höre. Statistik kann man wunderbar manipulieren, und wie Fragen gestellt werden und die Informationen eingeholt werden, beeinflusst die Antworten ganz entscheidend. Doch als der Wirtschaftswissenschaftler Karl Storchmann von der New York University mir seine Arbeiten zur Weinbranche zeigte, fiel meine Kinnlade wirklich ganz weit runter. Klar, Statistik ist immer nur ein Teil des Ganzen, aber manchmal wirklich ein entscheidender Teil. Das trifft besonders auf den Riesling zu, der in der letzten Zeit so extrem zugelegt hat, teilweise doppelstellig. Wann immer ich glaube, dass es sich lohnt, sich mit Statistik zu beschäftigen, wird es einen Kasten wie diesen geben, in dem ich die Zahlen so einfach und unterhaltsam wie möglich präsentiere. Wer das zu anstrengend findet, liest einfach die Story als solche weiter.

KAPITEL 1

DIE RIESLING-STORY

DIE RIESLING-ECKDATEN

Geburtsdatum: *Unbekannt, aber die erste urkundliche Erwähnung ist auf den 13. März 1435 datiert.*

Geburtsort: *Unbekannt, aber erste urkundliche Erwähnung stammt aus Rüsselsheim/Deutschland (heute Heimat von Opel).*

Eltern: *Die obskure Sorte Heunisch (frz: Gouais Blanc) und ein unbekannter Nachfahre des edlen weißen Traminer (frz: Savagnin) sowie unbekannten zweiten Großeltern. Heunisch bringt dünne, saure Weißweine hervor, Traminer hingegen füllige, aromatische. Traminer hat also weit unter seinem Stand geheiratet.*

Familie: *Eng verwandt mit einem ganzen Haufen anderer Rebsorten, vom weißen Chardonnay bis zum roten Gamay (die ebenfalls Heunisch/Gouais Blanc als Elternteil haben) und vom roten Cabernet Sauvignon bis zum weißen Grünen Veltliner (mit denen er Traminer/Savagnin gemeinsam hat).*

Farbe: *Weiß, aber die Trauben sind eigentlich grün, wenn sie unreif sind, und werden goldfarben mit der Reife.*

Geschlecht: *Im Deutschen sind ja sowohl die Rebe als auch die Traube weiblichen Geschlechts, und da der Ursprung des Rieslings in Deutschland liegt, würde ich ihn trotz des grammatikalischen »der« als weiblich bezeichnen.*

Persönlichkeit: *Häufig freudvoll und extrovertiert mit verborgener Tiefe, doch gelegentlich auch mit der Blade-Runner-Härte eines Geheimagenten oder dem unverhohlenen Glamour eines Vamps.*

Kindheit: *Über Jahrhunderte wurden ihre Fähigkeiten verkannt, weil sie in der Menge unterging (d. h. wenn man sie anpflanzte, dann geschah das zusammen mit einer Vielzahl anderer Sorten, darunter ein paar richtige Penner).*

Besondere Begabungen: *Nur die besten Parfüms haben neben einem großen Riesling überhaupt eine Chance. Und erst der Geschmack: so lebendig im Mund, so faszinierend und energetisierend, ganz egal, ob der Wein trocken oder süß ist.*

Erste Veröffentlichung: *In der Ausgabe von 1577 seines Kreütterbuch (erschienen in Strasbourg, Frankreich) erwähnt Hieronymus Bock, dass Riesling an Rhein und Mosel wächst.*

Erste Anerkennung: *Schloss Johannisberg im Rheingau pflanzt 1720/21 sämtliche Weinberge neu mit Riesling an (insgesamt 293 950 Rebstöcke) und legt damit den Grundstein einer Mode für den reinsortigen Anbau der Sorte im Rheintal und seinen Nebenflüssen.*

Erster großer Durchbruch: *Die Rieslinge aus dem Jahrgang 1811 aus dem Rheingau wurden in ganz Europa und später weltweit zu Kultweinen, mit entsprechenden Preisen bis Mitte des 20. Jahrhunderts.*

Wohnort: *Dieser Weltweinbürger wird auf drei Kontinenten weit verbreitet angebaut und auf allen fünf bewohnten Kontinenten von Millionen Menschen regelmäßig konsumiert.*

Familienstand: *Nach einer langen Zeit als Single hat das Aschenputtel unter den Rebsorten endlich den Weg zum Ball gefunden – und jeder weiß, was dann geschieht!*

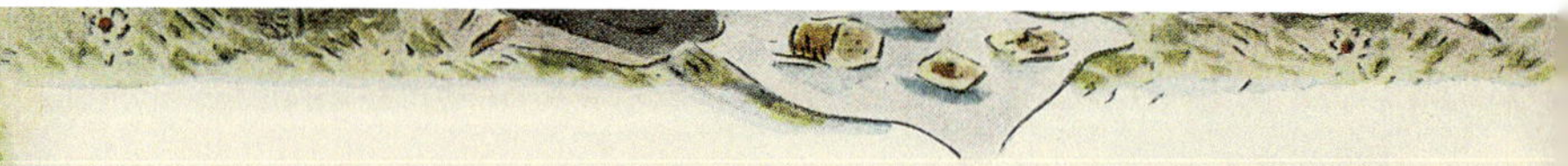

Rhine and Moselle Wine
American and Imported

Rhine Wines have been favorites in this country for more than a hundred years. Their gayety, their fresh, sprightly flavors and their entrancing bouquets have won friends everywhere. The wines of the Moselle, even more flowery and lighter than the Rhines, are likewise ranked among the world's best White Wines. The California wines of the Rhine and Moselle type, like those from Alsace, have less bouquet and are heavier-bodied. They are, nonetheless, excellent light White Wines; clean, sound and charming. Those listed below represent the best that Europe and America offer of these exquisite vintages.

California

	Half-Bottle	*Bottle*
Santa Clara Sylvaner (Schoonmaker)	**$1.00**	**$1.75**
Fountaingrove Moselle	**1.00**	**1.75**
Fountaingrove Riesling	**1.00**	**1.75**
Almadén Johannisberg Riesling (Schoonmaker)	**1.50**	**2.50**

Rhine, Moselle, Alsace

	Half-Bottle	*Bottle*
MOSELLE		
Piesporter Grafenberg Spätlese 1943*		**5.00**
Scharzhofberger Spätlese 1942*		**6.50**
Josephshöfer Auslese 1943*		**9.00**
Piesporter Lay Feine Auslese 1937*		**12.00**
RHINE		
Hocheimer 1946 (Deinhard)	**3.00**	**4.50**
Liebfraumilch 1943 (Deinhard)	**3.50**	**5.00**
Liebfraumilch, Blue Nun 1945		**6.50**
Schloss Reinhartshausener Erbacher Marcobrunn 1946*		**6.50**
Deinhard Hans Christof Wein 1943		**8.00**
Schloss Johannisberg Cabinet 1945 White Seal*		**8.00**
Rüdesheimer Berg Lay 1943*		**10.00**
Schloss Johannisberg Auslese 1943*		**12.00**
Liebfraumilch Blue Nun 1937 . Magnum $15.00		
Niersteiner Auflangen Feine Auslese 1945*		**15.00**
Schloss Vollrads Cabinet 1945		**15.00**
Schloss Johannisberg Beerenauslese 1921*		**40.00**
ALSACE		
Riesling 1940 (Willm)	**3.00**	**4.50**
Riesling 1934 (Willm)		**5.00**
Gewürtztraminer 1940 (Willm)	**3.50**	**6.00**

**Estate bottled by the Producer*

Clarets
American and Imported

The red table wines of Bordeaux have been called "Clarets" by the English for centuries and we have borrowed the English usage. They include some of the greatest Red Wines in the world, as well as some of the finest wines that have ever been grown in California. The best of the American Clarets here shown have been made entirely from the authentic Cabernet grape variety from which all the finest French wines of this type are produced. Clarets will be found admirable with all red meat dishes, as well as with cheese. They are at their best at room temperature or slightly cooled.

California

	Half-Bottle	*Bottle*
Mountain Red (Schoonmaker)	**$ .85**	**$1.50**
Sonoma Zinfandel (Schoonmaker)	**1.00**	**1.75**
Fountaingrove Cabernet	**1.00**	**1.75**
Santa Clara Cabernet (Schoonmaker)	**1.25**	**2.00**

Claret

Médoc 1940 (Eschenauer)	**2.00**	**3.00**
St. Julien 1940 (Eschenauer)	**2.50**	**4.00**
Chateau Mouton-Rothschild 1941*		**4.50**
Chateau Margaux 1943*		**5.00**
Chateau Pontet-Canet 1937*		**5.00**
Chateau Lafite-Rothschild 1943*		**7.00**
Chateau Margaux 1937*		**8.00**
Chateau Haut-Brion 1937*		**10.00**

**Chateau bottled*

1

DIE RIESLING BACKSTORY

Keine Frage, als wir uns zum ersten Mal in London in den 1980ern begegneten, hatte Riesling so seine Probleme. Viele davon hatten ihren Ursprung in Deutschland, wo die Tradition für hochwertigen Riesling nicht lange zuvor durch die Massenproduktion süßlicher Weinchen überschattet worden war, mit Namen, die ebenso kitschig waren wie der Inhalt der billigen Flaschen: Liebfraumilch, Goldener Oktober ... Oft enthielten sie wenig oder gar keinen Riesling, und trotzdem ruinierten sie den Ruf des deutschen Rieslings als ehrlicher Wein. Noch verheerender war jedoch ein zusammengewürfelter Haufen von billigen und banalen Weinen aus einer Reihe von Ländern rund um den ganzen Erdball, die als Riesling vermarktet wurden, obwohl sie aus vollkommen anderen Rebsorten stammten. Glücklicherweise hat diese Ausschlachtung des Rieslings durch internationale Abkommen ein Ende gefunden und »Riesling« auf dem Etikett heißt inzwischen auch Riesling in der Flasche. Die meisten der kitschigen deutschen Weine sind dank neuer Weinmoden gleichermaßen aus den Supermarktregalen verschwunden.

Ein junger neuseeländischer Winzer bemerkte vor kurzem über die damaligen Zeiten: »Das war ein echter Riesling-Aussetzer.« Doch selbst während diesen kurzen dunklen Zeiten gab es faszinierende trockene und süße Rieslinge, und die waren die Grundlage unserer Begegnung. Ich beschäftigte mich mit allen Arten von Weinen, aber zum Riesling kam ich immer wieder zurück, wegen seiner verführerischen Aromen und unglaublichen Geschmacksnuancen. Die Eichennoten vieler Rot- und mancher Weißweine haben im Gegensatz dazu nicht das Geringste mit den Trauben oder Hefen zu tun und sind alles andere als naturgegeben.

Jede Story hat eine Vorgeschichte, und dem Aussetzer des Rieslings ging eine lange Zeit weltweiter Erfolge und großer Beliebtheit voraus. Weil die Weingeschichte in großen Teilen um Europa kreist, erfahren Pioniere wie Joseph Gilbert, der als erster in Australien 1847 in seinen Weinbergen in Pewsey Vale im Eden Valley in Süd-Australien Riesling pflanzte, nach wie vor nicht die verdiente Anerkennung. Dass sein Riesling bei der Welt-Ausstellung 1867 in Paris lobend erwähnte wurde, ist ein Beweis dafür, dass Pewsey Vale ein ernsthaftes Unternehmen war und die Globalisierung der Weinwelt bereits begonnen hatte; ein Vorläufer des gegenwärtigen Planet Riesling war bereits im Entstehen begriffen.

Damals gab es keine Weinkritiker, denen man hätte Proben schicken können. Die auf den Weltausstellungen und bei ähnlichen Gelegenheiten verteilten Medaillen und Empfehlungen spielten eine mit den heutigen Punktbewertungen der einflussreichsten Kritiker vergleichbare Rolle. So lässt sich zum Beispiel der Aufstieg des Anbaugebiets Mosel in Deutschland als Konkurrent des Rheingaus durch die Teilnahme der entsprechenden Winzer an solch vielbeachteten Veranstaltungen verfolgen. Bei der *International Exhibition* 1862 in London wurde eine gemeinsame Beteiligung einer Gruppe von Moselwinzern mit einer *»honourable mention«* bedacht, einer ehrenwerten Erwähnung, und erhielt nur fünf Jahre später in Paris mit einem vergleichbarem Beitrag eine Silbermedaille. Bei der *Exposition Internationale* in Paris 1900 riskierte das Weingut Egon Müller aus Wiltingen/

Mosel einen Alleingang und erzielte den Volltreffer in Form eines Grand Prix, was 100 Punkten in einer der gegenwärtigen Weinpublikationen entspricht (in denen Egon Müller heute ähnlich erfolgreich ist). Zu diesem Zeitpunkt hatte die Mosel den Rheingau im allgemeinen Ansehen in Deutschland und darüber hinaus bereits überholt und galt in Sachen Weißwein unumstritten als Nummer Eins.

Heute beginnt die Weinbranche in China gerade wieder, mit der Erzeugung von Riesling zu experimentieren. Doch 1915, vor einem Jahrhundert, gewann ein Riesling von Changyu in Yantai in der Provinz Shandong bei der *Panama-Pacific International Exposition* in San Francisco eine Goldmedaille. Insgesamt bekam Changyu dort vier Goldmedaillen, was ziemlich beachtlich ist, wenn man bedenkt, dass der Betrieb erst 1892 gegründet worden und somit ein Pionier war. Gründer Chang Bishis lange Reise nach San Francisco, um an der Ausstellung teilzunehmen, hatte den Aufwand gelohnt; er war der reichste Mann in Asien, sodass die damit verbundenen Kosten sowieso kein Problem darstellten.

Die Weinerzeugung wird von der Geschichtsschreibung relativ gut dokumentiert, insbesondere dort, wo es detaillierte Unterlagen gibt. Der Weinkonsum hingegen ist eine Art Blackbox für die Historiker, genau wie für die Journalisten der Gegenwart. Moderne Vorurteile werden in die Vergangenheit projiziert, nicht zuletzt jenes, dass die amerikanische Weinkultur und -branche vor der Prohibition eine primitive Angelegenheit gewesen sei. Tatsache ist, dass beide höchst innovativ waren und Riesling als hochgeschätztes Statussymbol galt.

So luden etwa am 19. März 1915 die Organisatoren jener *Panama-Pacific International Exposition* Mitglieder der Handelskammer von San Francisco als Dank für ihre Unterstützung zu einem Bankett ein. Zu Schildkröte à la Maryland und gebratener gefüllter Schnepfe servierten sie einen Riesling aus dem südlich der Stadt gelegenen Mount Hamilton. Damals war kalifornischer Riesling regelmäßig einer der teuersten Stillweine auf den Karten der Restaurants an der Westküste.

Nach dem Ende der Prohibition 1933 ging es mit dem Riesling wiederum bergauf, wie Menüs, Weinkarten und Bücher aus dieser Zeit belegen. Selbst der Zweite Weltkrieg konnte diese Entwicklung nur kurz unterbrechen. Als 1949 das Shamrock Hotel mit seinen 1100 Zimmern in Houston/Texas eröffnete, war die mit Abstand teuerste Flasche Wein auf der Karte dort mit 40 Dollar, ein 1921 Riesling von **Schloss Johannisberg** aus dem Rheingau. Wir wissen zwar nicht, was die 3000 Gäste – unter ihnen Ginger Rogers, Dorothy Lamour und Errol Flynn – bei der Eröffnung des Shamrock am St. Patrick's Day 1949 tranken, aber es ist überliefert, dass die bundesweite Live-Radio-Übertragung des NBC 20 Sekunden unterbrochen wurde, weil die chaotischen Szenen einem Ingenieur in der Annahme, er sei nicht auf Sendung, explizite Flüche entlockten. Wir können aber einigermaßen sicher sein, dass weder die Stars noch die Ortsansässigen, die das schufen, was der Houston Chronicle ein »Tollhaus in Diamanten« nannte, in irgendeiner Weise überrascht waren, einen deutschen Riesling als teuerste Flasche auf der Weinkarte zu entdecken. Aus dieser Zeit lassen sich ähnliche Stories aus vielen Ländern berichten. Erst in den 1970ern kam Riesling ins Straucheln, und erst dann entwickelte sich die gegenwärtige Hierarchie der Statusweine mit den mächtigen Rotweinen an der Spitze.

KAPITEL 2

RIESLING IM GLAS

VOM SEHEN UND SCHMECKEN

Beim Riesling beginnt man am besten dort, wo man auch bei allen anderen Weinen beginnen sollte: mit dem Wein im Glas! Manche Weinfreaks versuchen, daraus eine große Wissenschaft zu machen oder eine Art Religion, aber eigentlich ist Wein ein Getränk. Ein guter Riesling enthält mehrere hundert verschiedene Inhaltsstoffe, aber um seinen Geschmack entschlüsseln zu können, genügt es, die grundlegenden Elemente und ihre Funktion zu begreifen. Wenn man die nächsten Seiten liest, wird man Riesling und viele andere Weine besser verstehen als manche Experten.

Wein ist zum Trinken gemacht, aber bevor man ihn trinkt, sieht man ihn. Ein australischer »Experte« hat mal behauptet, er könne jeglichen Wein identifizieren, er brauche ihn nur anzuschauen. Das wäre eine ganz erstaunliche Fähigkeit gewesen, wenn sie sich denn in die Tat hätte umsetzen lassen. Der gute Mann scheiterte aber immer wieder, auf ziemlich spektakuläre Weise. Das Ganze war eine gute Show, weil er tatsächlich voll und ganz von der Sache überzeugt war. Es ist äußerst schwierig, ausschließlich aus dem Erscheinungsbild eines Weins Rückschlüsse auf seine Identität zu ziehen, doch eins ist sicher: Riesling gibt im Glas so gut wie immer eine gute Figur ab. Ob hell mit grünsilbernen Reflexen oder leuchtend gelb oder, im Fall von Dessertweinen, üppig golden bis bernsteinfarben, er zieht die Hand wie magisch zum Glas. Winzige Bläschen hängen oft an der Innenseite, natürliche Kohlensäure, die das alles noch unterstützt. Mir gefällt es jedenfalls …

Was wir im wörtlichen Sinne sehen, beeinflusst auch, wie wir den Wein »sehen« – was wir von ihm halten – genauso, wie wir uns ein »Bild« von den Menschen um uns machen. Wir mögen vielleicht anstreben, unsere Urteile unabhängig von äußeren Eindrücken zu fällen, aber es gelingt uns doch nur selten. Wie die Flasche aussieht (ihre Form, Farbe und ob sie sauber ist, weil sie direkt aus dem Regal kommt, oder vom Staub mehrerer Jahre im Keller überzogen) und was auf dem Etikett steht, beeinflusst unsere Ansichten über einen Wein ebenso, wie es Kleidung und Körpersprache bei einem Menschen tun.

Wir brauchen da gar nicht lange herumzureden, der Name auf dem Etikett und das Preisschild sind hilfreiche Informationen über das Produkt, aber auch Statussignale. Sie interagieren mit unseren Erwartungen, die wiederum unweigerlich ein paar Vorurteile umfassen. Auch ich bin keinesfalls frei von Vorurteilen, so sehr ich auch versuche, mich davon zu loszumachen. Die am weitesten verbreiteten Vorurteile lauten, teure Weine seien automatisch besser, Rotwein wichtiger/seriöser/männlicher als Weißwein und trockener Wein wichtiger/seriöser/männlicher als süßer. Das Preis-Vorurteil ist ein alter Hut, was jedoch die Farbe und den Süßegrad betrifft, war die Generation meiner Großeltern ganz anderer Ansicht.

Trotz der vielen Veränderungen in der Weinwelt in den letzten Jahren sind zufolge der vorherrschenden Vorurteile die ultimativen Statusweine nach wie vor Grand-Cru-Rotweine aus dem Burgund, wie Romanée-Conti, und Premiers Grands Crus Classés aus Bordeaux, wie Château Lafite-Rothschild. Öffnet man einen von ihnen in einem schicken Restaurant – für eine drei- bis vierstellige Summe – kann man sicher sein, sowohl Profis als auch normale Weintrinker zu beeindrucken, und zwar bereits bevor sie den ersten Schluck probiert haben. Nach meiner Erfahrung schmecken manche dieser ultimativen Statusweine wirklich fantastisch, aber andere sind ebenso enttäuschend oder gar richtig schlecht. Um sich mit dem tatsächlichen Geschmack zu beschäftigen, muss ich jedes Mal das ganze Wein-Geprotze aus dem Kopf bekommen, und es ist harte Arbeit, dieses ganze historische Zeug der Franzosen aus dem Weg zu räumen. Natürlich kann man auch einfach eine Flasche Riesling aufmachen, und das hat den Vorteil, dass sich dann niemand der Anwesenden aufführt, als sei er Gott persönlich begegnet – und das finde ich ausgesprochen positiv.

Neueste Erkenntnisse auf dem Gebiet der Psychologie beweisen, dass die Annahme, ein uns angebotener Wein sei teuer, mit großer Wahrscheinlichkeit dazu führt, dass wir seinen Geschmack besser bewerten. Die relativ moderate Preisgestaltung beim Riesling gereicht ihm also zum Nachteil. Doch in entspannten Situationen wie einem Picknick oder einem Glas spät am Abend habe ich oft beobachtet, dass dieser Effekt sich ins Gegenteil verkehrt. Klar, Verführung ist eine sinnliche Angelegenheit, und Geschmack da viel hilfreicher als die vereinten Kräfte der Weinmarketing-Brigaden. Schenkt Riesling ein!

Wenn sie mit einem Regal voller ihnen unbekannter Weine konfrontiert sind, treffen viele Konsumenten ihre Entscheidung aufgrund der äußeren Erscheinung der Flasche. Das ist verständlich, und ich bin da keine Ausnahme. Hübsche Weinlandschaften, imposante Gutshäuser oder Burgen und niedliche Kuscheltiere auf dem Etikett (was im Englischen als *Critter Wines* bezeichnet wird) sind erprobte Mittel, um uns einen Wein ans Käuferherz zu legen. Das amerikanische Blatt *The Onion* hat das Gesetz der *Critter Wines* formuliert, demzufolge »die Qualität eines Weines sich umgekehrt proportional zur Bösartigkeit des auf dem Etikett abgebildeten Tieres verhält«. Will sagen: je niedlicher das Tier, desto schlechter schmeckt der Wein. Bei Weinen mit Landschaften, Häusern oder Burgen auf dem Etikett scheint es kein deutlich erkennbares Verhältnis zur Weinqualität zu geben. Grundsätzlich ist es besser, sich an einen fachkundigen Verkäufer zu wenden, als Bildern oder Design zu vertrauen. Genau das mache ich auch, wenn ich den Wein noch nicht kenne.

Die Erfahrung hat mich gelehrt, dass bestimmte Informationen auf dem Etikett aber tatsächlich etwas mit dem Weingeschmack zu tun haben, und zwar 1. die Rebsorte, 2. der Erzeuger und 3. ein Hinweis auf die Restsüße.

Eine Flasche zu finden, die einem richtig Spaß machen wird, ist also eigentlich so einfach, wie bis drei zu zählen! Ein Wein aus einer Rebsorte, die man mag, von einem guten Produzenten und mit dem persönlich bevorzugten Grad an Restsüße ist beinahe eine Garantie, um ins Schwarze zu treffen. Der Jahrgang ist wesentlich weniger entscheidend und wird meist viel zu wichtig genommen. Wahrscheinlich denkt jetzt so manch einer: Warum hat mir keiner vor 20 oder 30 Jahren gesagt, dass Wein so einfach sein kann? Genau das frage ich mich auch ...

Es klingt vielleicht zu simpel, um es hier überhaupt zu erwähnen, aber das Preisschild sagt einem, ob man sich ein bestimmtes Produkt leisten kann, sei es Wein oder irgendetwas anderes. Ich werde nie vergessen, wie ich vor Jahren in einem Londoner Modegeschäft der Verkäuferin meine Kreditkarte hinüberschob, um für einen Pullover zu bezahlen, den sich meine Freundin ausgesucht hatte – ohne aufs Preisschild zu schauen. Ich hatte Glück: Der Pullover war so extrem teuer, dass die Kreditkartenfirma die Zahlung verweigerte und mich so vor dem Ruin bewahrte. Beim Wein hatte ich nicht immer so viel Glück und habe auf schmerzvolle Weise lernen müssen, dass mehr zu bezahlen, als man eigentlich wollte (und kann), dem Spaß am Wein alles andere als förderlich ist.

Viele Weintrinker fühlen sich von schicken Gläsern eingeschüchtert, andere finden sie zwar dekorativ, aber auch Geldverschwendung. Und manchmal sind teure Weingläser tatsächlich nur angeberisches Schmuckwerk. Aber ein Glas, das so gestaltet ist, dass es die Aromen eines guten Rieslings in der Nase einfängt, ist ein Werkzeug, um den Wein im Glas in das größtmögliche Trinkvergnügen zu übersetzen, und das finde ich definitiv eine gute Sache. Seit ich mich mit Wein beschäftige, hat die Qualität der Gläser sowohl in der Gastronomie als auch im privaten Bereich enorme Fortschritte gemacht. Dafür gebührt zuallererst Riedel großer Dank, dem österreichischen Gläserspezialisten und Vorreiter, der über die Jahre hinweg so viele Mitbewerber inspiriert hat, diese Glasqualität zu niedrigeren Preisen anzubieten. Was ist heutzutage das allerbeste Glas auf Planet Wein? Das Zalto Universal Glas, ist die Stradivari unter den Weingläsern und für nahezu alle Arten von Wein geradezu perfekt. Natürlich hat eine Stradivari ihren Preis, und es gibt günstigere Alternativen wie die Riesling-Grand-Cru-Gläser von Riedel, das Weißweinglas aus der Spiegelau-Serie Weinlovers oder das Tritan Pure Riesling von Zwiesel. Solche Gläser bewirken Wunder in Sachen Weinaroma, und das ist schließlich das erste, worauf es beim Riesling ankommt.

Aroma, Teil 1
Duft, Erinnerung und Petrol

Ich hätte sicher einen ganz anderen Job, würde guter Riesling nicht so hinreißend und verführerisch duften. Ein großer Riesling ist so sexy wie eine Frau, die das Parfüm gefunden hat, das optimal zu ihr passt (bitte dieses Bild gegebenenfalls in jeder Hinsicht anpassen ...). Mir fällt jedoch immer wieder auf, dass die meisten Menschen beim Weintrinken, (auch jene, die die teuersten Flaschen in schicken Restaurants bestellen), gar nicht am Wein riechen.

Das ist in jedem Fall ein Versäumnis, beim Riesling aber wirklich fatal, weil der wunderbare Duft hier einen derart essenziellen Teil des Weincharakters darstellt. Die Nase in ein Glas Riesling zu hängen (oder irgend einen anderen guten Wein) und die Aromen langsam einzuatmen, ist keine Angeberpose; ganz im Gegenteil, es ist die einfachste und günstigste Art, das Weinvergnügen mehr als voll auszukosten. Millionen von Menschen bringen sich darum, weil sie nicht am Wein riechen. Immer wieder dazu aufzufordern, die Nase richtig ins Glas zu hängen, um den Riesling wirklich richtig wahrzunehmen – das ist das Mindeste, was ich tun kann.

Eine der wichtigsten Erfahrungen in meinem Weinverständnis war die Begegnung mit einer »Nase«, einem Parfümexperten, in seinem Labor an der Rive Gauche in Paris, mit Regalen voller Glasflakons an den Wänden, jeder mit einem möglichen Baustoff eines neuen Dufts. Er zeigte mir das Rezept einer neuen Kreation, eine zwei Din-A4-Seiten lange Liste. Könnte man all die Inhaltsstoffe eines großen Rieslings analysieren und identifizieren, käme man auf eine noch viel längere Liste, und natürlich ist es keine Nase, sondern die Natur, die hier für die Mischung zuständig ist. Ganz oben auf der Liste der Ingredienzen des betreffenden Parfüms damals in Paris stand eine Substanz mit einem zweistelligen Prozentanteil, ganz unten eine, deren Anteil mit einer ganzen Reihe von Nullen nach dem Komma anfing. Wie konnte etwas in so geringer Menge den Duft beeinflussen?

Die »Nase« nahm einen der Flakons aus dem Regal, um es mir zu erklären. Sie tauchte einen dünnen Streifen Papier in die klare, farblose Flüssigkeit und bewegte ihn in Richtung meiner Nase. Bereits aus einiger Entfernung konnte ich grüne Paprika riechen – die ich hasse. Als er näher kam, wurde dieser Geruch plötzlich unerträglich intensiv. Die »Nase« erläuterte währenddessen, dass Gerüche, die für sich allein unangenehm wirken, einem Duft trotzdem eine positive Facette verleihen können. So ist das Aroma, das uns das Positive eines bewohnten Raumes vermittelt, identisch mit dem, das Schweißsocken stinken lässt. Es gibt zwei Wahrnehmungsschwellen: eine, unter der ein bestimmtes Aroma nicht mehr wahrgenommen wird, und eine andere, über der es unangenehm ist. Diese Schwellen variieren für jede einzelne Substanz und für jeden einzelnen von uns.

Die Aromen verschiedener Rebsorten sind so unterschiedlich und bezeichnend wie die Farben und der Geschmack verschiedener Apfelsorten, und wir wissen alle, dass ein Granny Smith ganz anders schmeckt als ein Golden Delicious. Ein Grund für die Beliebtheit von Sauvignon Blanc sind die sofort zu identifizierenden »grünen« Aromen: Paprikaschoten, Stachelbeeren, Brennnesseln usw. Sie basieren allesamt auf minimalen Mengen einer unglaublich intensiven Substanz, die zu derselben Familie gehört wie jene, mit der mich die Pariser »Nase« schockierte (Fachbegriff: Pyrazine). »Denkt an den Wermut in James Bonds Martini. Wenn man den in einen Swimming Pool schüttet und den dann wiederum in den Indischen Ozean – so stark ist die Verdünnung, so intensiv sind diese Aromen!« – so hat Professor Hans R. Schultz von der Fachhochschule für Weinbau in Geisenheim die Intensität dieser Aromen in Sauvignon Blanc-Weinen verbildlicht. Dieselbe Familie ist übrigens auch für die grünen Paprika-Aromen in Weinen aus den Rebsorten Cabernet Sauvignon, Cabernet Franc und Merlot verantwortlich.

In manchen Weinbüchern steht, Riesling habe ein »typisches« Aroma, nämlich Pfirsich, aber das ist Ausdruck einer ziemlich eurozentrischen Perspektive. Es stimmt, dass viele Rieslinge von Rhein und Donau und ihren Nebenflüssen nach gelben Pfirsichen duften, aber in Australien ist das wichtigste Aroma Limette. Blickt man sich ein bisschen weiter um, stößt man auf Rieslinge vom Rhein, die nach Birne oder Grapefruit duften, solche von der Donau, die an Aprikosen erinnern und andere von der Mosel, bei denen sich der Vergleich mit schwarzen Johannisbeeren aufdrängt. Angesichts dieser regionalen Unterschiede und dem Umstand, dass die meisten guten Rieslinge weit mehr als nur eine Fruchtnote zu bieten haben, ist »typisch« eine sehr elastische Bezeichnung, die manchmal wenig bis gar nichts mit der Wirklichkeit zu tun hat. Doch eins ist sicher: in jungen Weinen bis zu etwa zwei Jahren sind diese Fruchtnoten am ausgeprägtesten.

Was mich so begeistert an dem Duft guter Rieslinge, ist das extrem breitgefächerte Spektrum an Kräuter-, Gewürz- und Blütenaromen, die sie darüber hinaus zu bieten haben. Gelegentlich übertönen diese sogar die Fruchtnoten, besonders bei hochwertigen trockenen Weinen wie den neuen »GG«-Weinen (Großes Gewächs) in Deutschland. In so weit voneinander entfernten Gebieten wie der deutschen Mosel und Great Southern in Westaustralien hat jede Lage hat ihre eigenen, eigenständigen Aromen, und diese Vielfalt ist in der Weinwelt unübertroffen.

Manche fragen sich jetzt wahrscheinlich, warum ich so lange brauche, um zum Thema Petrol zu kommen, das viele Experten für das wichtigste Riesling-Kennzeichen halten. Antwort: Die Frucht-, Kräuter-, Gewürz- und/oder Blütenaromen sind in jungen Weinen heutzutage tendenziell stärker ausgeprägt als der petrolartige Ton. Ich bin nicht der einzige Profi, der eine starke Petrolnote in einem jungen Riesling als Schwäche bewertet. »Toast« und »Teer«

sind alternative Beschreibungen für den Geruch dieser Substanz (Fachbegriff: TDN bzw. 1,1,6-Trimethyl-1,2-Dihydronaphthalin – aber selbst Wissenschaftler bevorzugen das Kürzel!). In seiner positivsten Form in manchen zehn, zwanzig Jahre oder noch älteren Rieslingen, rieche ich Teer und kandierte Früchte. Aber viele werden diese Aromen ganz anders bezeichnen, weil der Geruchssinn so individuell ist; wie bei anderen Weinaromen mag man »Petrol« entweder, oder man mag es eben nicht.

Unser Geruchsgedächtnis funktioniert vollkommen anders als unser Gedächtnis für Namen, Zahlen und andere Dinge. Wir erinnern uns an die Gerüche, die wir mit besonders positiven oder negativen Erfahrungen verbinden – allen voran jene aus unserer Kindheit. Für den berühmten französischen Schriftsteller Marcel Proust war es der Duft einer Madeleine, einem kleinen Kuchen, eingetaucht in Lindenblütentee. Für mich sind es vor allem Pfirsiche – die leicht säuerlichen, aber superaromatischen Pfirsiche von dem Baum im Garten meiner Großmutter mütterlicherseits. In meiner Erinnerung sind sie unzertrennlich mit dem warmen, einladenden Duft ihrer Küche verbunden, wo sie sie für mich entsteinte. Vielleicht hat das etwas mit meiner Liebesaffäre mit dem Riesling zu tun?

Viel von dem, was wir für Geschmack halten, sind eigentlich Aromen, die wir über unseren Geruchssinn aufnehmen, wenn wir etwas zu essen oder trinken im Mund haben. Pfirsiche etwa riechen wir viel stärker, als wir sie schmecken. Unser Hirn kombiniert diese Aromen dann mit den eigentlichen Geschmackseindrücken (süß, sauer, bitter, salzig und »umami«, herzhaft) und dem, was wir im Mund ertasten. Die Aromen sind der Hauptgrund, warum Geschmack eine derart persönliche Angelegenheit ist und wir alle stark ausgeprägte Vorlieben und Abneigungen haben.

Aroma, Teil 2
Es sind die Trauben, du Trottel!

Das Großartige am Riesling ist, dass die Natur mit den Aromen sehr freizügig ist, wenn man die Reben in geeignetem Klima pflanzt, sich richtig um sie kümmert und es mit der Erntemenge nicht übertreibt (außer das Wetter macht einem einen richtigen Strich durch die Rechnung, aber das geschieht selten). Der Weinberg ist der wichtigste Handlungsort bei der Rieslingerzeugung oder wie es ein amerikanischer Winemaker ausdrückte: »Es sind die Trauben, du Trottel!«

Vollreife Weintrauben schmecken ganz anders als Tafeltrauben. Wenn man reife Rieslingtrauben probiert, wird man sich vielleicht fragen, was die ganze Aufregung eigentlich soll, weil sie zwar ziemlich süß und säuerlich schmecken, aber nicht besonders aromatisch. Das liegt daran, dass wie bei den meisten anderen Traubensorten nahezu alle Aromen in einer Form gebunden sind, die wir geruchlich nicht wahrnehmen können. Sie werden erst während und nach der Gärung freigesetzt, und der Kellermeister entscheidet, wie schnell das geschieht. Wenn eine besondere »Aroma«-Hefe zum Einsatz kommt, um die Aromen voll auszureizen, sodass sie alle zugleich während der Gärung freigesetzt werden, dann wird der Wein schon anfangen abzubauen, bevor er überhaupt auf den Markt kommt. Deshalb besteht einer der wichtigsten Aspekte beim Riesling im Keller darin, die natürlichen Aromen in einer stabilen Form in die Flasche zu bringen. Wenn das gut funktioniert, dann können Rieslinge ihren Charme über Jahrzehnte hinweg bewahren und manchmal sogar ein Jahrhundert oder länger.

Eine Weintraube besteht aus einem verzweigten Stiel, an dem einige Dutzend bis zu 200 Beeren sitzen. Jede Rebsorte hat eine eigenständige Trauben- und Beerenform, und auch eine charakteristische Farbe sowie bestimmte Hauptaromenkomponenten in den reifen Beeren. Allen Sorten gemein ist jedoch, dass diese Aromen nicht im Saft oder Fruchtfleisch sitzen, sondern in den Schalen der Beeren. Vollreife Rieslingtrauben sind goldene Beeren mit winzigen braunen Flecken, und die spannendsten Rieslingaromen bilden sich im Spätherbst; tatsächlich ist die goldene Farbe ein ziemlich zuverlässiges Zeichen dafür, dass die Beeren voller reifer Aromen stecken. Durch das Anquetschen der Trauben und eine gewisse Standzeit (Fachbegriff: Maischestandzeit) kann der Kellermeister mehr Aromen aus den Häuten lösen und im Most einfangen. Allerdings werden dabei gleichzeitig andere Substanzen gelöst, wie wir gleich sehen werden, und die sind nicht immer positiv. Dieser kurze Moment in der Entstehung eines Rieslings im Keller ist ein sehr entscheidender.

Manche Fachleute beschreiben bestimmte trockene Rieslinge, die sie als enttäuschend dünn empfinden, auch als gezehrt und meinen damit, dass die Fruchtaromen des Weins durch unvorsichtige Behandlung im Keller abhanden gekommen sind. Das trifft aber selten zu. Häufiger liegt die Ursache in einer Kombination aus mangelhafter Weinbergspflege und zu hohem Ertrag, was zu Trauben mit zu viel Säure und zu wenig Aromen führt. Die Aromenbildung verlangt von der Rebe viel Energie – vier oder fünf Mal so viel wie die Produktion der vergleichbaren Menge Zucker. Schauen wir uns das rechnerisch an: Jede Rebe kann nur eine bestimmte Menge Aromen produzieren, und wenn sie 20 Trauben zu versorgen hat, dann wird es letztendlich in jeder Traube nur halb so viel Aromen geben, als wenn nur zehn Trauben an der Rebe hängen.

Edelfäule kann den Geschmack der Trauben und den daraus entstehenden Wein grundlegend verändern. Sie wird von dem Pilz *Botrytis cinerea* verursacht, meist kurz Botrytis genannt, der im Weinberg während der Wachstumsperiode allgemein gegenwärtig ist, sich auf den Trauben aber erst ausbreitet, wenn sie weich sind und das Wetter feucht und relativ warm ist. Dann kann allerdings sehr schnell ein richtiger Schimmelrasen auf den Beeren wachsen. Wie in der deutschen Bezeichnung angedeutet, ist »Edelfäule« etwas Positives, vorausgesetzt, sie bildet sich in der richtigen Form und auf Trauben, bei denen dies in die Pläne des Winzers passt. Denn genau derselbe Pilz ist auch für Graufäule verantwortlich, die die gesamte Ernte vernichten kann, wenn es zu nass ist. Ob Edelfäule tatsächlich einen Gewinn für den Winzer darstellt, hängt außerdem davon ab, welche Art von Wein aus den Trauben entstehen soll. Wenn das Ziel ein trockener Riesling ist, dann vernichtet die Edelfäule die strahlenden Frucht- und Blütenaromen, die zu den besonderen Qualitäten solcher Weine gehören, und sie kann den Wein darüber hinaus übermäßig schwer erscheinen lassen. Ist das Ziel jedoch ein üppiger, süßer und ausdrucksstarker Dessertwein, dann ist die volle Ladung Edelfäule genau das, was der Winzer möchte. Nebenbei bemerkt: Bei jeglicher Art von Rotwein ist Edelfäule absolut kontraindiziert, weil sie nicht nur die Fruchtaromen vernichtet, sondern auch die Farbstoffe, die in den Beerenhäuten sitzen.

Wenn man je edelfaule Rieslingtrauben in natura erlebt hat, die unter günstigen Bedingungen entstanden sind, nämlich aus der Kombination von feuchten Nächten und trockenen, sonnigen Tagen, dann begreift man sehr schnell den Effekt, der sich daraus ergibt. Zuerst bilden sich kleine hellviolette Flecken auf den Beeren, die sich schnell ausbreiten. Mit dem bloßen Auge kann man es nicht erkennen, aber der Pilz bohrt Hunderte von mikroskopisch kleinen Löchern in die Häute der Beeren, durch die Wasser aus dem Beereninneren verdunstet. Während dieses Vorgangs verfärben sich die Beeren ins Dunkelbraune. Wenn die Bedingungen sehr günstig sind und der Pilz dadurch schnell wächst, kann das durchaus wie eine Invasion außerirdischen Schimmels bei der Eroberung unseres Planeten wirken. Stirbt er jedoch bald ab, nachdem er die Beeren befallen hat, dann ähneln sie eher Rosinen.

Die Farbveränderungen beruhen auf dem Oxidieren der Aromen und vieler anderer Substanzen in den Beeren. Es ist ein ähnlicher Vorgang wie bei einem angeschnittenen Apfel, der sich bräunlich verfärbt. Beim Aufeinandertreffen von reifen Trauben und Edelfäule entstehen Aromen, die an getrocknete Früchte, Waldhonig und Gewürze erinnern und ganz anders sind als die strahlenden Aromen reifer, gesunder Trauben. Edelfäule stellt für den Kellermeister eine ganz besondere Herausforderung dar, weil es nicht einfach ist, den dicken, trüben

Most und jungen Wein zu klären, außerdem die Hefen ihre Schwierigkeiten damit haben können, und alles zusammen häufig bedeutet, dass sich die Gärung über viele Monate, wenn nicht gar Jahre, hinweg ziehen kann. Hochwertige süße Rieslinge aus edelfaulen Trauben zu erzeugen, ist ohne jede Frage eine Aufgabe für Fortgeschrittene, und es gibt keinen Ersatz für in der Praxis gewonnene Erfahrung.

Langsame Oxidation ist die Ursache für die große Veränderung der Aromen eines Rieslings, wenn der Wein – süß, trocken, leicht oder mächtig – nach der Abfüllung auf der Flasche reift. Im Allgemeinen gilt, je langsamer der Alterungsprozess verläuft, desto besser ist das Ergebnis, und Schraubverschlüsse tragen nicht nur zur Verlangsamung bei, sondern führen auch zu einem einheitlicheren Ergebnis bei mehreren Flaschen desselben Weins (was beim Kork als Verschluss ein Problem ist). Gute Restaurants und viele Weinsammler lagern ihre Weine in Kellerräumen oder speziellen Kühlschränken, weil der Wein bei höheren Temperaturen schneller reift: bei 20 °C doppelt so schnell wie bei 10 °C! Unter idealen Bedingungen bildet sich eine ganz neue Familie von Rieslingaromen während der Flaschenreife, die an Nüsse, Wachs, »Petrol« und Honigwaben erinnern können.

Was sich mit der Reife eines Rieslings (sowie jedem anderen Wein) auch verändert, ist der Geschmack: Er wird immer trockener. Ein frisch abgefüllter halbsüßer Riesling wird nach etwa zwei Jahren Flaschenreife halbtrocken schmecken und nach ungefähr zehn Jahren quasi trocken. Trockene Weine machen die gleiche Entwicklung durch, wenn sie also anfangs ein bisschen »Babyspeck« mitbringen, dann bewahrt sie das später davor, zu herb und streng zu wirken. Doch Achtung! Ein trockener Riesling (genauso wie ein Chardonnay oder Cabernet Sauvignon), der als junger Wein streng und mager erscheint, bewegt sich im Alter immer weiter in diese Richtung.

Frische, Teil 1 Der Stuart-Pigott-Säuretest

Guter Riesling riecht und schmeckt nicht nur großartig; er ist auch im Vergleich mit den meisten anderen Weißweinen und so gut wie allen Rotweinen enorm erfrischend. Nur guter Champagner kann es mit dem Riesling aufnehmen, wenn es darum geht, uns bereits mit dem ersten Schluck zu beleben, mit dem zweiten zu begeistern und mit dem dritten richtig in seinen Bann zu ziehen. Dieser Erfrischungseffekt hat mit mehreren Riesling- (und Champagner-)Komponenten zu tun, von denen der entscheidendste die Säure ist. Deshalb muss auch genau dort die Ergründung des Riesling-Frische-Effekts ansetzen.

Einer der am häufigsten gegen den Riesling vorgebrachten Kritikpunkte lautet, er sei zu sauer. Mit zu wenig Säure schmeckt Wein – und zwar jedweder Wein, nicht nur Riesling – langweilig und leblos statt erfrischend und belebend. Das gilt eigentlich für so gut wie alles, was wir essen und trinken. Säure – und gelegentlich auch ihr Gegenpart, das Basische oder Alkaline, wie in japanischen Ramen-Nudeln – ist ein grundlegender Aspekt aller Geschmackseindrücke. Aber es stimmt natürlich, dass Riesling (wie auch jede Menge anderer Dinge) mit zu viel Säure einfach nur sauer schmeckt. Die entscheidende Frage lautet also: Wo liegt für jeden einzelnen von uns die Grenze zwischen erfrischend und sauer?

Jeder Mensch hat seine ganz persönliche Säureschwelle. Das ist der Grund, warum ein bestimmter Wein für den einen zu streng wirkt, während er für den anderen angenehm erfrischend schmeckt. Manche Weinfreaks sind säurebesessen, ständig auf der Jagd nach den genauen Analysedaten. »Wow«, sagen sie, »der hier hat zehn Gramm.« Mich interessieren diese Angaben nicht, weil sie keinerlei Rückschluss auf den tatsächlichen Geschmack des Weins zulassen. Das ist eigentlich nur mit Hilfe einer anderen Zahl möglich, dem pH-Wert, der die Intensität von Säure und Alkalinem ausdrückt. Destilliertes Wasser hat einen pH-Wert von 7; alles, was darunter liegt, ist sauer (je niedriger, desto saurer), und alles darüber basisch/alkalin (je höher, desto alkaliner). Für wissenschaftliche Laien können diese Zahlen allerdings zugegebenermaßen etwas verwirrend sein. Deshalb habe ich den Stuart-Pigott-Säure-Test entwickelt. Er basiert auf Daten der amerikanischen Lebensmittelüberwachungs- und Arzneimittelzulassungsbehörde, kurz FDA, sowie einer Reihe von Angaben für alle Arten von Weinen, die ich über die Jahre gesammelt habe (mein Dank an alle daran beteiligten Wein-Informanten!). Mithilfe dieses Tests lässt sich der Säuregrad vertrauter Lebensmittel und Getränke schnell und unkompliziert mit verschiedenen Weinen vergleichen und so herausfinden, wo die eigene Säureschwelle tatsächlich liegt und welcher Weintyp einem folglich am besten passt.

Dabei darf man aber nicht vergessen, dass sich der persönliche Geschmack mit der Zeit verändert. Wer die Meerrettichschärfe der Wasabi-Paste im Sushi oder das Kaffeinbittere beim Espresso beim ersten Mal als zu viel empfand, wird wahrscheinlich feststellen, dass sich diese Ablehnung nach wiederholtem Probieren genau ins Gegenteil verwandelt. Als Kind habe ich Rosenkohl und rote Bete gehasst, heute gehören beide zu meinen Lieblingsgemüsen. Auch die reine Gewohnheit bestärkt unsere geschmacklichen Vorlieben, und letztere können sich drastisch verändern, wenn wir unseren Alltag plötzlich anders gestalten, wie es zum Beispiel nach langfristigen Diäten der Fall ist.

Wenn ich Weine verkoste, dann muss ich mich auf jeden neuen Geschmack erst einstellen, um wirklich herauszufinden, was ich davon halte. Die Drei-Schluck-Regel besagt, dass der erste Schluck mehr oder weniger ein Schock ist, beim zweiten allmählich die Gewöhnung einsetzt und der dritte die Begegnung mit etwas Vertrautem ist. Dann ist eine Aussage darüber, ob man etwas mag oder nicht, viel einfacher, und auch der Einblick (für einen Profi wie mich), warum das so ist. Aus diesem Grund ist es eine schlechte Idee, bereits nach dem ersten Schluck (oder Bissen) mit einer ausdrücklichen Meinung herauszuplatzen; man riskiert dabei Dinge abzulehnen, die vielleicht das Potenzial vieler genussreicher Jahre in sich bergen.

DER STUART-PIGOTT-SÄURETEST

Er beginnt in der Kategorie 1 und funktioniert aufsteigend: Wer regelmäßig ein oder mehrere der aufgeführten Getränke und Lebensmittel konsumiert, schaut sich an, welchen Weinen das in punkto Säure entspricht, und geht dann zur nächsten Stufe über. Die höchste Stufe mit mindestens einem »Treffer« ist das persönliche Säure-Limit.

0 Destilliertes Wasser/keine Weine

1 Milch, Butter, Sahne, Eier/keine Weine

2 Schwarzer Tee/keine Weine

3 Bananen, Wassermelone, Brot/keine Weine

4 Feigen, die meisten Biere, schwarzer Kaffee/keine Weine

5 Tomaten, Kirschen/keine Weißweine, aber Rotweine aus warmen Jahrgängen in kühlen Gebieten sowie die meisten Rotweine aus warmen Gebieten

6 Aprikosen, Birnen, Honig, grüne Oliven, Bourbon-Whiskey, Rum/keine Rieslinge, aber viele trockene Weißweine aus warmen Gebieten und die meisten Rotweine aus kühlen Gebieten

7 Orangensaft, Ananas, Erdbeeren, Himbeeren, Pfirsiche, die meisten Konfitüren, Weizenbier, Rye-Whiskey/die meisten trockenen österreichischen Rieslinge und manche trockenen Rieslinge aus warmen Ecken im Rheintal, die meisten Riesling-Dessertweine, sowie die meisten trockenen Weißweine aus kühlen Gebieten (wie etwa elegante Chardonnays), viele Schaumweine

8 Grapefruit, schwarze Johannisbeeren, Stachelbeeren, Orangenmarmelade, Apfelwein/viele trockene und die meisten süßen deutschen Rieslinge, die besten trockenen Rieslinge aus dem Elsass, der Großteil der süßen und trockenen Rieslinge aus den USA, Kanada, Australien und Neuseeland, die meisten guten Champagner

9 Limonade, Cola, Zitronensaft, Preißelbeerkompott, die meisten Essige/sehr wenige Rieslinge aus den unter 8 aufgeführten Gebieten und einzelne Champagner, besonders aus kühlen Jahrgängen

10 Limetten, Balsamessig/keine Weine

Frische, Teil 2
Die Wahrheit über Schwefel, Korken und Schraubverschlüsse

Die frische, knackige Art vieler Rieslinge stellt einen bedeutenden Faktor ihrer Anziehungskraft dar. Um diesen Teil ihres Charakters aber richtig zu verstehen, genügt es nicht lediglich zu wissen, wie viel Säure sie enthalten. Im Saft der Weintrauben gibt es vor allem zwei Arten von Säure: »reife« Säure (Fachbegriff: Weinsäure) und »unreife« Säure (Fachbegriff: Apfelsäure). Alle Weine enthalten »reife« Säure, und wenn man ihnen diese etwa durch einen chemischen Eingriff entzieht, schmecken sie total leblos und sind oft gar nicht mehr als Wein zu erkennen. Im Gegensatz dazu ist »unreife« Säure nicht zwangsläufig in allen Weinen anzutreffen. Bei Rotweinen, den meisten Chardonnays und bestimmten anderen weichen Weißweinen wird diese »unreife« Säure durch eine zweite Vergärung (Fachbegriff: bakterieller Säureabbau, kurz BSA, oder malolaktische Gärung) in die wesentlich weichere Milchsäure umgewandelt, und zwar entweder zeitgleich mit der alkoholischen Gärung oder daran anschließend.

Anders als die »reife« Säure, die in der Traube sehr stabil ist, nimmt die Menge an »unreifer« Säure während der Reife am Stock bei allen Rebsorten kontinuierlich ab. Je wärmer es in den Wochen unmittelbar vor der Lese ist, desto schneller geschieht das. Rieslingtrauben enthalten typischerweise ziemlich viel von beiden Säurearten, und wenn es während der Reife eher kühl ist, dann ist von der unreifen Säure zum Zeitpunkt der Lese noch eine ganze Menge übrig. Die deutsche Bezeichnung Apfelsäure sagt sehr deutlich, wie sie sich geschmacklich auswirkt: Zu viel unreife Säure, und Riesling schmeckt nach unreifen Äpfeln. Eine gewisse Menge hingegen ist wichtig, um manchen Rieslingen, allen voran den süßen, ihre charakteristische Frische zu verleihen. Ganz am anderen Ende des Spektrums liegen manche üppigen trockenen Rieslinge, die die zweite Gärung durchmachen und verschwindend wenig oder gar keine unreife Säure enthalten.

Diese Säure wirkt sich nur deshalb so positiv aus, weil die Weine so betont aromatisch sind. Das beruht nicht nur darauf, dass sie voller Aromen stecken, sondern ist auch dem Schwefel zu verdanken, der sowohl als Konservierungsstoff agiert als auch als Antiseptikum (das heißt, er killt die meisten Mikroben). Wenn wir vom Wein im Glas Frische erwarten und sicher sein möchten, dass uns nicht irgendwelche Mikroben einen Strich durch die Rechnung machen, dann brauchen wir den Schwefel, beziehungsweise in Wasser gelöstes Schwefeldioxid. Deshalb steht auf Weinetiketten: »Enthält Schwefel«. Die gegenwärtige Mode für sogenannte »Naturweine«, bei denen entweder gar kein oder eine wesentlich geringere Menge Schwefel zum Einsatz kommt als bei konventionellen Weinen, hat dazu geführt, dass Schwefel als Bösewicht an den Pranger gestellt wird. Da wird behauptet, der Einsatz von Schwefel im Keller sei eine moderne Unsitte, die den Eigengeschmack der Weine zerstöre, ja, sogar vom Schwefel als Gift ist die Rede.

Das sind schwerwiegende Vorwürfe, mit denen man sich auseinander setzen muss. Zuerst einmal: Schwefel ist ein Grundelement und Voraussetzung für jegliches Leben. Zwei der Aminosäuren, die die Bausteine aller Proteine bilden, enthalten Schwefel. Was bedeutet, dass in uns selbst eine ganze Menge Schwefel steckt.

GRUNDLAGENFORSCHUNG:

Schwefel und andere »Giftstoffe« im Wein

Ja, im Wein ist Schwefel; und nein, dieser Schwefel ist nicht vollkommen harmlos, sonst wäre er nicht in der Lage, Bakterien in Schach zu halten und den Wein vor dem Verderben zu bewahren. Aber wer sich tatsächlich schwefelabstinent ernähren möchte, der muss zuerst einmal alle Lebensmittel aus der Küche verbannen, die Protein enthalten, wie Fleisch, Eier, Erbsen, Bohnen und Nüsse. Erdnüsse enthalten über drei Prozent ihres Gewichts an Schwefel, im Vergleich zu etwa 0,1 Prozent im Wein. Auch Obst und Gemüse bringen oft natürlichen Schwefel mit, mit Blumenkohl als Spitzenreiter (über zwei Prozent), dicht gefolgt von Brokkoli, Rosenkohl, Weißkohl, Grünkohl und Kohlrabi. Sie alle enthalten eine Substanz namens Glukoraphanin. Beim Kauen bildet sich daraus in Verbindung mit einem Enzym in unserem Mund Sulforaphan. Neueste wissenschaftliche Erkenntnisse deuten darauf hin, dass Sulforaphan Brustkrebs und sogar Alzheimer verhindern kann. Das eigentliche Gift im Wein ist die Droge Alkohol; und ja, auch Riesling enthält Alkohol.

Dazu muss man nicht mal richtig tief gehen, weil Haut, Haare und Nägel ihre Elastizität und Stärke dem Protein Keratin verdanken, das reichlich Schwefel enthält. Es stimmt schon, dass manche Schwefelarten giftig sind, aber sie lassen sich meist problemlos vermeiden, weil sie so stinken (wie etwa Schwefelwasserstoff: faule Eier!). Einfacher Schwefel ist so sicher, dass Schüler damit im Chemie-Unterricht experimentieren dürfen.

Der zweite Mythos, der richtig gestellt gehört, ist die Behauptung, der Einsatz von Schwefel in deutschen Weinkellern sei eine neumodische Angelegenheit. Er wurde vielmehr bereits 1497 auf einem Reichstag in Freiburg gesetzlich zugelassen, zu einem Zeitpunkt, als Christoph Kolumbus noch fest überzeugt war, er habe gerade irgendwelche Inseln vor der japanischen Küste entdeckt statt eines neuen Kontinents. Es wird auch immer wieder gesagt, im Wein sei heute mehr Schwefel als früher. Genau das Gegenteil ist der Fall, der Schwefelgehalt liegt heute deutlich niedriger als noch vor einer Generation und sogar wesentlich niedriger als vor 50 Jahren.

Die zugesetzte Menge an Schwefel in Rieslingen ist durch den immer häufigeren Einsatz von Schraubverschlüssen nochmals gesunken. Mit ihnen bleibt der Wein länger frisch, weil sie dichter sind. Die ersten Experimente mit Schraubverschlüssen wurden in den 1960er und '70er Jahren unternommen, stießen aber wegen ihrer technischen, modernen Ausstrahlung auf starken Widerstand seitens der Konsumenten. Eine große Mehrheit wollte damals traditionelle Korkverschlüsse, die als »natürlich« angesehen wurden. Es wird auch oft behauptet, Wein könne mit Schraubverschluss nicht reifen, und auch das trifft nicht zu. Wein, und zwar jeder Wein, enthält genügend Sauerstoff, um nach der Abfüllung auf der Flasche reifen zu können. Schraubverschlüsse sorgen aber dafür, dass die natürliche Kohlensäure vieler Weine länger erhalten bleibt, ein Gärnebenprodukt. Diese natürliche Spritzigkeit ist ein charakteristischer Wesenszug vieler Rieslinge, der sie nochmals leichter schmecken lässt. Leider haben viele amerikanische Kellermeister ein Problem damit und sind mehr als bemüht, sie aus den Weinen zu holen, statt ihren Kunden dieses positive Phänomen zu erklären.

Bis Ende der 1980er Jahre stellte die Verwendung von Korken kein größeres Problem dar, doch dann ließ ihre Qualität plötzlich drastisch nach. Auf einmal waren »korkige« Weine nicht mehr die Ausnahme, sondern ein ziemlich weit verbreitetes Phänomen. Dabei war es nicht der Kork selbst, der den Weingenuss durch den typischen Geruch nach nasser Pappe verdarb, sondern Bakterien, die sich in ihm während der Verarbeitung der porösen Korkeichenrinde eingenistet hatten. Wenn Bakterien in Kontakt mit chlorinhaltigen Stoffen kommen – die in Korkfabriken oft zur Reinigung der Rinde eingesetzt werden – dann führt das zur Bildung genau jener Substanz, die Weine »korkig« riechen und schmecken lässt (Fachbegriff: TCA oder 2,4,6-Trichloranysol).

Bis vor kurzem bestanden viele Konsumenten trotzdem auf Kork als Weinverschluss, weil der »Plopp« beim Öffnen einer Flasche als romantisch galt. Doch ein australischer Rieslingwinzer bemerkte schon vor Jahren ganz richtig: »Wenn das deine Vorstellung von romantisch ist, dann hast du echt ein Problem.« Australien war kurz vor der Jahrtausendwende Vorreiter der zweiten Schraubverschlusswelle, und diesmal waren die Ergebnisse so positiv – es gab praktisch keine korkigen Weine mehr, und die Weine hielten sich viel länger frisch – dass sich die Konsumenten überzeugen ließen. Nur für Weine am alleräußersten Ende der Status-Skala hält sich der Korkmythos aus Image- und Marketinggründen nach wie vor, klammert sich die Branche hartnäckig an Schall und Rauch.

Süß und trocken, richtig und falsch

Wein ist ein emotionsbeladenes Erzeugnis, das schnell starke Gefühle auslöst, allen voran Erwartungen und Angst. Es steht außerdem für Status und vieles mehr, selbst bei Menschen, die nie Wein trinken. Viele ältere Weintrinker in der westlichen Welt betrachten »trockene« Weine als grundsätzlich positiv, authentisch oder gar männlich, während sie »süße« Weine als zweifelhaft, tendenziell gepantscht und/oder weiblich und verweichlicht einstufen. Das ist hier nicht der richtige Moment, um sich mit den tieferen Wurzeln dieser Vorurteile zu beschäftigen, aber es ist doch wichtig darauf hinzuweisen, dass es sich um Projektionen handelt. Das beweisen nicht zuletzt die ganz unterschiedlichen Ansichten jüngerer Weintrinker in anderen Kulturen.

Schließlich sind »trocken« und »süß« nur verschiedene Weinstile. »Trocken« bedeutet, dass die Hefe den Traubenzucker während der Gärung vollständig oder so gut wie vollständig in Alkohol verwandelt hat. Das ergibt einen Wein mit höchstmöglichem Alkoholgehalt (abgesehen von der Zugabe von Zucker während der Gärung, um ihn zu erhöhen). »Süß« heißt, dass eine bedeutende Menge des natürlichen Traubenzuckers erhalten bleibt (Fachbegriff: Restsüße). Dadurch wird weniger Zucker zu Alkohol, und folglich sind das Ergebnis Weine mit weniger Alkohol.

Seien wir ehrlich: Die meisten von uns trinken gerne Süßes. Ohne die süße Komponente würden uns Cola, Limo und Espresso oder auch die meisten Cocktails nicht schmecken. »Zuckerfrei« heißt heutzutage nicht, dass etwas »trocken« oder nicht süß schmeckt, sondern im Allgemeinen, dass der Zucker einfach durch künstliche Süßstoffe ersetzt wurde. In der westlichen Welt verhalten wir uns Süße gegenüber oft richtig schizophren, indem wir bedeutende Mengen von Zucker in allen Arten von Lebensmitteln und Getränken konsumieren, aber die natürliche Süße vieler Weine inklusive mancher Rieslinge strikt ablehnen.

Wenn wir uns mit dem tatsächlichen Geschmack beschäftigen, statt an weitverbreiteten Vorurteilen zu kleben, sieht plötzlich alles ganz anders aus. Der amerikanische Weinimporteur Terry Theise hat ganz recht: »Das einzige Problem mit Süße im Wein ist zu viel oder zu wenig davon.« Wenn wir weder ihren Namen oder ihren Preis wissen, finden viele von uns manche berühmten Schickimicki-Weine zu trocken, besonders, wenn wir sie ohne die Essenskrücke auf dem Teller trinken (tierisches Fett mildert die herbe Härte aller Arten von Weinen). Beim Riesling sieht es ganz ähnlich aus. Wenn man uns zwei verschiedene Weine vorsetzt, ohne jegliche Informationen über ihre Herkunft, dann zieht die Mehrheit von uns regelmäßig halbtrockenen Riesling dem ganz trockenen vor.

Das ist vollkommen logisch. Wie wir gesehen haben, enthält Riesling eine gehörige Ladung natürlicher Säure, ohne die er seine Frische und Lebendigkeit verlöre. Und wie der Stuart-Pigott-Säuretest verdeutlicht, gibt es eine Grenze, wie viel Säure jeder einzelne von uns vertragen kann (und diese Grenze ist eine ganz persönliche, die auf unseren Gewohnheiten beruht, die sich wiederum ändern können). Wer regelmäßig stark säurehaltige Getränke wie Cola und Limo konsumiert, kommt dort mit der Säure gut zurecht, weil in diesen Getränken jede Menge Süße steckt. Im Fall von Cola und Limo reden wir von etwa zehn Prozent Zucker!

Es ist bemerkenswert, wie sehr der Säure- und Süßegehalt von Cola und Limo jenem von Spät- und Auslese-Rieslingen gleicht, deutlich süßen Weinen. Doch während Cola aus verschiedenen Ingredienzen nach einer Rezeptur hergestellt wird, werden diese Rieslinge von der Natur »gemixt«. Kellermeister können nur entscheiden, den Gärprozess an einem Punkt zu stoppen, somit Traubensüße im Wein zu bewahren und so die gleichermaßen natürliche Säure auszugleichen. Fakt ist, dass sämtliche Bestandteile eines Weins in diesem Balance-Akt eine Rolle spielen.

Mineralität und der Geschmack eines bestimmten Ortes

Mineralität ist etwas, worüber sich Weinfreaks endlos auslassen können, und vor ein paar Jahren habe ich diesen Begriff in »M-Wort« umgetauft, weil er fortwährend und bei allen möglichen Weinen zum Einsatz kam und oft reines Marketing-Geschwätz war. Handelt es sich um eine Chimäre, oder ist das tatsächlich ein wichtiger, echter Bestandteil eines Weins? Und wenn »M« existiert, wie wirkt er/sie/es sich auf den Geschmack von Riesling und anderen Weinen aus? Die Wissenschaftler sagen, es gebe tatsächlich Mineralstoffe im Wein, allen voran Kalium.

Kalium wird von den Wurzeln der Rebe aus dem Boden gelöst und in die Trauben geleitet, wo es sich nahezu ausschließlich in den Traubenhäuten ansammelt. Seine Aufgabe ist natürlich nicht, unser Trinkvergnügen zu steigern; vielmehr ist es dort durch den natürlichen Selektionsprozess gelandet. Es hilft der Rebe bei der Vermehrung, indem es den Trauben ermöglicht, so viel Zucker einzulagern, dass die Vögel sie anderen Früchten vorziehen und ihre Samen verbreiten. Seit wir die Stare als Evolutionspartner der Rebe verdrängt haben (zumindest weitgehend), interessieren wir uns für ihre Früchte aus ganz anderen Gründen – sinnliches Vergnügen, Rausch, gesellschaftliche Rituale ... Aber aus Sicht der Rebe besteht unsere Rolle weiterhin darin, sie rein mengenmäßig zu vermehren und ihr zu größerer Beweglichkeit zu verhelfen. In den letzten Jahrhunderten haben wir diese Erwartungen auf wirklich spektakuläre Weise erfüllt. Rund um den Erdball gibt es heute Weinberge, und immer neue Anbaugebiete entstehen. Unser Lohn dafür hat unterschiedlichste Formen, vom reinen Trinkvergnügen bis zu Arbeitsplätzen.

Aber zurück zum Kalium. Es »puffert« die Säure im Wein geschmacklich ab. Ab einer bestimmten Menge kann es dem Wein eine gewisse Salzigkeit verleihen – das heißt, man kann die Mineralität im Wein tatsächlich schmecken! Was man jedoch nicht kann, ist Kalium direkt riechen. Der »mineralische« Geruch eines Weins – die berühmten »nassen Steine«, über die so viele Weinfreaks und Profis reden – beruhen eigentlich auf Schwefelverbindungen, die sich im Wein während oder nach der Gärung bilden (und nicht mit dem auf dem Etikett aufgeführten zugesetzten Schwefel zu verwechseln sind).

Bei Weinen, die von Natur aus wenig Säure enthalten, besonders manchen Rotweinen, ist viel Kalium alles andere als positiv, weil sie dadurch noch weicher schmecken. Im Gegensatz dazu spielt Kalium aber bei vielen Rieslingen, besonders aus kühlen Gebieten, wo sie viel natürliche Säure enthalten, eine wichtige Rolle, weil es die Säure harmonisiert und dies eine der größten Herausforderungen für die Kellermeister dort ist.

Wie ich schon erwähnt habe, unterscheiden sich Rieslinge aus unterschiedlichen Lagen, selbst wenn sie nicht weit auseinander liegen, geschmacklich oft sehr deutlich. Dieser Geschmack des Ortes, auch als »Terroir« bezeichnet, wird von vielen Faktoren bestimmt, von denen die wichtigsten die Ausrichtung des Weinbergs in Bezug zur Sonne und das Wasserhaltevermögen des Bodens sind. Die Rebe ist zweifellos eine Sonnenanbeterin, aber sie ist kein Kaktus, und deshalb braucht sie ausreichend Wasser, um wachsen zu können. Das klingt

GRUNDLAGENFORSCHUNG:

Die steinharte Wahrheit über die Mineralstoffe im Wein

Wenn man sich mit der Wissenschaft dahinter beschäftigt, erkennt man schnell, dass zum Thema Wein und Mineralität ziemlich viel Blödsinn verbreitet wird. Weinfreaks und Profis tun oft so, als ob die kreidige Note, die sie in einem französischen Chablis (aus der Rebsorte Chardonnay) wahrnehmen, darauf beruht, dass die Reben auf kargen kalkhaltigen Böden wachsen und dadurch viel Kalzium aufnehmen (Kreide besteht beinahe vollständig aus Kalziumkarbonat). Die chemische Analyse eines Chablis (oder auch Rieslingen von kalkhaltigen Böden) erzählt aber eine ganz andere Geschichte.

Diese Weine enthalten nicht mehr Kalzium als Weine aus Trauben von ganz anderen Böden. Fakt ist: Kalium steht in allen Weinen und mit Abstand an der Spitze der Mineralstoffe. Die Rebe nimmt Mineralien aus dem Boden sehr selektiv auf, und das bedeutet, dass die »kreidige« Note eines Chablis oder entsprechender Rieslinge von kalkhaltigen Böden auf anderen Substanzen beruht, die nicht aus dem Boden stammen und daher streng genommen keine Mineralstoffe sind. Die Wissenschaftler würden das sehr gerne sehr viel besser verstehen.

vielleicht ein bisschen banal, erklärt aber die charakteristischen Aromen und Geschmacksnoten von Rieslingen verschiedener Herkünfte zu einem großen Teil. Die mineralische Zusammensetzung des Bodens spielt auch eine Rolle, aber davon versteht die Wissenschaft wesentlich weniger, und sie ist viel schwieriger zu erklären – dazu später mehr.

Die Bedeutung des Breitengrads in Bezug auf den Weincharakter wird maßgeblich unterschätzt, weil die ganze Branche auf die Menge an Wärme während der Wachstumsperiode fixiert ist (Fachbegriff: Wärmesumme). Diese Zahlen sagen den Profis, welche Rebsorte wo gedeihen kann, weil jede einzelne von ihnen eine bestimmte Menge Wärme braucht, damit die Trauben richtig reifen. Wenn man etwa den Unterschied zwischen den natürlichen Bedingungen 35° und 50° nördlich des Äquators betrachtet, wird deutlich, dass Weine aus derselben Rebsorte von diesen beiden Punkten unterschiedlich schmecken werden. Das gilt ganz besonders für Riesling, weil die Trauben so spät reifen.

Am Äquator steht die Sonne das ganze Jahr hindurch mittags direkt über einem, und es ist jeden Tag 12 Stunden lang hell. Je weiter man sich in Richtung Nord- oder Südpol bewegt, desto tiefer steht die Sonne am Himmel, desto länger werden die Sommertage und die Wintertage kürzer. Auf der nördlichen Halbkugel führen nach Süden ausgerichtete Hänge zu einer Konzentration der Sonnenstrahlen, weil der »vorteilhaftere« Winkel, in dem sie auf die Reben treffen, zu einer Intensivierung führt, dadurch die Photosynthese beschleunigt wird und somit die Reife der Trauben. Je fortgeschrittener die Wachstumsperiode, desto stärker ist dieser Effekt, weil die Sonne immer niedriger am Himmel steht (bis zum 21. Dezember, wenn sich dieser Zyklus ins Gegenteil umkehrt).

In den deutschen Anbaugebieten um den 50. nördlichen Breitengrad profitiert eine Steillage mit idealer süd-südwestlicher Ausrichtung im September von 30 Prozent mehr Energie als eine vergleichbare Flachlage und 50 Prozent mehr als nach Norden ausgerichtete Hänge. Genau ab diesem Moment bilden sich die interessantesten Rieslingaromen, was bedeutet, dass es für Trauben einen bedeutenden Vorteil darstellt, in solchen ideal ausgerichteten Lagen heranzureifen. Näher zum Äquator, in den meisten Riesling-Anbaugebieten zwischen dem 40. und 45. nördlichen Breitengrad (wie etwa Washington State oder rund um die Finger Lakes im Staat New York) sind Steilhänge wesentlich weniger entscheidend. Am 35. Breitengrad, also zum Beispiel der Central Coast in Kalifornien, ist der Unterschied, was die Intensität der Sonneneinstrahlung betrifft, minimal, und andere Faktoren entscheiden über das Wohl und Wehe beim Riesling, wie die Höhe über dem Meeresspiegel und die Fähigkeit des Bodens, Wasser zu speichern. Dasselbe gilt für die südliche Hemisphäre, wo natürlich nach Norden ausgerichtete Hänge die Nase vorn haben.

Wasser ist lebenswichtig für die Weinrebe, weil es Nährstoffe transportiert. Steinige Böden werden vor allem deshalb mit dem Riesling assoziiert, weil sie in vielen der besten Lagen am Rhein und seinen Nebenflüssen vorherrschen, seiner ursprünglichen Heimat. Sie speichern im Gegensatz zu lehmigen Böden mit optimaler Speicherkapazität und einem häufig hohen Kalkanteil nur wenig Feuchtigkeit. In tonigen Böden wiederum ist das Wasser hingegen oft so fest »verpackt«, dass es den Reben gar nicht zur Verfügung steht. Jeder dieser Bodentypen bringt einen eigenständigen Weintypus hervor, ganz unabhängig von der Rebsorte. Steinige Böden neigen zu schlanken, frischen Weinen mit schneidender Säure. Im Gegensatz dazu wirken Weine von Kalklehmböden typischerweise fruchtig und geschmeidig, während Tonböden im Weinglas tendenziell zu viel Power, aber wenig Charme führen. Riesling ist ein großartiger Kommunikator in Sachen Weinbergsboden, weil er diese Unterschiede sehr deutlich in seinen Aromen, Geschmacksnoten und Balance zum Ausdruck bringt.

Mundgefühl und was dahinter steckt

Balance oder Ausgewogenheit ist entscheidend für den Geschmack jedes Weins, nicht nur Riesling. Sie beruht auf einer Wechselwirkung zwischen den Hauptgeschmackskomponenten, bei der sich keine einzelne zu stark in den Vordergrund drängt. Für einen ganzen Haufen von Weinfreaks und Profis liegt der heilige Gral jedoch in reiner Konzentration (das heißt bloßer Geschmacksintensität). Sie bemerken oft gar nicht, wie unharmonisch ihre Lieblingsweine sind, weil sie sie nur verkosten, also nur in Kleinstmengen erleben – ich nenne dieses Problem das Heiliger-Gral-Syndrom. Wissenschaftliche Studien haben vor einigen Jahren in Australien bestätigt, dass viele dieser Weine zu extrem sind, um dem Durchschnittstrinker echtes Trinkvergnügen zu bieten. Dort wurde gezeigt, dass viele Freaks und Profis Rotweine mit wesentlich mehr Gerbstoff mögen als der typische Weintrinker. Meine Beobachtungen deuten an, dass dasselbe auch für Säure, Süße, Eichenaromen vom Holzfassausbau und vieles mehr gilt. Ich bin auf der Seite normaler Weintrinker, wenn sie sich instinktiv für Harmonie entscheiden, sei es beim Riesling oder irgendeinem anderen Wein.

GRUNDLAGENFORSCHUNG:

jung und sexy?

Einer der am weitesten verbreiteten Irrtümer unserer Zeit ist die Annahme, je jünger der Wein, desto besser. Tatsache ist: Um einen harmonischen Wein im Glas zu haben, sei es Riesling, Cabernet Sauvignon oder was auch immer, ist der letzte Jahrgang garantiert nicht die beste Wahl. In jungen Weinen stehen die Hauptgeschmackskomponenten – Fruchtaromen, Gerbstoff, Süße, Säure etc. – quasi noch wie nebeneinander. Mit etwas Flaschenreife hingegen beginnen sie sich zu verbinden, zu interagieren, und es entsteht so etwas wie eine Geschmacksharmonie. Beim Riesling, ob trocken oder süß, ist dieser Effekt oft besonders ausgeprägt. Allerdings neigen die strahlenden Fruchtaromen aller Weine dazu, mit der Flaschenreife ein wenig zu verblassen; wenn man also genau die möchte, dann muss man sich mit etwas weniger Harmonie abfinden.

Natürlich ist die Wechselwirkung der vielen Geschmackskomponenten viel komplexer als die Auswirkung jeder einzelnen. Niemand braucht das zu verstehen, um Riesling zu genießen, trotzdem sind die folgenden Ausführungen hilfreich, um die wichtigsten Rieslingtypen in ihrem Wesen zu begreifen. Wie sich der Wein im Mund anfühlt, also unser Tastsinn, ist dabei eine entscheidende Sache. Der Ausdruck »Mundgefühl« wurde anfangs in Verbindung mit Chardonnay und anderen Weißweinen gebraucht, die auf der sich nach der Gärung am Fassboden absetzenden Hefe (Fachbegriff: Hefedepot) lagern. Es geht dabei in erster Linie darum, den Wein cremiger erscheinen zu lassen, ein Effekt, der noch dadurch verstärkt wird, wenn der Kellermeister dieses Hefedepot von Zeit zu Zeit aufrührt (Fachbegriff: Bâtonnage). Eigentlich wird jeder Wein geschmacklich von der Hefe beeinflusst, mit der er vergärt. Zwischen Trauben und Hefe besteht ein sehr inniges Verhältnis, das viel weiter zurückreicht als die bloße Gärung, wie wir gleich sehen werden; ich würde sagen, Trauben und Hefe sind ein Liebespaar, und der Wein ist ihr Kind.

Den Wein nach der Gärung auf der Hefe zu belassen, ist eine der Methoden, die die neue Generation von Rieslingwinzern gerne anwendet, um besonders bei trockenen Weinen die Säure zu harmonisieren, sie komplexer erscheinen zu lassen und ihnen eine positive herzhafte Note zu verleihen (Fachbegriff: umami). Der Effekt ist in etwa mit einem Schuss Sahne in einer Sauce vergleichbar: Die richtige Menge ist wunderbar, aber wenn man es übertreibt, dann wird die Sauce zu schwer, und der Riesling wird durch zu viel Aufrühren zu fett. Die volle Bedeutung dieser Methode wird aber erst in Verbindung mit einer anderen Technik deutlich, die unter den neuen Rieslingwinzern in Europa ebenfalls weit verbreitet ist.

Die Trauben auszupressen, um Saft zu erhalten, klingt einfach. Doch viele der Entscheidungen, die dabei getroffen werden müssen, beeinflussen den Geschmack des Weins im Glas ganz entscheidend. An einem Ende der breiten Skala von Möglichkeiten können die Trauben direkt aus den Körben der Lesehelfer auf die Kelter kommen (Fachbegriff: Ganztraubenpressung).

Am anderen Ende der Skala werden die Trauben leicht angequetscht und dieser Traubenpulp dann zum Mazerieren stehengelassen, was von wenigen Stunden bis zu mehreren Tagen dauern kann (Fachbegriff: Maischestandzeit). Erst danach geht es ans Pressen. Weil die Aromen, Mineralstoffe und Gerbstoffe in den Traubenhäuten sitzen, löst diese Methode sie in den Saft. Je länger die Mazeration dauert, desto mehr dieser Stoffe landet im Wein, aber man kann dieses Spiel auch zu weit treiben. Das direkte Abpressen der Trauben minimalisiert den Effekt, aber es handelt sich für den Kellermeister bei weitem nicht um eine Entweder-Oder-Entscheidung; es ist vielmehr ein komplexes Abwägen zwischen Tausenden von Nuancen. Den richtigen Weg zu finden, ist für jeden Riesling wesensbestimmend.

Die meisten Weintrinker verbinden Gerbstoff mit Rotwein, nicht mit Weißwein, und das hat gute Gründe. Gerbstoff verleiht Rotwein Wärme und Kraft, und solche, die besonders viel davon enthalten, können den Mund austrocknen. Das bringt uns zu der Frage: Riesling ist zweifellos ein eher zarter, leichter Wein – ist Gerbstoff nicht genau das Gegenteil davon? Nun, süße Rieslinge von der Mosel sind traditionell tatsächlich zarte Weine (obgleich dazu später noch genauer kommen), aber trockene deutsche Rieslinge der neueren Art können üppig und kraftvoll sein. Trockene Rieslinge aus dem Elsass und von der Donau in Österreich können noch schwerer ausfallen, weil die Trauben unter wärmeren Bedingungen reifen.

An all diesen Orten bedient man sich der Mazeration der angequetschten Trauben vor dem Pressen, um zusammen mit Aromen und Mineralstoffen Gerbstoff aus den Häuten zu lösen und den trockenen Weinen auf diese Weise Textur und Kraft zu verleihen. Nach der Gärung werden die Weine dann auf dem Hefedepot belassen (das vielleicht auch aufgerührt wird), sodass die von der sich zersetzenden Hefe freigesetzten Substanzen den Gerbstoff cremig umhüllen. Dies kann zu heftigen Aromen im Wein führen, die von röstig bis richtig stinkig reichen, und das kann man wiederum ganz individuell entweder sehr aufregend, einfach nur merkwürdig oder ganz furchtbar finden. Aber diese »moderne« Methode kommt ziemlich nahe an die Art heran, wie Riesling vor einem Jahrhundert an Rhein und Donau gemacht wurde.

Doch was in der einen Situation funktioniert, kann sich in einer anderen negativ auswirken – besonders in Anbaugebieten, die näher am Äquator liegen, wo die Sonne intensiver ist und die Traubenhäute dicker sind. Denn die Aufgabe der Häute besteht darin, die Samen zu schützen, und je intensiver die Sonne, desto stabiler müssen sie sein. Unter diesen Bedingungen müssen die Trauben so schnell wie möglich gequetscht und gepresst werden, damit nicht zu viel Gerbstoff in den Riesling gelangt. Die Cremigkeit, die durch langen Hefekontakt entsteht, kann diese Weine schnell zu schwer wirken lassen und wird daher meist vermieden.

Gleichermaßen kann die Lebendigkeit süßer Rieslinge durch schmeckbare Gerbstoffe aus den Traubenhäuten beeinträchtigt werden. Auch hier muss der Kellermeister also schnell sein, selbst in einem Gebiet mit weniger starker Sonne. Zu viel Hefekontakt kann diese Weine zu fett wirken lassen und ihre strahlende Art negativ beeinträchtigen. Das Ziel der besten Rieslingwinzer liegt immer in der Balance.

GRUNDLAGENFORSCHUNG:

Pseudo-trockene Weiß- und Rotweine

Es wird häufig angenommen, Rotweine und Weißweine aus beliebten Rebsorten wie Chardonnay und Sauvignon Blanc seien grundsätzlich trocken. Sie entpuppen aber nur allzu oft als pseudo-trockene Weine, die vorgeben, sie seien trocken, tatsächlich aber süßlich schmecken. Weine mit 13 % Alkohol und mehr benötigen dafür nur wenig zugesetzte Süße (typischerweise Traubenkonzentrat), weil Alkohol bereits süß schmeckt. Der Großteil dessen, was ich »chardonnayhaltige Getränke« nenne, wird so gemacht, und oft werden andere Sorten mitverschnitten (der aromatische Moscato ist ein sehr beliebter Kandidat), um das Ganze noch fruchtiger erscheinen zu lassen. Die rote Sorte Syrah/Shiraz ist in warmen Gebieten geradezu ideal geeignet, um solche pseudo-trockenen Weine zu produzieren, weil ihre Trauben in der letzten Reifephase austrocknen und die so entstehenden Rosinen- und/oder Dörrpflaumenaromen ebenfalls süß wirken. Wenn der Kellermeister dem Wein dann einen kleinen Schuss tatsächlicher Süße zufügt, schmeckt das Ergebnis wirklich richtig süß. Das nenne ich die rote Liebfraumilch des 21. Jahrhunderts!

KAPITEL 3
RIESLING-ABENTEUER NR. 1: DIE FINGER LAKES UND WEINSEEN IM NORDOSTEN DER USA

NEW YORKS FINGER LAKES WOLLEN ES WISSEN

Gleich geht es los, und wir stürzen ins erste von einer Reihe von Abenteuern, um herauszufinden, was auf Planet Riesling jetzt und heute tatsächlich passiert. Wir werden einige der beeindruckendsten Weinlandschaften der Welt besuchen und außergewöhnliche Menschen treffen. Wir starten in New York City (NYC), meine zweite Heimat neben Berlin. Aber bevor wir uns auf den Weg machen, muss ich hier im Big Apple noch einkaufen gehen und mich ums Abendessen kümmern. Ich laufe die anderthalb Blocks zum Union Square, wo Bauern aus dem Staat New York und New Jersey seit 1976 ihre Erzeugnisse auf dem Greenmarket feilhalten. Anfangs war es nur eine Handvoll von Erzeugern, aber der Markt wuchs schnell, und heutzutage kommen 13 Millionen Besucher jährlich. Auf CNN Travel ist er kürzlich zu einem der zehn besten Märkte der Welt gewählt worden (es gibt hier auch Wein, aber darauf kommen wir später zurück). Wenn ich an den Ständen vorbei schlendere, erinnert mich das auch daran, dass die entscheidenden Dinge bei einem Riesling nicht im Keller passieren, sondern im Weinberg wachsen. Die Reben sehr präzise zu hegen und zu pflegen, das ist die Grundlage eines jeden Rieslings, und es ist genau das, was die Stärke der Region ist, in die wir gleich fahren, einen kurzen Flug oder vier Autostunden nördlich von hier.

Die Rieslinge von den Finger Lakes – oder FLX, wie die einheimischen Winzer sie nennen – sind wirklich bemerkenswerte Weine, und das Gebiet gehört zu den schönsten Weinlandschaften der USA. Bis vor kurzem haben die New Yorker trotzdem kein großes Interesse oder gar Begeisterung gezeigt. Sicher, es gab FLX-Weine in den Weinläden der Stadt, und sie wurden durchaus getrunken, aber es herrschte keine richtige emotionale Verbundenheit zwischen diesen New Yorker Weinen und den NYC-Weintrinkern.

Ein Grund für dieses beinahe negative Desinteresse lag in der ungleichmäßigen Qualität der FLX-Weine – beim Riesling ebenso wie bei anderen Rebsorten. Sie wirkten grobschlächtiger, weniger reif und waren weniger ausgewogen als heute. Wenn man Pech hatte und einen der weniger gelungenen erwischte, dann war es vielleicht verständlich (wenn auch nicht sehr aufgeschlossen), dass die Lust auf andere Weine aus derselben Ecke sich in Grenzen hielt. Doch andere hatten mehr Glück, und aus diesen Treffern entwickelte sich allmählich eine eingeschworene FLX-Riesling-Fangemeinde.

Ein anderer, tiefer sitzende Grund für die weitverbreitete Skepsis bis unverhohlene Ablehnung gegenüber den FLX-Weinen sind die vielen Misserfolge, die Rebkultur und Weinerzeugung an den Seen im Osten Nordamerikas erlebt haben. Über zwei Jahrhunderte lang wollten die nach der Gründung von Jamestown/Virginia 1607 aus Europa importierten Reben einfach nicht gedeihen; immer wieder kränkelten sie und gingen ein. Zuerst war es die Reblaus in den Böden, die die Wurzeln anfraß. Dann kam der Luftangriff in Form von Mehltau (echter und falscher) und andere Pilze, denen die europäischen Reben nichts entgegenzusetzen hatten. Als sich diese Rebplagen dann Ende des 19. Jahrhunderts in Europas Weinbergen ausbreiteten, hatte das bekanntermaßen verheerende Folgen.

Die bis zum heutigen Tag in den Wäldern der Ostküste weit verbreiteten einheimischen Rebsorten hingegen sind gegenüber diesen Läusen und Pilzen resistent. Die aus ihnen erzeugten Weine fanden jedoch aufgrund des meist sehr ausgeprägten Bubblegum-Aromas (Fachbegriff: Fuchs-Ton) bei den Kolonisten und ihren Nachkommen keine Anhänger. Daran änderten auch die verschiedenen Preise und Aktionen nichts, mit denen die britischen und amerikanischen Behörden dieses Problem zu lösen versuchten. Thomas Jefferson scheute bekannterweise weder Geld noch Mühe, um auf seinem Gut Monticello genießbare amerikanische Weine zu erzeugen, und selbst er scheiterte auf der ganzen Linie. Der Gegensatz zwischen diesen Misserfolgen und dem spektakulären Erfolg von Cash Crops, allen voran Tabak und Baumwolle, war extrem. Es war Tabak, der den ersten Kolonisten zu schnellem Reichtum verhalf. Kein Wunder, dass die Ostküsten-Amerikaner über den Atlantik nach Osten blickten, wenn es um Wein ging, und dieser Reflex ist noch immer weit verbreitet.

Die Universitätsstadt Ithaca ist mein Tor zur Welt des FLX-Rieslings, seitdem ich im Herbst 2004 zum ersten Mal von New York City hier hergekommen bin. Aus der Luft sehen die Seen tatsächlich aus wie Finger, die nach Norden greifen – die indianischen Ureinwohner Iroquois haben das bereits vom Boden aus erkannt. Von oben nicht zu erkennen ist, wie tief diese von Gletschern geformten Becken sind: Seneca und Cayuga, die beiden größten, sind respektive 188 und 132,5 Meter tief.

Am westlichen Ufer vom Keuka-See treffe ich Frederick Frank von **Dr. Konstantin Frank**. Er ist ein bedachtsamer, einfühlsamer Typ, und viele übersehen die Entschlossenheit, die in ihm steckt Er hat die Produktion des Familienweinguts verzehnfacht, seitdem er es 1993 von seinem Vater übernommen hat. Wirklich beeindruckend wird diese Zahl, wenn man sie in Verbindung mit der konstant hohen Qualität der Dr.-Frank-Rieslinge sieht. Wenn ich mich mit Fred unterhalte, nutzt er meistens die Gelegenheit, um sein Deutsch aufzupolieren – was natürlich witzig ist, weil seine Familie zwar ursprünglich aus Deutschland stammt, er selbst aber Ukraine-Amerikaner ist und ich zwar lange in Deutschland gelebt habe, aber nach wie vor Brite bin. Doch bin ich ja nicht wegen der Sprache gekommen, schauen wir uns vielmehr seine Rieslinge an, um mehr über die Möglichkeiten meiner Lieblingsrebsorte in Upstate New York herauszufinden.

Der trockene Dr.-Frank-Riesling (auf dem Etikett steht »dry«) wächst auf den Schieferhängen am Keuka-See, und er steht europäischen Rieslingen an schlanker Rasse in nichts nach. Er war ein mehr als vielversprechender Kandidat für meine weltweite Hitliste trockener Rieslinge. Der halbtrockene Dr.-Frank-Riesling (»medium-dry«) vom Ufer des Seneca-Sees schmeckt so saftig wie ein reifer Pfirsich und stellt ganz bewusst einen starken Kontrast zu der trockenen Version dar. Mit der großartigen Balance zwischen Frucht, Würze und Frische ist der Dr.-Frank Reserve-Riesling von alten Reben am Keuka-See einer der absoluten Stars hier im Gebiet, mit einem festen Platz auf meiner weltweiten Hitliste an halbtrockenen Rieslingen. In manchen Jahren gibt es außerdem einen Dessert-Riesling, den Bunch Select Late Harvest (letzter Jahrgang 2008), mit intensiven Honig- und Trockenfruchtaromen und blitziger Frische. Die Familie Frank hat eine lange Tradition für Weine dieser Art.

Anfangs sah es jedoch kaum aus, als ob es je dazu kommen würde. 1951 war Dr. Konstantin Frank nur einer von vielen anderen Einwanderern aus der Ukraine, und er arbeitete als Hilfskellner und Tellerwäscher in einem Restaurant in Manhattan. Er hatte aber einen Doktortitel in Weinbau der Universität in Odessa mitgebracht, und nachdem er Englisch gelernt hatte, fand er einen Job bei der Weinbauforschungsstation der Universität Cornell in Geneva/New York. Dort bekam er allerdings nur unbedeutende Aufgaben zugeteilt, weil die Fachleute seine Vision vom Riesling und anderen europäischen Rebsorten an den Finger Lakes nicht ernst nahmen. Sie sagten ihm, das sei unmöglich, weil der raue Winter hier im Nordosten die Reben killen würde. Wahrscheinlich war es die lange Geschichte von weinbaulichen Misserfolgen hier im Osten, die sie daran hinderte, sich ernsthaft mit den Obstbäumen und Nicht-Vinifera-Reben auseinanderzusetzen, die rund um die Finger Lakes sowie an Lake Ontario, Erie und Michigan wuchsen. Diese riesigen Binnen-Wassermassen wirken sich wie ein natürliches Frostschutz-System auf die umliegenden Gebiete aus und reduzieren das Risiko von Winterfrostschäden ganz entscheidend. Es ist dieser »See-Effekt«, der die neuen Rieslinge hier ermöglicht, die nicht nur mich so begeistern, und sie trotz aller Unterschiede zu einer Familie macht.

Dr. Frank seinerseits nahm das »unmöglich« nicht ernst und pflanzte 1958 die ersten Europäer-Reben am Keuka-See, inklusive Riesling. Seine erste Ernte, 1962, war ein denkwürdiger Moment, weil es ihm nicht nur gelang, die als unmöglich prophezeiten Trauben zu lesen, sondern daraus auch edelfaule Beeren für eine Trockenbeerenauslese zu selektionieren (das höchste deutsche Prädikat für Dessertweine) – für den Wein, der im Weingut heute als Bunch Select Late Harvest bezeichnet wird. Es war der erste Wein dieser Art überhaupt in den USA. Der Mangel an Anerkennung war anfangs ohrenbetäubend, und es ist Fred und seine Tochter Meaghan, die heute die Früchte von über einem halben Jahrhundert an Engagement für den Riesling und andere Vinifera-Sorten an den Finger Lakes erntet.

Auf meiner ersten Reise an die Finger Lakes gab es einige Highlights, aber es waren vereinzelte und wenige Weine. Dass ich heute zuversichtlich sagen kann, dass die FLX-Rieslinge während der letzten zehn Jahre entscheidend an Ausgewogenheit und Charakter gewonnen haben, verdanke ich den zahlreichen Verkostungen, die Bob Madill für mich organisiert hat, der kanadische Gründer der Sheldrake Point Winery am Cayuga-See. Bobs unermüdlich kritischer Geist hat seine Kollegen und das Sheldrake Point-Team dazu gebracht, sich immer noch ein bisschen mehr anzustrengen mit ihren Rieslingen. Sie fanden ihn vielleicht manchmal lästig, nahmen sich seine Ratschläge aber grundsätzlich zu Herzen.

Riesling eignet sich zwar gut für das generell eher feuchte und ziemlich kühle Klima hier, aber die Unregelmäßigkeiten der Witterung stellen für die Winzer eine echte Herausforderung dar, viel mehr als an der Westküste. Im Sommer kann es hier kurzzeitig ebenso heiß sein wie im Napa Valley in Kalifornien; doch dann kann sich alles ganz plötzlich ins Feuchte drehen, im sommerlichen Kalifornien quasi ein Ding der Unmöglichkeit. Die Böden saugen die Feuchtigkeit dann auf wie ein Schwamm und geben sie an die Reben ab, die dadurch dschungelartig wuchern, wenn es warm bleibt. Doch jedes Jahr verläuft anders, und es liegt nahe, hochwertigen Riesling hier als Spinnerei abzutun. Die besten FLX-Produzenten sehen das aber keinesfalls so.

Mark Wagner von **Lamoreaux Landing** am westlichen Ufer vom Seneca-See genießt die Herausforderungen dieses Gebiets. Er arbeitet wie besessen an den kleinsten Details im Weinberg, und als er mir zwei seiner Riesling-Lagen zeigte, hatte ich den Eindruck, er würde hier übernachten, wenn ihm das zu besseren

Trauben verhülfe. In den letzten Jahren hat sich diese Entschlossenheit in den Weinen deutlich gezeigt. Seit 2009 produziert er neben seinen regulären trockenen und halbtrockenen Abfüllungen jedes Jahr drei Einzellagen-Rieslinge. Yellow Dog Vineyard ist tendenziell am schlankesten und säurebetontesten, Red Oak Vineyard wirkt reif und großzügig, während Round Rock Vineyard der saftigste und eleganteste der drei ist. Allen gemein ist etwas natürliche Kohlensäure, sodass sie leichter und strahlender wirken, als man bei einem Wein mit beinahe 13 % Alkohol erwarten würde. Alle drei liegen im halbtrockenen Bereich, aber nach ein paar Jahren Flaschenreife sind dies trockene Weine und großartige Essensbegleiter. Marks größte Leistung ist die Tatsache, dass ich hier keine Jahrgänge zu nennen brauche, um die richtigen Weine zu empfehlen: Trotz charakterlicher Unterschiede ist jeder einzelne seiner Rieslinge wahrhaft gelungen. In meinen Augen ist das die Definition eines großen Winzers. Und die schönen Weingutsgebäude beweisen, dass sich das hier mit ebenso viel Stil wie in Kalifornien bewerkstelligen lässt, doch ohne das ganze angeberische Getue, das dort so weit verbreitet ist.

Dave Whiting von **Red Newt**, eine kurze Autofahrt entfernt in Hector, gehört ebenfalls zu den sehr verlässlichen FLX Riesling-Erzeugern, hat aber eine ganz andere Heransgehensweise und besitzt keinen einzigen eigenen Rebstock. Dave kauft stattdessen Trauben von einer Handvoll von Winzern, mit denen er sehr eng zusammenarbeitet. Unter anderem kommen aus seinem Keller alljährlich um die 200 000 Flaschen eines FLX Rieslings namens Circle, der sich schnell zu einer der wichtigsten Marken des Gebiets entwickelt hat. Am »trockenen Ende der halbsüßen Skala« klingt nicht wirklich sexy, aber die Tangerinen und Aprikosen, an die der Wein geschmacklich erinnert, sind es umso mehr, und er ist immer glasklar und lebendig. Er stammt aus denselben Lagen wie die Einzellagen-Rieslinge, die jeder für sich die respektiv beste Partie eines Jahrgangs darstellen. Neu sind kürzlich Weine aus den Lagen Tango Oaks (ein trockener Lagenwein) und Lahoma (ein Wein im Stil einer zartsüßen Spätlese vom deutschen Rhein) dazu gekommen. Die Saftigkeit des betont süßen Rieslings aus der Lage Sawmill Creek wird von einer Leichtigkeit begleitet, die ihn äußerst charmant wirken lässt; er erinnert an eine Riesling Auslese von der Mosel. Whiting ist sozusagen der Meister in Sachen FLX- Riesling-Charme, und deshalb stellt die Sorte volle 75 % seiner gesamten Produktion dar. Die Ursprünge dieser Entwicklung liegen in der Rieslingbegeisterung, die 2008 einsetzte. Der neue Kellermeister Kelby Russell (seit dem Jahrgang 2012) steigerte die bisherigen Ergebnisse nochmals deutlich. Das Haus ist auf dem besten Weg, sich einen Platz unter den besten Weingütern des Gebiets zu erarbeiten. Ebenfalls nicht zu versäumen ist das Red Newt Bistro, eines der besten Restaurants in der Region.

Hier kocht Dave Whiting selbst. Zu finden sind hier viele der neuen regionalen Produkte, die seit meinem ersten Besuch in FLX förmlich aus dem Boden geschossen sind. Im neuen Miniweingut **Boundary Breaks** in der Kellerei von Red Newt verarbeitet Kelby Russel die Trauben, die unter einem eigenen Etikett vermarktet werden. Während der Woche betreibt Bruce Murry Marktforschung im Big Apple und am Wochenende baut er seit 2008 sein Weingut aus, dass in einer der besten Lagen am Ostufer des Seneca Lake liegt. Sein Vorbild ist dabei die süße filigrane Spätlese von Helmut Dönnhoff aus Oberhausen an der Nahe. Manche seiner Weine zeigen tatsächlich diese Feinheit und Eleganz. Mit dem Jahrgang 2012 wird viel Ehrgeiz und Zeit in die Herstellung trockener Weine investiert. Dieser Stern steigt schnell.

Hermann J. Wiemer, am westlichen Ufer vom Seneca-See, gilt nahezu seit der Gründung des Betriebs 1979 als Nummer Eins im Gebiet. Was aber nicht bedeutet, dass es hier keine Veränderungen gegeben hätte, seitdem der gebürtige Schwede Oskar Bynke zusammen mit Frederick Merwarth aus Pennsylvania hier 2007 die Regie übernommen hat, als Hermann sich aus dem aktiven Geschäftsleben verabschiedete. Sie haben sich aber ebenfalls für Einzellagen-Weine entschieden. Die beiden geben ein ungewöhnliches Paar ab, haben aber diese Philosophie richtiggehend zu einer Kunst und Wissenschaft erhoben. Oskar draußen im Weinberg setzt auf Systematik und Empirik, Kellermeister Fred glaubt an extrem geduldige und präzise Handarbeit. Jeden Herbst lesen und keltern sie die Trauben für Dutzende von Riesling-Partien separat und füllen dann daraus im folgenden Sommer bis zu acht verschiedene Weine, häufig nach einer wirklich langsamen Gärung von über sechs Monaten.

Einer der Gründe für diese Vielfalt lautet, dass die Bedingungen in den einzelnen Lagen sich wesentlich unterscheiden. Oskar sagt: »Es geht nicht nur darum, wie viel Sonne jeder Weinberg abbekommt, sondern auch wie sich der Wetterablauf durchs Gebiet zieht, wie gut die kalte Luft an den einzelnen Stellen abfließt, wie stark der Einfluss des Sees ist und viele andere Faktoren.« Oskar und Fred haben all diese Faktoren für jede einzelne der Wiemer-Lagen kartographiert, allen voran für jene, aus denen ihre Einzellagen-Abfüllungen stammen. Der trockene Riesling aus der Lage HJW duftet nach Frühlings-

blüten und schmeckt auch genauso fein, während der trockene Riesling aus dem Magdalena Vineyard dichter und muskulöser wirkt. Es sind extrem gegensätzliche Formen von trockenem Riesling auf höchstem Niveau. Der Dry Riesling Reserve ist eine Cuvée aus den beiden. Für meinen Geschmack schmecken diese Weine meist eher halbtrocken als trocken, aber das tut dem Vergnügen keinen Abbruch.

Riesling-Erzeuger neigen dazu, sich gelegentlich in einem bestimmten Stil richtig zu verbeißen, aber Hermanns Interesse an allen Möglichkeiten dieser Sorte hat sich auf Fred und Oskar übertragen. Wenn ich die neuen Weine mit ihnen verkoste, beginnen wir immer mit den trockenen und schließen mit dem süßen Late Harvest (Spätlese) ab. Die Wahl eines Favoriten ist dabei genauso schwierig, wie sich auf einen der jeder auf seine Art wunderschönen Seen zu entscheiden! Der »normale« Late Harvest ist ein Traum von Cremigkeit, dann folgt der Late Harvest aus der Lage Joseph, und ich habe das Gefühl, fünf Meilen tief in Pfirsich- und Aprikosen-Aromen zu schweben und kann die Gischt der vielen Wasserfälle schmecken, die sich allerorts aus steinigen Klüften sprühen.

Dies sind die FLX-Riesling-Stars, die den meisten in der Weinszene wohl vertraut sind, doch neben ihnen gibt es eine Reihe von Winzern mit Weinen voller Frucht und Frische, die einfach richtig Spaß machen, ohne dass man viel nachdenken muss. Der feinherbe Wein von Martha und Tom Macinski von **Standing Stone** in Hector ist ein perfektes Beispiel für diese unkomplizierte Art von FLX Riesling.

Seit zehn Jahren herrscht bei den Finger-Lakes-Rieslingen eine deutlich größere Vielfalt, und das ist Menschen wie Kim Engle von **Bloomer Creek** zu verdanken (vielen eher bekannt als **Tanzen Dame**, der Marke, unter der die Rieslinge vermarktet werden), am östlichen Ufer des Seneca-Sees. Sein schulterlanges Haar und der große Schnurrbart haben manche zu der Vermutung gebracht, er mache Weine wie ein Hippie, was aber keineswegs der Fall ist. Er hat zweifellos seine ganz eigenen Ansichten zu allem und jedem, aber in den 30 Jahren seit der Gründung dieses kleinen Weinguts hat er sich sehr genau seinen Weg durchs Rieslinglabyrinth im Keller gesucht, und dadurch sind seine Weine ganz anders. Was ihnen vielleicht an frischfruchtigen Aromen fehlt, wird mit warmen Gewürz- und Trockenfruchtnoten sowie einer satten Art mehr als wettgemacht. Es sind gewagt eigenständige Weine, die zu Recht weit über FLX hinaus für Aufsehen gesorgt haben.

Seitdem Kris Matthewson bei **Bellwether** angefangen hat, wird hier neben Apfelwein auch Riesling produziert, der sich sofort bis an die Grenzen der üblichen

Kellermethoden und darüber hinaus wagte. Die nahezu übernatürliche jugendliche Vitalität der trockenen Rieslinge dieses jungen, smarten Winemakers hat mich wirklich umgehauen. Allerdings haben diese Weine in ihrer tatsächlichen Jugend (bis zu zwei Jahren) auch eine intensive Hefenote, die man entweder wunderbar findet oder ziemlich vehement ablehnt. Derart extreme Weine wären noch bis vor wenigen Jahren für die große Mehrheit der Winemaker dieses Gebiets undenkbar gewesen. Damals traute sich nur **Silver Thread** diese Gratwanderung im Keller, und der neue Besitzer, Paul E. Brock, setzt weiter auf diese Richtung. Seine Weine sind sehr eigenständig und zeigen feine Kräuternoten bei sanft wirkender Säure. Im insgesamt säurereichen FLX-Kontext brauchen diese Weine trotzdem ein paar Jahre auf der Flasche um sich voll zu entfalten.

Wer die Finger Lakes in Sachen Wein besucht, springt oft ebenso kreuz und quer in der Gegend herum, wie es meine Gedanken gerade von Keller zu Keller getan haben. So aufregend das ist, können durch die vielen bunten Eindrücke dabei doch leicht ein paar fundamentale Dinge übersehen werden. Treten wir also einen Schritt zurück und betrachten die bahnbrechenden Neuerungen beim FLX Riesling während der letzten zehn Jahre. Ganz oben auf der Liste steht für mich, wie viel entspannter die Winzer mit dem Begriff »trocken« umgehen. Früher waren es einzig und allein analytische Werte, nach denen entschieden wurde, welcher Wein als trocken bezeichnet wurde und welcher nicht, während heute weitestgehend die geschmackliche Ausgewogenheit den Ausschlag gibt.

Die trockenen Rieslinge einer ganzen Reihe von Weingütern, allen voran **Ravines Wine Cellars**, wirkten damals ziemlich streng, während sie heute viel harmonischer daherkommen, sodass die erdig-mineralischen Noten viel attraktiver erscheinen. Damit einher ging hier eine drastische Steigerung der Produktionsmenge, und mit den sehr erfolgreichen Jahrgängen 2011 und '12 ist dieser Betrieb zu einem der wichtigsten FLX- Produzenten aufgestiegen. Bei **Sheldrake Point** hatte eine lebensfreudigere Haltung bei der »Trocken«-Definition einen ähnlichen Effekt auf die Weine: Ihre beträchtliche Säure wirkt jetzt viel harmonischer eingebunden, sodass die Zitrus-, Apfel- und Kräuteraromen viel besser zur Geltung kommen und im Gegensatz zu vorher richtig strah-

VERRÜCKTE RIESLING-ZAHLEN: New York, New York!

Weil die Merlot-Rotweine, die auf der North Fork von Long Island erzeugt werden, in der letzten Zeit für so viele Schlagzeilen gesorgt haben, nehmen die meisten an, dies seien die wichtigsten Weine von New York State. Tatsächlich dominiert heute aber der Riesling ganz eindeutig unter den Vitis-Vinifera-Sorten im Staat. Das liegt daran, dass sich die mit ihm bepflanzte Fläche an den Finger Lakes von 220 Hektar im Jahr 2006 auf 344 Hektar im Jahr 2011 ausgedehnt hat, ein Sprung von 56 % in nur fünf Jahren. Auch die Merlot-Fläche ist gestiegen, aber mit lediglich 309 Hektar im gesamten Staat liegt sie deutlich hinter der des Rieslings, der es insgesamt auf 418 Hektar bringt, woran der Anteil der Finger Lakes über 80 % ausmacht. Viele der Betriebe außerhalb des Gebiets erzeugen zudem Riesling aus Trauben von den Finger Lakes, ohne das auf dem Etikett zu vermerken, was die Konsumenten-Wahrnehmung dieser Herkunft verzögert hat –, doch das wird jetzt ganz schnell aufgeholt.

len. Seit dem Jahrgang 2010 verbindet sich ihr ausgeprägter Charakter mit einem Charme, der ihnen zuvor fehlte. Ich habe keine Zweifel, dass die neuen Weine dadurch noch besser auf der Flasche reifen werden, als es bei den älteren Jahrgängen der Fall war.

Jetzt ist es an der Zeit, nach New York City und dem Union Square Greenmarket zurückzukehren, wo **Anthony Road** am Samstag einen Stand hat, der in der Regel von den Besitzern selbst betreut wird, John und Ann Martini. Seit 1999 fahren sie vom Westufer des Seneca-Sees allwöchentlich hinunter in die Stadt, um ihre Weine zu verkaufen. Ihre aufregendsten Rieslinge werden ohne den Zusatz von Reinzuchthefen aus der Tüte vergoren und dürfen selbst entscheiden, ob sie letztendlich trocken oder süß schmecken werden. Sie werden entweder als Art Series oder Martini Reserve vermarktet und schmecken ebenso eigenständig wie die besten europäischen Rieslinge. Das liegt zu großen Teilen an ihrem ehemaligen deutschen Winemaker Johannes Reinhardt.

Ab 2012 auch am neuen Winemaker Peter Becroft der seit 2006 von Johannes Rheinhardt die Kellerwirtschaft erlernt hat. Einen Teil dieser Lehrzeit hat Peter dabei in einem Airstream Wohnwagen neben dem Weingut gewohnt.

Unter dem Etikett **Kemmeter Wines** (seit dem Jahrgang 2012) vermarktet Johannes seine herben Riesling Weine die er aus zugekauften Trauben erzeugt. 2014 hat er einen Weinberg angelegt und wird ab 2016 seine eigenen Riesling Trauben ernten. Jedes Jahr seit 2014 haben Anthony Road und seine Seneca-Kollegen Peter Bell von **Fox Run** und Dave Whiting von Red Newt (wobei sowohl Weine als auch Wissen ausgetauscht werden), die hochwertige trockene Riesling-Cuvée **Tierce** erzeugt. Dabei handelt es sich jedoch keineswegs nur einfach um noch einen interessanten Riesling (der an Apfelkuchen und kandierte Zitronen erinnert, säurefrisch schmeckt und mittelgewichtig daherkommt), sondern auch einen entscheidenden Schritt auf der Erfolgsleiter in der Geschichte des FLX Riesling der letzten fünfzig Jahre. Der trockene 2010 Tierce Riesling wurde am 21. Januar 2013 bei dem Mittagessen serviert, das auf die 57. zeremonielle Amtseinführung des Präsidenten im Capitol in Washington DC folgte, am Anfang der zweiten Amtsperiode von Barack Obama. FLX Riesling ist der entscheidende Durchbruch gelungen!

Ohio, New Jersey und Pennsylvania

Es lässt sich ziemlich viel über die verschiedenen Gegenden Amerikas und der Welt lernen, wenn man sich mit den dortigen Rieslingen beschäftigt. In vielen Fällen spiegeln sie unsere Vorstellung von der Welt in einer längst überholten Version wider. Bei meiner ersten Begegnung mit dem Golden- Bunches-Riesling von **Ferrante** aus Harpersfield, OHIO, im Jahr 2007, hatte ich keine Ahnung, dass es in Ohio überhaupt Riesling gibt! Schon beim ersten Schluck fiel mir auf, wie perfekt der Name zum Wein passt, weil der voller goldener Fruchtaromen steckt, an Pfirsiche, Zitrus und Ananas erinnert. Vielleicht ist das nur ein Glückstreffer, dachte ich, aber bei jeder weiteren Begegnung war ich aufs Neue beeindruckt. Ich kann jetzt wirklich ganz aufrichtig sagen, dass einer der besten amerikanischen halbtrockenen Rieslinge vor den Toren der Stadt Cleveland wächst!

»Was ist dein Lieblingswein?«, werde ich immer wieder gefragt, und ich verstehe durchaus, warum. Viele hoffen mit meiner Antwort auf einen heißen Tipp oder glauben, ich würde mich damit als Snob entlarven, der eigentlich und insgeheim teure Angeber-Rotweine jedem Riesling vorzieht. Meine Antwort ist immer die gleiche und lautet: »Die nächste Entdeckung ist der interessanteste Wein von allen.«

Die Weine von der Ostküste leiden immer noch unter weit verbreiteten Vorurteilen, dabei kann man hier auf richtige Entdeckungen stoßen. NEW JERSEY etwa gilt den meisten vor allem als Industriegebiet, sodass sich die rasch wachsende Weinbranche des Staates schwer tut. Falls ich mich nicht grandios irre, residiert hier jedoch einer der zukünftigen Riesling-Stars, Mike Beneduce, von **Beneduce Vineyards** in den malerischen Hügeln um Pittstown. 2013 hat er seinen ersten trockenen Riesling aus eigenen Trauben erzeugt, und der überzeugte durch große Ausgewogenheit und subtile Würze. Sein halbtrockener Three-Windows-Riesling wirkt zugleich saftig und elegant. Die Begegnung mit diesen Weinen brachte mich auch dazu, mich genauer mit der Weinbranche von New Jersey zu befassen, die sich als die siebtgrößte der USA entpuppte.

Zu meiner extremen Überraschung stieß ich dabei auf einen wirklich großartigen trockenen Riesling aus PENNSYLVANIA, den Stone Cellar von **Galen Glen** aus Andreas im Lehigh Valley, zwischen Philadelphia und den Appalachen. Die Besitzer Galen und Sarah Troxell konzentrieren sich auf Sorten aus den deutschsprachigen Gebieten, wie Grüner Veltliner, Gewürztraminer und dem roten Zweigelt. Der Stone-Cellar-Riesling besticht durch wirklich ansprechende Pfirsich- und Geißblattaromen, schmeckt trotzdem ganz trocken und sehr reintönig mit viel mineralischer Frische.

Ontarios köstliche Riesling-Widersprüche

In Klischees steckt nur selten etwas Wahres, und was Amerikaner im Allgemeinen so über ihre kanadischen Nachbarn erzählen, ist da keine Ausnahme; langweilig und humorlos seien sie angeblich. Auf der Niagara-Halbinsel in ONTARIO lässt sich erleben, dass das einfach Blödsinn ist. Dies ist eine der buntesten und am breitesten aufgestellten Weinbauregionen der Welt, deren beste Weine charismatisch und unglaublich vielfältig sind, genau wie die Menschen dahinter. Immer wenn man gerade meint, man habe jetzt begriffen, was hier abgeht, trifft man unverhofft noch einen ganz anderen Weinmenschen oder besucht ein Weingut, das in keine der Schubladen passt, die man sich bis dahin so übersichtlich sortiert hatte. Die Wahrheit ist – und Achtung, darin stecken einige ernsthafte Gegensätze –, dass an diesem einen Ort anscheinend alle Arten von Weinen für und von allen Arten von Weinmenschen möglich sind. Und das in einem Gebiet mit lediglich 6100 Hektar Rebfläche, ein winziger Teil etwa vom Burgund oder Napa und nicht ganz doppelt so groß wie der Rheingau in Deutschland, dem Ursprung des Rieslings.

Um sich ein einigermaßen aussagekräftiges Bild der Niagara-Halbinsel zu verschaffen, muss man an einem klaren Tag in die Weinberge fahren, von denen sich viele entlang der Hänge unter der Kuppe ziehen, die das Rückgrat der Halbinsel bildet. Am Horizont, nur knapp 50 Kilometer entfernt, scheinen die Wolkenkratzer von Toronto aus dem Ontario-See aufzusteigen, doch sieht man durch die Erdkrümmung nicht den Boden, auf dem sie stehen. Dann wird einem klar, dass sie quasi exakt nördlich des Anbaugebietes liegen, was bedeutet, dass die meisten Weinberge hier auch nach Norden zeigen – und die Experten sind sich allgemein einig, dass in kühlen Anbaugebieten die südliche Ausrichtung essenziell ist, um so viel Sonne wie möglich einzufangen! Und das in Kanada, das nicht nur kühl, sondern, da führt auch ohne Klischee kein Weg herum, richtig kalt sein kann?!? Wenn man dann noch die Klimastatistik betrachtet, dann weiß man überhaupt nicht mehr, was hier in diesem kanadischen Weinbaugebiet nun eigentlich Sache ist.

Also. Die Durchschnittstemperatur im Juli liegt bei 21,7°C, ähnlich wie in Napa, und die akkumulierte Wärmemenge während der gesamten Vegetationsperiode ist in Niagara nur wenig geringer als in Napa, obgleich wir uns hier unmittelbar nördlich des 43. Breitengrads befinden, in Napa aber nah am 38. Breitengrad. Rein nach Zahlen ist es in Niagara im Juni, Juli, August und September wärmer als im Rheingau, in der Champagne oder im Burgund und beinahe so warm wie in Bordeaux. Im Sommer ist es außerdem häufig ziemlich feucht wegen der gigantischen Wassermassen des Ontario-Sees. Der Winter ist natürlich viel kälter hier als in jenen europäischen Gebieten, die Durchschnittstemperatur im Januar liegt bei minus 3,6 Grad Celsius. Für mich klingt das im Vergleich mit Berlin und New York schlichtweg arktisch. In meinen beiden Heimatstädten sind es 0,5 Grad Celsius, und das finde ich schon ziemlich kalt.

Aber dann erinnere ich mich daran, dass ich auf dem Weg vom Flughafen zu diesen erstaunlichen Weinbergen mit dem beeindruckenden Blick auf die Wolkenkratzer von Toronto durch den Smog der Stadt und an der Schwerindustrie von Hamilton vorbeigefahren bin. Wenn man aus der anderen Richtung kommt, aus Buffalo/New York, dann lernt man die ähnlich wenig attraktive Industriezone von St. Catherines kennen. Ließe man sich hingegen direkt in die historischen Straßen von Niagara-on-the-Lake oder das pittoreske Örtchen Jordan beamen, mitten unter die Horden von asiatischen Touristen und heimischen Tagestouristen (beinahe zwei Millionen sind es jährlich), käme man kaum auf die Idee, dass so etwas wie Industrie hier überhaupt existiert. Noch vor dem ersten Schluck Wein muss man sich also mit einem ganzen Haufen von scheinbaren Gegensätzen auseinandersetzen. Eines zumindest ist unbestreitbar: mit 93 % der Rebfläche von Ontario ist dies ganz klar der richtige Ort, um im Osten Kanadas dem Riesling auf die Spur zu kommen.

Die Ontario-Winzer sind ziemlich besessen von alten Reben, weil es so wenig davon gibt. In den meisten Weinbaugebieten der Welt gelten 30 Jahre als normale Lebenserwartung für einen Rebstock. In manchen Gegenden hingegen, wie dem Burgund und der Mosel, gibt es kommerziell genutzte Weinberge, die wesentlich älter sind, und ganz vereinzelt stößt man auch auf Reben aus dem späten 19. Jahrhundert, die immer noch Trauben tragen. In Ontario gibt es nur wenige Rebstöcke, die älter als 30 Jahre sind, und es umgibt sie eine Art Heiligenschein.

Das gilt ganz besonders für einen Teil der offiziell ersten Rieslingreben, die je auf der Niagara-Halbinsel gepflanzt wurden, beim **Cave Spring Vineyard**, wo zwei Hektar aus dem Jahr 1978 stammen. Zehn Jahre später gründeten Len Pennachetti und Winemaker Angelo Pavan das Unternehmen Cave Spring Cellars, das 1990 an die gegenwärtige Adresse in Jordan zog, in Gebäude, deren Ursprünge im Jahr 1871 liegen. Bei meinem ersten Besuch 2004 war ihr halbtrockener Riesling CSV bereits der anerkannteste der Halbinsel. Mit dem Restaurant Inn on the Tewnty und dem gleichnamigen Hotel, die 1993, respektive 1996 dazu kamen, schufen sie einen eleganten Rahmen für ihn und ihre anderen Spitzenweine.

Klone genießen keinen besonders guten Ruf, aber die Geschichte der »alten« Reben, die die Trauben für den CSV liefern, sollte dem abhelfen. So gut wie alle Weinberge der Neuzeit sind mit klonselektierten Reben bepflanzt, und bei Cave Spring ist es der Rieslingklon B21, den Hermann Weis aus dem Weingut und der Rebschule St. Urbanshof an der Mosel hier eingeführt hat. Er war überzeugt, dass Niagara der Ort in Nordamerika mit dem besten Potenzial für Rieslingweine mit ähnlicher Aromenfinesse und rassiger Eleganz wie in seiner Heimat sei. Es ist ein Traum, der die meisten Rieslingerzeuger des Gebiets immer noch auf die eine oder andere Art verfolgt. Die Verbindung der beiden Familien wurde noch enger, als Tom Pennachetti, bei Cave Spring zuständig für Verkauf und Vermarktung, Hermanns Tochter Anne heiratete. Zusammen mit der Tatsache, dass die Mehrheit der Riesling-Weinberge in Niagara heute mit Klon 21B bestockt ist, macht das Cave Spring zu genau dem richtigen Punkt, um sich eingehender mit dem Riesling in Niagara und dem Gebiet als Ganzen zu beschäftigen.

In Niagara muss man dafür aufgrund der geologischen Komplexität im wahrsten Sinne des Wortes ziemlich tief graben. Die felsigen Untergründe der Weinberge werden hier genauso ehrfürchtig verehrt wie die alten Reben, weil sie der Ursprung für den angesagten mineralischen Geschmack der Weine sind. Der Steilhang ist wie eine vielschichtige Torte aus Ablagerungsgesteinen, vor allem Kalk, der auf altem Schiefer sitzt. Die Niagara-Fälle sind der Punkt, an dem der St. Lawrence-Fluss vom Steilhang herabstürzt, der sich ein wenig weiter nach Osten bis in die USA und von Cave Spring Tausende von Kilometer nach Westen erstreckt, bis zur Bruce-Halbinsel und der Insel Manitoulin.

Die Lagen auf den *Benches*, Terrassen des Steilhangs, wie Cave Spring, das zur Beamsville Bench gehört, wachsen auf Kalk. Die Eisplatten, die Kanada und einen Großteil der USA während der vielen Eiszeiten der letzten drei Millionen Jahre immer wieder überzogen, haben zu Unmengen von Felsablagerungen aus dem Norden auf dem Kalk geführt, hauptsächlich Granit. Daher sind die Böden hier eine Mischung aus diesen Ablagerungen und Verwitterungsgestein aus dem Grundgestein, sowie Bodenmaterial, das sich seitdem gebildet hat. Bei

VERRÜCKTE RIESLING-ZAHLEN:
Canada-Dry-trockene Fakten und Zahlen

2011 betrug die mit Riesling bestockte Rebfläche in Ontario beeindruckende 667 Hektar. Das ist mehr als in einer ganzen Reihe deutscher Anbaugebiete und spricht Bände für den Erfolg des Weins im heimischen Markt, weil sehr wenig kanadischer Wein exportiert wird. Wie die Lese-Statistik für den Jahrgang 2012 zeigt, entwickelt sich Riesling gerade zu Ontarios bedeutendster Vinifera-Sorte: 8497 Tonnen Rieslingtrauben wurden in jenem Jahr gekeltert, im Vergleich zu 8714 Tonnen Chardonnay. Das entspricht in etwa 8,5 Millionen Flaschen Riesling, obgleich die tatsächliche Zahl etwas niedriger liegt, da einiges in Weißwein-Cuvées landet. Auf alle Fälle macht Riesling über 19% der gesamten Vinifera-Ernte aus, beinahe so viel wie die entsprechende Zahl für Deutschland. In Ontario wird erwartet, dass Riesling in einigen Jahren den Chardonnay als Vinifera-Sorte Nummer Eins abgelöst haben wird. Ich brauchte etwas Hilfe, um herauszufinden, wie viel Riesling in den anderen Provinzen im Osten Kanadas wächst. In Québec konnte Winemaker Anthony Carone vom gleichnamigen Weingut in Lanoraie keine verlässlichen Zahlen für seine Provinz finden. »Ich würde schätzen, es sind maximal 10 Hektar«, sagte er mir. Sein Ton lässt mich vermuten, dass Riesling dort keine bedeutende Rolle spielt, vielleicht weil er in der frankophonen Provinz als deutschsprachige Sorte gilt. In Nova Scotia hingegen deuten die von Gina Haverstock, Winemakerin von **Gaspereau Vineyard** unweit von Wolfsville, gesammelten Daten daraufhin, dass sich dort gerade einiges tut. Sie schätzt die mit Riesling bestockte Fläche auf 4 Hektar, die sich auf neun verschiedene Erzeuger aufteilen. »Ich denke, da es in den letzten zehn Jahren positive Erfahrungen mit Riesling in Weinberg und Keller gegeben hat«, sagte sie, »dass er in Nova Scotia tatsächlich immer mehr angebaut wird.« Ihr frischer, duftiger (Apfel, Passionsfrucht, Beeren und Kräuter) halbtrockener Black-Dogs-Riesling hat mich in der Tat sehr beeindruckt.

Cave Spring ist der Boden wie allgemein auf den Benches flachgründig und ziemlich trocken. Das bedeutet, dass die Reben in diesem »kühlen« Gebiet, in dem es im Sommer beinahe so warm ist wie in Napa, in warmen Jahren mit Trockenstress zu kämpfen haben. Anders als in Napa, wo Tröpfchenbewässerungssysteme die Norm darstellen, habe ich diese auf der Niagara-Halbinsel jedoch nirgendwo gesehen.

Was bedeutet das für den Wein im Glas? Cave Spring erzeugt jedes Jahr sechs verschiedene Rieslinge, darunter einen trockenen. Das beruht darauf, dass Niagara-Riesling viel natürliche Säure mitbringt, was in einem richtig trockenen Wein zu einem ziemlich strengen, mageren oder schlichtweg sauren Ergebnis führen kann. Daher sind die fünf Haupt-Rieslinge aus diesem Haus sämtlich halbtrocken, was aber eine sehr unzureichende Beschreibung ist, weil sie zu den besten Weißweinen der Welt gehören. Mit Apfel-, Pfirsich- und Blütennoten wirkt der normale Niagara- Peninsula-Riesling runder und weniger säurebetont als die anderen Weine, was auch darauf beruht, dass über ein Drittel der Trauben aus Lagen mit fruchtbareren Böden unterhalb des Steilhangs stammen. Der Dolomite-Riesling, ausschließlich vom Steilhang, ist eleganter, aber etwas weniger duftig als der Gutsriesling;

er erinnert an Holunderblüten und bringt eine mineralische Note ins Spiel (ja, tatsächlich), die ihn ziemlich trocken schmecken lässt. Der Adam-Steps-Riesling wirkt noch floraler, mit zitroniger Frische und Supermodel-Konturen.

Es war schon ein echtes Erlebnis, die CSV-Rieslinge (der Spitzenwein der Kollektion) zusammen mit den Penachettis und Angelo Pavan von 2012 bis zurück zum Jahrgang 2003 zu verkosten; nicht zuletzt, weil ich bei meinem letzten Besuch hier im Jahr 2004 diesen letzten Wein frisch abgefüllt noch vor seiner Vermarktung erlebt hatte (der aktuelle CSV-Jahrgang ist meistens drei Jahre alt). Damals hatte ich ihn als »straff gespanntes Uhrwerk« beschrieben. Neun Jahre später zeigte er sich komplex und stoffig, mit streichelweichen Geschmacksnoten, die an Toast und gekochte Quitten erinnerten. Noch köstlicher und kraftvoller waren die CSV der Jahrgänge 2005 und 2007, mit Kräuter- und Fenchelaromen. Mit ein bzw. zwei Jahren wirkten 2011 und 2012 jetzt wie straff gespannte Uhrwerke, aber voller Aromen (2012 duftete exotischer, 2011 eher nach Blüten und Äpfeln). Ebenso sensationell waren die Eisweine, 2008 noch ganz jugendlich, mit einer Fülle von exotischen Fruchtaromen und einem himmlisch strahlenden Spiel zwischen Frucht und Säure. Indian Summer ist eine Spätlese und etwas weniger opulent, aber trotzdem saftig, mit intensivem Pfirsicharoma; ein atemberaubendes Rieslingpaar, unabhängig von Herkunft und Kontext.

Auf den ersten Blick scheint es, als sei die **Vinelands Estates Winery** der Familie De Gasperis der Hauptkonkurrent von Cave Spring, da der Betrieb von Hermann Weis gegründet wurde, um den ansässigen Winzern das Potenzial seines Rieslingklon 21B zu beweisen. Dieser geschichtliche Hintergrund wird durch den Namen der 1979 angelegten Spitzenlage dokumentiert, St. Urban. Der Wein ist halbsüß mit zarten Anklängen von herben Pfirsichen und regennassem Laub, die einen leicht zu der Annahme verführen könnten, es handle sich um eine Riesling-Spätlese von der Mosel. Sein kleiner Bruder, der halbtrockene Semi-Dry-Riesling, verantwortet 90 % der nicht unbeträchtlichen Rieslingproduktion bei Vinelands. Er ist von sehr ähnlichem Typus wie der St. Urban, aber leichter und unkomplizierter im Geschmack. Wie Winemaker Brian Schmidt bemerkte, beweist der Erfolg dieses Weins, dass die einstmals weitverbreitete Angst vor nicht-trockenem Riesling größtenteils überwunden ist. Vinelands Estates Winery profitiert von diesem Trend.

GRUNDLAGENFORSCHUNG:

Je älter, desto besser in Sachen Reben?

Eine wahrscheinlich vor allem von den Franzosen verbreitete Legende behauptet, alte Reben ergäben bessere Weine. Der Geschmack bestätigt das oft, aber Wissenschaftler haben erst vor kurzem tatsächlich bewiesen, dass dies daran liegt, dass alte Reben wirklich tiefer verwurzelt sind. Dadurch sind sie weniger anfällig für Trockenstress, ein wichtiger Faktor in warmen, trockenen Jahren. In Gebieten mit Böden, die Wasser nicht gut speichern wie auf den Benches der Niagara-Halbinsel, trifft das doppelt zu. Wenn es aber in den oberen Bodenschichten ausreichend Wasser gibt, dann versorgen sich sowohl junge als auch alte Reben dort über ihre Wurzeln. Und die Je-älter-desto-besser-Regel trifft keinesfalls immer zu; manchmal liefern junge Reben die besten Weine. Es gibt sogar einen deutschen Begriff für Spitzenweine aus dem ersten Ertrag junger Reben: Jungfernwein.

Es lässt sich natürlich endlos darüber diskutieren, was »alt« bei Reben überhaupt bedeutet. In Klimazonen mit kaltem Winter wie in Ontario, wo Frostschäden die Lebenserwartung der Reben beeinträchtigen, sollten dafür weniger Jahre genügen. Um die Sache zu vereinfachen schlage ich vor, dass alle vor dem Durchbruch der frankokanadischen Sängerin Céline Dion mit dem Album Incognito 1987 gepflanzten Reben als alt betrachtet werden sollten.

Die nahegelegene **Tawse Winery** ist für ihren Carly's-Block-Riesling aus »alten«, 1980 gepflanzten Reben bekannt. Der mit Abstand bestverkaufte Riesling ist jedoch die halbsüße normale Abfüllung, die unter der Marke Sketches auf den Markt kommt und in Kanada ausschließlich vom *Liquor Control Board of Ontario* vertrieben wird (diese Institution spielt eine noch größere Rolle für die heimische Weinbranche, seitdem sie solche Marken anbietet). Mit Zitronen- und Limettenaromen und einer guten Balance zwischen saftiger Frucht und frischer Säure ist dies ein attraktiver Riesling der modernen Art. Eine Verkostung älterer und jüngerer Jahrgänge des Carly's-Block-Riesling warf eine grundsätzliche Frage zum Niagara-Riesling auf. Viele Erzeuger bestimmen den Erntezeitpunkt hier nach dem Säuregehalt der Trauben, nicht dem Zuckergehalt (die konventionelle Art, die Reife zu messen), und die Vorstellung von Rieslingen im Keller ohne extrem ausgeprägte Säure scheint für sie eine Horrorvorstellung zu sein. So liegen die Dinge jedenfalls bei Tawse und dem heutigen Winemaker Paul Pender, und dadurch wirken die jüngeren Jahrgänge von Carly's Block ziemlich sauer und streng. Im Gegensatz dazu fand ich 2002 und 2003, für die sein Vorgänger die Trauben reifer gelesen hatte (also mit mehr Zucker und weniger Säure) viel beeindruckender. Manche Niagara-Produzenten sind einfach zu besessen mit der Säure, und das geht auf Kosten von Aroma und Harmonie.

Das kann man **Flat Rock Cellars** nicht vorwerfen. Ihr Spitzenriesling heißt Nadja's Vineyard, nach der Mutter des Besitzers Ed Madronich. Es handelt sich um eine ziemlich kühle, hochgelegene Parzelle, in der es ständig windet, weil hier die Brise vom See auf die kühle Luft vom obersten Rand des Steilhangs trifft. Der neue Winemaker Ross Wise hat sich mit dem Jahrgang 2012 die Rieslingsporen verdient. So strahlend hell wie ein glitzernder Edelstein, floral und zitronig, mit einer mineralischen Frische, die die üppige Frucht balanciert und dann trocken endet, steht der 2012 im Vergleich mit den Jahrgängen 2006, '07 und '08, die in ihrer Zeit den Ruf dieser Lage begründeten, sehr gut da.

Diese Jahrgänge wurden von der Südafrikanerin Marlize Beyers verantwortet, die heute bei **Hidden Bench** arbeitet, ebenfalls auf der Beamsville Bench. Dieser Modellbetrieb wurde von Harald Thiel nach einem Zwischenfall während eines Skiurlaubs gegründet, bei dem ein Freund beinahe an einem Herzanfall gestorben wäre. Vom ersten Tag an bestand sein oberstes Ziel darin, roten Pinot Noir von Weltklasse zu erzeugen, was mit dem Jahrgang 2010 mit Hidden Bench in die Tat umgesetzt wurde. Harald begann, sich jedoch sehr bald auch für Riesling zu interessieren, und schon die zweite Lage, die er kaufte, Rosomel, war 1976 (wieder »alte« Reben!) mit Rieslingklon 21B angelegt worden. Mit den Rieslingen aus den Jahrgängen 2011 und '12 ist Hidden Bench in die erste Riesling-Liga aufgestiegen. Selbst der normale Gutsriesling, von wesentlich jüngeren Reben aus der Lage Locust Lane, quillt förmlich über vor reifen Äpfeln, Passionsfrucht und Blüten; es ist ein frischer Energiestoß und voller Leben. Harald beschreibt die Rieslinge aus der Lage Felseck sehr treffend als »Showgirls«, sie sind selbst in kühleren Jahren wie 2011 tatsächlich saftig und extrovertiert aromatisch. Der Rosomel-Vineyard-Riesling hingegen ist genau das Gegenteil: ein schüchterner und introvertierter Wein voller Überraschungen, wenn man ihm die nötige Geduld entgegenbringt. Hinter all diesen Weinen steckt eine Menge Ehrgeiz, und Marlize hat gerade erst begonnen, sich hier mit Riesling zu beschäftigen.

Wenn Qualität und Quantität die Maßstäbe für den Erfolg eines Rieslingproduzenten sind, dann stellt **Henry of Pelham** auf der Short Hills Bench eine wichtige Größe fürs Gebiet dar. Der Betrieb hat außerdem mehr Geschichte zu bieten als seine Mitbewerber. Der größte Teil der Rebfläche gehört zum Besitz der Familie, seit Nicholas Smith, Ur-Ur-Ur-Großvater der Brüder Speck – Daniel, Matt und Paul-, dieses Land 1794 erwarb. Er war halb englischer Abstammung, zur anderen Hälfte Irokese. Das älteste Gebäude, in dem der Verkostungsraum untergebracht ist, geht auf das Jahr 1842 zurück und ist von Nicholas' Sohn Henry errichtet worden, der hier ein Gasthaus betrieb. Der Speck-Zweig der Familie kaufte das Anwesen 1982, die erste Lese fand 1988 statt, und in nur 25 Jahren ist hier ein bedeutender unabhängiger Betrieb herangewachsen.

Die Brüder Speck haben den Vorteil, dass 90 % der seltenen nach Süden ausgerichteten Hänge der Niagara-Halbinsel auf der Short Hills Bench liegen, und die Klimadaten bestätigen, dass es sich um die wärmste der Benches handelt. Diese vorteilhaften Bedingungen und der Erfolg der Weine am heimischen Markt haben die Brüder dazu bewegt, mehr als ein Viertel ihrer über 68 Hektar Reben dem Riesling zu widmen. Dieser Erfolg hat viel mit einem Richtungswechsel zu tun. »Die größte Stärke des Rieslings ist seine Aromatik; sein größtes Problem ist die Säure«, sagt Daniel Speck. »Wir sind von einem superstrengen ‚Arthouse'-Stil zu großzügigeren, breiteren Rieslingen übergegangen.«

Das lässt sich am besten bei ihrem halbtrockenen Classic Riesling erschmecken, der mit offenen Apfel- und Birnenaromen im Kontext der Niagara-Riesling-Säurebomben ausgewogen weich wirkt. Der Short-Hills-Estate-Riesling ist ähnlich ansprechend ausgewogen, aber cremiger und eleganter. Daniel beschreibt die Speck-Family-Reserve als ihren einzigen »kubistischen Wein«, doch selbst der sehr kühle Jahrgang 2009 ergab einen einen säurebetonten trockenen Wein mit verführerischem Kräutercharakter. Im Vergleich mit den anderen Weinen der Specks schmeckte er allerdings durchaus etwas kubistisch. Alle diese Weine besitzen jede Menge Charakter, besonders wenn man in Betracht zieht, dass die Weinberge zwar auf den Benches liegen, aber im Vergleich mit den steilen Hängen der Mosel in Deutschland kaum spektakulär wirken.

Die Familie Bosc sind franko-algerische Einwanderer, und als ich ihr **Château des Charmes** auf der St. David's Bench besuchte, fragte ich mich, ob ich in Niagara oder im Bordeaux sei. Die Landschaft hier ist flach und wirkt wenig inspirierend, und das Schloss genauso pompös wie viele im nicht weniger flachen und wenig inspirierenden Médoc. Das spricht aber weder gegen Berühmtheit noch gegen Busladungen voller wohlhabender Touristen aus China, ob hier oder dort. Denn ich wurde vom Château-des- Charmes-Old-Vine-Riesling positiv überrascht, einem beeindruckenden Wein mit mehr Substanz und einer besseren Harmonie als die meisten »trockenen« Rieslinge aus diesem Gebiet. Der Earth-and-Sky-Riesling (unter diesem neuen Etikett gibt es auch einen ansprechend fruchtigen Pinot-Noir-Rotwein) ist saftig, ausgewogen halbtrocken und zeigt leuchtende Apfel- und Blütenaromen, die ihn sehr zugänglich machen. Riesling Ice Wine ist hier eine seit langem etablierte Spezialität, mit einer üppigen Art, die an Tarte Tatin und Quittengelee erinnert. Viele chinesische Touristen betrachten Ontario-Eiswein wahrscheinlich als den Original-Eiswein, obgleich Deutschland mit der Produktion solcher Weine lange vor den Kanadiern begann (siehe Grundlagen: Eiswein-Theorie und –Praxis. Auch beim Wein ist die Wahrheit oftmals ein sehr dehnbarer Begriff!

Französische Winemaker scheinen in Niagara tatsächlich ganz andere Weine zu machen als in Kanada geborene, und das ist nirgendwo auffallender als bei **13th Street**, wo Jean-Pierre Colas, der im Burgund geboren wurde, seit dem Jahrgang 2010 als Winemaker tätig ist. 13th Street gehört zum Agro-Imperium der Familie Whitty, die auch Obst, Gemüse und Schnittblumen anbaut. Gewächshäuser für letztere stellen inzwischen in manchen Teilen der Niagara-Halbinsel ernsthafte Konkurrenz für Weintrauben dar, und ein paar davon stehen direkt neben dem Verkostungsraum von 13th Street.

Wie es sich für einen französischen Kellermeister gehört, ist Jean-Pierres Spitzenriesling, der 13th Street Vineyard, ein trockener Wein. Ebenso passend für jemanden, der einstmals für die Weine von Laroche verantwortlich war, einem der berühmten Chablis-Erzeuger, ist es auch der beste richtig trockene Riesling der Niagara-Halbinsel. Was ihn auszeichnet, sind die Fülle in Körper und Aromen, die nicht nur fruchtig sind (Apfel und Birne), sondern auch erdig und kräuterig, sowie die leicht salzige, mineralische Note im langen Nachhall. Nahezu ebenso trocken und nahezu ebenso beeindruckend ist der gleichermaßen kraftvolle June's-Vineyard- Riesling, der an grünen Tee und ein wenig Grapefruit erinnert. Diese Weine sind noch beeindruckender, wenn man bedenkt,

GRUNDLAGENFORSCHUNG:

Theorie und Praxis des Eiswein

Der große Durchbruch für die Niagara-Weine kam mit dem 1989 Ice Wine von Inniskillin aus der frankoamerikanischen Hybridsorte Vidal, der auf der Weltweinmesse VinExpo in Bordeaux 1991 den Grand Prix d'Honneur gewann. Es war das erste Mal, dass ein kanadischer Wein irgendeiner Art in einem größeren Wettbewerb auf dem ersten Platz landete, aber im Rückblick scheint es logisch, dass ein Land, das in der allgemeinen Wahrnehmung vor allem mit Kälte assoziiert wird, sich mit Eiswein hervortun würde. Das Ganze wird aber noch beeindruckender durch den Umstand, dass der erste Niagara-Wein aus gefrorenen Trauben nicht einmal zehn Jahre zuvor gelesen worden war.

Heute sind Eisweine eine wichtige Spezialität der Weinbranche von Ontario, und ihre Erzeugung ist ebenso streng reglementiert und kontrolliert wie in Deutschland, wo dieser Wein-Stil Ende des 18. Jahrhunderts entstand. Das Grundprinzip ist einfach: Die Trauben werden in gefrorenem Zustand gelesen und gepresst, sodass der größte Teil des in ihnen enthaltenen Wassers in Form von Eis in der Kelter bleibt und der Most superkonzentriert ist, beinahe wie Sirup. Es ist eine riskante Sache, weil der Winzer warten muss, bis die Trauben gefrieren, was selten vor der zweiten Hälfte November und manchmal erst Anfang Februar der Fall ist, also im folgenden Jahr. In Ontario müssen die Trauben mit maximal –8 °C auf die Kelter kommen, und der Zuckergehalt des Mosts, der dann fließt, muss mindestens 153,5 °Oechsle betragen, um als Eiswein anerkannt zu werden. Wenn alles klappt, dann ist das Ergeb-nis ein sehr ausdrucksstarker Dessertwein mit viel exotischen oder getrockneten Fruchtaromen, öliger Fülle und elektrisierender Säure. In Ontario werden aus vielen verschiedenen Rebsorten Eisweine erzeugt, aber die aufregendsten sind die Rieslinge, genau wie in Deutschland, und der Riesling-Eiswein von Inniskillin bleibt die Messlatte.

dass sie aus der Appellation Creek Shores stammen, die in Ontario in geographischer Hinsicht alles andere als sexy gilt. Wir reden da von flachen Lagen mit schweren Böden unterhalb der angesagten Benches mit ihren steinigen Böden; sozusagen die falsche Seite der Niagara-Halbinsel.

Die Appellation Vinemount Ridge ist aus genau dem entgegengesetzten Grund unsexy: Diese Lagen befinden sich nahe an der Kuppe des Steilhangs – über den coolen Terrassen und mehr als 60 Meter über dem See, sodass es dort oft sehr windig ist. **Charles Baker** erzeugt aus Trauben von diesen Lagen in der kühlsten Ecke der Niagara-Halbinsel Rieslinge »ohne Weinberg und Weingut«, wie er es nennt. Der Weinberg gehört dem Koch Mark Picone, der bei meinem Ontario-Besuch 2004 Küchenchef im gleichnamigen Restaurant von Vineland war. Der »Garten« des kulinarischen Ateliers, das er 2005 eröffnete, besteht aus einer der ältesten Rieslingparzellen der Halbinsel, und aus diesen Trauben sowie zwei angrenzenden Parzellen erzeugt Charles seine Rieslinge. Der eigentliche Ausbau findet im Keller von Stratus statt, bei Niagara-on-the-Lake, wo Charles einen Tagesjob hat. »Ich bin wahrscheinlich eher ein Romantiker als ein Realist, aber ich habe eine praktische Lösung gefunden«, bemerkte er nachdenklich. Das wäre alles lediglich eine gute Story, wenn die Weine nicht sofort ab dem ersten Jahrgang, 2005, so bemerkenswert und außergewöhnlich gewesen wären. Die feine, elegante Art dieser halbtrockenen Rieslinge macht sie zu außergewöhnlichen Weinen; im Vergleich dazu erscheinen viele Niagara-Rieslinge schlicht in den Aromen (dominiert entweder von Zitrone oder grünem Apfel) und ziemlich vordergründig süß-sauer (die ganze Säure wird von einer kräftigen Dosis Süße »ausbalanciert«). Trotz aller Jahrgangsunterschiede mischen sich in diesen Weinen warme und kühle, trockene und nasse, florale und kräuterige Noten, und in jedem von ihnen gibt es im Nachhall eine Würze, die ich sonst in keinem anderen Wein in Ontario entdeckt habe. Diese Weine kommen der Finesse der Meisterwerke bei Cave Spring am nächsten und sind auch stark von ihnen inspiriert. Charles hat zehn Jahre für Cave Spring gearbeitet.

Michigan, das Land der Außenseiter-Spielzeuge

Manchmal scheint das weltweite Netzwerk von Winzern, Sommeliers, Weinhändlern, Journalisten und Rieslingfans eher virtuell als konkret, nur ein Flickr und Twitter im Sturm des Online-Geschwätz. Aber einmal im Jahr versammeln sich mehrere hundert Bewohner von Planet Riesling, um die aufregendsten neuen Weine zu verkosten und sich auszutauschen. Der Ort für diese Riesling-Gipfel wechselt in einem Drei-Jahres-Rhythmus: Man trifft sich reihum im Rheingau in Deutschland, in Sydney oder Melbourne in Australien und in Seattle im Washington State in den USA. Beim letzten Treffen Anfang Juli 2013 in Seattle gab es viele Überraschungen, von denen die größte jene war, als die Identität von Wein im Glas Nummer 12 während der Blindverkostung der trockenen Weine aufgedeckt wurde.

Alle waren überzeugt, es handle sich um einen »Klassiker«, also einen Wein aus Deutschland, Österreich oder dem Elsass, weil er neben dem reifen Pfirsicharoma, der Kraft und großen Harmonie auch einen kleinen »Stinker« zeigte, so wie viele in der Weinszene es von hochwertigen europäischen Weinen erwarten und mögen. Deshalb waren wir alle vollkommen baff, als die entsprechende Info auf dem großen Bildschirm aufleuchtete: 2010-Lot-49-Riesling von **Chateau Grand Traverse** auf der Old Mission Peninsula (oder OMP, wie die Einheimischen die Halbinsel nennen) in NORD-MICHIGAN. »Wie ist das möglich?« hörte ich jemanden neben mir ausrufen, und ich bin sicher, dass viele Anwesende genau das auch dachten.

Obgleich die Geschichte von Detroits Bankrott, dem Schrumpfen seiner Einwohner um über eine Million und den 78 000 leerstehenden Gebäuden dort unzählige Presseseiten in Druckform und online gefüllt hat, ist über den Erfolg der Rieslinge des Staates bis jetzt in den bundesweiten Medien nicht berichtet worden, und selbst in den spezialisierten bundesweiten Gastromedien sind sie kaum erwähnt worden. Warum? Weil es »nur Michigan« und »nur Riesling« ist.

Ich beschwere mich aber nicht, denn das ermöglicht es mir, hier einen der begabtesten Winzer Amerikas vorzustellen, Sean O'Keefe von Chateau Grand Traverse auf der OMP, unmittelbar nördlich von Traverse City. Manche haben vielleicht von dem Filmfestival der Stadt gehört oder der unglaublich schönen Uferlandschaft von Lake Michigan, doch ich muss dort beginnen, wo mein Flugzeug landet: am Cherry Capital Airport. Die Gegend um Traverse City erzeugt nach wie vor mehr Sauerkirschen als irgendeine andere Ecke der USA, und auch die Produktion an Süßkirschen ist ziemlich beträchtlich. Es sind die Kirschen, die von den Weintrauben langsam und allmählich von der OMP und der Leelanau Peninsula (die ich hiermit LEEP taufe) nach westlich von Traverse City verdrängen. Doch in Ufernähe und auf den Hügelrücken konkurriert der Riesling mit etwas anderem, das bis zur Finanzkrise stark verbreitet war: Luxus-Anwesen. Selbst heute kostet Land hier bis zu 50 000 US Dollar pro Acre (1 Acre ist gleich ca. 0,4 Hektar), etwa das zehnfache Preis normaler Agrarflächen im Staat.

Sean hat seine eigene Bezeichnung für die oftmals monströs großen Zwei-Personen-Paläste, die auf erstklassigen Weinlagen stehen: »Garage Mahal«. Seine Ironie verschont auch die Weinbranche von Nord-Michigan nicht, die er das Land der Spielzeuge für Außenseiter nennt. Das traf Anfang der 1970er zweifellos zu, als sein Vater Ed O'Keefe, ehemaliger Geheimagent beim FBI, Chateau Grand Traverse gründete. Alle Experten waren sich einig, dass daraus nichts werden könnte, und Ed bekam den Spitznamen »Riesling-Ayatollah«, weil er ihnen fortwährend lautstark widersprach und 1974 den jungen Pfälzer Winzer Bernd Philippi vom Weingut Koehler-Ruprecht mit dem Pflanzen von Riesling beauftragte. Dies ist eine ganz neue Weinwelt, die sich mit einem ganzen Haufen von Weintrends und -moden am Markt auseinandersetzen musste und gleichzeitig zu der Erkenntnis kam, dass Riesling hier am besten funktioniert, neben ein paar Spezialitäten (Pinot Blanc, Pinot Gris und Gewürztraminer beim Weißwein, Cabernet Franc, Pinot Noir und Blaufränkisch bei den Roten).

Ich habe Sean mal den »Michael Moore des Riesling« genannt (Moore lebt in der Ecke) und ihn aufgrund seines Engagements für die Entwicklung der amerikanischen Rieslingbranche zum Präsidentschaftkandidaten für die Vereinigten Staaten des Rieslings erklärt. Zu Recht ist er überzeugt, dass Riesling für sich allein mehr Chancen hat als die überdrehte Chardonnay-Branche (überdreht wegen der »chardonnayhaltigen Getränke«, die ebenso gut von irgendeinem anderen Kontinent stammen könnten). Doch er denkt auch regionalbewusst und hat mehr als jeder andere dazu beigetragen, einen Weinstil zu entwickeln, der unverwechselbar Nord-Michigan ist und einzigartig OMP.

OMP ist ein dünner Streifen eiszeitlicher Ablagerungen, der sich von Traverse City 29 Kilometer nach Norden in die Grand Traverse Bay zieht und nirgendwo breiter als vier Kilometer ist, insgesamt etwa die Größe von Manhattan. An den meisten Stellen liegt der See in Sichtweite, was bedeutet, dass quasi die gesamte OMP vom Wärmeeffekt dieser Wassermasse profitiert. Angesichts der strengen Winter ist das wichtig, es hilft, kältebedingte Rebverluste zu vermeiden und mildert Frühjahrsfröste, die hier ganze Ernten vernichten können, wie zuletzt 2003 geschehen. OMP und LEEP liegen unmittelbar südlich des 45. Breitengrads, vergleichbar mit den berühmten Weinbergen in Barolo und Barbaresco im Piemont/Italien, was großartig klingt. Aber, wie Sean anmerkt, auch mit Ulan Bator in der Mongolei. Der Winter-Kälterekord in diesem Teil von Nord-Michigan sind erschreckende –36 Grad Celsius, der Ort auf Planet Riesling mit den kältesten Wintern. Der Sommer und – seit sich die Klimaerwärmung bemerkbar macht – gelegentlich auch der Frühling gleichen das oft aus. Wegen der vorherrschend sandigen Böden werden dies aber niemals volle, üppige Weine sein: Auf dem größten Teil der Weinberge von Chateau Grand Traverse wächst der Riesling auf einer Art Sanddüne.

Unter Seans Ägide führt diese einzigartige und herausfordernde Situation zu Weinen wie dem halbtrockenen Riesling Whole Cluster, der erste Wein, den er je erzeugt hat, und der sich seit 1998 zu einem der eigenständigsten Weißweine dieses Stils entwickelt hat. Mehr als jeder andere OMP-Riesling zeigt er verlässlich genau die Fenchel- und Anisnoten, die Sean als Kennzeichen der Rieslinge des Gebiets betrachtet. Das verbindet sich mit rassiger Säure und schlankem Körper (11,5 bis 12,5 Vol.%), aber doch genug Saftigkeit und Spiel für ansprechende Harmonie. Der Wein kann sehr gut altern, wie die immer noch sehr lebendigen 1998er und 2002er beweisen. Vom Riesling Whole Cluster gibt es jährlich um die 25 000 Flaschen, vom Lot 49 Riesling, der gewagter und trockener ist, dagegen nur ein Zehntel dieser Menge. Beide stammen aus dem Bailiwick Vineyard, einer nach Westen ausgerichteten Hanglage. Lot 49 ist nach Thomas Pynchons 1966 erschienenem Roman *The Crying of Lot 49* benannt und entsprechend experimentell. 2010 war der erste Jahrgang im heutigen Stil. Sean besteht darauf, dass die Rieslingbranche von Nord-Michigan »immer noch gewagt und am Anfang ist wie das Raumfahrtprogramm vor 50 Jahren.«

Was die Ironie betrifft, braucht Sean auf der OMP keine Konkurrenz zu befürchten, während Chateau Grand Traverse beim Michigan-Wettlauf ins All für hochwertigen Riesling in ernstzunehmenden Mengen einen Mitbewerber hat. Black Star Farms liegt am unteren Ende der OMP, und der langjährige Winemaker Lee Lutes hat dort zusammen mit seinem moldawischen Assistenten Vladimir Banov in den letzten Jahren die Rieslingweine komplett umgekrempelt. Seit dem Jahrgang 2010 gehören die Weine der Arcturos-Reihe zur ersten Liga des Michigan-Rieslings. Kennzeichen der Dry (trockenen), normalen (bzw. halbtrockenen) und Late Harvest (süße Spätlese) Rieslinge sind reife Aromen und Saftigkeit oder, um es direkter auszudrücken: Das Zeug schmeckt richtig gut!

Die kleinste Partie bei Black Star ist der Dry Riesling, in dem die besonderen Würz- und Kräuternoten der OMP neben den an Lemon Pie und Passionsfrucht erinnernden Aromen am deutlichsten zum Ausdruck kommen. In den halbtrockenen Abfüllungen ist diese Frucht nahezu üppig, die Süße aber immer noch zurückhaltend, und beide sind großartige Essensbegleiter. Kein Wunder, dass der Late Harvest Riesling ein Renner ist, das Spiel zwischen Süße, Säure, saftigen Aromen und OMP-Würze wirkt hier so großartig wie die geübte Leichtigkeit, mit der ein Spitzen-Baseball-Team mit dem Ball umgeht. Die Produktionsmenge bewegt sich in Richtung der Über-60 000-Flaschen-Klasse, beinahe so viel wie beim Semi-Dry Riesling von Chateau Grand Traverse, der zurzeit mengenmäßig an der Spitze der OMP-Rieslinge steht.

Am anderen Ende der Halbinsel erhebt sich eine futuristische Konstruktion, die wie die Kulisse für Blofelds Hauptquartier im nächsten James-Bond-Film wirkt. Als ich die **2 Lads Winery** das erste Mal betrat, fragte ich mich, wie viel Zeit ich wohl hätte, um das Böse zu stoppen und die Welt für Demokratie und Riesling zu retten. Der südafrikanische Winemaker Cornel Olivier und sein amerikanischer Geschäftspartner Chris Baldyga beschäftigten sich zuerst mit Rotwein, weil Pinot Noir und Cabernet Franc Cornels Stärken waren, und ihre ersten Rieslingweine 2007 waren nicht mehr als ordentlich. Doch als Cornel zum 2010-Riesling-Rendezvous in Seattle kam, klickte es, und seitdem hat er die Rieslingproduktion nicht nur verdreifacht, sondern auch in der Qualität gehörig nach oben geschraubt.

Keine Ahnung, ob Blofeld mir zustimmen würde, aber wenn die 2 Lads genug von ihrem normalen OMP Riesling hätten, könnten sie damit die trockenen Weißwein trinkende Welt erobern. Analytisch liegt die Balance am unteren Ende von halbtrocken, aber die Kombination von saftiger Frucht und viel Säure entspricht genau dem, was die meisten Konsumenten möchten, wenn sie einen trockenen Weißwein bestellen. Und der Wein ist aromatisch genug – von grünem Apfel bis Ananas –, um auch einen ganzen Haufen überzeugter Sauvignon-Blanc-Fans abzuholen. Viele der Trauben hierfür kommen aus der Lage Fouch, und es gibt eine eigene Abfüllung unter dieser Bezeichnung, kräftiger und eleganter, mit einer gehörigen Menge OMP-Kräuter und -Würze. Wir werden von den 2 Lads sicher noch viel hören!

Dies sind alles eher konventionelle Betriebe, die auch nach Kalifornien passen würden, aber es gibt auch ungewöhnliche Unternehmen wie **Bowers Harbor**, die jede Menge Weinberge haben, aber keinen Keller. Spencer Stegenga arbeitet stattdessen mit einer Reihe von

Winemakern, die jedes Jahr jeweils die gleichen Weine für ihn machen. Auch hier hat man sich kürzlich wesentlich vergrößert. »Es war das Gegenteil der allgemeinen Wirtschaftslage. Wir wachsen beim Riesling und Pinot Grigio«, erklärte Spencer, während er eine lange Reihe von Rieslingen im Verkostungsraum auf die Theke stellte, die glücklicherweise ebenfalls wesentlich länger war als bei meinem ersten OMP-Besuch 2005.

Der süße Riesling aus dem Langley Vineyard (seit 2010), benannt nach Spencers Großvater, ist eine wichtige Neuerung. Hier wird die Säure durch Zitronenmelisse- und Pfirsicharomen betont, was die großzügig bemessene Süße auffängt und den Nachhall sehr klar wirken lässt. Ebenfalls neu im Sortiment ist der halbtrockene Smokey-Hollow-Vineyard-Riesling (seit 2011), der wie ein frischer Fruchtcocktail mit frischen Kräutern duftet und nach scharfem vietnamesischem oder thailändischem Essen schreit. Nur einen Touch süßer ist der beliebteste Riesling des Betriebs, der Medium-Sweet (halbsüß), und auch er ist ziemlich voll und saftig mit ein bisschen OMP-Kräutern und -Würze, ohne einen Hauch von Klebrigkeit. Anerkannter Boss im Rudel (die Familie Stegenga liebt Hunde) ist der Block-II-Dry- Riesling aus den Lagen neben der Einfahrt nach dem Ein-Loch-Golfplatz (auch eine von Spencers Leidenschaften), wenn man ankommt. Floraler und zarter im Duft verbindet der Wein sehr erfolgreich Substanz und Eleganz, was am Anfang ziemlich üppig schmecken kann, aber mit ein paar Jahren Flaschenreife eine betonte Anisnote entwickelt.

Block II wird von Bryan Ulrich gemacht, der einen Keller ohne Weinberge mitten in Traverse City namens **Left Foot Charley** betreibt, seinem Spitznamen als Kind. Ganz und gar einmalig wird das Ganze dadurch, dass der Betrieb in der Wäscherei der ehemaligen Irrenanstalt von Nord-Michigan residiert, die 1989 geschlossen wurde. Die Glasfassade des Gebäudes aus den 1950ern bildet einen auffallenden Gegensatz zum pseudo-herrschaftlichen Backsteinstil der restlichen Anlage von Ende des 19. Jahrhunderts. Bryans Keller (im hinteren Teil) und Weinbar (im vorderen Teil) wurden 2004 gegründet und profitieren heute von der kulinarischen Verbindung zur Pleasanton Brick Oven Bakery und der Trattoria Stella, die beide nur wenige Schritte entfernt liegen. Es ist auch ein cooler Ort, um mit einem Glas Wein und ein paar Snacks rumzuhängen. Lebte ich in Traverse City, wäre dies mein zweites Wohnzimmer. »Plötzlich sind wir zur Hälfte Restaurantbetreiber!« beschwerte sich Bryan halbernst.

Bryan macht Wein aus Trauben von 18 Winzern auf der OMP, LEEP, dem östlichen Ufer von Grand Traverse Bay (*eastern shore of Grand Traverse Bay* oder ESHOB) und Glen Arbor am Ostufer von Lake Michigan. Auch hier gibt es neue Weine, allen voran der halbsüße Missing Spire, ein Stil, den Bryan lange als zu populistisch für sein grundsätzlich alternatives Unternehmen abgelehnt hat. In charakteristischer Left-Foot-Charley-Manier ist er nach dem Kirchturm der Anstalt benannt, der in den 1960ern aus Feuerschutzgründen abgerissen wurde. Für mich ist das sein beeindruckendster Wein.

»Ich habe ein Problem, meine Etiketten fallen immer so düster aus. Ich versuche daran zu arbeiten«, kommentierte Bryan das ansprechende blauweiße Etikett dieses Weins. »Ich hatte eine glückliche Kindheit.« Theoretisch halbtrocken, ist der Riesling aus Longcore's Yard d'Vine – ja, so heißt diese ESHOB-Lage tatsächlich! – ein Hardcore-Left-Foot-Charley-Vertreter, nämlich ziemlich schlank und säurebetont. Doch nach ein paar Jahren Flaschenreife entwickeln sich florale und kräuterige Aromen, und er schmeckt harmonischer. Auf dem Papier ist der Seventh-Hill-Riesling von der OMP etwas süßer, und er schmeckt in seiner Jugend ansprechender. Bryans erstaunlich fülliger trockener Pinot Blanc aus dem Island View Vineyard von Werner Kuehnis und der elegant, pfeffrige Blaufränkisch aus dem MacDonald Vineyard (beide auf der OMP) unterstreichen, dass Left Foot Charley vielleicht eine Weinbar ist, aber auch ein Forschungslabor fürs gesamte Gebiet.

Viele Jahre lang hinkte die hügeligere und weniger dicht bepflanzte Halbinsel von Leelanau hinter der OMP her, und die Einheimischen bezeichnen sie bis heute gelegentlich als »die andere Halbinsel«. Doch eine kleine Gruppe von Weingütern hier ist sehr aktiv. Wie Adam Satchwell von **Shady Lane** es ausdrückte: »Die sind Napa, wir sind Sonoma.« Er weiß, wovon er redet, weil er viele Jahre in Kalifornien im Wein gearbeitet hat, bevor er sich 2000 hier niederließ. »Ich habe nicht viel trockenen Riesling gemacht, weil ich das wilde Halbtrocken-Riesling-Tier füttern muss!« kommentierte er den bestverkauften Wein in der Kollektion des 4-Hektar-Betriebs. Es ist ein saftiges Maulvoll von Riesling, der nach Geißblatt und in wärmeren Jahren ein wenig Passionsfrucht duftet und sehr leicht die Kehle hinunterfließt – nicht zuletzt, weil er nur geradezu halbsüß ist. Adam macht auch eleganten, richtig trockenen Pinot Noir, einen guten (wenn auch ziemlich eichenbetonten) Blaufränkisch namens Blue Franc, und eine Cuvée aus dieser Sorte mit Cabernet Franc namens Franc 'n' Franc, der ernstzunehmendste Rotwein (warme Gerbstoffe und volle Beerenfrucht) des gesamten Gebiets für unter $20/€15. Die Produktionsmengen dieser beiden Weine liegen jedoch deutlich unter der des »wilden Tieres«.

»Ich will Rockstar-Shit machen!« sagt Shawn Walters von **Chateau Fontaine** ohne zu zögern, und trotz des romantischen Etiketts dieses Betriebs (dem ein Gemälde von 1901 zugrunde liegt) und der gar nicht schlossartigen Erscheinung tut er genau das. Ich sollte auch darauf hinweisen, dass seine eigene Erscheinung seinem Programm entspricht, mit einer Riesling-Tätowierung auf dem rechten Unterarm (im Vergleich damit ist meins Kinderkram) und einem Gürtel, auf dessen Schnalle »F***« steht. Passt zu dem Staat, der Iggy Pop, Alice Cooper, Ted Nugent und Madonna hervorgebracht hat. Übrigens betreibt Madonnas Vater, Tony Ciccone, die Ciccone Winery auf der LEEP (mit deutlich besseren Rot- als Weißweinen).

Es war ein merkwürdiges Erlebnis, die Weine mit dem Besitzer und Immobilienmakler Dan Matthies und seinem Rockstar-Kellermeister inmitten einer großen Auswahl mehr oder weniger weinbezogener Mitbringsel im Verkostungsraum des »Chateau« zu probieren. Der trockene White-Riesling (die Sorte Roter Riesling existiert tatsächlich, sie ist aber sehr selten) ist ein charmanter Wein mit weißem Pfirsicharoma; er ist frisch und lebhaft, säurebetont, aber selbst in weniger reifen Jahrgängen nicht zu sauer. Schwierig zu glauben, aber der Semi-Sweet (halbsüße) White-Riesling rockt so richtig. Pfirsich und exotische Frucht fließen mit der Präzision und Entschiedenheit eines großartigen Gitarrensolos über die Zunge,

VERRÜCKTE RIESLING-ZAHLEN:
Amerikas großer Weinsee

2001 hatte Michigan ganze 83 Hektar Riesling, doch 2011 war das sprunghaft auf 233 Hektar angestiegen, ein Wachstum von über 180% in einem Jahrzehnt. Das sagt mir, dass die Winzer hier begriffen haben, wie gut diese Sorte zu ihrem Klima passt, aber auch, dass das Interesse seitens der Konsumenten sowie die Nachfrage wesentlich größer sind. Rein nach Zahlen steht Michigan heute dort, wo New York State 2006 stand. Blickt man über die Zahlen hinaus würde ich sagen, dass die ziemlich isolierte Lage die Entwicklung der Weinbranche hier lange Zeit ziemlich gebremst hat, ihnen jetzt aber zugute kommt, weil sie so ihren eigenen Weg finden können, ohne in die Falle zu tappen, stilistisch anderen Gebieten hinterherzurennen. Der Nachteil ist natürlich die mangelnde Anerkennung, die Michigans Rieslinge an Orten wie New York City erleben, aber die New York State Rieslinge hatten 2006 genau dasselbe Problem.

GRUNDLAGENFORSCHUNG:

Vom Unterschied zwischen »reifen« und »reifen« Rieslingtrauben

Wenn ein Kellermeister richtig guten Wein machen will, sind reife Trauben unerlässlich. Aber was bedeutet reif eigentlich wirklich genau? Rieslingtrauben enthalten Hunderte von verschiedenen Inhaltsstoffen, die ich hier genauso gruppiere, wie es die Kellermeister tun: Zuckerarten (Glukose und Fruktose), Säuren (vor allem Wein- und Äpfelsäure), Mineralstoffe (vor allem Kalium), Gerbstoffe (Fachbegriff: Tannine oder Phenole) und Aromen. Im Abschnitt »Riesling im Glas« haben wir gelernt, wie sich das alles jeweils auf den Geschmack des Weins auswirkt. Vereinfacht gesagt bedeutet Reife, dass die Menge an Zucker, Mineralien und Aromen in den Trauben steigt, die Gerbstoffe sich verändern (von »hart« nach »weich«) und die Säure quantitativ abnimmt. Abhängig vom Wetter läuft jeder dieser Prozesse unterschiedlich schnell ab – das heißt, jede dieser Gruppen von Inhaltsstoffen »reift« unterschiedlich schnell. In heißen Klimazonen neigt der Zuckergehalt dazu, alle anderen abzuhängen. Das kann zu alkoholischen Weinen mit wenig Aroma führen. In kühlen Gegenden wie in Michigan ist es genau anders herum, die Aromen in den Traubenhäuten entwickeln sich schneller als die Zucker im Saft. Dadurch können diese Weine selbst bei niedrigem Alkoholgehalt ausgesprochen aromatisch ausfallen.

und der Nachgeschmack ist atemberaubend frisch. Dies ist im Prinzip ein dem trockenen Riesling sehr ähnlicher Wein, der mit einem superintensiven Riesling-Traubenkonzentrat gesüßt wurde, das Shawn eigens für diesen Zweck erzeugt hat. Das mag technisch klingen, aber das Ergebnis ist ungefähr so anziehend wie die ersten Takte von Nirvanas »Smells like Teen Spirit.« Und es kostet unter $15/€ 11 ab Hof!

Der andere coole Wein-Kerl auf der LEEP ist der geniale, ewig junge Lawrence Mawby, der das älteste noch aktive Weingut des Staats betreibt. Mitte der 1990er traf Larry die radikale Entscheidung, ganz auf Schaumwein umzusatteln, und den vermarktet er bis heute unter zwei vollkommen unterschiedlichen, beinahe widersprüchlichen Marken. **L. Mawby** steht für hochwertige, nach der Champagnermethode produzierte Schaumweine. Für **M. Lawrence** hingegen werden die Grundweine, die zum Teil aus Kalifornien stammen, nach der Charmat-Methode versektet. Einer davon heißt Detroit, NYC oder CHI (für Chicago), je nach Absatzmarkt, und ein anderer »SEX« – Larry sagte, es handle sich um den »einzigen bundesweit gebilligten Sex im Land.« Er erzählte, Frauen zwischen 40 und 60 Jahren seien die größten Abnehmer dieser trockenen Rosé-Kirschbombe.

Riesling gibt es in keinem der L.-Mawby-Schäumer, aber der M. Lawrence WET ist eine Cuvée aus Riesling mit etwas Pinot Gris. Er hat ansprechende Apfel- und weiße Pfirsicharomen, die deutlich subtiler wirken als die nahezu überwältigenden Aromen manch anderer Erzeugnisse dieser Art, und die Säure ist frisch genug, um den Touch von Süße auszubalancieren. Ein reinsortiger Riesling wird gerade entwickelt, ein weiteres Spielzeug in dieser Sammlung von Außenseitern; er wird diesen Betrieb zu einem Teil von Amerikas erstaunlichstem Riesling-Gebiet machen.

NEW YORK

RIESLING CITIES: Wie sich NEW YORK CITY zum Welt-Hauptquartier entwickelt hat

New York brüstet sich für alles Mögliche als der Nabel der Welt. Manchmal ist das nur überdrehtes Marketing-Geschwätz, aber beim weltweiten Riesling-Phänomen ist New York Wine City (NYWC) inzwischen tatsächlich eine merkwürdige Art von Hauptquartier geworden (merkwürdig deshalb, weil nichts wahrhaft Weltumspannendes wirklich ein Zentrum oder einen Rand hat). Man braucht nur in die angesagten Restaurants oder Weinbars von NYWC zu gehen, dann wird sofort deutlich, was ich meine. Hier trinken sie Riesling, und zwar nicht zimperlich und auch nicht als Nebenerscheinung. Nein, direkt, sofort, am Anfang des Abends, weil sie ihn köstlich und erfrischend finden. Manchmal kehren sie dann gegen Ende des Abends zu ihm zurück, weil seine ansteckende Frische sie wieder gefährlich wach macht. Man sieht aber auch Leute, die Riesling zum Essen trinken, Das mag wie eine merkwürdige neue Mode aussehen, war aber vor 50 oder 100 Jahren vollkommen normal. In den 1970ern wurden die Rieslinge viel süßer, und es kamen neue Weintrends. Wieder höre ich eine fragende Stimme. »Zu welchem Essen kann ich Riesling trinke?« Nun, Salate und Fisch aller Art sind ziemlich offensichtliche Kombinationen für die trockeneren Weine, besonders wenn das Salatdressing nicht zu sauer ist und der Fisch eher auf der öligen Seite, wie Lachs. Genauso freut sich fetteres Fleisch wie Ente und Schwein über einen kraftvollen trockenen Riesling.

»Aber süßen Riesling kann man doch sicher zu nichts anderem als zum Dessert trinken, oder?« Nun, kann man durchaus, und süßer Riesling zum Dessert ist eigentlich ein schwieriges Paar, denn um richtig zu funktionieren, muss der Wein (unabhängig davon, ob es ein Riesling ist oder nicht) süßer als das Essen sein. Aber die großartige Affinität süßen Rieslings mit scharf Gewürztem von thailändischem rotem Curry über üppige chinesische Schweinefleischgerichte bis hin zu Tex-Mex muss man wirklich erlebt haben. Und dann ist da das Wunder des Blauschimmelkäse – für sich allein, auf einem Salat oder in einem Hamburger – mit halbtrockenem Riesling und andere Selbstläufer wie Backhuhn oder Barbecue. Wenn der Wein halbtrocken ist, dann sollte geräucherter Fisch oder Schinken auf den Tisch kommen. Aber das sind nur ein paar Beispiele von Kombinationen, und das Tolle an dem, was in NYWC abgeht, ist der Umstand, dass es eben gerade keine festen Regeln gibt, sondern alles neu entdeckt wird!

Dieser radikale Bruch mit dem Riesling-Bild als süße, alkoholarme Cocktail-Alternative für Frauen, aber vollkommen deplatziert auf dem Essenstisch und definitiv suspekt als Getränk für harte Kerle ist ziemlich neu. Er machte sich im Sommer 2008 in NYWC erstmals bemerkbar. Ich war aber irgendwie nicht richtig wach und verpasste das erste *Summer-of-Riesling*-Festival in der Weinbar Terroir im East Village von Manhattan, 413 East 12th Street. Als ich da endlich in einer schwülheißen Nacht im Juli 2010 auftauchte, stand ich mitten im Epizentrum des dritten *Summer of Riesling*. Klar, der Name war eine sehr direkte, gewagte Aussage aus der Marketingsicht, aber war er zu blöd? Einen Moment lang war ich skeptisch.

Dann schaute ich genauer hin, was hier abging. Terroir war gepackt voll, wenn eine Gruppe ging, rückte sofort die nächste nach. »Wer sind diese Leute?« fragte ich mich, und fand schnell heraus, dass es eine tendenziell junge, aber sehr unterschiedliche Mischung war, mit vielen Wein-Newcomern und wenig Wissen zum Thema. Die Riesling-Begeisterung war eindeutig eine Basis-Bewegung, die die alten Schranken zwischen Wein-Insidern und normalen Trinkern niederriss. Ein Blick auf die Weinkarte im Terroir und das andere Werbematerial sagte mir, dass *Summer of Riesling* auch ein Pop-Phänomen war. Mir wurde plötzlich klar, was ich während der vorhergehenden zwei Jahre verpasst hatte: Die schüchterne Prinzessin hatte sich in die Sexbombe unter den Weißweinen verwandelt!

Es war ein ganz schöner Schock, denn nachdem ich ihm so lange gefolgt war, meinte ich Riesling in- und auswendig zu kennen. Aber es folgten bald noch mehr köstliche Schocks. Einige Monate später, im deutschen Riesling-Mutterland, lernte ich das dynamische Duo kennen, das hinter dieser Verwandlung steckt, den selbst ernannten Terroir-»Overlord« Paul Grieco und den Grafikdesigner Steven »Stickermeister« Solomon, ein Doppelpack, das ebenso amerikanisch anmutet wie Laurel und Hardy oder Starsky und Hutch. Später wurde mir klar, dass sie eher funktionierten wie Keith Richards und Mick Jagger, mit Solomon als Ideenmensch im Schatten von Grieco, dem charismatischem Frontman im Rampenlicht. Solomon ist Hardcore-Kreativ-Chaot, Grieco superfokussiert.

Ich brauchte eine Weile, um herauszufinden, was ihnen da tatsächlich gelungen war, denn es ging bei weitem nicht nur darum, Riesling zum Cool-Status zu verhelfen. Grieco und Solomon hatten das gesamte von Punkten und anderen Bewertungen abhängige System, das die Weinszene eine Generation lang beherrscht hatte, über Bord geworfen und durch den demokratischen, offenen Riesling-Geist ersetzt. Plötzlich wirkte das alles so gestrig, plötzlich waren die Konsumenten selbstbemächtigt, ihrem eigenen Geschmack zu vertrauen, zu experimentieren, mit dem Strom zu schwimmen. Der Erfolg des *Summer of Riesling* war ein klares Zeichen des neuen Selbstvertrauens der New Yorker Weintrinker. Ein neues Zeitalter des Weins hatte begonnen, und Riesling war der Dynamo dieses grundlegenden Wandels. Für mich, der ich Rieslings Kampf um ein Mindestmaß an Respekt über ein Vierteljahrhundert mitverfolgt hatte, war das beinahe zu schön, um wahr zu sein!

Wie alle großen Veränderungen begann auch diese an einem bestimmten Moment und einem bestimmten Ort und wuchs daraus, wie eine gewaltige Eiche sich aus zwei winzigen Blättern entwickelt, die sich aus einer Eichel am Waldboden schieben, nachdem es geregnet hat und warm ist. Die Anti-Riesling-Vorurteile wurden in den Terroir-Weinbars (inzwischen eine kleine NYWC-Kette) abgeschafft, und die wachsende Riesling-Begeisterung bewies sehr schlüssig, dass die Weine noch viel mehr zu bieten hatten, als selbst ich gedacht hatte. Dieser Erfolg führte zu einer Reihe ganz neuer Möglichkeiten, die von Sommeliers in der ganzen Stadt und dann überall in den USA aufgegriffen wurden. Das *Summer-of-Riesling*-Festival war ein Van-der-Graaf-Generator, der Funken in alle Richtungen sprüht, auch über die Ozeane, und die Energie dieser Funken wächst ständig.

Am 22. September 2014 ging der letzte *Summer of Riesling* zu Ende. Mit der *Riesling Invasion* in Potland, Oregon und der *City of Riesling* in Traverse City, Michigan im gleichen Sommer haben sich weitere Riesling-Feierlichkeiten entwickelt. Die Party geht weiter!

KAPITEL 4
RIESLING-ABENTEUER NR. 2: DIE WESTKÜSTE

WO DER RIESLING UNSICHTBAR IST

Manche Riesling-Gebiete sind einfach zu finden. Man steigt aus dem Auto, dem Zug, dem Flugzeug, und da sind sie. Jedoch nicht in KALIFORNIEN. Das Problem ist nicht, Weinberge in Kalifornien zu finden. Da braucht man nur nach Napa, Sonoma, Santa Barbara, Paso Robles oder einer Reihe anderer Orte zu düsen und steht in Weinlandschaften, die oft wunderschön sind und manchmal richtig dramatisch. Ich habe mich gleich bei meiner ersten Kalifornien-Reise 1986 in sie verliebt, aber schon damals fragte ich mich: Wo ist der ganze Riesling? Inzwischen gibt es in diesem Staat über 1600 Hektar meiner Lieblingssorte, aber sie sind quasi unsichtbar. Es gibt selten viel davon an einem Ort, und diese Orte liegen meistens nicht an den üblichen touristischen Pfaden.

Kalifornien ist ein prototypisches Beispiel für ein Weingebiet der Neuen Welt, leidet aber paradoxerweise zugleich daran, dass es nach den Kriterien der Alten Welt beurteilt wird. In Frankreich sagt das Weingesetz, jedes Gebiet sei dazu vorbestimmt, nur ein oder zwei Weintypen hervorzubringen, und der Erfolg, mit dem die Franzosen seit dem Zweiten Weltkrieg weltweit ihre Weine verhökern, hat zu der allgemeinen Auffassung geführt, dass jedes Weingebiet dies tun sollte. Napa Valley mit dem Cabernet Sauvignon ist ein erstklassiges Beispiel eines Weingebiets, das versucht, die Franzosen in ihrem eigenen Feld zu schlagen. In Wirklichkeit eignen sich die Bedingungen in Napa auch für viele andere Sorten, unter anderem Riesling. Aber ich höre schon wieder einen lautstarken Einwand.

»Riesling in Napa? Blödsinn!«

Manche Weingüter in Napa Valley engagieren sich seit langem für den Riesling, allen voran Château Montelena, Smith Madrone, Stony Hill und Trefethen, und diese Weine sind oft ausverkauft. Das ist auch keine neue Erscheinung. In seiner 1964 veröffentlichten *Encyclopedia of Wine*, dem damaligen Standardwerk, beschreibt Frank Schoonmaker kalifornischen Riesling als »trockener und weniger herb als die deutschen Rheinweine und Elsässer; weniger bestimmt und mit weniger Duft, aber doch von außergewöhnlicher Ausgewogenheit und Klasse.«

In den 1970ern und '80ern orientierten sich Kaliforniens Winemaker an ihren deutschen Kollegen und machten ihre Rieslinge immer süßer. Anfangs, als sie nur ein kleines bisschen süßer waren, funktionierte das ganz gut. Abrams Verlag in New York veröffentlichte 1975 ein Buch namens *Joys of Wine*, Weinfreuden, in dem auf vielen Fotos von Verkostungs- und Empfangsräumen berühmter kalifornischer Betriebe Flaschen mit **Johannisberg** Riesling im Vordergrund stehen. Die Weine wurden so etikettiert, um den Konsumenten klarzumachen, dass es sich um echten Riesling handelte, und der Begriff wurde zum Synonym für halbsüße Weine im Stil deutscher Spätlesen, aber voller im Körper. Dann übertrieb man es und süßte die Weine mit konzentriertem Traubenmost. Die Winemaker beließen es außerdem nicht beim Riesling, sondern begannen bei den großen Marken auch Chardonnay zu süßen und machen das inzwischen sogar bei manchen Kult-Cabernets (bei denen gelegentlich ein Mostkonzentrat namens Mega Purple zum Einsatz kommt, das zugleich für eine intensivere Farbe sorgt).

Als ich das erste Mal nach Kalifornien kam, war die Umwandlung des Johannisberg-Rieslings zur Cash Cow beinahe abgeschlossen. Er war zum unverhohlen süßen, unkomplizierten Wein geworden, der komplett im Verkostungsraum im Sommer nach der Lese weg ging. Die Geschwindigkeit, mit der das Geld hereinkam, entschädigte die Erzeuger für die niedrigen Preise. Doch schon 1986 wurde selbst diese verfälschte Version des kalifornischen Rieslings von Blush Zinfandel überholt, der seinerseits eine Fälschung früherer kalifornischer Rosé-Weine war wie Almaden Grenache (den Frank Schoonmaker nach dem Zweiten Weltkrieg entwickelt hatte). Cash Cows schmecken alle gleich: langweilig und süß.

Die Story der neuen kalifornischen Rieslinge ist bis jetzt nur selten und in Kurzform erzählt worden, weil die Weine in keine der etablierten Massenmarkt- oder Spitzenkategorien des Staates passen. Außerdem sind die besten Rieslingproduzenten keine klassischen kalifornischen Winzerhelden, womit ich Alphamännchen meine, die es darauf anlegen, bereits nach ein oder zwei Jahrgängen von irgendeiner Zeitschrift oder Website zum *Winemaker of the Year* gekürt zu werden.

Ted Bennett von **Navarro** ist 1937 geboren, doch ich glaube nicht, dass er je irgendwann in Ruhestand gehen möchte, und warum sollte er auch? Seit dem ersten Jahrgang 1975 hat er hier in den Bergen zwischen den Redwood-Bäumen des Anderson Valley in Mendocino County durchgängig Weine erzeugt, die den üblichen kalifornischen Rahmen sprengen. Als wir uns Ende der 1980er kennenlernten, hatten die süßen und superkonzentrierten Cluster-Select-Late-Harvest-Rieslinge von Navarro bereits Haufen von Goldmedaillen und Best-of-Show-Preise abgesahnt. Er bezeichnet sich selbst und

seine Frau, Deborah Cahn, als Berkeley-Hippies, aber das ist höchstens die halbe Wahrheit. Berkeley-Hippies machen keine Weine, die mein Bild vom kalifornischen Wein so verändern, wie es ihr trockener 2012-Riesling getan hat.

Wenn man wie ich seit Jahrzehnten um Planet Wein reist, dann fragt man sich gelegentlich, ob es überhaupt noch Überraschungen gibt, außer in neu aufblühenden Weinländern wie China. Basierend auf meinen Erfahrungen mit früheren Jahrgängen von Navarra erwartete ich einen beeindruckenden Wein, aber dann nahm ich das Glas mit diesem Wein in die Hand, und der Duft weißer Pfirsiche, Apfelblüten und Lemon Curd umhüllte mich. Er schmeckte so strahlend wie ein Diamant, so verführerisch wie das Gefühl von Seide, so rein und kühl wie ein Gebirgsbach. Das sind alles Dinge, die ich mit den besten trockenen Rieslingen aus Deutschland, dem Elsass und Österreich assoziiere, aber nicht mit kalifornischen Weinen. Klar, nicht jeder Wein aus diesem Staat ist auch nur annähernd so mächtig und wuchtig wie das allgemeine Kalifornien-Klischee, aber mir fällt kein anderer mit einer solch wunderhaften Leichtigkeit ein. Dieser Eindruck ist tatsächlich wunderhaft, denn mit 13,6 % Vol. ist das nicht wirklich ein leichter Wein.

Laut der in der alten Welt verbreiteten Theorien ist so etwas nur an ganz besonderen Orten möglich – die heiligen Grands Crus! –, aber kein Ort ist ein besonderer Wein-Ort, bevor nicht jemand herausfindet, für welche Art von Wein er besonders ist und dann dieses Potenzial in abgefüllten Wein verwandelt, der außergewöhnlich schmeckt. »Mein Ziel ist der ausgewogenste, angenehmste Wein, den ich erzeugen kann«, sagt Ted mit seiner üblichen Bescheidenheit. Aber um dieses Ziel so spektakulär zu verwirklichen, musste er sich mit den weinbaulichen Bedingungen in einem Klima auseinandersetzen, das die Reben im Sommer mit Temperaturen bis zu 40,5 °C tagsüber und 1,6 °C nachts konfrontiert. Er musste die beste Art und Weise herausfinden, immer ganz behutsam und geduldig, um die Früchte dieses sehr »besonderen« Klimas in ausgewogenen, angenehmen Wein zu verwandeln.

»Das ist einer der Vorteile, wenn man ein Vorreiter ist. Man kriegt vielleicht ein paar Pfeile in den Hintern, aber das Land ist billig«, bemerkt Ted. Deborah und Ted sind hierher gekommen, weil das Land billig genug war, das sie eine 368 Hektar große Schaffarm kaufen und Weinberge anlegen konnten, und weil das Klima so kühl war, dass die Rebsorten, die sie faszinierten – Riesling, Gewürztraminer und Pinot Noir –, bis weit in den Herbst an den Reben hängen müssen, um ganz auszureifen. Das bedeutet kühle Reifebedingungen, die die zarten Aromen und die frische Säure erhalten. Sie lesen inzwischen nachts, wenn es richtig kühl ist, weil das noch elegantere Weine ergibt. Vollkommen untypisch für Kalifornien nutzen sie große ovale Fässer, die keinen Eichengeschmack an den Wein abgeben. Der trockene Riesling sowie die ebenfalls trockenen Gewürztraminer, Pinot Gris und Muscat gären darin und liegen dann auf dem kompletten Hefedepot (Fachbegriff: Vollhefe), insgesamt acht bis neun Monate. Ted nennt seinen Keller »Fred Flintstone Winery« nach der Hauptfigur des Familie-Feuerstein-Comic, weil es eine ganz schlichte Angelegenheit ist, ohne jegliches Hightech, aber er geht auch keine Kompromisse ein, und das ist das Entscheidende.

Dies sind allerdings keine Weine, die in den Läden der Innenstadt einfach so aus dem Regal fliegen, und Navarro hätte sich nicht zu einem der bemerkenswertesten kalifornischen Erzeuger trockener und süßer Weine entwickelt, wenn Ted nicht während der 1960er in einem ganz anderen Bereich alles über Vermarktung und Mitarbeiter-Motivation gelernt hätte. Damals war er an einer Audio-Kette namens Pacific Stereo beteiligt, die 1970 an CBS verkauft wurde. Ted blieb weitere vier Jahre, bis er von all dem Firmen-Unsinn genug hatte.

Als es ihm nicht gelang, die ersten Navarro-Weine über den Einzelhandel zu verkaufen, brachte ihn das dazu, sich ganz auf den Direktvertrieb an die Konsumenten zu konzentrieren. 1981 verschickte er den ersten Weinguts-Newsletter, der durch die unverblümte Berichterstattung über das Geschehen bei Navarro längst zum Kult geworden ist. Es mag banal erscheinen, hier über Preise zu reden, aber sie sind Teil der Bennett-Cahn-Philosophie. Der trockene Riesling und der Cluster Select Late Harvest, mit dem intensiven Aroma von getrocknetem Steinobst und ebenso viel Fülle und Lebendigkeit, für $19,50/€14,50 pro Flasche (der trockene) und $29/€21,50 (für eine halbe Flasche des Cluster Select) ab Hof, stellen eine Preis-Leistung dar, die schwer zu toppen ist, unabhängig von Rebsorte oder Herkunft. In diesem alternativen Universum des kalifornischen Weins stimmt einfach alles.

Navarro ist ein seltenes Beispiel eines kalifornischen Weinguts, das für seine Rieslinge ebenso bekannt ist wie für seine anderen Weine (in diesem Fall sind es weißer Gewürztraminer und roter Pinot Noir, die mit im Rampenlicht stehen). Die anderen führenden Rieslingproduzenten im Staat leiden alle darunter, dass ihre Rieslinge im Schatten der Weine stehen, für die Kalifornien berühmt beziehungsweise berüchtigt ist (abhängig von der jeweiligen persönlichen Einstellung). Sie können Riesling deplatziert wirken lassen, und das genügt gelegentlich, um ihn zu einem Bürger zweiter Klasse zu degradieren.

Bei **Trefethen** in der Oak-Knoll-Appellation des Napa Valley leben Riesling und Cabernet Sauvignon einträchtig Seite an Seite. Ich muss betonen, dass Trefethen, das 1968 von Eugene Trefethen gegründet wurde, als es im gesamten Tal nur etwa 20 Weingüter gab, in Napa nicht irgendeine außergewöhnliche Nische besetzt. Die Rebflächen liegen unten im Tal, am südlichen Ende, wo es mehr Nebel aus der Bucht von San Francisco gibt und es deshalb einen Tick kühler ist als weiter im Norden. Hier wächst Riesling nur wenige hundert Meter entfernt von

VERRÜCKTE RIESLING-ZAHLEN:
Kaliforniens 820 % Kreativität

Neben vielen anderen Dingen bietet Frank Schoonmakers *Encyclopedia of Wine* (1964, Hastings House) einen faszinierenden Überblick über die kalifornische Weinbranche von vor einem halben Jahrhundert, inklusive einigen äußerst erstaunlichen Zahlen. Er gibt die damals mit Riesling bestockte Fläche mit 182 Hektar an, was nicht sehr viel erscheint. Vergleicht man das jedoch mit den 120 Hektar, die er für Chardonnay nennt, versteht man, wie sehr sich die Welt verändert hat. Vor fünfzig Jahren gab es in Kalifornien viel mehr Riesling als Chardonnay. Inzwischen hat sich Chardonnay zur meist angebauten Rebsorte Kaliforniens entwickelt, mit 38 652 Hektar (alle aktuellen Zahlen sind von 2011), ein Anstieg von atemberaubenden 27 200 %! Das hat die wesentlich weniger spektakuläre Ausdehnung des Rieslings überschattet, obgleich es der immerhin während des letzten halben Jahrhunderts auch auf beeindruckende 820 % gebracht hat, beziehungsweise über 16 % jährlich auf 1659 Hektar. Ich kann mich nicht erinnern, wann ich das letzte Mal Weinbauzahlen dieser Art gesehen habe; wahrscheinlich gibt es Vergleichbares nur bei den modernen Technologien. Ich vermute, dass die Anzahl von Computern in Kalifornien sich ähnlich entwickelt hat, dank Apple, Intel und all den anderen in Silicon Valley. Bevor ich auf diese Zahlen gestoßen bin, hätte ich nie gedacht, dass Kaliforniens Weinbranche genauso dynamisch sei wie die IT-Branche, aber das ist ganz offensichtlich der Fall, und die Ausbreitung des Rieslings ist Teil dieses Phänomens.

Cabernet Sauvignon, einer ebenfalls spät reifenden roten Sorte, die jede Menge Wärme braucht, um sich von ihrer besten Seite zu zeigen. Der Betrieb betrachtet zu Recht beide Weine als Aushängeschild, und bei beiden dreht sich alles um Aroma und Eleganz. Der Jasmin- und Mandarinenduft des Dry Riesling sind verführerisch, aber nicht laut, und der Wein wirkt frisch und lebhaft, ohne dass die Säure dominant wäre. Er scheint der Inbegriff der Schicklichkeit, doch darunter glüht die Sinnlichkeit. Soviel zu der immer wieder aufgestellten Behauptung, in konventionellen kalifornischen Weinbergen könne der Riesling keine mit den europäischen Spitzen vergleichbaren Weine hervorbringen!

Ich muss allerdings zugeben, dass manche meiner kalifornischen Lieblings-Rieslinge, wie der von **Smith Madrone** in Spring Mountain hoch über dem Napa Valley in spektakulären Gebirgslagen wachsen. Stuart Smith, der für den Weinbau verantwortlich ist, und sein Bruder Charles, der den Keller managt, sind Querdenker, die das Kommen und Gehen der unterschiedlichsten Weinmoden in den vierzig Jahren seit der Gründung ihres Betriebs konsequent ignoriert haben. Sie haben ihren Riesling auf nach Osten ausgerichtete Hänge gepflanzt, damit die Reben von der sanften Wärme der Sonne am Morgen profitieren können, ohne ihren heftigen Strahlen am Nachmittag ausgesetzt zu sein. Sie machen einen richtig trockenen Riesling, der seit dem ersten Jahrgang 1983 vielleicht der beständigste Wein aus dieser Sorte im gesamten Staat ist. Dieser gewagte und lebhafte Wein hat eine erstaunliche apfelige Frische, duftet aber auch nach getrockneten Blüten, Melone, Pfirsich und Limette. Er altert auch genauso gut wie all die trockenen europäischen Spitzen-Rieslinge, was vom Jahrgang 1996 auf großartige Weise demonstriert wird, der jetzt an Toast und Honig erinnert und zugleich üppig, weich und lebendig schmeckt. Es gibt einige entscheidende Unterschiede zwischen Riesling oben in Mendocino, wo er als letztes geerntet wird, und im Napa Valley, wo er im Allgemeinen im September gelesen wird, also weder besonders früh oder spät. Manche europäischen Riesling-Erzeuger würden sagen, dass dies den Trauben nicht genug Zeit für die Reife bietet (Fachbegriff: Hang Time), aber die Ausdrucksstärke des Weins widerlegt das. Ähnliches ließe sich über den bemerkenswert frischen und lebhaften Cabernet Sauvignon der Smith-Brüder sagen, und eigentlich glaube ich nicht, dass die beiden je einen Wein machen könnten, der problemlos in irgend eine Schublade passen würde.

Viele der Bergketten in Kalifornien ziehen Freidenker und Eigenbrötler an. In Woodside, oben in den Santa Cruz Mountains, ist die **Thomas Fogerty Winery**, wo Kaliforniens bester halbtrockener Riesling erzeugt wird. Es ist nur eine kurze Autofahrt von San Francisco nach Süden, aber in Nächten, in denen sich so viel Nebel auf dem Laub der Redwoods niederschlägt, dass das Wasser von ihnen tropft, als habe es geregnet, hat man das Gefühl, man sei in einem weit entfernten Zauberreich. Während Trefethen und Smith Madrone vor allem für ihren Cabernet Sauvignon bekannt sind, sind es bei Thomas Fogerty (der Chirurgieprofessor am nahegelegenen Stanford University Medical Center und Erfinder einer ganzen Menge von chirurgischen Instrumenten ist) und seinem langjährigen Winemaker Michael Martella die stark limitierten Einzellagen-Chardonnays. Nur wenigen ist bewusst, dass die beiden auch Riesling-Meisterwerke erzeugen.

Um 2011 die Produktionsmenge ihres Skyline Riesling zu erhöhen, ein Wein, dem die Medien bis jetzt nur wenig Aufmerksamkeit geschenkt haben, nahmen sie Trauben aus einer zweiten Lage (Wirz im Cienega Valley) zur ursprünglichen hinzu, Scheid Viento am Fuße der Santa Lucia Highlands in Monterey County. Das ist der Landkreis mit der größten Rieslingfläche des gesamten Staats, und wenn man den Thomas-Fogerty-Skyline-Riesling probiert, bekommt man einen guten Eindruck, was mit Riesling in Monterey möglich ist. Seinen satten Pfirsich-, Zitrus- und Ananasaromen steht eine minzige Frische gegenüber, und die Saftigkeit und reife Säure werden von einem Hauch von Süße unterstützt, sodass das Ergebnis rund und zugleich anspruchsvoll und unkompliziert zu trinken ist. Das bedeutet, der Wein schmeckt total kalifornisch!

Das Potenzial von Monterey County für Riesling ist aber auch anderen kreativen Winemakern aufgefallen. Seit 2010 erzeugt Kenny Likitprakong von der **Hobo Winery** einen trockenen Wein aus der ältesten Riesling-Parzelle der Santa Lucia Highlands (die zugleich eine der ältesten Riesling-Anlagen Kaliforniens ist), der viel üppige Aprikose zeigt und sehr geschliffen schmeckt. Auf dem Etikett steht Folk Machine – und was für ein Etikett! So etwas wie dieses psychedelische Bild vom indischen Gott Ganesha habe ich wirklich noch nie auf einer Rieslingflasche gesehen. Der Riesling von **Jekel** in der Monterey-Appellation Arroyo Seco ist ein wenig süßer (halbtrocken), aber zugleich saftig und frisch, ein sehr flexibler Essensbegleiter, der weithin erhältlich ist und eine gute Preis-Leistung bietet.

Ein weiterer Winemaker, der die Möglichkeiten des körperreichen trockenen kalifornischen Rieslings erkundet, ist Graham Tatomer von **Tatomer** in Santa Barbara. Er erzeugt eine Reihe von Einzellagen-Weinen aus dieser Sorte, die superreif schmecken und beinahe 14 % Vol. Alkohol haben, aber auch eine Cremigkeit, die ein wenig an einen (richtig guten) fassvergorenen Chardonnay erinnern. Damit lotet er wirklich die Grenzen des kalifornischen Rieslings aus. In den kommenden Jahren werden sicher andere zu ihm stoßen, die wie er diese Sorte als das erkennen, was sie in Kalifornien ist: ein lange vernachlässigtes und unterschätztes Aufgabenfeld und die Chance, Terroir-Weine mit ausgeprägter Persönlichkeit zu erzeugen, die weitab vom unendlich wiederholten Klischee-Geschmack von »chardonnayhaltigen Getränken« und Industrie-Sauvignon-Blanc in den bundesweiten Supermarkt-Regalen liegen.

Ein noch gewagteres Unternehmen, da es noch weiter ab von den berühmten Weintälern mit ihren Touristenschwärmen liegt, ist **Madrona Vineyards** in Camino, oben in den Sierra Foothills unmittelbar nordöstlich von Sacramento. Die Appellation El Dorado AVA heißt so, weil sie nahe an dem Ort liegt, wo 1849 das erste Gold in Kalifornien entdeckt wurde. Madronas Signature Collection ist ein kraftvoller trockener Riesling, der rauchig wirkt, sehr geschmacksintensiv ist und angesichts des hohen analytischen Säuregehalts eine wunderschöne Harmonie besitzt. Das platziert ihn in die erste Liga der trockenen Weißweine des Staats und bringt mich zu der Frage, warum sich an Orten wie den Hängen der Sonoma Coast niemand ernsthaft mit Riesling beschäftigt, wo die Bedingungen für die Sorte offensichtlich ideal sind. Dies gilt den ehrgeizigen Kellermeistern an der Sonoma Coast: In diesen Bergen liegt Riesling-Gold!

Das gelobte Land des amerikanischen Riesling erhebt sich aus dem Pinot-Nebel

Als Weinbaugebiet ist OREGON besessen, vielleicht sogar zwanghaft besessen. Über 60 % der Weinberge sind hier mit Pinot Noir bestockt. Lange Zeit war es einfach, **Oregon** Pinot Noir zu verkaufen, weil diese drei Worte auf dem Etikett eine Marke mit einem großartigen Image darstellten und manche dieser Weine natürlich tatsächlich großartig waren. Nach dem jämmerlichen Scheitern des Oregon Chardonnay, für den sich die Welt einfach nicht begeistern wollte, wurde trockener Pinot Gris der Haupt-Weißwein des Staats, obgleich ich finde, dass die meisten dieser Weine eher pseudo-trocken sind (das heißt, eigentlich halbtrocken). Manche sind ähnlich banal wie italienischer Pinot Grigio (dieselbe Sorte) und ähnlich überteuert. Die beiden Pinots decken etwa 70 % der Weinproduktion des Staates ab. Vereinfacht gesagt waren die amerikanischen Weinmedien mit alldem ein-

verstanden, obwohl sie immer wieder sehr wählerisch sind, welche Pinot-Noir-Jahrgänge sie billigend anerkennen und welche nicht. Ich erkläre das hier alles, weil Riesling eine wichtige Kategorie von Oregon-Wein darstellt, die in dem ganzen Pinot-Nebel immer noch untergeht.

Bei meinen Besuchen war es in den Weinbergen von Oregon allerdings noch nie neblig, aber es ist zweifellos kühler und feuchter im Sommer als in den Weintälern von Kalifornien im Süden oder Washington im Norden. Dieses etwas sanftere Klima eignet sich für die Pinot-Familie ebenso wie für Riesling. Doch meine Lieblingssorte kommt besser mit dem von den Oregon-Winzern so gefürchteten nassen Herbstwetter zurecht als die Pinots. Riesling ist weniger fäulnisanfällig, und wenn man ihn wegen beginnender Fäulnis früher als geplant lesen muss, kann man daraus immer noch einen sehr anständigen Wein machen. Beim Pinot Gris hingegen ist Fäulnis ein ernsthaftes Problem; beim Pinot Noir ist sie verheerend.

Kein Wunder, dass es in den letzten zehn Jahren eine langsame, aber stetige Tendenz zum Riesling gegeben hat. 2011 gab es 324 Hektar, die mit meiner Lieblingssorte bestockt waren, 32 % mehr als die 245 Hektar ein Jahrzehnt zuvor. Dass diese Fläche im Vergleich mit Washington weiterhin so klein ist, beruht vor allem darauf, dass die Konsumenten Oregon als »Pinot Noir Central« wahrnehmen, aber auch darauf, dass die meisten Kellermeister des Staates an ihrem Riesling bei weitem nicht so hart und ehrgeizig arbeiten wie an ihren Pinot Noirs. Das bedeutet, dass die Oregon Riesling Story sich ganz um die Ausnahmen dieser Regel dreht und wie sie andere Kellermeister inspirieren, sich Oregons Potenzial als Gelobtes Land des amerikanischen Rieslings zu öffnen.

»Im Prinzip wollen wir das produzieren, was wir trinken, und während der ersten zwei Drittel des Essens trinke ich Weißwein. Ich trinke eine Menge Riesling«, erklärt Harry Peterson-Nedry, der Gründer der **Chehalem Winery** in Newberg, gut gelaunt die langjährige Weißwein-Lastigkeit seiner Kollektion in diesem Rotweinstaat. »Die Säure überlebt einen Atomkrieg!« beschreibt seine Tochter Wynne, die 2012 die Verantwortung für den Keller übernommen hat, den grundlegendsten Wesenszug von Oregon Riesling. Diese Säure in Harmonie zu bringen, stellt hier die zentrale Herausforderung dar, und Wynne's Erfolg dabei scheint ihre entscheidende Stärke zu sein. Das ist eine gute Nachricht, denn damit wird etwas potenziell Negatives zu etwas Positivem, und die Weine gewinnen durch ihre Säure eine ungeheure Brillanz.

Praktisch gesehen bedeutet dieser Balance-Akt bei Chehalem, dass mehr natürliche Traubensüße in den Weinen belassen wird, indem man die Gärung stoppt, bevor der gesamte Zucker in Alkohol verwandelt wurde, wenn der Jahrgang säurereich ist (wie 2011), und viel weniger, wenn er in der Säure zurückhaltend ist (wie 2012). Die Jahrgangsunterschiede sind in Oregon immer noch sehr auffällig im Vergleich zu der neuen Situation durch den Klimawandel in Europa. Diese pragmatische Einstellung im Umgang damit bedeutet, dass die Weine in manchen Jahren technisch gesehen halbtrocken sind und in anderen trocken. Weinmarketing-Experten sind überzeugt, dass so etwas unbedingt vermieden werden muss, aber in Oregon scheint es zu funktionieren, besonders wenn die Weine so gut sind wie die von Chehalem.

Es ist eine kurze Fahrt vom Zentrum von Portland zum Verkostungsraum von Chehalem, inmitten des Corral Creek Vineyard, wo traditionell ihre besten Rieslinge wachsen. Vielleicht können die Rieslingtrauben hier in säurestarken Jahren zu höherer Reife gelangen durch den ziemlich fruchtbaren Boden (Fachbegriff: Löß) und die geschützte Lage. Die Weine haben dann ein wunderbares Apfelblüten- und Zitrus-Bouquet, das ihnen zu einem deutlichen Vorsprung verhilft. Der reguläre Three-Vineyards-Riesling (eine Cuvée aller drei von Chehalem genutzten Lagen) wirkt tendenziell ähnlich floral, ist aber säuerlicher und süßer als der Corral Creek Vineyard, außer in den reifsten Jahren. Der erstmals mit den Jahrgang 2011 angebotene Wind Ridge Vineyard Riesling scheint in säureschwachen Jahren besonders stark zu sein, dann zeigt er alle Arten von goldenen Fruchtaromen mit einer erstaunlichen Kombination von Frische und Fülle, die sinnlich oder erotisch wirkt, abhängig davon, wie intensiv die eigene Riesling-Beziehung ist.

Allen Chehalem-Rieslingen gemeinsam ist jedoch, dass sie so unberührt wirken wie ferne Gebirgsgipfel, die nur von wenigen je erklommen wurden.

Die Geschichte der **Brooks Winery**, in der Nähe von Amity, ist voller Licht und Schatten. Schatten, weil Jimi Brooks, nachdem er einen großartigen Start hingelegt und sich einen Ruf für unkonventionelle Pinot Noirs und Rieslinge aufgebaut hatte, nachdem er sich 1998 als Winemaker selbstständig machte, 2004 plötzlich an einem Herzanfall starb. Die heutige Brooks Winery ist eine Reinkarnation des Originals und einer der Riesling-Stars von Oregon dank der Entschlossenheit von Jimis Schwester Janie Brooks Heuck, seine Arbeit weiterzuführen. Das ist alles noch bemerkenswerter durch die Tatsache, dass sie vor der Übernahme des Weinguts im Gesundheitswesen tätig war.

»Mir ist schnell klar geworden, dass sich mein Mangel an Kenntnissen über alle Gebiete erstreckte – das Geschäftliches des Weins, Weinbau, Kellerarbeit sowie ein unzureichend geschulter Gaumen«, erinnert sie sich. »Ich schrieb mich für einen Einführungskurs in Weinbau und Kellerarbeit an der UC Davis ein, um zumindest mehr bei meinen Gesprächen mit Winemakern zu verstehen. Damals begriff ich, dass es ein mutiger Schritt meines Bruders gewesen war, als einzigen Weißwein Riesling zu machen, vor allem trockenen.« Jimi Brooks war ohne jede Frage ein mutiger Kerl, aber auch ein Denker. Er liebte Chardonnay, war aber selbst zu dem Schluss gekommen, dass diese Sorte nicht die Weißweinzukunft von Oregon darstellte.

Die Brooks Winery ist ziemlich abgelegen, und Janie könnte sie nicht von ihrem Haus in Pebble Beach, Kalifornien, führen, gäbe es nicht seit 2006 Winemaker Chris Williams. Nicht-Oregonians mag er ein bisschen verrückt erscheinen, aber er hat standhaft an dem Stil kraftvoller trockener Rieslinge festgehalten, den Jimi entwickelt hatte und den Chris selbst fortwährend verfeinert. Das Jahr 2012 war wahrscheinlich der bisher beste Jahrgang, was sich bald ändern könnte, weil die Weine ab 2014 in der hochmodernen Kellerei ausgebaut werden. Heute wird der Willamette-Valley-Riesling aus einer Mischung von Trauben gemacht, die der Betrieb selber anbaut und zukauft, da Janie die Produktion erheblich erweitert hat. Die weißen Pfirsich- und Apfelaromen sind diskret, und die resche Säure wird ebenso von den herzhaften wie den fruchtigen Noten ausbalanciert. Der Wein schreit förmlich nach Essen: Fisch, Meeresfrüchte! Mit mehr weißem und etwas gelbem Pfirsich und einem Hauch von Limette ist der Ara-Riesling noch kraftvoller und endet mit intensiver mineralischer Frische. Er gefällt sicher nicht jedem, ist aber ein einzigartiger amerikanischer Riesling mit großem Alterungspotenzial.

Für Janie war es ein Moment der Offenbarung, als sie am ersten Riesling Rendezvous im Juli 2007 in Seattle teilnahm. »Da hatte ich mein erstes Aha-Erlebnis, was für eine besondere Rebsorte Riesling ist«, sagt sie. »Ich entschied, dass wir unsere Produktion erweitern müssten, um die ganze Palette an Riesling-Stilistik von trocken bis süß abzudecken.« Der Sweet P Riesling, benannt nach Jimis Sohn Pascal, ist sehr ausdrucksstark, aber nur halbsüß, und eignet sich daher eher zu Käse, Pâté und Thai Curries als zum Dessert (das nahezu immer viel zu süß sein wird für ihn). Was ihn auch so erstaunlich macht, ist die unglaubliche Vitalität aus dieser unzerstörbaren Oregon-Säure. Im Vergleich ist der Tethys-Riesling aus spät gelesenen Trauben, die in gefrorenem Zustand gekeltert werden, viel dichter und süßer. Dieser Riesling-Dessertwein steckt voller getrockneter Birnen- und Quittengeleearomen, zusammen mit etwas Exotischem wie Tamarinde und ist zugleich unglaublich üppig und säurebetont. So etwas hat es in Oregon zuvor nicht gegeben.

Oregon hat auch vor kurzem eine Gruppe neuer Weingüter mit ernsthaften Riesling-Ambitionen hinzu gewonnen, wie jene von Andrea und James Freys **Trisaetum** oben auf Ribbon Ridge bei Newberg. Sie erzeugen trockene und halbtrockene Einzellagen-Rieslinge aus ihren eigenen Weinbergen auf Ribbon Ridge und der Coastal Range, die sehr frisch und reintönig wirken und vor Zitrus und exotischer Frucht förmlich strotzen. Bei Trisaetum ist wie bei Brooks Riesling die einzige Weißweinsorte. Mit den glänzenden Weinen des Jahrgangs 2013 ist hier qualitativ ein großer Sprung gelungen!

Bis 2008 waren die Weinberge von **Anam Cara** (der Name ist keltisch und bedeutet Seelenfreund) am Chehalem Mountain vernachlässigte Pflaumen-, Walnuss- und Haselnussplantagen (letztere heißen in Oregon übrigens *filberts*). Obgleich auch sie mit der typischen Oregon-Säure ausgestattet sind, wirken die halbtrockenen Rieslinge hier floraler und zarter als der Großteil der Oregon-Weine aus meiner Lieblingssorte. Diese stilistische Vielfalt ist ein sicheres Zeichen dafür, dass die Winemaker sich ihr mit wachsendem Selbstvertrauen nähern.

Was der neu entstehenden Riesling-Weinbranche von Oregon auch lange Zeit gefehlt hat, war eine große Marke mit bundesweiter Distribution, um ein breiteres Publikum darauf aufmerksam zu machen, dass der Staat diese Weine erzeugt und sie ernsthaftes Interesse verdienen. Riesling war früher eine der schwächeren Seiten der Kollektion von **Willamette Valley Vineyards**, doch der 2012 halbsüße Riesling des neuen leitenden Winemaker Don Crank III ist ein kleines Meisterwerk dieses Stils mit einem Füllhorn an Aromen von grünem Apfel über reife Pfirsiche bis zu Gewürzen, gefolgt von dem Spiel zwischen fruchtiger Süße und elektrisierender Säure, das Lichtjahre entfernt liegt vom vorhersehbaren Geschmack der meisten großen Weinmarken. Schluss mit all dem Pinot-Nebel!

Willkommen in der großen Riesling-Wüste!

Für jene, die das kühle, bewölkte und regnerische Seattle kennen, nicht aber den Osten von WASHINGTON STATE, kann die Landschaft auf der östlichen Seite der Cascade Mountains, die parallel zur Küste verlaufen, wie ein Schock wirken. In Küstennähe ist es durch und durch grün, während auf der anderen Seite der Berge die meiste Zeit des Jahres alles komplett braun ist. Und trotzdem ist Columbia Valley die zweitgrößte Weinbranche Amerikas, hinter Kalifornien, und die größte Rieslingbranche der USA.

Washington Riesling ist kein sich abquälender Außenseiter-Wein, mit dem sich ausschließlich Winemaker abgeben würden, die unter ihresgleichen als exzentrisch oder fanatisch gelten. Es ist vielmehr ein etablierter wirtschaftlicher Erfolg, der trotz der substanziellen Ausdehnung während der letzten zehn Jahre immer noch weiter wächst (siehe »Verrückte Riesling-Zahlen: das Westküsten-Riesling-Wunder«. Wer nicht glaubt, dass Riesling tatsächlich ein amerikanischer Wein ist, sollte hierher kommen oder zumindest einen dieser Weine probieren.

In allen Büchern steht, Riesling sei eine Rebsorte des kühlen Klimas, die nur in wenigen besonderen klimatischen Nischen funktioniert. Sicher, Riesling bringt keine aufregenden Weine hervor, wenn er an Orten wächst, an denen die Trauben in den letzten Wochen vor der Lese in der Hitze brüten. Es ist aber ein Zeichen für die Fähigkeit des Rieslings, sich an eine breite Palette von Klimavarianten anzupassen, dass er im Osten von Washington Erfolg hat, wo die durchschnittliche Höchsttemperatur in Richland im Juli bei 31 °C liegt, im Vergleich zu 28 °C in McMinnville im Willamette Valley in Oregon. Bei den Niederschlägen ist der Unterschied zwischen den beiden noch auffallender, denn das Willamette Valley bekommt einen jährlichen Durchschnitt von 104 cm ab, mit beinahe 7 cm im Juni, Juli und August, während es im östlichen Washington nur 19 cm jährlich und gut zwei in den Sommermonaten sind. Diese durchschnittlichen zwei sind außerdem de facto oftmals null. Der Osten Washingtons hat außerdem einen kälteren Winter, mit einer durchschnittlichen Tiefsttemperatur im Januar von –3,3 Grad Celsius im Vergleich mit 0,55 Grad in Oregon.

»Kühle Wüste« ist eine ziemlich treffende Beschreibung dieser trockenen steinigen Landschaft, obgleich Buschsteppe korrekter wäre. Beides deutet aber lediglich an, wie rau es hier ist. Weil die Weinberge zwischen dem 46. und 47. Breitengrad liegen, wird die Hitze im Frühsommer durch bis zu 17 Stunden Sonne täglich verstärkt. Genau so war es, als ich das letzte Mal dort war, und es hat mir geholfen, die besondere Logik dieses Weingebiets zu begreifen. Die Hitze hat einen Nachteil: Sie führt zu Böden mit geringem Humusgehalt, die dadurch wenig Wasser speichern können, und der Untergrund besteht häufig aus Basalt oder Schiefer, die auch nur wenig oder kein Wasser aufnehmen. In Verbindung mit dem geringen Niederschlag sind das wichtige Gründe, warum es beim Weinbau im Columbia Valley vor allem um Bewässerung geht. In jeder Wüste ist Wasser der entscheidende Faktor, und obwohl sie eine Sonnenanbeterin ist (die Triebe der Rieslingreben streben üblicherweise der Sonne entgegen), ist die Rebe doch kein Kaktus.

Mit Ausnahme des etwas feuchteren Walla-Walla-Gebiets, das zu großen Teilen der Produktion hochwertiger Rotweine gewidmet ist, für die etwas Trockenstress der Reben förderlich ist, ist Weinbau ohne Bewässerung (Fachbegriff: Dry Farming oder Trockenfeldbau) hier unmöglich. Das ist noch ein Unterschied zu Oregon, wo Dry Farming tatsächlich eine Option darstellt, für die sich eine wachsende Minderheit von Winzern entscheiden. Die Weinbranche kann sich glücklich schätzen, dass der Columbia River so nahe ist und eine reichliche Menge an sauberem Wasser für die Bewässerung bietet. Aber die Kombination des trockenen, sonnenreichen Klimas mit dem ganzen Wasser bedeutet auch, dass sich im Osten Washingtons Trauben die bebaute Fläche mit anderen Früchten teilen müssen, wie Äpfeln, Kirschen, Birnen, Pfirsiche, Aprikosen, Blaubeeren, Hopfen und Minze. Viele der führenden Traubenerzeuger bauen daneben auch zwei, drei oder mehr dieser anderen Früchte an. Mehrere von ihnen sagten mir, dass Trauben nicht den größten Gewinn abwerfen, aber sehr zuverlässig seien und in dem trockenen Klima kaum unter den Pilzkrankheiten litten, die sie in feuchteren Zonen heimsuchen.

1999 schlug Ernst Loosen vom Weingut **Dr. Loosen** in Bernkastel/Mosel der drei Jahre zuvor bereits das kränkelnde Weingut J. L. Wolf in Wachenheim/Pfalz übernommen hatte, Allan Shoup, dem damaligen CEO von **Chateau Ste. Michelle** in Woodinville unweit von Seattle, eine Riesling-Joint-Venture in Washington vor. Ernst war auf diese Idee gekommen, als im Frühjahr der erste Jahrgang von Ste. Michelles Rotwein-Joint-Venture mit dem toskanischen Unternehmen Antinori namens Col Solare lanciert worden war. Er argumentierte, dass Ste. Michelle eine ganze Menge Riesling-Weinberge besaß, mit denen sie nicht viel anstellten und er Alte-Welt-Know-how einbringen könnte, um zusammen einen wirklich bahnbrechenden neuen Wein zu lancieren. Allan gefiel

VERRÜCKTE RIESLING-ZAHLEN: Das Westküsten-Riesling-Wunder

Als ich begann, mich für Weinstatistik zu interessieren, fiel mir auf, wie gut sich Washington für diesen Einstieg eignete. Es ist der größte Staat der Vereinigten Staaten des Rieslings: 2011 waren hier 2148 Hektar mit Riesling bepflanzt, im Vergleich zu 1072 Hektar zehn Jahre zuvor, eine Steigerung von 100%. Da bereits die anfängliche Fläche beträchtlich war, ist das sehr erheblich, weil somit die gegenwärtige Produktion des Staates bei etwa 20 Millionen Flaschen Riesling jährlich liegt. Und das wird noch interessanter durch den Umstand, dass sich diese Flaschen ohne übermäßige Rabatte verkaufen. Wir haben bereits gesehen, dass Kalifornien jetzt 1659 Hektar Riesling hat, was gegenüber den 611 Hektar von einem Jahrzehnt zuvor eine Steigerung von nahezu 175% darstellt. Die Rieslingfläche in Oregon ist im selben Zeitraum etwas langsamer auf 324 Hektar angewachsen. Wenn man das alles zusammenrechnet, wird klar, dass es an der Westküste der USA inzwischen 4150 Hektar Riesling gibt. Obgleich in den Wein- und Gastromedien jede Menge über Washington-Riesling geschrieben wurde und wird, ist das eine Story, an der, soweit ich weiß, kein Journalist für eine größere Zeitung, Zeitschrift oder Internet-Nachrichtenseite arbeitet. Für mich riecht das nach unbewussten Vorurteilen und insgeheimen Absichten.

Washingtons Rieslingbranche ging es nicht immer so gut wie jetzt. Ende der 1990er sah es sogar nach einer richtigen Bauchlandung aus. Dann geschah etwas namens Eroica, das die Sorte in diesem Staat nicht nur vor dem Aus rettete, sondern sich auch als wesentlicher Faktor für die Riesling-Renaissance (wie das Phänomen sehr schnell getauft wurde) in vielen anderen Teilen Amerikas entpuppte und dann zehn Jahre später zur Entstehung der Vereinigten Staaten des Rieslings beitrug.

die Idee sofort, und da die Lese unmittelbar bevorstand, entschied er, sofort mit dem Jahrgang 1999 einzusteigen.

Im Januar 2000 saß ich an meinem Schreibtisch in Berlin, als mich Ernst anrief, den ich seit 15 Jahren kannte und wie die meisten in der Weinszene nur Ernie nenne. Ob er mir Proben der Versuchsverschnitte des ersten Jahrgangs des noch namenlosen Weins schicken könne. Drei kleine Flaschen, jede mit einem Etikett mit nur einer Zahl versehen, trafen am nächsten Tag ein. Ich stellte sie kühl, verkostete sie und rief ihn zurück. Ich fand heraus, dass ich denselben Wein wie er vorzog, und aus demselben Grund: Er schmeckte weniger gerbstoffhaltig. Gerbstoffe (Fachbegriff: Tannine oder Phenole) sind das, was Rotweinen ihre Wärme und Kraft verleiht und sie in extremen Fällen den Gaumen austrocknen lässt. Die meisten Weintrinker bringen Weißweine nicht mit Gerbstoff in Verbindung, aber es gibt sie auch dort. Ernie sagte mir, sie hätten die Weine bereits analysiert, um herauszufinden, wie viel Gerbstoff sie jeweils enthielten, und es sei sehr wenig. Doch manche Gerbstoffe schmecken »weich« (das heißt zurückhaltend und angenehm) und andere »hart« (das heißt aggressiv). Diese gehörten ganz offensichtlich zu den letzteren. Was tun?

Der 1999 Eroica, benannt nach Beethovens dritter Sinfonie, fiel viel besser aus als ursprünglich erwartet und wurde allgemein gelobt, mit 90 Punkten vom *Wine*

Spectator. Das war aber noch nicht alles, denn die Zeitschrift bedachte den daneben in einer kleinen Menge erzeugten Riesling-Dessertwein der Partner, den 1999 Eroica Single Berry Select, mit 97 Punkten – die höchste Bewertung, die sie je an einen amerikanischen Weißwein vergeben hatten. Kein Wunder, dass Eroica sofort ein Erfolg war! Mehrere Jahre intensiven Experimentierens folgten und wurden auch fortgeführt, als Ted Baseler CEO wurde. Während dieser Zeit wuchs die Marke auf mehrere hunderttausend Flaschen jährlich, eine beeindruckende Leistung für eine nicht angesagte Rebsorte angesichts des Endverbraucherpreises von circa €15 in amerikanischen Regalen.

Die nächste Phase begann, als Bob Bertheau 2004 als leitender Winemaker bei Chateau Ste Michelle anfing. Bob ist ein unkomplizierter Kerl, den man gerne als Nachbar hätte. Sein technisches Talent passte ideal zu Ernies praktischer und intuitiver Art, die beiden freundeten sich auch auf menschlicher Ebene an und wurden zu einem der in der Weinbranche seltenen Spitzen-Doppel. Erstaunlich schnell arbeitete sich Bob beim Riesling ein und entwickelte zusammen mit Ernie den gegenwärtigen Stil von Eroica – strahlende weiße Pfirsich- und Blütenaromen, mit mittlerem Körper, aber sehr schlank und elegant mit mineralischer Säure und einer halbtrockenen Balance. Dazu war es notwendig, bei den Weinbergen, aus denen das Traubenmaterial stammt, zu kühleren, höheren Lagen zu wechseln, wie etwa Evergreen in der Nähe der winzigen Stadt George, und Viewcrest im Yakima Valley.

Dann fuhr Bob die Qualität vieler anderer Rieslinge von Chateau Ste. Michelle hoch, die hinter Eroica hinterher hinkten. Der Schlüssel dazu lag in dem, was er und Ernie über den erfolgreichen Umgang mit diesen Gerbstoffen gelernt hatten: die Reben vor der Lese nicht in Trockenstress geraten zu lassen (durch mehr Bewässerung) und die Trauben nicht zu stark der Sonne auszusetzen. Jetzt ist Chateau Ste. Michelle sowohl der weltgrößte Rieslingproduzent als auch der beständigste unter denen, die Riesling in dieser Größenordnung erzeugen. Der halbsüße Columbia Valley strotzt vor weißen Pfirsich- und Zitrusaromen, ist saftig und sehr lebhaft, aber keinen Deut zu süß, die Jahresproduktion liegt immer über fünf Millionen Flaschen und der Preis unter $10!

Die Eroica-Kollektion wurde auch behutsam erweitert, zuletzt um den Eroica Gold, mit 2012 als erstem Jahrgang. Es hilft, wenn man diesen Wein im Kontext des enorm dichten und öligen Eroica Single Berry Select sieht, der voller getrockneter Aprikosen-, Mango- und Honigaromen steckt. Seiner enormen natürlichen Süße steht einiges an ernsthafter Säure gegenüber und eine Menge Würze, sodass man ihn beinahe als Trinkhonig bezeichnen könnte. Er lässt viele deutsche Riesling-TBAs geradezu leicht wirken, obwohl es sich um phänomenal konzentrierte Weine handelt. Im Gegensatz dazu wirkt der Eroica Gold lebendig und erfrischend, mit strahlenden Pfirsich- und Passionsfruchtaromen und der Rasse und Finesse einer hochwertigen Riesling-Auslese von der Mosel; es ist ein süßer Riesling, von dem man aber immer noch eine ganze Flasche trinken kann.

Das könnte sich jetzt anhören, als habe Chateau Ste. Michelle sämtlichen Washington-Riesling an sich gerissen, aber das Großartige an diesem Staat ist, dass es eine Reihe von größeren und mehrere kleinere Produzenten gibt, die ebenfalls ernstzunehmenden Riesling machen. Der bekannteste unter ihnen ist **Pacific Rim**, bereits seit dem ersten Jahrgang dieser Marke, 1991. Das hat viel damit zu tun, dass es Randall Grahm von Bonny Doon Vineyard in Santa Cruz/Kalifornien war, der sie entwickelte. Randall ist ein supercooler »Rhône Ranger«, der die verrückte und brillante Idee hatte, Riesling aus Weinbergen an der Westküste mit von der Mosel als Fassware importiertem Wein zu verschneiden (es war die weltweit erste interkontinentale Cuvée!) und die Säure des Weins abzumildern, indem er einen Teil davon eine zweite (malolaktische) Gärung machen ließ. Er entschied sich dann für eine Ausstattung, die das Ganze als den Wein schlechthin zu Sushi erklärte, wodurch er gegen den tobenden Strom der Weinmode schwimmen konnte. Das Chardonnay-Fieber der 1980er wurde gerade durch den Rotweinboom verdrängt, aber Pacific Rim traf einen Nerv und florierte.

Eigentlich ist das aber nur die Background-Story von Pacific Rim, der als Betrieb 2007 seine Pforten öffnete. Das wäre vielleicht gar nicht geschehen, wenn Randall nicht 2004 Nicolas Quillé als Teil der Grahm Crew (ein Wortspiel mit der französischen Bezeichnung »Grand Cru« für bestimmte hochwertige Weine) an Bord geholt hätte. Der ruhige und nachdenkliche Nicolas war der perfekte Ausgleich für Randalls weit ausholendes, kreatives Chaos und knallharte Vermarktungsstrategien. Nicolas, der in Lyon/Frankreich geboren ist, in Burgund studiert und gearbeitet hat, bevor er 1997 nach Kalifornien kam und dann nach Washington zog, brachte genau die richtige Mischung von Alter-Welt-Kultur und -Sensibilität sowie Neuer-Welt-Aufgeschlossenheit für Neuerungen mit für das, was Randall vorschwebte: eine Kellerei, die ausschließlich auf Riesling ausgelegt war. Sie könnten darin bis heute keinen Rotwein produzieren, selbst wenn sie es wollten.

Das hatte alles Sinn, weil Randall einen gewagten Schritt getan und Verträge mit Winzern in Washington abgeschlossen hatte, um langfristig den Ertrag von insgesamt 121 Hektar neuen Riesling-Weinbergen abzunehmen. Die nächste Entscheidung – die seine Konkurrenten an seinem mentalen Zustand zweifeln ließ – bestand darin, einen Wein namens Sweet Riesling zu produzieren. »Sweet«, süß, ist nach wie vor eines der Unworte des Weinmarketings, wo alle sich einig sind, dass süße Weine als trocken dargestellt werden müssen oder zumindest trockener auftreten müssen, als sie tatsächlich sind. Aber Randalls Instinkt erwies sich als hundertprozentig richtig, und dieser Wein ist inzwischen der meistverkaufte von Pacific Rim, mit beinahe einer Million Flaschen jährlich, was etwa die Hälfte der Gesamtproduktion des Betriebs darstellt. Für Randall wurden jedoch andere Pläne wichtiger, und im Januar 2011 verkaufte er die Kellerei für eine nicht genannte Summe an Banfi Vintners in New York.

Das hätte für Pacific Rim der Todesstoß sein können, aber Nicolas ist seitdem in die Rollen des General Managers, leitenden Kellermeisters und Kopffigur hineingewachsen. Es war hilfreich, dass die Weine immer besser wurden. Die Doppelspitze der Kollektion sind zwei Einzellagen-Weine, die unabhängig ihrer Herkunft ganz allgemein zu den besten halbtrockenen Rieslinge gehören: der Solstice Vineyard Riesling aus dem Yakima Valley und der Wallula Vineyard Riesling aus den Horse Heaven Hills, wo nach biodynamischen Methoden gearbeitet wird. Solstice ist eine tiefe Quelle voller weißem Pfirsich, Aprikose und kandierten Zitrusfrüchten, stark und kräftig mit großartiger mineralischer Frische. Der florale (Hyazinthen!) und kräuterige Duft des Wallula ist unglaublich komplex; im Mund klingen immer wieder die kräuterigen Akkorde auf wie der unnachgiebige Beat eines Songs von Pearl Jam, dann stimmt die Säure mit ein und bündelt die weißen Pfirsich- und Zitronenaromen im Nachhall, als schnüre sie ein Korsett, um die Taille einer Frau (oder eines Mannes) zu verschlanken. Dies sind jedoch richtig schwierige Weine im Keller, weil die Gärung in neutralen Holzfässern, ohne den Most mit Hefe zu beimpfen (Fachbegriff: Spontangärung) häufig dazu führt, dass der Wein aufhört zu gären, wenn er noch zu viel Restsüße für diese Stilistik hat.

Die bemerkenswerte Qualität der normalen Weine ist das Ergebnis jener langfristigen Verträge mit den Winzern und Ausbaumethoden, die beinahe ebenso kompromisslos sind wie für die Spitzenweine von Pacific Rim. »Je süßer der Wein, desto früher lesen wir, weil wir dann wirklich Säure brauchen«, erklärt mir Nicolas in den Büroräumen der Firma in Portland, und er begrüßt die niedrigeren Alkoholwerte, zu denen das führt. Der Sweet Riesling hat einen Alkoholgehalt von gerade 8,5 % Vol., aber Mandarinen-, Tarte-Tatin- und Honigaromen sowie ein guter Schuss Kohlensäure helfen der großzügigen natürlichen Süße auf die Sprünge. Er schmeckt großartig zu Rippchen oder Tex-Mex. Selbst der halbsüße Riesling bringt es nur auf 11 % Vol., im Gegensatz zu den traditionell für diese Stilistik üblichen 12 oder 13 % Vol. (was an der Westküste früher Johannisberg Riesling genannt wurde). Mit seiner knackigen Säure, einem Touch Cremigkeit und strahlenden Pfirsich-Aprikosen-Aromen hat er eine Balance, die gut zu indischen oder Thai-Curries passt. Randvoll mit weißem Pfirsich, Lemon Pie und grünem Apfel hat der trockene Riesling deutlich mehr Cremigkeit, um die Säure ohne die Hilfe von viel unvergorener Süße aufzuwiegen. Die Balance ist perfekt zu Jakobsmuscheln oder vielen Arten von Sushi (Uni und Toro!). Diese Cremigkeit entsteht dadurch, dass die letzten beiden Weine nach dem Ende der Gärung ein halbes Jahr auf dem vollen Hefedepot reifen, den größten Teil dieser Zeit »ungeschützt«, also ohne Schwefel, um den Wein vor Oxidation und mikrobiellen Beeinträchtigungen zu schützen.

Diese beiden Kellereien haben die Latte hochgehängt für die Konkurrenz, aber Allan Shoup wollte es auch nicht anders, als er 2003 sein Projekt namens **Long Shadows** gründete. Inspiriert von den Chateau Ste. Michelle-Joint-Ventures Col Solare und Eroica, die er in seiner Zeit als CEO dort initiiert hatte, bot er acht Winemakern die Gelegenheit, besondere Weine mit Trauben aus Washington State zu erzeugen. Für den Riesling fiel seine Wahl auf Armin Diel vom **Schlossgut Diel** in Burg Layen/Nahe, eine Rolle, die Diel inzwischen an seine Tochter Caroline weitergegeben hat. Man entschied sich für den Namen Poet's Leap, und 2003 war der erste Jahrgang. Seitdem hat sich der Stil langsam von halbsüß nach dem Vorbild deutscher Spätlesen hin zu halbtrocken entwickelt, und der Jahrgang 2012 ist sogar etwas trockener als Eroica. Mit den Jahren hat der Wein an mineralischer Frische und Subtilität gewonnen, unter anderem durch Trauben aus anderen Lagen. Grundlage bleibt der Benches Vineyard in den Horse Heaven Hills, der Allan Shoup zusammen mit einer kleinen Gruppe von Investoren gehört, aber Trauben von alten Reben aus den spektakulären Sagemoor Vineyards unmittelbar oberhalb des Columbia River bilden eine Bereicherung. Long-Shadows-Winemaker Gilles Nicault hat den Riesling-Code geknackt!

Die Familie Hogue hat ihre ersten Riesling-Weinberge 1979 angelegt und beständig guten Riesling erzeugt, zumindest seit ich mich erstmals Ende der 1980er durch ihre Weine probiert habe. **Hogue Cellars** gehört inzwischen zu Constellation Brands in New York, die auch Robert Mondavi und Ravenswood in Kalifornien besitzen. Doch Direktor Co Dinn und Winemaker Jim Mills (seit 2007) engagieren sich nach wie vor für den Riesling. Hogue Riesling ist ihr wichtigster Wein und ziemlich trocken (halbtrocken) für ein Massenprodukt, aber die saftige Aprikosen- und Zitrusfrucht dominiert. Der unverhohlen süße Hogue-Late-Harvest-Riesling ist sogar noch saftiger, aber manche Jahrgänge zeigen einen Hauch von Bitternis. Neu in der Riesling-Kollektion ist Thorny Rose, der sich an junge Leute richtet (die sogenannten »Millennials) und bei dem die leuchtenden Aprikosenaromen sowie die blitzige Säure durch ausreichend Traubensüße ausbalanciert sind, um als halbsüß bezeichnet zu werden. Die Weine verdienen ihren Erfolg am Markt.

Die Geschichte von Charles Smith ist etwas ganz anderes. Nachdem er beinahe zehn Jahre lang als Manager für Rockbands in Skandinavien gearbeitet hatte, kehrte er 1999 in die USA zurück und fand sich unversehens in der Weinbranche von Washington wieder, was durchaus Sinn hat, wenn man bedenkt, dass Seattle etwa ein Jahrzehnt zuvor der Geburtsort des Grunge gewesen war. 2006 gründete er **Charles Smith Wines** mit dem »modernistischen« Ziel, den Konsumenten Weine zu anzubieten, die einfach gut schmecken würden, aber auch echten Charakter und Persönlichkeit böten – keine einfache Aufgabe. Ich erinnere mich, dass ich kurz darauf den ersten Jahrgang des Kung-Fu-Girl-Riesling probierte und sehr von der Balance eingenommen war, zwischen Pfirsich- und Kräuteraromen einerseits und andererseits einer Säure, die alles andere als Mainstream war. Die halbtrockene Balance wirkte nie wie ein Kompromiss, und das gewagte schwarzweiße Etikett schon gar nicht. Ungewöhnliche Namen (Boom, Boom! Syrah, Velvet Devil Merlot) ziehen sich durch die gesamte Kollektion. Charles hat ein gutes Gespür für die Verbindung von Ausbau und Marketing, und Kung Fu Girl eine treue Fangemeinde sowie einen sehr guten Ruf. Eigentlich ist das genau das, worauf die gesamte Rieslingbranche von Washington State fußt.

Der andere Riesling-Westen

Das arme Idaho ist dermaßen für seine Kartoffeln bekannt, dass seine Weine wirklich verdammt schwer um die verdiente Anerkennung kämpfen müssen. Riesling ist eine wichtige Sorte in diesem Staat, mit 101 Hektar und 17 Erzeugern zum Zeitpunkt der letzten Statistik. **Ste. Chapelle** in Caldwell, gerade außerhalb von Boise im Snake River Valley, ist der größte und bekannteste darunter, und der Late Harvest Riesling aus diesem Haus ist ausdruckstark und saftig süß nach dem Vorbild einer hochwertigen Spätlese vom Rhein, aber mit üppigem Aprikosenkompott-Aroma. Mit mehr Frische und weniger Gerbstoff könnten dieser Betrieb in der ersten Liga spielen, aber das ist mir bei allen Rieslingen aufgefallen sind, die ich kürzlich aus diesem Staat verkostet habe.

Ebenfalls in Caldwell ist Ron Bitners **Bitner Vineyards**, und die Rieslinge, die der pensionierte Bienen-Wissenschaftler macht, seitdem er 1981 seine ersten Reben gepflanzt hat, müssen als den Maßstab für die Sorte in Idaho betrachtet werden. Der halbtrockene 2011 Riesling Reserve schafft es am ehesten, die Auswirkungen der klimatischen Extreme zu meistern (heiße Tage und kalte Nächte im Sommer). Seit zwei Jahren hat er einen ernsthaften Konkurrenten in der Form von Leslie Prestons winziger Kellerei namens **Coiled**. Nachdem sie ihren Master in Winemaking bei UC Davis abgeschlossen hatte, arbeitete Leslie bei Stag's Leap Winery im Napa Valley und machte nebenbei die ersten Coiled-Weine, für die sie mit einem Truck nach Napa fuhr und dort die Weine ausbaute! 2012 zog sie zurück nach Boise und begann, die Weine in der Nähe der Reben zu machen, an denen die Trauben dafür wachsen, mit unmittelbarem positivem Effekt. Ihr saftiger und kraftvoller 2012 trockener Riesling hat florale Noten, die ich nie zuvor in einem Wein aus diesem Staat entdeckt hatte und gewann 2013 verdientermaßen doppeltes Gold bei der *Idaho Wine Competition*. Ich bin sicher, dass Leslie noch am Lernen ist und sie in wenigen Jahren noch aufregendere Weine machen wird. Das verspricht auch ihr Slogan: »Riesling Revolution«.

British Columbia: Kanadas Sand-, Sonne- und Riesling-Paradies

Es war merkwürdig, Kinder am Strand spielen zu sehen und dann auf die Berge auf der Seite des Wassers zu schauen und mich daran zu erinnern, dass ich tatsächlich eine Flugstunde von Vancouver im Landesinnern der kanadischen Pazifikküste war. Weil dies Kanadas einzige zuverlässig warme, sonnige Strände sind, ist es ein beliebtes Ziel für die Leute in Vancouver, aber auch Kanadier aus den Provinzen weiter östlich. Dazu kommen die Reichen von viel weiter östlich, aus Ost-Europa und Russland, die hier Häuser kaufen. Alles zusammen bedeutet schicke Restaurants und Shoppingcenter, einen Immobilienboom und einen entsprechenden Boom an Einbrüchen. Noch merkwürdiger wurde die Szene dadurch, dass ich wegen der Rieslinge hier war, die rund um die Seenkette im OKANAGAN VALLEY wachsen. British Columbia hat 355 Hektar (Stand 2011) mit meiner Lieblingssorte, größtenteils in Okanagan und dem angrenzenden Similkameen Valley.

Dieser Landstrich ist von einer rauen Schönheit oder beinahe eine Ödnis, abhängig vom persönlichen Blickwinkel. Das Buschwerk und die Kiefern, die sich an die steinigen Hänge klammern, erinnern an Napa Valley oder manche Ecken im Languedoc in Südfrankreich. Das sind Landschaften, in denen vor allem rote Trauben wachsen, aber in Okanagan ist dieser Eindruck irreführend. Dies ist ein Ort der Extreme, was das Klima betrifft, im Winter mit genauso viel Schnee und Kälte, wie man es in Kanada erwartet, während die Temperaturen im Sommer auf über 37 °C schießen können. Es ist eine ebenso »kühle Wüste« wie der Osten des Staates Washington, doch wenn man die von den offiziellen Wetterstationen veröffentlichten Wärmegrade während der Vegetationsperiode addiert, wirkt die Vorstellung von Rotwein hier plötzlich ziemlich schräg. Es mag ganz normal erscheinen, in einer Region mit kühlem Klima nördlich des 49. Breitengrads auf Riesling zu stoßen, aber selbst für Riesling sind die allgemeinen Klimadaten hier auf der unfreundlichen Seite.

Mission Hill, ein Weingut mit einer Mission, das passenderweise auf einer weithin sichtbaren Kuppe bei West Kelowna liegt, war der Ort, an dem ich herausfand, wie der Weinbau im Okanagan funktioniert. Der Weinschulungsdirektor Ingo Grady erklärte, dass die Nähe eines Weinbergs zum See, die Lage am östlichen Ufer eines Sees, um von der warmen Nachmittagssonne zu profitieren und die geringe Höhenlage alles Faktoren seien, die in sich vereint wesentlich wärmere Bedingungen ergeben, als die allgemeinen Klimadaten vermuten ließen. Das schien alles logisch, wie auch seine Erklärung, warum das Weingut Lagen an fünf verschiedenen Orten hat: »Je weiter südlich, desto wärmer ist es, sodass die Trauben für unsere Spitzenrotweine, allen voran Oculus, aus unseren Weinbergen in Osoyoos kommen, direkt an der US-kanadischen Grenze. Unsere weißen Trauben wachsen größtenteils weiter nördlich, wo es kühler ist.«

Oculus ist die Art von Spitzen-Rotwein im Bordeaux-Stil mit viel Merlot, die man von einem Weingut erwartet, dessen Architektur an die von Robert Mondavi und all den anderen Adressen mit ähnlichen Ambitionen erinnert. Tom Kundigs Entwurf, von der langen Arkade oberhalb der Weinberge mit den hervorragenden Restaurant bis zu dem zwölfstöckigen Glockenturm, erinnert an die Alte Welt, ist aber gleichzeitig so spektakulär, dass er alle anderen Weingüter übertrumpft, die ich auf dem gesamten Planeten gesehen habe. Ähnlich beeindruckend ist der 2009 Oculus, ein mächtiger und superreifer Wein mit eleganten Gerbstoffen, die keinen Deut zu hart sind. Seit 2009 erzeugt der Betrieb auch einen ehrgeizigen Einzellagen-Riesling aus der Lage Martin's Lane, benannt nach dem Vater des Besitzers, Anthony von Mandl. Seit dem Jahrgang 2012 hat sich die Menge hier wesentlich erhöht, um diesen Wein in der Gastroszene weiter zu streuen und somit ein Statement zum Riesling in Okanagan und zu Mission Hill abzugeben.

Hinter diesen neuen Entwicklungen verbirgt sich eine Geschichte, und deren Anfänge liegen ein halbes Jahrhundert zurück. Ingo Grady ist in der Nähe der Mosel in Deutschland aufgewachsen, und 2007 lud er Fritz Hasselbach vom Weingut Gunderloch in Nackenheim/Rheinhessen, den er seit einigen Jahren kannte, zu einem Besuch ein. Sie gingen zusammen durch die Weinberge, und Fritz erklärte Martin's Lane zu der Lage mit dem besten Riesling-Potenzial. Dann sprach Ingo mit dem langjährigen Winemaker John Simes: »In dem Moment, wo du den besten Rieslingtrauben ebenso viel Aufmerksamkeit schenkst wie den Oculus-Trauben, wird etwas ganz Besonderes entstehen.« Simes nahm die Herausforderung an und ging mit Martin Lane's Riesling in eine elegantere und mineralischere Richtung (Zitrone ist das Haupt-Fruchtaroma) als mit dem eher exotischen Reserve Riesling (Passionsfrucht und Ananas in guten Jahren) mit seiner atemberaubenden Säure. Beides sind wichtige Weine für Mission Hill, obgleich sie nicht die Aura eines Oculus umgibt. Denn es gibt natürlich eine spektakulären gläsernen Oculus Salon im Weingut, aber keinen Martin Lane's Riesling Room, zumindest bis jetzt nicht.

Die Architektur des Weinguts **Tantalus** ist auch ehrgeizig, aber im Vergleich mit Mission Hill minimalistisch, das ganze Gebäude eigentlich ein sehr großer Riesling Room (unterteilt in Kellerräume, Verkostungsraum und Büros), umgeben von Reben auf einem Hang südöstlich vom Stadtzentrum von Kelowna. Für das kleine Team von Tantalus steht Riesling als trockener Wein an erster Stelle, an zweiter als Schaumwein, und danach kommen kleine Mengen Chardonnay und Pinot-Noir-Rotwein als Spezialitäten. Die Kombination von Offenheit und Ehrgeiz der Direktorin Jane Hatch entspricht exakt dem einzigartigen Stil der Weine.

Dies sind die Rieslinge, die mich auf die Idee einer separaten Hitliste für gewagte neue Weine brachten, obgleich der Name »Blade Runner« natürlich auf Ridley Scotts Film von 1982 mit Harrison Ford und Sean Young zurückgeht. Es sind kompromisslose Weine mit einer durchdringend intensiven Säure, der Zitronen-, Ananas- und Blütennoten gegenüberstehen, so leuchtend hell wie die Sonne. Und das ist keine Fußnote in Sachen Rieslingfrucht, sondern sehr lang anhaltende Aromen, die ganz dezent von einem Hauch natürlicher Traubensüße unterstützt werden. Auf dem Papier sind diese Weine halbtrocken, aber meinem Gaumen erscheinen sie wirklich trocken. Keine Frage, diese Säure wäre schneidend, wenn die Weine analytisch knochentrocken wären. Doch Winemaker David Patterson ist besessen mit der geschmacklichen Reinheit, und das trägt zweifellos zu Ausgewogenheit und Alterspotenzial bei. 2005, der erste Jahrgang des Old Vine Riesling, dem Spitzenwein des Betriebs, zeigt nach wie vor die charakteristische lebhafte Limettenfrucht und stahlige Säure. Die einzige Frage lautet: Ist man hart genug für diese Weine oder nicht?

Der mit dem Jahrgang 2010 vorgestellte Old Vine Natural Brut Riesling gehört zu den wenigen hochwertigen Schaumweinen auf Planet Riesling. Statt der klassischen Champagnermethode, bei der fertig vergorener Wein fürs Schäumen nochmals vergoren wird, unterbricht Tantalus die alkoholische Gärung, füllt den Wein ab und lässt ihn die Gärung in der Flasche beenden. Dieser Wahnsinn hat durchaus Methode, denn das Ergebnis ist ein Produkt, das diese brillanten Fruchtaromen mit diskreter Cremigkeit und durchdringender Säure gekonnt verbindet.

Weinkeller können hier aber noch viel gewagter sein, wie Alan Dickinsons **Synchromesh** beweist, gerade außerhalb von Okanagan Falls am Fuß der Peach Cliff, die einem das Gefühl verleiht, das Ende der Welt erreicht zu haben. Es wirkt aber wesentlich abgelegener, als es tatsächlich ist. »Wir sind hier gelandet, weil wir eine Familie gründen wollten und den optimalen Ort für Riesling gesucht haben. Das ist der einzige perfekte Wein der Welt«, erklärt er mir die Entscheidung für diese Adresse. Das unerschlossene Grundstück und der Mangel an Kapital zwangen Alan, beim Ausbau der Weine zu improvisieren, in einem Wohnwagen zu leben und für andere Winemaker an der Kelter zu stehen, um die nötige Ausrüstung für seinen minimalistischen Ausbaustil zu finanzieren. »Alternativ« und »grenzwertig« sind definitiv die richtigen Worte für sein Unternehmen.

Dann begann ich Alans andere Seite zu sehen. Zuerst fiel mein Blick auf einen alten MG-Sportwagen in der kleinen Kelterhalle, und mir wurde klar, dass der Name des Betriebs natürlich aus der Automobil-Welt stammte. Dann kamen die Weine, von denen der 2012 Riesling aus der umgebenden Lage Storm Haven Vineyard kommt. Er ging beinahe ausschließlich an Käufer in Vancouver und zwar innerhalb von fünf Wochen, nachdem er auf den Markt kam. Alan ist also nicht gerade ein einsamer Rufer in der Wüste. Mit ihm im Verkostungsraum zu probieren, der eigentlich eine kleine hölzerne Gartenhütte ist, die wortwörtlich am Keller lehnt, war ein echtes Erlebnis, auch weil dieser alkoholleichte, säurestarke Wein trotz beträchtlicher Süße kaum halbtrocken schmeckt. Zusammen mit den weißen Pfirsich-, roten Apfel- und Pfirsichnoten macht ihn die gewagte Balance wirklich zu etwas ganz besonderem. Dies sind echt alternative Aromen, selbst in dieser Region, wo Riesling stark in die Zitrus-Richtung tendiert. Trotz seines Namens war sein halbtrockener Thorny Vines Riesling (2012 war der erste Jahrgang) saftiger und charmanter, obgleich die Säure auch in diesem Wein wirklich rassig wirkte. Deutschland ist ganz offensichtlich die Hauptinspirationsquelle für diese Weine, obwohl sie alles andere als krampfhafte Kopien von Mosel- und Rhein-Originalen sind. Meine Vermutung ist, dass so beeindruckend Alans Weine jetzt auch sind, er ein Riesling-Winzer mit einer großen Zukunft ist.

Sich so aus dem Fenster zu lehnen, ist in Okanagan nichts Neues. Das Tal scheint vielmehr Menschen anzuziehen, die die Grenzen des Möglichen ausloten wollen. Als der deutsche Einwanderer Adolf Kruger 1983 das Weingut **Wild Goose** gerade südlich von Okanagan Falls gründete, fragten sich seine Kollegen, wie er wohl 9000 Löcher in den extrem steinigen Boden graben würde, um die jungen Riesling- und Gewürztraminerreben zu pflanzen. Als Ingenieur war es für ihn jedoch kein großes Problem, dafür eine selbstkonstruierte Hochdruck-Wasserpistole zu konstruieren. Sich für die passende Art von Wein für diesen Ort zu entscheiden, war schon schwieriger. 1993 machte Adolfs Sohn Roland den ersten trockenen Riesling, '94 die erste Spätlese, 2002 tauchte der Name Stony Slope erstmals auf dem Etikett auf und '11 wechselte er zu dem heutigen halbtrockenen Stil.

Man könnte annehmen, dass dieses kühle Klima und ein steiniger Boden, der an Rhein oder Mosel erinnert, ideale Bedingungen darstellten. Doch warme Jahrgänge machen die Weine runder als sonst in Okanagan die Norm ist, und obgleich kühlere Jahre Blütenaromen haben und frischer sind, sind es eher interessante als atemberaubende Weine. Ton ist soviel weniger romantisch als Felsen für den Boden einer Rieslinglage, aber mir gefiel Rolands halbtrockener 2012 God's Mountain Vineyard Riesling vom Tonboden so viel besser als die Stony-Slope-Weine. Er hatte großartige Pfirsich- und Grapefruitaromen und war voll und saftig mit richtiger Power. Vielleicht sind diese »coolen«, steinigen Böden an Orten, die so viel Sonne abbekommen – im Durchschnitt volle 300 Stunden schon allein im Juli – und so trocken sind, nicht ideal für Riesling?

Die andere Frage, die sich mir stellte, war, warum es so viele Deutsche in Okanagan gibt. Die ersten weißen Siedler hier waren Italiener, und ich konnte keine besondere Verbindung zu Deutschland entdecken, traf aber immer wieder auf deutsche Kellermeister. Bernd Heinrich Schales, der aus Rheinhessen stammt, gründete 2007 **8th Generation Vineyard** in Summerland. Er ist natürlich einer der Winzer der achten Generation seiner Familie. Mehr als jeder andere im Gebiet hat er im Keller die Grenzen ausgelotet, indem er auf den Zusatz von Hefe aus der Tüte verzichtete und ganz allgemein den Weinen im Keller Zeit lässt, um zu einer mehr oder weniger trockenen Balance zu finden. Obwohl das Weingut direkt an der Touristen-Route am Westufer vom Okanagan Lake liegt, sind diese Weine alles andere als einfach gestrickt. Bernd ist ein Könner darin, die Okanagan-Rieslingsäure mit einem cremigen, hefigen Charakter auszubalancieren, und das kann man auch riechen (brotige und toastige Noten). Trotzdem dominieren die hefigen Aromen nicht in den trockenen und halbtrockenen Rieslingen von 8th Generation nicht. Ganz im Gegenteil wirken ihre floralen, kräuterigen und fruchtigen Noten oft richtiggehend überschwänglich.

Auf den ersten Blick scheinen strahlende Aromen (oft Zitrus), ein schlanker Körper und hohe Säure die Schlüsselelemente der Okanagan-Rieslinge zu sein, und das Südende des Tals wie prädestiniert für Rotweintrauben, während der Norden dem Riesling gehört. Das dachte ich jedenfalls nach ein paar Tagen. Doch war dabei der Wunsch genauso der Vater des Gedankens wie bei der Vorstellung, dass steinige Böden die aufregendsten Weine hervorbringen, weil das in Europa so oft der Fall ist. Es waren die Rieslinge von **Gehringer**, an der Golden Mile Bench bei Oliver, die mir halfen, die Wahrheit zu erkennen, dass nämlich die Rieslinge aus dem Süden einfach anders sind als die aus dem Norden, tendenziell großzügiger angelegt, mit mehr Pfirsich im Duft und weicherer Säure, aber doch ebenso ansprechend. Der Private Reserve der Gehringer-Brüder Helmut und Karl (Kanadier deutscher Herkunft und Ausbildung) ist der kraftvollste der im Gebiet erzeugten trockenen Rieslinge und auch einer der beeindruckendsten. Im direkten Vergleich mit dem Tantalus Riesling schmeckt er, als käme er aus einer vollkommen anderen Region. Okanagan-Riesling lässt sich nicht auf eine einfache Formel reduzieren.

GRUNDLAGENFORSCHUNG:

Hier kommt die Acid Queen (willkommen in der Freak-Zone)

Es wird oft angenommen, die säurereichsten Weine auf Planet Riesling kämen aus den nördlichen Gebieten Deutschlands, weil dies die kühlsten Orte seien, an denen Riesling wächst. Die Logik scheint einwandfrei, aber die Klimaerwärmung hat das alles auf den Kopf gestellt. Heutzutage stammen die säurereichsten Weine der Welt vom nördlichen Ende des Okanagan Valley. Ein Spitzenkandidat für den Titel Acid Queen, Säure-Königin, von Planet Riesling ist der Platinum von ***Cedar Creek Winery****, südlich von Kelowna. Der Jahrgang 2012 dieses Rieslings brachte es auf – coole Zahlen für die Weinfreaks! – 12,1 Promille Säure und einen pH-Wert von 2,73. Zur Orientierung: Ich betrachte alles über 1 % Säure oder unter einem pH-Wert von 3 als ernsthaft sauer. Wie wir gesehen haben), ist der pH-Wert ein bei weitem genauerer Maßstab für Säure als der Prozentsatz. Die einzigen mir bekannten anderen, ähnlich sauren Weine weltweit sind manche Champagner-Grundweine aus der Chardonnay-Traube, und die reifen mehrere Jahre auf der Hefe, um zu geschmacklicher Harmonie zu gelangen. Wichtiger ist aber die Tatsache, dass dieser Wein nahezu trocken schmeckt trotz – noch eine coole Zahl für die Weinfreaks – 25 Gramm Süße. Er war zweifellos interessant und roch oder schmeckte keineswegs nach unreifen Trauben (was mich angesichts dieser Zahlen nicht überrascht hätte), aber ich empfand die Säure auf der Zunge wie einen Peitschenhieb und zog den normalen Riesling von Cedar Creek vor. Der war frisch genug!*

SAN FRANCISCO

RIESLING CITIES: SAN FRANCISCO, Brutkasten der amerikanischen Rieslingkultur

Die Sonne steht niedrig am azurblauen Himmel, und der Wind, der durch die Golden Gate Bridge bläst, weckt die Sinne und den Geist, während er Nebelschwaden in die Stadt peitscht. Als ich das weiträumige Ferry Building von San Francisco betrete, wirkt es im Innern gespenstisch ruhig nach dem Lärm und der Energie des Farmers' Market, der hier morgens stattfindet. Ich ziehe eine Glastür auf und nehme einen berauschenden Strudel von warmen Aromen und Tönen wahr. Slanted Door ist das umsatzstärkste Restaurant Kaliforniens, und eines der berühmtesten Restaurants Amerikas. Doch diese Aussagen vermitteln nicht einmal annähernd, worum es hier tatsächlich geht.

Seit der Eröffnung 1995 ist Slanted Door ein Schmelztiegel vietnamesischer Küche, bester kalifornischer Zutaten und dem einzigartigen gastronomischen Geist von San Francisco. Trotz seiner Größe ist hier nichts einfach Null-Acht-Fünfzehn. Wie der vietnamesisch-amerikanische Besitzer und Küchendirektor Charles Phan über das Getränkeangebot im Slanted Door sagt, gibt es dort »keinen Rum-Cola, keinen Cosmopolitan, keinen Chardonnay. Bei dem, was wir machen, wollen wir die besten sein, deshalb machen wir einfach auf Riesling.«

Für mich, ebenso wie für die anderen rund 1000 Gäste täglich, ist Slanted Door eine bemerkenswerte Wein-Adresse. Seit meinem ersten Besuch im Sommer 2000 ist Riesling einer der wichtigsten Posten auf der Weinkarte. Aber ist das nicht zu speziell? Ich sehe Gus Vahlkamp, der für den Weinservice verantwortlich ist, und Chaylee Priete, die den Weineinkauf verantwortet. Als ich Gus nach seinen Grundrichtung frage, antwortet er: »Wir haben die kleingeschriebene d-steht-für-demokratie-Einstellung. Rund jede achte hier verkaufte Flasche ist ein Riesling. Wir sind dabei, auf der Karte eine neue Rubrik mit trockenem Riesling zusammenzustellen.« Das stille Selbstbewusstsein, mit dem Chaylee diese Weine aussucht, ist genauso ein Grund für den Erfolg dieser Adresse wie die beständig hervorragende Qualität des Essens. Ich kenne den Anfang der Slanted-Door-Rieslingstory nicht, deshalb erzählt sie ihn mir.

»Als Mark Ellenbogen diese Weinkarte schrieb, ging das ziemlich gegen den Trend, glaube ich«, beschreibt sie den Moment, als das junge Slanted Door die Segel für den gegenwärtigen Kurs setzte. Ellenbogen war der damalige Sommelier, und obwohl er versucht hatte, mit italienischen Weinen zu arbeiten, erwies sich das als Flop, weil die Weine oft mit dem scharfwürzigen Essen kollidierten. »Um 1997 herum wurden kalifornische Weine viel mächtiger«, nennt Gus als Grund dafür, warum regionale Weine hier eine so geringe Rolle spielen. Ellenbogen tauchte deshalb tief in deutschen Riesling und österreichischen Grünen Veltliner ein, die damals ausgesprochen uncoole Weine waren.

»Die Weine, die wir haben, passen so perfekt zu unserem Essen, zu beinahe jedem Essen«, sagt Chaylee, als sei das die natürlichste Sache der Welt. Aber für viele Gäste aus der Mitte Amerikas ist hier alles zuerst einmal ein Schock, angefangen bei der fehlenden Cola oder anderen Limos. Damit so gekonnt umzugehen, ist ein weiteres Geheimnis für den Erfolg des Restaurants. Viele Gäste haben hier Spaß an Gerichten und Weinen, die sie woanders nie bestellt hätten, wodurch das Slanted Door zu einem Brutkasten amerikanischer Riesling-Kultur wird.

Aber auf zum Essen! Das Yellowfish-Sashimi schmilzt förmlich im Mund und hat eine wunderbare Reinheit im Geschmack. Der halbtrockene Haus-Riesling von Leitz im Rheingau ist ideal dazu. Die Rippchen sind süß und saftig; das Schweinekotelett mit Ananas und Chili ist eine der besten Süß-Sauer-Scharf-Kombinationen, die ich seit langem gegessen habe. Beide verlangen nach einem richtig süßen Riesling, mit genug Power, um mit diesem intensiv gewürzten Saucen fertig zu werden. Der Kabinett von Müller-Catoir aus der Pfalz sollte genau passen. Natürlich gibt es einige Gerichte, die nach ganz anderen Weinen verlangen, aber der Riesling-Geist ist immer offen.

Das wurde alles ziemlich ansteckend. Neue Restaurants in San Francisco wie Rich Table und Heirloom Café haben Weinkarten, die kaum so unkonventionell und kundenfreundlich wären, wenn das Slanted Door nicht bewiesen hätte, dass sich diese beiden Dinge erfolgreich unter einen Hut bringen lassen. Klar, manche der Sommeliers der Stadt übertreiben es mit dem Hip-Sein und bieten nichts an, das auch nur im Entferntesten wie ein normaler kalifornischer Wein aussieht, weil das uncool wirken könnte. Doch kurz vor der Jahrhundertwende ist im Slanted Door etwas Wichtiges passiert, und es hat ganz langsam begonnen, die Ess- und Trinkkultur Amerikas zu verändern, und dabei eine Botschaft weit über die Landesgrenzen hinaus geschickt.

KAPITEL 5
RIESLING-ABENTEUER NR. 3: AUSTRALASIEN

VOLLE RIESLING-KRAFT VORAUS

Als ich zum ersten Mal Riesling aus Oz (wie AUSTRALIEN in der englischsprachigen Welt oft genannt wird) verkostete, fand ich ihn verwirrend, aber als ich ihn das erste Mal trank, erschloss er sich mir sofort. Es war ein heißer, sonniger Tag im Sommer 2000, und ich saß in einer Weinbar am Straßenrand in der historischen Altstadt von Adelaide in Süd-Australien mit einer Gruppe von europäischen Winzern. Das Ganze hatte einen etwas exzentrischen Touch, weil ein Aborigine in schwarzem Jogging-Anzug und kniehohen weißen Gummistiefeln die ganze Zeit bedeutungsvoll die Straße auf und ab lief. Die Weine schmeckten so unerhört frisch, dass meine Freunde und ich eine Flasche nach der anderen leerten, Limettenduft, superfrische Säure und knochentrockene Art des Oz-Rieslings in vielen Varianten. Damals wurde mir plötzlich sehr bewusst, dass Australien auf einer ganz anderen Riesling-Wellenlänge war als der Rest des Planeten. Ich brauchte eine Weile, um das vollständig zu begreifen, aber wenn es so etwas wie Terroir gibt, oder den Geschmack eines Ortes, dann müssen Oz-Rieslinge grundlegend anders schmecken. Das beginnt mit der Sonne und der Hitze. Diese Reben wachsen nicht nur um den 33. Breitengrad – Casablanca in Marokko hat ähnlich intensives Sonnenlicht – aber auch auf dem heißesten, trockensten und niederschlagärmsten Kontinent. Es wird oft angenommen, dass dies zu schweren und weichen Rieslingen führen sollte, aber was tatsächlich passiert ist, dass die Rieslingrebe einfach dichtmacht, wenn die Temperatur etwa 32 °C erreicht. Das verlangsamt den Reifeprozess erheblich, und es kann schwierig sein, die Trauben zur vollen Reife zu bringen. Oz-Rieslinge neigen zur Strenge, zumindest in Vergleich mit den Weinen aus dem relativ kühlen und feuchten

Europa. In ihrer besten Form sind sie mittelgewichtig (11 bis 13 % Alkohol) mit einer schneidenden Säure und enorm intensiven Aromen. Sie sind volle Riesling-Kraft voraus!

Winzer fanden Mitte des 19. Jahrhunderts heraus, dass Riesling in Oz genauso frische, duftige Weine geben konnte wie in Europa. Der moderne Stil des Oz-Rieslings hingegen geht auf den Jahrgang 1963 zurück, als das Weingut Leo Buring mitten im Barossa Valley von Südaustralien begann, mit pneumatischen Pressen (zum schonenden Keltern) und temperaturkontrollierten Edelstahltanks (für Gärung und Ausbau) zu arbeiten. Als er »dieses ganze Spielzeug« hatte, wie der Winemaker von Leo Buring, John Vickery, diese Ausstattung nannte, gewann er eine ganze Flut von Goldmedaillen und Best-of-Show-Preisen bei den bedeutenden australischen Weinmessen und erntete international jede Menge Lob. Heutzutage sind die Weine von Leo Buring im allgemeinen gut gemachte Beispiele dieses Stils von Oz-Riesling, aber selbst die Spitzen-Abfüllung Leonay ist eher ein verlässlicher Klassiker als ein atemberaubender Wein.

Aber wie ist es mit dem Kontext, in dem diese Riesling-Revolution stattfand? In den 1960ern begannen die Australier das Selbstbewusstsein aufzubauen, das sie

VERRÜCKTE RIESLING-ZAHLEN:
Die wunderbare Stabilität von Oz

Während der 30 Jahre, in denen ich die Entwicklungen auf Planet Wein verfolgt habe, machte die Weinbranche von Oz eine Art Goldrausch durch. In den 1970ern waren die Weine des Landes weltweit ein Witz (siehe Monty Python), woraus sich in den 1980ern in Großbritannien eine Mode entwickelte. Dann ging es durch steuerliche Förderungen für das Anlegen neuer Weinberge bergauf, sodass sich die mit dem roten Shiraz (ein Synonym für den französischen Syrah) zwischen 1998 und 2004 bepflanzte Fläche beinahe vervierfachte und 39 182 Hektar erreichte. Doch auch nachdem die Steuerförderungen ausliefen, wuchs die Branche weiter, und Shiraz dehnte sich auf 43 977 Hektar im Jahr 2008 aus. Der enorme Erfolg mancher günstiger Markenweine ermutigte Unternehmen, in diesen Sektor zu investieren, was zu einem Teufelskreis aus Umsatzsteigerung durch Preisnachlässe führte und den Ruf der australischen Weine unterminierte. Dann kam die Finanzkrise.
Ich erkläre das alles, weil die Zahlen andeuten, dass Oz-Riesling von alldem kaum betroffen war. 2008 umfasste die Rieslingfläche exakt ein Zehntel der Shiraz-Fläche. Die 4400 Hektar mit Riesling sind beinahe genau dieselbe Zahl wie Anfang der 1990er. Obgleich der Ruf des Rieslings während der 1990er litt, weil australischer Chardonnay am Aufsteigen war, fielen die Verkaufszahlen nicht in den Keller, und nur wenige Weinberge wurden gerodet. Als meine Lieblingsrebsorte dann ab der Jahrhundertwende wieder beliebter wurde, dehnte sich die Weinbergsfläche nur wenig aus. Infolgedessen wird nahezu die gesamte Produktionsmenge an Oz-Riesling regelmäßig problemlos abverkauft, obwohl die Gesamtexporte an australischem Wein seit der Finanzkrise wertmäßig um ein volles Drittel gefallen sind. (Foto Adelaide Hills, S. 93)

heute im Übermaß besitzen, aber damals wie heute ist Australien eine Herausforderung als Standort. Es gibt vielleicht keine Löwen oder Tiger, aber Oz hat viele der giftigsten Schlangen und Spinnen des gesamten Planeten zu bieten. Auch im Wasser ist es kaum sicherer. An diesen berühmten Stränden kann es giftige Quallen und große weiße Haie geben. Bis heute leben 80% der weißen Australier in den großen Städten im Südosten des Landes. Ebenfalls im Südosten liegen das Murray-Darling-Becken und die meisten Weinberge für die Massenweine (Yellow Tail, Jacob's Creek usw.), aber glücklicherweise wächst hier nur wenig Riesling.

Die meisten der ersten weißen Kolonialisten waren von England deportierte Strafgefangene, die man bis zur amerikanischen Revolution nach New England geschickt hatte. Als sie in Oz eintrafen, wurde dieser ersten Welle von Einwanderern klar, dass bei Captain Cooks Erkundungsfahrt an die Ostküste etwas katastrophal schiefgegangen war: Er hatte die feuchte Jahreszeit für die trockene gehalten! Bis heute liegt eine der Schwächen weißer Australier darin, dass es ihnen oft schwerfällt, sich an die Umwelt anzupassen. Auf der positiven Seite tendieren weiße Australier dazu, einander als *»mates«* zu sehen, als Kumpel, die gemeinsam mit schwierigen Bedingungen fertig werden.

Das Land hätte nicht einmal annähernd die gegenwärtigen Bevölkerungszahlen, wenn es nicht den 1851 einsetzenden Goldrausch in Victoria gegeben hätte und danach die Entdeckung vieler anderer Mineralablagerungen, von Eisenerz bis zu Uranerz. Sie spielen bis heute eine wichtige Rolle für die Wirtschaft des Landes, und es ist keine Übertreibung, Australien als Zweier-Wirtschaft zu bezeichnen: Bergbau und den Rest. Letzterer ist ein Opfer des ersteren, weil das ganze exportierte Erz den australischen Dollar in die Höhe treibt, was den Export aller anderen Erzeugnisse trifft, inklusive Wein. So angenehm westlich also die Vorortbezirke der großen Städte erscheinen, ist dies doch in vielerlei Hinsicht ein rauer Ort. Und in diesem Kontext macht der kompromisslose Stil des Oz-Riesling eine Menge Sinn.

Kühl, warm und heiß zugleich

Wenn man weiß, wonach man sucht, kann man gelegentlich die wichtigsten Aspekte eines Weingebiets beim ersten Blick erfassen. Das Clare Valley (Foto S. 84) in SÜD-AUSTRALIEN ist die bedeutendste Riesling-Anbauregion des Landes und in vielerlei Hinsicht eine ziemlich typische australische Riesling-Landschaft. Süd-Australiens Eden Valley, wo die ersten Rieslingweine des Landes vor nahezu 170 Jahren erzeugt wurden, sieht ziemlich ähnlich aus. Was man sofort erkennen kann, sind die Bäume und Reben als einziges Grün in der ansonsten trockenen, braunen Landschaft. In derart trockenen Weinbauregionen – mit weniger als 25 cm Regen während der Wachstumsperiode und den allergrößten Teil davon im Frühling – ist das Bewässern der Reben die Norm. Die moderne Methode, das Wasser in Schläuchen direkt zu den Pflanzen zu bringen (Fachbegriff: Tröpfchenbewässerung), wurde für Weinberge erstmals 1972/3 im Barossa Valley in Südaustralien eingesetzt (sie wurde ursprünglich für den Erdbeeranbau in den Wüstengebieten Israels entwickelt). Das Problem liegt nicht im Errichten der Anlage, sondern eher darin, ausreichend sauberes Wasser für diese Schläuche aufzutreiben. Oftmals ist es hier zu salzig, und dieses Wasser würde das Land allmählich für Trauben und andere Kulturen unbrauchbar machen. Der Grund dafür ist, dass der weiße Mann seit seiner Ankunft hier vor gut 200 Jahren die Hälfte aller Bäume Australiens gefällt hat, wodurch der Grundwasserspiegel gestiegen und unterirdische Salzablagerungen hochgespült hat, in manchen Fällen bis ganz an die Oberfläche, wo sich Salzseen gebildet haben. Als ich die bei meiner ersten Australien-Reise 2000 gesehen habe, war das ein echter Schock. Doch das Land hat mehr Vielfalt zu bieten, als allgemein angenommen wird. Die grüne Landschaft bekommt genug Sommerregen ab, um Riesling und andere Rebsorten ohne Bewässerung anzubauen, und das nicht nur von umweltbewussten Winzern. Der Gemüseanbau floriert hier ebenfalls, und das Gebiet ist die australische Eisbergsalat-Hauptstadt!

Das wird alles noch viel interessanter, wenn man Rieslingweine aus diesen beiden Landschaften nebeneinander stellt, zum Beispiel im Verkostungsraum des Weingut **Henschke** in Keyneton im Eden Valley. Der Henschke Green's Hill Riesling stammt aus den Adelaide Hills, der Julius aus dem Eden Valley. Obgleich Eden ein Tal ist, liegt es 450 bis 500 Meter über dem Meeresspiegel, volle 250 Meter über dem Talboden des angrenzenden Barossa Valley und damit ähnlich hoch wie die Adelaide Hills. Eden Valley ist an Sommertagen etwas wärmer als die Adelaide Hills, aber der Hauptunterschied zwischen ihnen ist, dass Eden im Sommer bei weitem trockener ist. Obwohl diese zwei Henschke-Weine genauso ausgebaut werden, schmecken sie überraschend unterschiedlich. Green's Hill ist leichter und zarter, mit Blütenaromen und einer für Oz-Riesling untypischen Saftigkeit, im Vergleich zu dem mächtigeren und dramatischeren Julius mit seinen grünen Pfefferaromen und der mineralischen Frische.

Ein weit verbreiteter Fehler von Nicht-Australiern mit diesen Weinen ist die Schlussfolgerung, weil Australier sie im Allgemeinen jung trinken, könnten Oz-Rieslinge nicht altern. In Wirklichkeit trifft genau das Gegenteil zu. Dies sind Weine, die Jahrzehnte altern können und dabei zwar die frische Fruchtigkeit verlieren, aber kandierte Limetten- und Toastaromen hinzugewinnen (manchmal als »Petrol« oder »Asphalt« bezeichnet).

Beim Weingut Henschke gibt es nichts Modernes außer den Computern im Büro. Hört man Stephen Henschke zu, wird deutlich, dass er genau die nachdenkliche Art hat, die man von einem Winzer fünfter Generation erwarten würde. Auch ich habe im Prinzip nichts gegen Weinmoden, aber wie Stephen durchaus meine Zweifel, warum man wegen einer Modeerscheinung Methoden über Bord werfen sollte, die sich seit Jahrzehnten bewährt haben. 1841 ist Stephens Ur-Ur-Großvater Johann Christian zusammen mit den vielen anderen lutheranischen deutschen Einwanderern hergekommen, die diesen Teil Südaustralien Mitte des 19. Jahrhunderts besiedelt haben. 1868 begann Johann Christian Henschke Wein zu verkaufen, darunter auch Riesling, von Weinbergen, die er in North Rhine (später in Keyneton umbenannt) angelegt hatte, und das Weingut hat den unterirdischen Tank aufbewahrt, in dem er diese ersten Weine gemacht hat. 1891 kaufte Stephens Ur-Großvater Paul Gotthard den nach der lutheranischen Kirche daneben benannten Gnadenberg-Weinberg, den wiederum Stephens verstorbener Vater Cyril in Hill of Grace umtaufte, der wörtlichen Übersetzung von Gnadenberg. Die Shiraz-Rotweine, die Stephen und seine Frau Prue, eine international anerkannte Weinbau-Expertin, von diesen uralten Reben erzeugen, gehören zu den berühmtesten und teuersten von ganz Australien. Sie bringen auch kleine Mengen fünf bis fünfzehn Jahre alten Julius Riesling auf den Markt, und diese Weine sind ebenso Oz-Klassiker wie der Hill of Grace Shiraz. International genießen die Shiraz-Rotweine von alten Reben einen wesentlich besseren Ruf als der Riesling; beim Wein triumphiert der gefühlte Wert oft über das sinnliche Vergnügen.

Der andere bedeutende Produzent hier ist das historische Weingut **Pewsey Vale**, wo die ersten Reben, darunter Riesling, 1847 gepflanzt wurden. Die Reaktivierung begann, als das Weingut Yalumba den Betrieb 1961 kaufte und Wyndham Hill-Smith die Weinberge neu angelegte. Der erste »neue« Jahrgang war 1966, und der trockene Riesling erlangte schnell einen guten Ruf und eine treue Fangemeinde in Australien. Das nächste wichtige Datum hier ist 1996, als die gegenwärtige Kellermeisterin Louisa Rose zu Pewsey Vale kam. Sie hat den Pewsey Vale Contours Riesling seitdem zu einem besten trockenen Rieslingweine Südaustraliens gemacht. Er kommt erst im Alter von fünf bis zehn Jahren in den Verkauf, wenn intensive getrocknete Kräuter- und Limettenmarmeladearomen den Säurekick abrunden. Die Säure ist im normalen Pewsey Vale Riesling, der innerhalb eines Jahres nach der Lese verkauft wird, noch viel ausgeprägter, mit mehr floralen Aromen.

Obgleich die Literatur sagt, dass das Clare Valley, etwa eine Autostunde nördlich vom Eden Valley, ein gleichermaßen kühles Gebiet ist, erzählen die Klimastatistiken eine ganz andere Geschichte. Die gesamte Wärmemenge während der Wachstumsperiode (Fachbegriff: Wärmesumme) ist in der Tat etwas höher als am Talboden des Barossa Valley, wo viele der üppig mächtigen, teuer gehandelten Shiraz-Rotweine aus alten Reben wachsen. Ich habe an meinem ersten Tag im Clare entdeckt, was das bedeutet, bei 37,7 Grad Celsius mit einem heißen, staubigen Wind aus dem Westen. Kein Wunder, dass Sonnenbrand für die Trauben hier ein echtes Problem darstellt! Ich war sehr froh, als Jeffrey Grosset vom Weingut **Grosset** in Auburn die ausgedehnte nachmittägliche Weinbergstour an jenem Tag mit einer Einladung zu einem Sprung in den Swimmingpool beendete. Das war einfach super, bis allerdings die Sonne unterging und ich innerhalb von Minuten fröstelnd ins Haus flüchtete, weil es draußen plötzlich 16°C kalt war – und während der Nacht fiel die Temperatur noch weiter. Anders als im Barossa Valley fällt die Temperatur in Clare bei Sonnenuntergang wie ein Stein, und diese kalte Luft ist der Schlüssel dazu, wie Clare mit seinem warmem Klima derart erfrischende und aromatische Rieslinge produzieren kann, im Barossa Valley ein Ding der Unmöglichkeit. Im Gegenzug können die Barossa-Winzer allerdings oftmals auch nach Sonnenuntergang noch im Freien sitzen!

Der Gegensatz zwischen Jeffreys wichtigsten zwei trockenen Rieslingen ist noch dramatischer, wenn man bedenkt, dass sie nur wenige Kilometer voneinander entfernt im selben Tal und auf derselben Höhe wachsen: 460 Meter über dem Meeresspiegel. Der Watervale, der in Lagen mit ziemlich tiefem rotem Tonboden über Kalkstein wächst, ist ein voller, saftiger Wein mit unmittelbar ansprechender Zitrus- und allerlei anderer tropischer Frucht. Jeffreys Polish Hill Riesling wächst auf Schiefer, der im nahegelegenen Mintaro für Pool- und Billardtische abgebaut wird. Dieser Wein ist immer mehr oder weniger ernst und streng, die leisen Passionsfrucht- und Limettennoten werden von der leicht salzigen, mineralischen Geschmackskomponente übertönt.

Der Schieferboden in den Polish Hill-Lagen sieht ganz anders aus als an der Mosel in Deutschland, wo er im Prinzip wie ein Stapel Felsen wirkt. In Polish Hill wird das Muttergestein von einer dünnen Schicht Ton bedeckt. Australische Rieslinglagen auf extrem felsigen Böden ergeben selten bemerkenswerte Weine, weil sie zu wenig Feuchtigkeit speichern, sodass die Reben zu sehr dem Trockenstress ausgesetzt sind, um hochwertige Rieslingtrauben hervorzubringen. In der letzten Zeit ist das Bewusstsein für die Bedeutung des Bodens für den Weinbau in diesen oftmals dürren Bedingungen unter den australischen Winzern gestiegen. Jeffery ist einer der bekanntesten Erzeuger, die nicht nur auf Ökoweinbau umgestellt haben (bei ihm wird die Umstellung noch vor dem Jahrgang 2014 abgeschlossen sein), sondern 2007 auch begann, die einheimische Vegetation wiederherzustellen, um einen Teil der Schäden früherer Waldrodungen rückgängig zu machen. Wie er sagt: »Die Böden hier sind empfindlich, und wenn man sie zu sehr bearbeitet, dann werden sie zu Staub und erodieren. Wir müssen sie schützen.« Er zeigte mir dann einige Weinberge, in denen schlechte Bewirtschaftung zu Bodenerosion geführt hat; an manchen Stellen war die gesamte Bodenauflage wortwörtlich vom Winde verweht worden.

Jeffreys Rieslinge sind sämtlich voll von Geschmack, von einer unglaublichen Klarheit und zeigen keinerlei »Stinker« irgendeiner Art. Das ist genau der Riesling-Stil, den John Vickery beim Weingut Leo Buring im Barossa 1963 kreierte, und es war einer dieser Weine, der Jeffrey kurz vor seinem 16. Geburtstag zu einer Riesling-Offenbarung verhalf. »Als ich diesen Wein probierte – so klar und unberührt – wusste ich, was ich mit meinem Leben machen wollte«, erinnert er sich. Wovon er in jenem Moment keine Ahnung hatte, ist die Revolution, die er in der Weinwelt auslösen würde: Schraubverschlüsse auf den meisten australischen Weinen wie auch allen Arten von Weinen rund um den Erdball. Das alles begann im Jahr 2000, als er aus Frust über die Qualität der erhältlichen Korken mit einer Gruppe von Kollegen von Kork auf Stelvin-Schraubverschlüsse umstellte. Das löste ziemliche Skepsis aus, weil die australische Weinbranche bereits Ende der 1970er und Anfang der '80er versuchte hatte, auf diese Art von Verschluss umzuschwenken, dabei aber an der enormen Ablehnung der Konsumenten gescheitert war. Dieses Mal jedoch begrüßten die australischen

Weintrinker das Plus an Frische in den Weinen, die geringeren Schwankungen von Flasche zu Flasche und wie unkompliziert sie sich öffnen ließen.

Zu der Gruppe von Pionieren, denen es gelang, nahezu die gesamte australische und neuseeländische Weinbranche auf Schraubverschlüsse umzustellen, gehörte auch das Weingut der Familie **Mitchell** in Watervale. Zurückhaltend, aber entschlossen begannen Jane und Andrew Mitchell 1977 mit der Rieslingerzeugung, drei Jahre vor Jeffrey Grosset. Seit 1985 stammen ihre Weine aus einer nicht bewässerten nach Westen ausgerichteten Hanglage in Watervale mit spektakulärem Ausblick über das Tal und 50-jährigen Reben. Durch den roten Tonlehmboden (Fachbegriff: Terra Rosa) über Kalkstein wirken die Weine eleganter als in Australien die Norm ist. Die weißen Pfirsich-, Limetten- und Blütenaromen ihrer Jugend entwickeln sich mit der Reife zu Kräuter- und Toastnoten. Der McNicol Riesling, der auf einer noch höher gelegenen Kuppe (500 m) mit Quarzitboden wächst, ist aufgrund seiner stahligen Säure fordernder und kommt daher erst mehreren Jahren Flaschenreife auf den Markt. Weder die Mitchells selbst oder ihre Weine sind in irgendeiner Weise aufsehenerregend, und ihr Weingut ist nicht cool wie manche der neueren oder kleineren. Durch die moderaten Preise hat sich auch kein Kult um ihre Weine entwickelt. Aber ihre beständig hervorragende Qualität und der grundlegend eigenständige Stil während der letzten zehn Jahre sind in Australien unübertroffen.

Der andere Erzeuger mit einem ernstzunehmenden Watervale Riesling ist Stephanie Toole, die 1993 das Weingut **Mount Horrocks** in Auburn übernahm und mit Jefferey Grosset verheiratet ist. Seitdem hat ihre unnachgiebige Energie diese in kleinen Mengen erzeugten Weine an die Spitze des Clare Valley gebracht. Der Watervale Riesling ist zugleich großzügig und rassig, mit einer betonten mineralischen Frische und Andeutungen von Ingwer und Gewürzen, die mit dem ausgeprägten Limettenaroma harmonieren. Sie erzeugt auch den süßen Cordon Cut Riesling, der in einer kleinen Parzelle in Auburn entsteht, wo die Trauben ganz gezielt am Stock schrumpfen (ohne den Einfluss von Edelfäule), was zu einem Wein mit ausgeprägten Trockenfruchtaromen führt, vor allem Mango, und laserheller Säure, die die üppige Traubensüße aufwiegt. Er hat keinen ernsthaften Konkurrenten für den Titel »bester australischer süßer Riesling«.

Nicht alle wichtigen Rieslingproduzenten in Clare gehören zur Kategorie Je-kleiner-desto-besser. **Jim Barry** in der Stadt Clare verfügt über bedeutenden Weinbergsbesitz an vier Orten im Tal, und mit dem extrem mächtigen, ausgeprägt gerbstoffbetonten Armagh Shiraz spielt die Familie Barry in derselben Liga wie der berühmte Grange von Penfolds, eine sogenannte Ikone. Der Florita-Riesling der Familie Barry, benannt nach dem berühmten Florita-Weinberg in Watervale, den sie 1986 gekauft haben, ist auch eine Art Ikone. Es ist der teuerste trockene Riesling, der im Gebiet und in ganz Australien erzeugt wird, und in Verbindung mit der Aura, die diese Lage umgibt (aus der viele der besten australischen Rieslinge der 1960er und '70er kamen), bedeutet das eine ziemliche Verantwortung für Winemaker Tom Barry. Er ist noch keine 30, hat aber schon eine Flut von Lob geerntet. Der Florita-Riesling hat einen ernsthaften hausinternen Konkurrenten in Form des Lodge Hill Riesling, der aus der gleichnamigen Lage im Norden des Clare Valley stammt, wo beinahe ausschließlich Riesling wächst. Spieglein, Spieglein, welcher ist der vergnüglichste Jim Barry Riesling? Diese Frage zu beantworten ist nicht einfach, denn obgleich der Florita rassig und saftig und voller Frucht ist, ist der Lodge Hill ein kraftvoller Clare Riesling mit ausgeprägt mineralischem Charakter und einem Touch von Exotik. Ein weiterer Erzeuger großer Mengen Riesling ist Pike's. Das Weingut wurde 1984 gegründet und wird heute von den Büdern Neil Pike (Chef Winemaker) und Andrew **Pike** (Weinbergsverwalter) geführt. Der »Traditionale« ist ein mittelschwerer, knackig-frischer, trockener Riesling, der 2013 eingeführte »The Olga Emmie« eine halbtrockene Variante davon. Der Spitzenwein ist der trockene Lagenwein »Merle«. Die für den Polish Hill River typisch sanfte Art und mineralische Säure weisen dabei alle Weine auf.

Obwohl **Petaluma** in den Adelaide Hills sich vor allem mit dem dort angebauten Chardonnay einen Ruf

GRUNDLAGENFORSCHUNG:
Wo ist die »Neue Welt« des Weins?

Die australische Landschaft umfasst uralte Hügel, die von hunderten Millionen Jahren Erosion abgeschliffen wurden, und außerhalb der Great Dividing Range gibt es wenige neue Landschaften auf diesem Kontinent. In diesem Sinne ist dies eine sehr alte »neue Welt«. Tatsächlich wurde diese Bezeichnung erstmals in den 1980ern für Australien gebraucht, in einem cleveren Schachzug, um von dem Imageschub zu profitieren, den Kalifornien erlebte, als zwei seiner Weine die besten französischen Weiß- und Rotweine im Mai 1976 in der legendären Blindverkostung unter einer französischen Jury schlugen; die Zeitschrift Time taufte die Veranstaltung »Judgment of Paris« (das Urteil von Paris). Zuvor wurde der Begriff selten und ausschließlich im Zusammenhang mit amerikanischen Weinen gebraucht.

geschaffen hat, stellt der im Hanlin Hill Vineyard im Clare Valley erzeugte Riesling mit durchschnittlich weit über 100 000 Flaschen jährlich die doppelte Produktionsmenge dar. Die Kombination dieser Menge, weltweiter Distribution und hoher Qualität ist einzigartig in Australien. Die Weine waren lange prototypische knochentrockene Oz-Rieslinge mit einer ziemlich herausfordernden Säure, bevor einige Jahre Flaschenreife sie abrundeten. Doch seit dem Jahrgang 2010 sind die Petaluma-Rieslinge geschliffener und weniger kompromisslos trocken, ohne jedoch das Geringste ihrer beträchtlichen Kraft und ihres langjährigen Alterungspotenzials zu opfern. Diese Weine sind die idealen Botschafter für den Oz-Riesling, da sie eine Alternative zum sehr strengen Super-Zitrus-Stil darstellen, der Nicht-Australier gelegentlich gegen die Rieslinge dieses Kontinents einnimmt.

Das wirft die Frage auf, ob in Süd-Australien überhaupt »alternative« Rieslinge erzeugt werden. Ja, es gibt viele solcher Weine, aber nur wenige davon sind auch richtig lecker. Eine dieser Ausnahmen ist der Wonderland of the Eden Valley Riesling, den die junge gebürtige Bulgarin Elena Brooks in ihrem kleinen Betrieb namens Dandelion erzeugt. Dies ist ein ungewöhnlicher Wein für das Eden Valley, weil es ihm gelingt, zugleich rassig und zart aufzutreten, und er entwickelt erst nach mehreren Jahren auf der Flasche Zitrusaromen. Obgleich der erste Jahrgang 2009 war, gehört dieser Wein bereits zu den besten und eigenständigsten Rieslingen, die Südaustralien zu bieten hat.

Willkommen im Riesling-Outback

Wenn man nie in WEST-AUSTRALIEN (WA) gewesen ist, kann man sich nur schwer vorstellen, wie abgelegen dieses Gebiet ist. Von Sydney aus muss man fünf Stunden westlich nach Perth fliegen. Jakarta in Indonesien liegt näher, obwohl es 3000 Kilometer weit entfernt ist. Perth ist eine sehr moderne und wohlhabende Stadt, da nahezu die Hälfte aller australischen Exporte aus WA stammt, vor allem Eisenerz, Aluminium, Nickel, Gold und Wolle. Die Weinbranche hier ist viel kleiner als die Südostaustraliens (eine Herkunftsbezeichnung, die auf den Etiketten vieler australischer Markenweine auftaucht und die gesamte Weinbranche von Südaustralien, Victoria und New South Wales umfasst), aber sie erzeugt einen wesentlich größeren Anteil an Premium-Weinen.

Nicht dass man das merken würde, wenn man von Perth nach Süden in Richtung der meisten Weinberge des Staates fährt, denn anfangs bestimmen da vor allem Einkaufszentren und Fast-Food-Ketten das Bild. Eine Fahrt nach Norden oder Osten würde allerdings Halbwüsten und Wüsten bedeuten, die 80 % der über

2,5 Millionen Quadratkilometer West-Australiens ausmachen. Kein Wunder, dass es über zwei Jahrhunderte dauerte von der Landung der ersten holländischen Matrosen 1616 bis zum Anfang der europäischen Kolonialisierung!

Die meisten, die zum Wein wollen, fahren von Perth nach Süden, nicht zuletzt, weil der Ort Margaret River direkt an einer Küste liegt, die die wunderbarsten Strände zu bieten hat, über 16 Kilometer lang und weitgehend leer. Und es war Margaret River, der den Ruf West-Australiens für Qualität etablierte, als der (erste Jahrgang!) 1980 Art Series Chardonnay von **Leeuwin Estate** bei einer weltweiten Chardonnay-Blindprobe 1982 in London auf dem ersten Platz landete. Es war eine erstaunliche Leistung, wenn man bedenkt, dass Denis Hogan (bis heute der Besitzer) das unbebaute Land keine zehn Jahre zuvor erworben hatte. Margaret River stand vom ersten Moment an auf der Welt-Wein-Karte. Die Gegend ist seit langem ein beliebtes Wochenendziel für jene, die sich in Perth für Essen und Wein interessieren, was sich in hervorragenden Restaurants und hohen Hotel- und Immobilienpreisen niederschlägt.

Obgleich der trockene Art Series Riesling weniger gefragt ist als der Chardonnay, ist er doch regelmäßig ausverkauft und eine gleichermaßen eigenständige Erscheinungsform des west-australischen Weins. Der Grund dafür ist das ausgesprochen maritime Klima, also im Allgemeinen warme, aber nicht brütend heiße Tage und milde Nächte. Rein analytisch betrachtet ist dies eher eine warme Region – es wird hier auch so gut wie nie kalt. Um die gewünschte frische Säure zu erreichen, erntet das Leeuwin-Team die Trauben früher als nahezu alle ihrer west-australischen Kollegen. Nichtsdestotrotz ist das Ergebnis ein frischer, aber sanfterer Riesling-Stil als die Weine die weiter im Innern des Landes, typischerweise mit grünen Apfel- und Limettenaromen.

Der andere bedeutende Rieslingproduzent hier, **Howard Park**, hat seine Trauben früher aus dem Gebiet Great Southern bezogen, das mehrere Autostunden entfernt im Landesinnern liegt (wie viele Stunden genau hängt davon ab, welches Ziel man in diesem ausgedehnten Gebiet ansteuert). Es gibt weltweit kaum ein eleganteres modernes Weingutsgebäude als Howard Park, das einen deutlichen Gegensatz zu der hier ziemlich weit verbreiteten angeberischen Weingutsarchitektur darstellt. Dennoch ist das alles weit entfernt von den bescheidenen Anfängen von Howard Park, 1986, als Winemaker John Wade den Betrieb in dem Ort Denmark an der Südküste von West-Australien gründete. Er schuf sich schnell einen Ruf für den besten trockenen Riesling des Staates, und daran änderte sich auch nichts, als Jeff Burch das Weingut kaufte und damit an den gegenwärtigen Standort umzog. Was sich änderte, war die Herkunft der Trauben für diesen Wein. Sie kamen vorher aus Frankland River in Great Southern, stammen aber jetzt aus den gleichermaßen abgelegenen Porongurup Hills, wo die Böden auf Milliarden Jahre alten Granit zurückgehen und sehr wenig Nährstoffe enthalten. Vielleicht ist das der Grund dafür, dass der Howard Park Riesling einer der strengsten trockenen Weine aus dieser Sorte in ganz West-Australien ist, die Lemon-Pie- und reifen Apfelaromen sich erst nach einigen Jahren Flaschenreife öffnen und die Säure immer schneidend ist.

Ein weiteres Weingut, das von John Wades bemerkenswertem Gespür profitiert, ist **Plantagenet**, nicht weit von dem Ort Mount Barker in Great Southern gelegen, wo er von 1988 bis '94 Winemaker war. Der englische Einwanderer Tony Smith gründete das Weingut mit einer bescheidenen Erbschaft in 1968 und etablierte es mit seinen eleganten Shiraz-Rotweinen und Rieslingen als eine der Qualitätsspitzen des Staates. Der Betrieb wurde 1999 von der in Perth ansässigen Firma Lionel Samson & Co übernommen, und trotz wechselnder Winemaker und beträchtlicher Ausdehnung der Weinberge sind die Weine bemerkenswert beständig in der Qualität. Die Rieslinge sind immer voller weißem Pfirsicharoma, saftig und sehr harmonisch, wenn sie auf den Markt kommen. Die Hauptquelle für die Trauben ist die Great Southern-Lage Wyjup, die Tony Smith 1971 angelegt hat, als es in Great Southern nur eine Handvoll von Weinbergen gab und selbst Margaret River eher für Surfing als für Wein bekannt war.

Im Vergleich wirkt **Frankland Estate** wie ein Newcomer. Um zu verdeutlichen, wie abgelegen dieses und die anderen bedeutenden Weingüter von Great Southern liegen: Die Fahrt von Perth zu Frankland Estate dauert mindestens vier Stunden, und außer der Handvoll von guten Weingütern gibt es keinerlei Grund, in diese Gegend zu fahren. In vieler Hinsicht ist dies Australiens Riesling-Outback. Der nächste Ort, Rocky Gully, erscheint mit seinem Tankstelle-Post-Gemischtwarenladen und dem Pub wie ein Vorposten der Zivilisation im Outback. Millionen von Australiern ist Rocky Gully allerdings aus dem Fernsehen vertraut, weil es dort eine Wetterstation gibt.

Es ist kein Zufall, dass die hauseigene Weinbergslage von Frankland Estate Isolation Ridge bzw. abgeschiedene Kuppe heißt. Ich werde nie die Antwort von Barrie Smith auf meine Frage vergessen, was ihm an der Frankland River-Gegend am besten gefiele: »Die Abgeschiedenheit.« 1974 kaufte er zusammen mit seiner Frau Judi Cullam hier Land, um eine Schaffarm aufzubauen. Auf dem Weg von Perth zu Frankland Estate kommt man bei Kojanup an einem Schild vorbei, auf dem steht: »Willkommen in der Grafschaft von Kojanup (»*the Shire of Kojanup*«), der ersten Grafschaft mit 1000 000 Schafen.« Natürlich ist »*shire*« ein englisches Wort für ein Land (wie etwa Hampshire oder Bayern), aber in Verbindung mit dem Aborigine-Namen Kojanup wirkt es schon bizarr. Doch beschreibt das Schild diesen Teil von West-Australien eigentlich ziemlich gut. Die Wollpreise machten über die Jahre wilde Schwankungen durch, und das Pflanzen von Weinreben war 1988 ein Weg, um davon unabhängiger zu werden. Barrie und Judi hatten geschätzt, dass ihnen vor der ersten Lese drei Jahre bleiben würden, um sich weinfit zu machen, und das ging auch gut auf. Wer legt im 21. Jahrhundert so entspannt mit einem Weingut los? Niemand.

Hunter Smith und seine Schwester Elizabeth Cullam sind langsam in ihre Positionen zur Führung des Weinguts hineingewachsen, das ihre Eltern aus der Schaffarm gemacht haben. Während der letzten Jahre haben sie viele Veränderungen vorgenommen – allen voran haben sie auf ökologischen Weinbau umgestellt und neue Weine eingeführt wie den strahlenden, halbsüßen Smith-Cullam Riesling, der sich im Stil an deutsche Kabinett-Weine anlehnt. Trotz des wachsenden Professionalismus ist hier nach wie vor etwas von dem unabhängigen Geist ihrer Eltern zu spüren, die oftmals improvisieren mussten – Barrie fertigte da schon mal einen Verkostungstisch für eine Gruppe von Besuchern Stunden vor dem Eintreffen mit der Kettensäge aus einem Baumstamm an. Kein Wunder, dass Frankland Estate nach wie vor die Dinge anders angeht und alle Weine geschmacklich ziemlich von der Oz-Norm abweichen.

Das hat auch viel damit zu tun, dass dies für Australien ein wirklich kühles Anbaugebiet ist, teils wegen der Winde, die an den meisten Tagen am Nachmittag vom Ozean herwehen, und teils aufgrund der immer kalten Nächte. In der Verbindung mit der puristischen Einstellung von Hunter Smith führt das zu kompromisslosen Blade Runner-Rieslingen.

Der wichtigste von ihnen ist Isolation Ridge, in seiner Jugend häufig ein richtig strenger Wein mit ausgeprägt kräuterig-mineralischer Art und Limetten- und Apfelaromen, von denen es in manchen Jahrgängen kaum genug gibt, um die großzügige Säure aufzuwiegen. Der Netley Road hat oft reifere Apfel- und Birnenaromen und ist voller im Körper, aber auch dies ist ein knochentrockener Wein mit einer Säure, die ihn fürs Easy-Drinking ungeeignet macht. Der Name Poison Hill (Gift-Berg) war kein Marketingtrick; mit weißen Johannisbeer- und Blütenaromen ist dies sogar ein saftigerer Wein. Diese Unterschiede haben sicher viel mit den Bodentypen zu tun. Die Reben des Isolation Ridge wachsen auf kargem Eisenkies (ein karger kalkhaltiger Boden), beim Netley Road auf relativ fruchtbarem Lehn und beim Poison Hill wurzeln sie in einem rötlichen Tonboden. Dies sind gewagte Weine, die einen entweder elektrisieren oder so schnell wie möglich nach etwas anderem greifen lassen! Ihr Alterungspotenzial ist enorm. Für uns Bürger von Planet Riesling ist diese ganz besondere volle Kraft des Oz-Riesling eine echte Bereicherung.

Die Zukunft des Oz-Riesling

Es ist an der Zeit für eine Bilanz meiner Version der Oz-Riesling-Geschichte. Was ich bis jetzt geschrieben habe, ist alles wahr, und wenn man die Weine noch nicht kennt, dann wird es bei der ersten Begegnung eine Orientierung sein. Doch aufgrund der Lücken ist es nur die halbe Wahrheit. Anstatt also einfach zum nächsten Staat Australiens überzugehen, muss ich den nächsten und letzten Teil der Geschichte erzählen.

Zuerst und am wichtigsten wird die australische Weinbranche von Großunternehmen dominiert, manche mit tiefen historischen Wurzeln wie Penfolds (1844 gegründet), andere neueren Datums, wie Casella Wines (die Produzenten von Yellow Tail, 1969 gegründet). Große Firmen machen ihre Weine beinahe grundsätzlich anders als kleine Betriebe, sie orientieren sich an beliebten Weinstilen und vermeiden Risiken im Keller wie die Pest. Big Business steckt hinter einem großen Teil der Einheitlichkeit des australischen Rieslings, trotz der Hunderten oder gar Tausenden von Meilen, die zwischen den Weinbergen der einzelnen Rieslinggebiete liegen.

Europa ist zumindest ohne den russischen Teil westlich des Urals viel kleiner als Australien, und doch sind manche europäischen Rieslinge trocken und andere mehr oder weniger süß, manche sind leicht und andere gewichtig, manche haben jede Menge natürliche Säure und andere viel weniger – und dann gibt es all die Nuancen in Aroma und Geschmack. All die Entscheidungen beim Ausbau und verschiedene Methoden spielen definitiv eine Rolle bei dieser Vielfalt, aber klimatische, geologische und andere Unterschiede eine noch viel größere. Im Gegensatz dazu sind die meisten australischen Rieslinge knochentrocken und mittelgewichtig, mit hoher Säure und ausgeprägtem Limettenaroma, trotz der klimatischen und geologischen Vielfalt Australiens. Erst wenn man Weine verkostet, die diesem Stereotyp nicht entsprechen, wird einem das richtig bewusst.

Während des Booms sprachen die Marketingabteilungen der großen Unternehmen viel von *Brand Australia*, der Marke Australien, mit australischem Riesling als einer untergeordneten Sparte. Für die Winemaker der großen Unternehmen war es ein Leichtes, diesem Marketingziel einer klar definierten nationalen Stilistik nachzukommen, denn die Risikovermeidung war ihnen derart zur zweiten Natur geworden, dass sie ihre gesamten Rieslinge im Keller wegen bestimmter möglicher Probleme behandelten (Fachbegriff: Schönung), statt sich mit jedem einzelnen Wein auseinanderzusetzen und zu schauen, ob dies überhaupt notwendig war. Das führte automatisch zu einer gewissen geschmacklichen Einheitlichkeit. Die Besessenheit mit einem nationalen Oz-Riesling-Stil unter den Winemakern trieb diese Uniformität weiter voran, da es sie ermutigte, Methoden im Keller voneinander zu übernehmen oder einfach nachzuahmen.

Wie bereits erwähnt entwickelte sich der vorherrschende Stil des australischen Rieslings Anfang der 1960er, als technische Neuerungen es ermöglichten, sich von ganz anders gearteten früheren Stilistiken zu verabschieden. Ich sage nicht, dass das damals kein Fortschritt war, sondern nur, dass es offensichtlich eine Veränderung gegenüber vorher war, und dass dies allein verdeutlicht, dass ein einheitlicher Oz-Riesling-Stil nicht unvermeidbar ist. Aber diese Erklärung ist viel zu theoretisch, um wirklich zuzutreffen, und deshalb sollten wir uns ohne Umwege einem australischen Winzer zuwenden, dessen Rieslinge vollkommen anders als das Gros schmecken, Mac Forbes vom gleichnamigen Weingut im Yarra Valley in VICTORIA, östlich von Melbourne. In Victoria gibt es kein bestimmtes Gebiet, das dem Riesling so eng verbunden ist wie Clare Valley in Süd-Australien oder Great Southern in West-Australien, oder wie Yarra gegenwärtig einen Ruf für volle Pinot Noir-Rotwein und Chardonnay besitzt. **Mac Forbes** erzeugt zwar ebenfalls Weine aus diesen Sorten, doch seine Weine haben im geschmacklichen Vergleich mit herkömmlichen Yarra-Weinen eine Leichtigkeit und Finesse, als kämen sie von einem anderen Planeten, und jeder einzelne von ihnen ist vollkommen eigenständig. »Unsere Einstellung als ein Land von Winemakern dreht sich allgemein immer noch ganz darum, welchen Stil von Wein wir machen wollen. Ich versuche, mich am Charakter der Trauben aus den einzelnen Lagen zu orientieren«, sagt er.

Und was seine Rieslinge angeht, ist diese Lage sowohl extrem als auch extrem wichtig. Sie liegt 600 Meter über dem Meeresspiegel auf den Granithängen der Strathbogie Ranges – »die meisten Australier haben keine Ahnung, wo das ist!« – beinahe 150 Kilometer nördlich des Yarra Valley. Auf dieser Höhe sind die Durchschnittstemperaturen nahezu 4°C niedriger als auf Meereshöhe, sodass die Trauben viel später reifen als die, die niedriger wachsen. Die zwei Hektar Reben blicken nach Südosten, was auf der Südhalbkugel dem Nordosten der Nordhalbkugel entspricht und keine heiße Nachmittagssonne bedeutet, wodurch der kühle Charakter der Lage noch betont wird. Beide Rieslinge, die er hier macht, behalten etwas natürliche Traubensüße und sind allein aus diesem Grund im australischen Kontext unkonventionell. Sie haben auch so gut wie kein Limettenaroma; statt von Säure dominiert wirken sie eher weich.

Die ausschließliche Vergärung mit Hefe aus dem Weinberg (Fachbegriff: Spontangärung) statt aus der Tüte ergibt Weine mit veränderlichen Mengen Traubensüße am Ende der Gärung. Macs Methode, um die Konsumenten über den Grad an Restsüße (RS) zu informieren besteht darin, die Weine nach dem RS-Gehalt in Gramm pro Liter zu benennen. So hat er zum Beispiel 2013 zwei Rieslinge gemacht, RS16 und RS37, mit respektive 16 und 37 Gramm Restsüße pro Liter. Der RS16 aus 2013, von dem es 4000 Flaschen gab, liegt auf der trockenen Seite von halbtrocken, aber viel wichtiger sind die feinen Apfel-, Birnen- und weißen Pfirsicharomen, die seidige Art sowie die freundliche Säure und Frische. Macs 2013 RS37, von dem es nur 1200 Flaschen gab, ist duftiger, mit Blüten- und Blütenhonigaromen, und er wirkt saftiger. Doch auch er schmeckt eher zart, und der Nachhall ist »fest« und ziemlich trocken für einen Wein, der laut analytischen Daten halbsüß ist. Alles zusammen macht ihn das zu einem Anti-Oz-Wein, zumindest im Kontext der geläufigen Oz-Weine.

»Ich nenne das, die Lautstärke runterdrehen«, beschreibt Mac sein Grundprinzip, eben möglichst nicht die allerreifesten Trauben zu lesen, denn in seiner Klimazone führt das zu lauten Fruchtaromen, die die feinen Nuancen übertönen – ähnlich wie man bei zu lauter Musik vieles andere nicht mehr hören kann. In auffallendem Gegensatz zu den großen australischen Weinfirmen und vielen ihrer mittelgroßen Mitbewerber möchte Mac seine Produktion nicht steigern, weil er voraussieht, dass seine Weine dann etwas verlieren würden. »Ich interessiere mich für das Detail«, sagt er, und über genau das verfügen seine Rieslinge reichlich.

Die große Frage, die seine Weine aufwerfen, lautet, ob die Oz-Riesling-Wellenlänge der letzten 50 Jahre die einzig mögliche ist für die Rieslingweine der Nation, oder eine von mehreren/vielen möglichen Wellenlängen in der Zukunft. Haben sich die australischen Winzer selbst und gegenseitig in eine Riesling-Ecke geboxt? Die australische Gesellschaft und Kultur der Gegenwart sind zweifelsfrei vielfältiger als einen die momentane Bandbreite an Rieslingen hier annehmen lassen würde.

Das Riesling-Land der langen weißen Wolke

So ein Staunen hatte ich wirklich noch nie gespürt oder gehört. Es war ein großer Raum mit Glaswänden, durch die man den Hafen von Sydney sah, aber das Geräusch mehrerer hundert Menschen, die alle gleichzeitig unwillkürlich erstaunte Laute von sich gaben, erfüllte ihn. Ort des Geschehens war die Blindverkostung von süßen Rieslingweinen aus der ganzen Welt beim 2012 Frankland Estate International Riesling Tasting, eine Konferenz, bei der sich alle drei Jahre der harte Kern des weltweiten inoffiziellen Riesling-Netzwerks trifft. Grund für die erstaunten Ausrufe war die Ansage, dass es sich bei Wein Nr. 1 im dritten Flight um die 2011 Auslese »F« von **Framingham** in Marlborough, NEUSEELAND, handelte. Jeder, vielleicht mit Ausnahme des Kellermeisters Andrew Hedley, war davon ausgegangen, weil der Wein so zart im Duft und zugleich so unglaublich intensiv und doch super elegant wirkte, müsse es sich einfach um eine Spitzen-Auslese von der Mosel in Deutschland handeln. Für mich war es nur ein weiterer einer ganzen Reihe von Neuseeland-Schocks in den letzten 24 Jahren.

In vielerlei Hinsicht sind Neuseeland und Australien polare Gegensätze. Australien ist typischerweise braun

und Neuseeland legendär grün, obgleich diese Farbe mehr mit dem im Allgemeinen hohen Niederschlag und kühlen Klima zu tun hat als mit dem Umweltbewusstsein, das mit dem Land häufig assoziiert wird (und leider nicht ganz der Realität entspricht). Nur in den Gegenden der neuseeländischen Inseln mit niedrigen Niederschlägen gibt es ideale Bedingungen für den Weinbau, während im trockenen Australien der Qualitätsweinbau zum größten Teil in den feuchteren (nicht tropischen) Teilen des Landes anzutreffen ist. Auf dem Papier lässt das Neuseeland als idealen Standort für duftige, frische Weißweine erscheinen. Aus diesem Blickwinkel scheint es auch vollkommen logisch, dass Neuseeland als Mittelerde des grünen Weins berühmt geworden ist – also des trockenen, weißen Sauvignon Blanc – aber bei meinem ersten Besuch schien das nicht unvermeidlich.

Meine Neuseeland-Schocks begannen, als ich 1988 an einem verregneten Nachmittag in Auckland ankam. Auf der Fahrt zum Haus meiner Tante und meines Onkels in den scheinbar endlosen grünen Vororten von Auckland, war ich total verblüfft, britische Autos derart alter Baujahre zu passieren, dass ich sie ich auf britischen Straßen zuletzt vor 15 oder 20 Jahren gesehen hatte. Neuseeland außerhalb vom Großraum Auckland war wie eine Zeitreise zurück in meine Kindheit. Die Leute waren im Allgemeinen freundlich, aber ich fand es verwirrend, Läden mit riesigen Schildern zu sehen, auf denen FOOD, Lebensmittel, stand, und Tankstellen mit GAS, Benzin, statt der Logos von Supermärkten und Ölkonzernen. Sie erweckten den Eindruck, als sei es tatsächlich möglich, ohne Marken auszukommen. Dann ging dem Auto des Kiwi-Freundes, mit dem ich unterwegs war, fernab jeder Menschenseele das Benzin aus, und wir landeten in einem Bilderbuch-Gewitter. Er musste nicht nur einem Bauern für einen Kanister Benzin ein Vielfaches des regulären Preises zahlen, sondern wir mussten dem Kerl auch noch unsere Essensvorräte überlassen.

Auf dieser Reise, also 1988, besuchte ich das Weingut **Cloudy Bay** in Marlborough, wo Winemaker Kevin Judd schilderte, wie sie einen vollkommen neuen Stil von Sauvignon Blanc entwickelt hatten, viel aromatischer als die Weine aus der Heimat der Sorte (im Loire-Tal). Er duftete nach frisch gemähtem Gras, reifer Melone und Passionsfrucht, und ich begriff sofort, warum so viele Leute davon so begeistert waren. Cloudy Bay hatte gerade seinen vierten Jahrgang Sauvignon Blanc abgefüllt, aber sie waren so komplett ausverkauft, dass ich lediglich einen Pullover mit dem Muster des Etiketts erstehen konnte. In Marlborough und mehreren anderen Regionen Neusee-

VERRÜCKTE RIESLING-ZAHLEN:
Riesling-Wachstum gegen Sauvignon Blanc-Explosion

Neuseeland ist das Land, bei dem ich es am schwierigsten finde, die neueste Weinstatistik zu begreifen. 1977 wurde der allererste Wein aus der Sorte Sauvignon Blanc erzeugt. 35 Jahre später gab es in Neuseeland über 20 000 Hektar Sauvignon Blanc, was etwas mehr als 57 % der Gesamtfläche war! Sauvignon Blanc breitete sich von 4516 Hektar im Jahr 2003 auf 17 229 Hektar im Jahr 2012 aus – eine Steigerung von nahezu 300 %. Das ist nicht einfach nur Wachstum; es ist entweder eine Explosion oder eine Blase, die irgendwann platzt! Sauvignon Blanc ist sogar noch bedeutender als diese Zahlen andeuten, weil die Rebe großzügige Mengen trägt. Der hohe Niederschlag auf diesen grünen Inseln ermöglicht, große Mengen von dieser Sorte zu ernten, sodass sage und schreibe 70 % des gesamten neuseeländischen Wein Sauvignon Blanc ist, etwa eine Viertelmilliarde Flaschen jährlich!
Das ist der Grund dafür, dass die Sauvignon Blanc-Explosion/Blase wie ein Rauchschleier wirkte, die die Steigerung beim Riesling verbarg, als die mit meiner Lieblingssorte bepflanzte Fläche von 653 Hektar (2003) auf 796 Hektar (2013) stetig anstieg. Das ist ein solides Wachstum von beinahe 22 % in zehn Jahren. Dieser Eindruck bestätigt sich, wenn wir weiter zurück blicken: 1990 waren es 257 Hektar. Seit dem hat es sich mehr als verdreifacht. Alles zusammen sagt uns, dass Riesling in diesem Klima so erfolgreich ist, dass die Sorte sich selbst ohne das Engagement der Weinbranche als solcher (vor allem den Riesen mit den Werbebudgets) aufgrund der Stärke des Weins im Glas ausgebreitet hat.

lands verkostete ich ein paar frische, duftige Rieslinge von trocken bis honigsüß, aber niemand in Neuseeland oder dem Rest der Welt nahm sie richtig ernst.

Mir wurde erst bei meinem letzten Besuch im Februar 2012 klar, dass sich die Situation beim Neuseeland-Riesling fundamental geändert hatte, als ich plötzlich mitten im NZ *Summer of Riesling* Festival landete. Wo immer ich auch hinkam, ging es um Wein, es gab spezielle Verkostungen, Plakate und Regal-Aufstecker. Es ging mehr um Aufklärung als beim amerikanischen *Summer of Riesling*, aber auf eine verspielte Art, zu der auch witzige T-Shirts in den weiß-schwarzen Farben des nationalen Rugby-Teams gehörten, den All Blacks. Ich stieß schnell auf den Grund für diese ganze Aktion: Die mit Riesling bepflanzte Fläche hatte vor kurzem 700 Hektar überschritten (siehe Box). Ich hatte noch eine Zahl im Kopf, die einen Bruchteil davon darstellte. Der riesige Anstieg der Exportzahlen beim langweiligen (aber für gewöhnlich technisch korrekten) Industrie-Sauvignon Blanc hat die Aufmerksamkeit von den Entwicklungen beim Riesling abgelenkt.

Am Rande des Riesling-Abgrunds

Wie gut sind die neuen NZ-Rieslinge? Als ich im Februar 2012 in CENTRAL OTAGO auf der Südinsel, nahe am 45. Breitengrad ankam, hätte ich mich auf diese Frage konzentrieren sollen, aber mein Kopf war voll mit Erinnerungen an meinen vorherigen Neuseelandbesuch acht Jahre zuvor. Auf jener Reise, in Martinborough, nahe der südlichen Spitze der Nordinsel – wie Central Otago eines der wenigen neuseeländischen Weingebiete, das sich vor allem Pinot Noir-Rotweinen widmet statt dem Sauvignon Blanc – war ich mit meinem kalifornischen Winzerfreund Mark Lingenfelder in einem Szenario gelandet, das wir »Großer-Pinot-Noir-Katastrophenfilm« tauften.

Als wir an einem frühen Abend nach Marlborough fuhren, fing es an, stark zu regnen. In der Nacht fiel der Strom aus und die Telefonleitungen funktionierten nicht mehr. Um 6 Uhr morgens hörte der Regen endlich auf. Ich beschloss, eine Runde zu joggen, um zu begutachten, wie viel von der Ortschaft den Regenmassen zum Opfer gefallen sei, fand jedoch nicht einmal eine Pfütze, bis ich zu dem Hang kam, der hinunter zur Brücke führte. Am Abend zuvor, war der Fluss um die fünf Meter breit gewesen, doch jetzt waren es eher 500 Meter und von der Brücke ragte lediglich das Geländer aus dem Wasserstrom! Das ganze Regenwasser war durch die dicke Kiesschicht geflossen, auf der Martinborough sitzt, und im Fluss gelandet. Zweieinhalb Tage lang fragten wir uns, ob wir es rechtzeitig hinaus schaffen würden, um unseren Flug nach Kalifornien zu erwischen, weil sämtliche Straßen aus der Stadt unpassierbar waren. Wir verkosteten und tranken eine Reihe von großartigen Pinot Noirs, dann war die richtige Straße genau rechtzeitig wieder offen, um unseren Flug zu erreichen. Das war mitten im neuseeländischen Sommer. Plötzlich verstand ich erst richtig, warum Neuseeland so grün ist. Indirekt ist der Regen auch der Grund dafür, dass so viele NZ-Industrie-Sauvignon-Blancs so grün schmecken. Die Reben wachsen hier wie in einem Dschungel!

Bergig, zerklüftet und häufig überraschend braun (mit Ausnahme der grünen Weinbergsflecken): Central Otago ist vollkommen anders als das grüne Marlborough mit seinem Flachlagen und dem allgemein milden Klima. Ohne den 1861 einsetzenden Goldrausch wäre die Gegend wahrscheinlich bis heute größtenteils unbesiedelt. Ab Ende der 1980er gab es eine Modewelle für Risiko-Sportarten nach der Gründung der A. J. Bungy Company an der Hängebrücke über den Fluss Kawarau, die 1880 für einen besseren Zugang zu den Goldclans gebaut wurde. Bei meinem ersten Besuch hier im Süden 2002 war daraus bereits ein Pilgerziel für Backpackers aus der ganzen Welt geworden. Diese Backpacker-Schlangen führten zu allen möglichen anderen Extremsportarten, und heutzutage wird alles erdenklich Riskante und Athletische angeboten.

Dann gibt es den Weinbau, was in diesem Klima auch eine Art Risiko-Sport ist. Die Klimazahlen sagen nämlich, dass dieses Gebiet exakt am Rande des Abgrunds liegt, besonders für den spätreifenden Riesling. Dann erzeugte Rudi Bauer, heute Besitzer von **Quartz Reef** (ein Pinot Noir- und Schaumweinspezialist), 1991, '92 und '93 eine Reihe von hochgelobten Pinot Noir-Rotweinen bei Rippon am Wanaka-See. Ob es nun Zufall oder Schicksal war, aber genau als der Erfolg der ersten Jahrgänge von Cloudy Bay Sauvignon Blanc die Sorte zur Leitsorte von Marlborough machte, hatten diese Pinot Noirs ihrerseits denselben Effekt für Central Otago.

Rippons erste Weinberge wurden nur zehn Jahre zuvor von dem inzwischen verstorbenen Rolf Mills angelegt, der als Visionär angesehen werden muss, da alle Experten sich einig waren, dass es verrückt sei, hier Wein zu pflanzen. Er hatte nicht nur recht, das malerische Bild der Weinberge von Rippon – mit dem Wanaka-See, Ruby Island und den Gipfeln der südlichen Alpen dahinter – wurde auch immer wieder abgedruckt, so dass dies einer der am meisten gezeigten Weinberge weltweit ist! Hier hat Riesling hinter den heute beeindruckenden Pinot-Noir-Rotweinen immer die zweite Geige gespielt, aber Rippons Riesling hat viel reife Zitrusnoten und jede Menge Substanz und ist der Beweis dafür, dass die Sorte hier weit genug ausreifen kann, um so nahe am klimatischen Abgrund harmonische, quasi trockene Weine zu ermöglichen.

Eine halbe Stunde mit dem Auto entfernt, an der Abzweigung zum Weingut **Felton Road**, verkündet ein Schild im Wildwest-Stil: »Bannockburn – das Herz der Wüste!«, und es sieht hier tatsächlich aus wie im Wilden Westen! Die Idee, dass es auch ein guter Ort sein könnte für duftigen, feinen Riesling, erschien mir absurd, als ich 2002 erstmals den Süden Neuseelands besuchte, eine der trockensten Ecken ganz Neuseelands. Doch Nigel Greening, der britische Besitzer von Felton Road, und der neuseeländische Winemaker Blair Walter tüftelten bereits daran, wie sich hier großartige halbsüße Rieslinge im Mosel-Stil sowie Weltklasse-Pinot-Noirs erzeugen ließen. Heute ist Felton Road eindeutig der führende Erzeuger von Weinen beider Sorten im Gebiet.

Sie hatten bereits auf ökologische Bewirtschaftung umgestellt (was mit der Demeter-Zertifizierung für biodynamischen Anbau 2010 noch gesteigert wurde), und 2008 erklärte ein Weingut-T-Shirt nicht nur stolz eben das und Felton Roads Engagement für Nachhaltigkeit, sondern verkündete auch provokativ: »Zero Cabernet Emissions«. Natürlich hat Felton null Cabernet-Sauvignon-Reben und auch null Interesse am Anbau dieser Sorte. Nigel, der mit Spezialeffekten in der Filmbranche einen Haufen Geld gemacht hat, besitzt auch viel Sinn für Humor. Über die gegenwärtige Welle von Versuchsanlagen mit dem österreichischen Grünen Veltliner sagte er, »es besteht das Risiko, dass der im warmen Klima hier wie Wodka-Tonic schmeckt!« Dieser Kommentar verdeutlicht aber auch, dass er ein Denker ist, der sich bereit zeigt, sich weitab der ausgetretenen Pfade zu bewegen. Gegenwärtig hat er eine Ziegenherde im Einsatz, um die Wildrosen an den Hängen rund um die Weinberge zu beseitigen, weil es sich dabei um einen Eindringling handelt, der damals in den 1860ern von den Goldsuchern als Vitamin C-Quelle gegen den Skorbut mitgebracht wurde.

Die Hauptproduktion an Riesling ist der halbsüße Bannockburn, der voller Blüten-, weißer Pfirsich-, Passionsfrucht- und Zitrusaromen steckt, zugleich richtig saftig, sehr lebhaft und säurefrisch schmeckt. Die Balance dieses Weins wird von Jahr zu Jahr besser. Der Block 1, der auf den schwersten Böden der hauseigenen Lage wächst, duftet nach Holunderblüten und weißem Pfirsich und ist unglaublich elegant; seine beträchtliche Kraft zeigt der Wein im brillanten Finale. Der trockene Felton Road Riesling hat eine Figur wie Kate Moss und wirkt geschmacklich sehr kühl. Der Jahrgang 2013 war der beste bisher, aber Blair und Nigel arbeiten nach wie vor an dieser Stilistik.

Auburn, wo man sich vollständig auf Riesling konzentriert und zurzeit vor allem halbsüße und süße Weine erzeugt, ist der aufsteigende Riesling-Stern dieses Gebiets. Partner David Patterson ist auch Winemaker bei Tantalus im Okanagan Valley, British Columbia in Kanada, teilt seine Zeit also zwischen zwei Riesling-Standorten, die beide ihre Grenzen ausloten. Er und seine Partner, vor allem Max Marriott, machen Einzellagen-Weine aus sechs verschiedenen Lagen rund um den Duncan-See in Central Otago, wo außer Trauben auch sehr viel anderes Obst angebaut wird. Mit Ausnahme des Weins namens Dry (trockener) Riesling, sind ihre Weine allesamt mehr oder weniger süß, und man muss wirklich das Rückenetikett studieren, um herauszufinden, wie viel Restsüße jeder einzelne tatsächlich hat. Wo zwischen 30 und 55 g/l (Gramm pro Liter) Restsüße angegeben sind, handelt es sich um halbsüße Weine, mehr oder weniger im Stil einer deutschen Spätlese; mit über 55 g/l ähneln sie in Balance und Dichte deutschen Auslese-Weinen. Und sie halten dem Vergleich mit diesen »Originalen« aufgrund ihrer enormen Saftigkeit und tadellosen Balance durchaus stand. Alle sind mit viel Gefühl für Individualität gemacht, haben eine vibrierende Säure und sind voller Fruchtaromen von Ananas bis zu Apfel und Limette (sämtlich aus den Trauben, selbstverständlich!), ohne eine Spur der Standardisierung, die bei einem so großen Teil der neuseeländischen Weinbranche zu beobachten ist.

Die Teddybär-Berge

NZ-Riesling und NZ-Sauvignon Blanc haben nur eins gemeinsam: Die meisten Weinberge sind Flachlagen am nordöstlichen Ende der Südinsel, am Fuß grasbewachsener Berge, die im Sommer wie das Fell eines Teddybärs wirken. MARLBOROUGH ist das wichtigste Weingebiet hier, Canterbury bzw. WAIPARA das zweite. Pinot Noir hätte hier die Hauptrebsorte werden können, wenn der Schweizer Winzer Georg **Fromm** seine ersten Reben zehn Jahre früher gepflanzt hätte statt erst 1992. Die ansässigen Winzer, die ihre Weinberge damals ausschließlich mit dem Traktor bearbeiteten, beäugten Fromm argwöhnisch, wenn der das Unkraut mit einer Sense im Schach hielt. Dann gewann sein allererster Wein, der 1994 La Strada Pinot Noir, eine Blindverkostung, in der auch ein Wein der Domaine de la Romanée Conti aus dem Burgund stand, die den teuersten Rotwein der Welt erzeugen. Plötzlich interessierten sich alle extrem für seine Methoden, und manche kauften sich sogar Sensen!

Fromm, der den Betrieb inzwischen an die Schweizer Geschäftsleute Pol Lenzinger und George Walliser verkauft hat, pflanzte auf der Hauslage Fromm Riesling, aber die Weine kamen an die Pinot-Noir-Roten nicht annähernd heran. Dann arbeitete 1999 ein junger Schweizer Praktikant namens Daniel Vollenweider während der Lese bei ihm, der heute das gleichnamige Weingut an der Mosel führt, und von diesem Moment an hatten die halbsüßen und süßen Rieslinge ein tolles Spiel zwischen Traubensüße und Säure, mit ausgeprägten exotischen (Sternfrucht und Maracuja) und Zitrusfruchtaromen. Es sind gewagte Weine mit beträchtlicher Power. Es war eine Offenbarung, sie 2002 erstmals auf dem Weingut zu probieren, aber wenn ich mich an meinen ersten Besuch in Marlborough 1988 erinnert hätte, dann wäre das keine Überraschung gewesen. Damals machten Allan und Joyce Hogan in dem 1979 gegründeten, winzigen Betrieb namens **Te Whare Ra** in Renwick geschmeidige Riesling-Dessertweine, die an Trockenfrüchte von Apfel über Aprikose bis zu Feige erinnerten.

Unter der Führung von Anna und Jason Flowerday, die Te Whare Ra vor zehn Jahren übernahmen, hat eine Erneuerung stattgefunden. Sie erzeugen weiterhin einen ungeheuer geschmeidigen süßen Noble Riesling, doch im Mittelpunkt stehen jetzt zwei Weine, die sie Riesling D – richtig trocken – und Riesling M – halbsüß im Mosel-Spätlese-Stil – nennen. Bei letzterem ist das Spiel zwischen Traubensüße und Säure auf die Spitze getrieben, und man wird das entweder großartig finden oder zu extrem. Auch der Riesling D ist nicht für Schwächlinge oder Säurehasser geeignet, aber die ausgeprägten Zitrusaromen reichen von Mandarine bis zu Kaffirlimette. So gewagt ihre Balance ist, sind dies ansonsten »konventionelle«, sehr präzise, moderne Weine.

Was sich von den Rieslingen, die Mike und Claudia Weersing beim von ihnen 2000 gegründeten Weingut **Pyramid Valley** produzieren, auf keinen Fall sagen lässt, obgleich auch sie sich beim Riesling in erster Linie an der Mosel orientiert haben. Pyramid Valley liegt in der Canterbury-Region, südlich von Marlborough, und die 2,2 Hektar, die sie dort angelegt haben, sind alles Pinot Noir und Chardonnay, aber die Weine, die sie unter dem Etikett Grower's Collection aus Trauben von gleichgesinnten Traubenerzeugern produzieren, umfasst auch Rieslinge aus Marlborough. Diese Erzeuger arbeiten biodynamisch und machen wie die Weersings eine Menge in Handarbeit, sodass dies eine Art Mini-Genossenschaft für NZ-Weine ist, die Lichtjahre von der in Marlborough vorherrschenden Industrie-Sauvignon-Blanc-Norm liegen. Der Bau neuer Kellergebäude verdeutlicht, dass dies kein Elfenbeinturm ist.

In den letzten Jahren waren sogenannte Naturweine eine Mode, die für viel Wirbel in den Medien gesorgt hat (wegen des N-Worts), aber wenig Umsatz am Markt. Obwohl Mike sich selbst als »Natural-Winemaker« bezeichnet, habe ich bei Pyramid Valley noch nie einen oxidierten oder fehlerhaften Wein erlebt. Die Mehrheit der »Naturweine«, die ich im Allgemeinen bis jetzt verkostet habe, waren entweder das eine oder das andere, mit nur wenigen positiven Ausnahmen. Mike ist ein konzentrierter und sehr nachdenklicher Mensch, der sehr systematisch daran gearbeitet hat, den Zusatz von Schwefel (der antimikrobielle Konservierungsstoff, der in über 99% aller Weine zum Einsatz kommt) auf das absolute Minimum zu reduzieren, ohne Frische oder Klarheit aufs Spiel zu setzen, und er betrachtet das ohne den Einsatz von Schraubverschlüssen als unmöglich. Viele »Natural-Winemaker« lehnen Schraubverschlüsse grundsätzlich ab, da sie die Authentizität des Weins zerstören würden. Im Allgemeinen riecht diese Reaktion für mich nach Anti-Technik-Vorurteilen.

Im Gegensatz zu seinem Pragmatismus in dieser Frage ist Mike unnachgiebig und sehr entschlossen, dass jeder Wein mit den wilden Hefen aus dem Weinberg vergärt, aus dem die Trauben stammen. Das bedeutet, dass jeder Wein eine andere Balance hat, obgleich moderate bis niedrige Säure allgemein kennzeichnend für Marlborough-Riesling ist, und die Tendenz über die Jahre zu trockeneren Weinen mit mehr Alkohol als früher geht, als eine moselartige Kombination aus unverhohlener Süße und wenig Alkohol vorherrschte. Man sollte sich den Alkoholgehalt anschauen, wenn man diese Weine kauft, und wenn er unter 12 % liegt, dann kann man einen halbtrockenen Wein erwarten, und unter 11 % wird er halbsüß sein. Wie man sagt, wer nicht wagt, der nicht gewinnt!

Bei **Framingham Winery** in Renwick, Marlborough, geht Winemaker Andrew Hedley viele Risiken ein, aber er wägt jedes einzelne sorgfältig ab, statt blindlings drauflos zu stürmen. Seit er 2001 frisch promoviert in organischer Chemie aus Gateshead in Nordost-England hergekommen ist, haben die Weine beständig an Qualität zugelegt. Neuseeland, der Job bei Framingham und Riesling boten ihm einen Ausweg aus den engen Vorgaben seines ursprünglichen Themas, obgleich er diese Wissenschaft als solche keinesfalls ablehnt, sondern nur die Tendenz mancher Chemiker, Wein lediglich als einen in einer Alkohol-Wasser-Lösung aufgelösten Haufen von Substanzen zu betrachten (was aus der Perspektive der organischen Chemie zweifellos zutrifft).

Framingham erzeugt einen Marlborough Sauvignon Blanc, der wie die meisten dieser Weine wenige Monate nach der Lese abgefüllt wird und auf den Markt kommt. Er gehört zu den interessantesten, weil er nicht wie der größte Teil von ihnen ausschließlich nur nach grüner Paprika und Maracuja riecht. Die Framingham-Rieslinge jedoch sind ein Feuerwerk für die Sinne. Wie viele der Spitzenerzeuger in Europa produziert Framingham nicht nur zwei Rieslinge jedes Jahr, sondern eine ganze Kollektion, die von richtig trocken bis üppiger Süße reicht, von mittelgewichtig und zart bis zu massiver Geschmackskonzentration. Nicht alle werden jedes Jahr erzeugt, aber es gibt einheitliche Namen, damit sich die Konsumenten in dieser Kollektion zurechtfinden.

Mit einer Jahresproduktion von mindestens 20 000 Flaschen ist der halbsüße Classic Riesling quasi der Framingham-Gutsriesling, und bis auf die ausgeprägten Zitrusaromen könnte man ihn leicht für einen halbtrockenen Moselriesling halten (die eine ähnliche Balance haben, aber im Allgemeinen mehr in Richtung Pfirsich und/oder Blüten tendieren). Das Beste an diesem

GRUNDLAGENFORSCHUNG:

Südliche Halbkugel gegen nördliche Halbkugel

Zuerst fand ich die Idee, es könne einen grundlegenden Unterschied zwischen dem Weinbau auf der südlichen Halbkugel und dem Weinbau nördlich des Äquators geben, sehr abwegig. Es besteht aber ein großer Unterschied in der Intensität der UV-Strahlung zwischen den beiden. In Central Otago gibt es etwa doppelt soviel UV-Strahlen wie im Burgund (diesen Vergleich ziehe ich heran, weil beide Gebiete auf Pinot-Noir-Rotweine spezialisiert sind). UV regelt die Gerbstoffproduktion der Rebe, eine Art Sonnenschutz für die Trauben, und Pinots aus Central Otago enthalten mehr Gerbstoff als aus dem Burgund. Die Gerbstoffe sitzen in den Beerenhäuten, wo ihre Aufgabe darin besteht, die Kerne und den Zucker im Traubenmost zu schützen, der Vögel anzieht, und längst auch uns Menschen. Gerbstoff im Riesling ist ein Thema, das vor allem Winemaker interessiert, aber die richtige Menge der richtigen Art von Gerbstoffen verleiht den Weinen zweifellos etwas Positives in punkto Stoffigkeit, während zu viel von der falschen Art den Mund austrocknet, was natürlich negativ ist. Um das zu vermeiden, keltern viele Rieslingproduzenten auf der südlichen Halbkugel ihre Trauben ganz besonders behutsam; bei mehr Druck besteht das Risiko, mehr Gerbstoff aus den Häuten zu lösen. Und wo kommt das Mehr an UV-Strahlung auf der südlichen Halbkugel her? Zuerst dachte ich an das Ozonloch über der Antarktis, aber nein – die Erklärung lautet anders. Man braucht nur den Globus anzuschauen! Auf der nördlichen Halbkugel gibt es größere Landmassen mit viel mehr Industrie, und der von ihnen ausgestoßene Staub in den höheren Luftschichten wirkt als UV-Filter. Auf der südlichen Halbkugel gibt es viel weniger Industrie, und zwischen diesen Industrien liegen riesige Ozeane. Die Luft ist so viel klarer südlich des Äquators.

Wein sind die saftige Frucht und als Gegensatz dazu die etwas »stinkigen« Hefenoten. Andrew arbeitet ganz gezielt auf diese Noten hin, im Bewusstsein, dass zu viel davon unangenehm wäre, aber das richtige Maß den Wein interessanter macht, ähnlich wie ein Muttermal ein »makelloses« Gesicht schöner machen kann, wenn es nicht zu groß oder auffällig ist. Hier ist die Säure frisch, aber nicht extrem im ziemlich säurebetonten Kontext Neuseelands. Der halbsüße Select Riesling ist der noch saftigere Schwesterwein des Classic, jedoch mit einem Plus an Steinobstaromen. Andrew und sein Team versuchen, ihn und den honig-üppigen Noble Riesling jedes Jahr zu produzieren.

Wie Andrew betont, sind die Framingham-Riesling-Lagen wie der allergrößte Teil der Rebfläche im Marlborough-Gebiet im Prinzip flach und liegen in der Überschwemmungsebene des breiten Wairau-Fluss. Die Böden hier sind größtenteils Ablagerungen aus einer Reihe von größeren Überschwemmungen, und von einer Lage zur anderen variieren sie von hohem Schluffanteil und großer Wasserspeicherkapazität bis hin zu leicht und Kies. Abhängig vom Witterungsverlauf des einzelnen Jahrgangs führt das zu Trauben mit unterschiedlichem Reifegrad und Botrytisanteil. Es muss genug von letzterem geben für die unverhohlen süßen Weine der F-Serie – Spätlese, Auslese, Beerenauslese und Trockenbeerenauslese in steigender Süße und Geschmackskonzentration. Der Gebrauch dieser deutschsprachigen Weinbezeichnungen für Weine in weit entfernten Teilen des Erdballs ist oft fehl am Platz, aber hier passen sie genau und beschreiben sehr präzise die Arten von Weinen mit niedrigem Alkoholgehalt und viel Restsüße aus den Trauben sowie Säure. Diese Bezeichnungen können allerdings nicht vermitteln, wie spektakulär die Aromen – kandierte Orangen, getrocknete Mango, frische Ananas, Ingwer, Zitronengras, Erdnussbutter – und wie atemberaubend die Balance von Süße und Säure tatsächlich sind.

Wegen genau dieser Säure hat sich Neuseeland schwer getan mit hochwertigen trockenen Rieslingen, und bis ich Andrews 2010 F Series Old Vine Riesling an einem der ersten Recherchetage für dieses Buch erlebte, war mir keiner begegnet, den ich als besser als solide bezeichnet hätte. Was diesen Wein und die folgenden Jahrgänge davon so beeindruckend macht, ist seine dichte Art und Stoffigkeit, die in NZ-Rieslingen ansonsten nur durch jede Menge Restsüße zustande kommt. Dahinter stecken nicht nur die ältesten Reben des Betriebs, sondern auch die Tatsache, dass der Wein nach der Gärung beinahe ein ganzes Jahr auf der Hefe reift (Fachbegriff: sur lie). Das verleiht ihm eine äußerst interessante Cremigkeit und einen richtig langen Nachhall. Diesen Effekt mit einem Chardonnay so weit auszureizen, könnte leicht zu einem schlaff oder schwer wirkenden Wein führen, während das Ergebnis durch die NZ-Riesling-Säure trocken, aber wunderbar ausgewogen ist. Es ist ein weiteres Beispiel dafür, was sich mit Andrews kalkuliertem Risikospiel erreichen lässt, wenn man auch nie genau berechnen kann, was die Folge jeder einzelnen Entscheidung sein wird.

Andrew, der sich 2006 einer Krebsoperation unterziehen musste, bei der ihm die Stimmbänder entfernt wurden, spricht seitdem mithilfe einer Servox-Sprechhilfe. »Hallo, ich bin Andrew, der Roboter«, hat er sich einmal bei einer Konferenz scherzhaft einem Publikum von mehreren hundert Leuten vorgestellt. Er kleidet sich wie ein Punk und kommt damit irgendwie durch, trotz der konservativen Grundhaltung Neuseelands und der Weinwelt (ich spreche da als Konfektionsexzentriker).

Eine andere exzentrische Gestalt im positiven Sinne ist Matthew Donaldson von **Pegasus Bay**, dessen Weinberge im Wairapa Valley liegen, wo sie die Teviotdale Range vor den vorherrschenden feuchten und windigen westlichen Luftströmungen schützt. Die Weine sind geradlinig, reif und fruchtbetont, selbst wenn sie trocken sind wie der Bel Canto. In diesem Wein wird die Säure durch den ziemlich großzügigen Alkohol (mindestens 13,5 %) und eine gewisse Cremigkeit vom langen Hefekontakt nach der Gärung harmonisiert, ohne die Nektarinen- und Zitrusaromen zu beeinträchtigen. Der Aria Late Picked Riesling ist üppiger mit exotischen Fruchtaromen und einer verführerischen Geißblattnote. Es sind beides Weine, die weitab der Klischees des Lands der langen weißen Wolke liegen.

SYDNEY

RIESLING CITIES: SYDNEY

Love, Tilly Devine. Alles Liebe, Tilly Devine. Als ich diesen Namen zum ersten Mal hörte, dachte ich, was zum Teufel? Ich saß in einem Taxi in Sydney neben einem feinsinnigen jungen Mann, der ganz offensichtlich eine ganze Menge über die Weine der Welt wusste und sich mir als Matt Swieboda vorgestellt hatte, australischer Sommelier. Quasi gar nichts an ihm erschien mir eindeutig australisch, aber das ging mir mit den Mad-Max-Filmen anfangs genauso, und war deshalb vielleicht nur ein Zeichen meiner Unfähigkeit, die heutige Vielfalt Australiens zu begreifen. Wie auch immer, ich entschied umgehend, dass ich an meinem letzten Abend in Sydney dieser Weinbar einen Besuch abstatten musste.

Da haben wir zwei meiner Lieblingswörter: Wein, Bar. Und als Matt sie dort in diesem Taxi aussprach, beschworen sie ein dichtes Wirrwarr an Erinnerungen und Fantasien. Allesamt waren Lichtjahre entfernt von der Recherche für dieses Buch, mit der ich nur eine Woche zuvor begonnen hatte, am 1. Februar 2012. Natürlich hat Wein für mich Tausende von Bedeutungen, aber die Kombination mit Bar reduziert das auf einen verführerischen Cocktail warmherziger Geselligkeit, entspannter Sünden und dem köstlich kühlen Kick der Begeisterung unerwarteter Entdeckungen.

Und genau das erlebte ich an diesem Abend im Love, Tilly Devine. Wenn er nur nicht so kurz gewesen wäre! Aber genau das zeigt natürlich, dass es wahre Liebe ist. Ich hätte Love, Tilly Devine gerne um die Ecke, aber ich weiß, dass sie weder nach Berlin noch nach Manhattan kommen werden. Zumindest, wenn Matt sich nicht plötzlich die Maxime von »first we take Manhattan, then we take Berlin« zu eigen macht. Aber irgendein weltweites Franchising ist das letzte, was ich von ihm erwarte, und deshalb sog ich diesen Ort förmlich auf an diesem Abend.

Eine komplette Dimension davon war Riesling, weil diese kultivierte Absteige zweifellos zu den großen Riesling-Bars der Welt gehört. Matt schätzt Riesling nicht nur, er glaubt an ihn und atmet ihn. Und er ist entschlossen, einem diese bemerkenswerte Dimension des Weins zu erschließen, wenn das nicht schon geschehen ist, da er aufrichtig glaubt, dass dies das Leben bereichert. Das findet man spätestens dann heraus, wenn man die Weinkarte aufschlägt und sich der ersten der Riesling-Seiten widmet. Ich stieß dort auf einige der außergewöhnlichsten Dinge, die ich je in einer Weinkarte gelesen habe, und ich zitiere hier deshalb ohne jede Umschweife ausführlich und verbatim – nicht zuletzt, weil mir selbst nie etwas Besseres zu diesem Thema eingefallen ist, und ich habe es 30 Jahre versucht:

»Riesling ist nicht nur eine der größten Freuden der bekannten Welt, es ist auch eine der missachtetsten und missverstandensten. Im Interesse der Menschheit und der Gäste dieser Bar präsentieren wir daher einige einfache, objektive und unbestreitbare Tatsachen zu diesem erfrischendsten und köstlichsten Getränk.

Riesling ist der beste Drink in dieser Bar.
Riesling ist der beste Drink in jeder Bar.«

»Wir möchten nicht, dass sich jemand unbehaglich fühlt«, sagte Matt, nachdem er mir eine Flasche Cooper's Pale Ale gebracht hatte – ich war gerade zwei Tage beim Frankland Estate International Riesling Tasting in Riesling abgetaucht, brauchte also dringend eine Abwechslung – aber dann sah ich ihn mit einer Flasche »Jean Baptiste« Riesling von Gunderloch in Rheinhessen, wie er zwei Frauen ganz behutsam dabei half, etwas zu probieren, das ihnen offensichtlich fremd war. Und ich weiß, dass es ihnen gefiel, weil sie mir das später sagten! Er vollzog diesen Akt der weinigen Verführung übrigens durch die offene Fensterfront der Bar, während er draußen auf dem Bürgersteig stand, und es war richtiges Straßentheater.

»Ich komme aus der gehobenen Gastronomie, wo Demut vor den Gästen wichtig ist«, erzählte er mir etwas später, nachdem sich die Bestellungen etwas beruhigt hatten. »Es ist sehr einfach, beim Wein arrogant zu sein.« Das ist zweifellos einer der Gründe für seinen Erfolg, seit er Love, Tilly Devine im Oktober 2010 eröffnet hat. Anders als so viele andere Sommeliers weltweit, deren einzige Absicht im Leben darin zu bestehen scheint, einem ihre neuesten und abgedrehtesten Entdeckungen aufzuzwingen, möchte er einem einfach nur Freude machen und ist bereit, seine gesamten Vorschläge sofort zu vergessen, wenn man etwas komplett anderes trinken möchte. Da ist ein ganzer Haufen australischer Rieslinge, die ebenso fair behandelt werden wie die importierten, gemäß seiner weltoffenen Einstellung.

Und es stört ihn überhaupt nicht, dass einer der Gründe dafür, dass Riesling hier so gut funktioniert, in der einfachen Tatsache begründet ist, dass seine erfrischende Art – diese strahlenden Aromen und diese lebhafte Säure – wie maßgeschneidert ist für Australiens warmes und meist trockenes Klima. Das ist natürlich ein Selbstläufer, aber ich persönlich empfehle Riesling auch dann, wenn es in Sydney regnet, denn dann braucht man reife Rieslingaromen, um einen davon zu überzeugen, dass die Sonne irgendwann zurückkehren wird, wie sintflutartig die Regenmassen auch sein mögen.

Warum kehrte Matt der komfortablen Drei-Michelin-Sterne-Restaurant-Welt den Rücken, um das zu eröffnen, was er selbst eine »gerissene Weinbar« nennt? Er zögerte keinen Moment: »Man sollte nicht 200 Dollar für ein Essen ausgeben müssen, um guten Wein zu trinken.« Und anders als viele seiner Kollegen, die davon nur reden, hat er tatsächlich eine radikale Alternative zur gehobenen Gastronomie geschaffen, wo sich jeder wohlfühlen sollte, der nicht auf weiße Tischtücher und die Bedienung durch pinguin-artig gekleidete Menschen steht.

Und das Essen war auch total lecker. »Leberpastete« klingt einfach und rustikal, war aber üppig und herzhaft. Der dazu servierte Toast schwamm in hervorragender geschmolzener Butter. Zu diesem Zeitpunkt war ich tief im Gespräch mit den zwei Frauen am Nebentisch, hatte aber auch schon begonnen, mich mit anderen Gästen um mich herum zu unterhalten, und es schien vollkommen normal, mit vollkommen fremden Menschen in einer fremden Stadt zu sprechen. Im Love, Tilly Devine muss man einen Sitzplatz haben, um Riesling oder irgendetwas anderes serviert zu bekommen. Wie ich gesagt habe, dies ist eine kultivierte Absteige, und das scheint vollkommen angemessen, wenn man an Australiens Geschichte und die hier erzeugten einzigartigen Weine denkt. Letzteres erscheint wahrscheinlich vielen lächerlich, die zweifellos an Yellow Tail denken, wenn sie die Worte »Wein« und »Australien« zusammen hören. Das ist jedoch nur eine Seite der australischen Weinbranche und weit entfernt vom kompromisslos trockenen und eigenständigen Geschmack der besten Rieslinge.

Ich schwamm eher zurück in mein Hotel, als dass ich lief, wo ich mich plötzlich an eine weitere Zeile aus der Weinkarte im Love, Tilly Devine erinnerte.

Es gibt mehrere unbestätigte Berichte, dass Riesling die unheilbaren Kranken genesen ließ.

KAPITEL 6:
RIESLING-ABENTEUER NR. 4: DIE DONAU UND IHRE NEBENFLÜSSE

DIE WACHAU, LAND DER MONSTER-RIESLINGE?

Zuerst mal ein bisschen Grund-Orientierung. In Gegensatz zu den deutschen Rieslingen haben die österreichischen den beträchtlichen Vorteil bei der Vermarktung, dass sie so gut wie grundsätzlich trocken sind, und nur gelegentlich halbtrocken oder süßer. Sie sind daher ganz offensichtlich Weine zum herzhaften Essen und gehören ganz eindeutig nicht in die Aperitif-Ecke, in die viele Konsumenten den Riesling nach wie vor verbannen. Leider ist das das Einzige an ihm, das sich als Selbstläufer bezeichnen ließe.

Die Geographie der Donau und ihrer Nebenflüsse ist hingegen wirklich verwirrend, und es ist ein Glücksfall, dass so viele dieser Weinlandschaften so wunderschön sind. Das Problem ist, dass die Grenzen etwa zwischen der berühmten Wachau und dem unmittelbar östlich angrenzenden Kremstal wenig mit dem Geschmack der Weine zu tun haben und häufig von kleingeistiger Lokalpolitik bestimmt wurden. Man muss diese Dinge vergessen und sich auf die Weintypen konzentrieren, um die trockenen österreichischen Rieslinge zu verstehen. Sie sind oft ebenso imposant wie die terrassierten Weinbergshänge in der Wachau, dem schmalen Abschnitt des Donautals zwischen Krems-Stein und Melk, oder den Tälern der Krems, der Kamp und der Trais, nach denen die Regionen Kremstal, Kamptal und Traisental benannt sind. Wie Franz Hirtzberger vom gleichnamigen Weingut in Spitz, Wachau, Vorsitzender der Winzervereinigung Vinea Wachau und einer der Stars dieser Story, einmal sagte, sparen die Winzer der WACHAU durch diese Terrassen jedes Jahr Millionen an Werbekosten. Riesling fühlt auf den kargen sandigsteinigen Urgesteinsböden (zur Geologie siehe Grundlagenforschung: Die Wahrheit über ›Urgestein‹, eigentlich wohler als der Grüne Veltliner.

»Der wächst wie Unkraut«, bemerkte ein Wachauer Spitzenwinzer irgendwann zum Thema Grünen Veltliner – den sie in den USA liebevoll »Grooner« nennen –, und die Sorte bevorzugt daher Böden, die weit mehr Wasser und Nährstoffe speichern als diese Terrassen, auf denen er sich widerstrebend mit für ihn rauen Bedingungen abfindet.

Riesling steht immer noch weithin im Ruf eines süßen und leichtgewichtigen Weins. An den trockenen Rieslingen aus der Wachau ist jedoch überhaupt gar nichts Leichtes! 12 bis 13,5 % Alkohol sind die Norm, und bis zu 14,5 % sind in wärmeren Jahren möglich (durch das Austrocknen der Trauben und/oder Edelfäule). Diese Rieslinge sind immer reifer und cremiger als jene vom Rhein und seinen Nebenflüssen weiter nördlich. Tatsache ist, dass die österreichischen Spitzenrieslinge – Smaragd in der Wachau, in anderen Gebiete die jeweilige DAC Reserve – die kräftigsten und reichhaltigsten trockenen Weine auf Planet Riesling sind, mit üppigen Pfirsich-, Aprikosen- und exotischen Fruchtaromen sowie Blütenhonig, dicht und komplex am Gaumen und zurückhaltender Säure. Derart kraftvolle Rieslinge gehören seit langem zur Wachau. Bis vor kurzem konnten sie jedoch nur in den besten Jahrgängen erzeugt werden. Durch Klimawechsel und Weinbergsbewässerung sind sie beinahe zur Norm geworden.

Vor einem Vierteljahrhundert, als ich 1988 kurz nach der Lese erstmals in die Wachau kam, und auf den steinigen Berggipfeln an der Donau eine dünne Schneeschicht lag wie Puderzucker auf einem Stück Apfelstrudel, dachte dort niemand an Klimaveränderung. Damals waren die Winzer des Gebiets noch ganz damit beschäftigt, bessere Weine zu machen – 1984 und '87 waren schwache Jahrgänge – und ihnen mehr Anerkennung zu verschaffen, weil sowohl Riesling als auch Grüner Veltliner ein internationales Imageproblem hatten. Der Glykolskandal von 1985 (siehe »Grundlagenforschung: Weinskandale alt und neu«, hatte auch nicht gerade geholfen, obgleich die Wachau nicht darin verwickelt war; aus Japan oder den USA gesehen war es ein österreichischer Skandal.

Unter den vielen, vielen talentierten und umsichtigen Winzern, die ich damals kennenlernte, stachen vier Wachauer hervor. Sie bekamen später in der heimischen Weinszene den Spitznamen Wachauer Quartett, aus gutem Grund, denn während der 1990er waren ihre trockenen Rieslinge eindeutig die besten Österreichs und gehörten zur Weltspitze. Sie waren außerdem gute Freunde. Ich war in dieser Zeit häufig in der Wachau und verbrachte viele Abende mit den vieren; Franz Hirtzberger, Emmerich Knoll, Franz Xaver Pichler von den gleichnamigen Betrieben und Toni Bodenstein vom Weingut Prager. Es war aufregend, ihren Aufstieg von diesem Logenplatz aus zu verfolgen und die internen Zusammenhänge direkt von ihnen zu erfahren. Heute werden sie im In- und Ausland anerkannt und verehrt. Noch viel interessanter sind aber die Richtungsänderungen, die in der Wachau während der letzten 15 Jahre zu beobachten waren.

Dies ist einer der ersten Orte auf Planet Riesling, an dem die Klimaveränderung für die Rebsorte negative Auswirkungen hat; höhere Temperaturen und ein früherer Frühlingsanfang führen dazu, dass die Trauben früher reifen, also unter wärmeren Bedingungen als einst üblich. Die Donau ist breit hier, und das bedeutet hohe Luftfeuchtigkeit, was in Verbindung mit warmem Herbstwetter wiederum Edelfäule auf den Trauben begünstigt. Wenn es eine bedeutende heimische oder internationale Nachfrage für süße österreichische Rieslinge gäbe, könnte das ein echter Vorteil sein, da sich große Mengen hochwertiger süßer Rieslinge erzeugen ließen. Doch durch die Herausstellung der trockenen Weine waren diese Veränderungen alles andere als ideal, und sie zwangen die Winzer, sich an die neue Situation anzupassen. Das taten sie auf unterschiedliche Weise.

Ab Ende der 1990er waren die Auswirkungen der Klimaveränderung immer deutlicher zu erkennen, und niemand begegnete der neuen Situation aufgeschlossener als **Franz Hirtzberger** und sein Sohn Franzi, der bereits in die überdimensionalen Fußstapfen seines Vaters tritt. Ihr berühmtester trockener Riesling Smaragd stammt von den Terrassen der Lage Singerriedel, die steil hinter ihrem Anwesen aufsteigt. Das goldene Etikett, auf dem in den meisten Jahrgängen 13,5 oder 14 % Alkohol angegeben sind, vermittelt nur einen vagen Vorgeschmack auf den Wein im Glas und überhaupt nichts davon, wie schwierig es für Franz und seine Frau Irmgard viele Jahre lang war, diese Lage zu erneuern, die lange Zeit praktisch brachgelegen hatte.

Bevor ich das hier anfing zu schreiben, schenkte ich mir ein Glas 2011 Singerriedel Riesling Smaragd von Franz Hirtzberger ein. »Bouquet« ist ein viel zu dezentes Wort für die überwältigend intensiven Aromen, die aus dem Glas strömten und eher Wortbilder wie »Lawine«, »Tsunami« oder »Ausbruch« nahelegten. Blütenhonig, getrocknete Mango, kandierte Orangen und Marzipan roch ich, und ich gehöre normalerweise nicht zu den Weinleuten, die solche Aromalisten herunterrattern. Dann nahm ich einen Schluck und taumelte förmlich auf meinem Stuhl, weil mich die Intensität und Üppigkeit der Aromen wie ein Faustschlag traf, und der essenzartige Nachhall war atemberaubend im wortwörtlichen Sinne. Doch schon vom ersten Moment an fragte ich mich, ob es nicht alles zu viel war, ob der Wein sich nicht ernsthaft mit beträchtlichem Übergepäck abplagte. Konnte man davon ein ganzes Glas trinken? Die Antwort auf diese Frage sagt alles: Wenn man trockene Weine mag, die wie Dessertweine ohne die Süße schmecken, dann wahrscheinlich schon. Sicher, 2011 war ein besonders reifer Jahrgang, und nach ein paar Jahren auf der Flasche verlieren diese Weine ihren offensichtlichen Babyspeck, aber wurde hier nicht zugunsten von Reife und Konzentration die Balance geopfert? Wie auch immer, es ist ein massiver Wein und weit üppiger als Franz' Singerriedel von Ende der 1980er und den meisten Jahrgängen der 1990er. Warum? Edelfäule hat sowohl den Zucker- als auch den natürlichen Glyzeringehalt der Trauben erhöht, was zu mehr Alkohol im Wein führt und auch zu mehr Glyzerin, wodurch die Weine fetter schmecken. Dazu kommen die an getrocknete Früchte und Honig erinnernden Aromen, die Süße ohne deren tatsächliches Vorhandensein suggerieren.

Um diesen Wein zu verstehen, sollte man sich damit beschäftigen, wie Wachau-Monster-Riesling tatsächlich entsteht. Zuerst einmal definieren die Hirtzbergers Reife nicht einfach damit, dass die Beeren goldfarben sind und süß schmecken (die allgemeine Definition); sie möchten, dass sie sich dunkelgoldbraun und/oder edelfaul beinahe schon von selbst von den Stielen lösen! Erst dann werden sie gelesen, die edelfaulen getrennt von den gesunden, was in manchen Jahren einfach ist und in anderen eine Menge Sortiererei erfordert. Die edelfaulen Trauben werden so schnell wie möglich, aber auch so schonend wie möglich abgepresst, um die verbleibenden frischen Fruchtaromen zu erhalten und keine Bitterstoffe zu extrahieren. Das heißt, dass die ganzen Trauben sofort auf die Kelter kommen, ohne vorher angequetscht zu werden (Fachbegriff: Ganztraubenpressung). Die gesunden Trauben werden »traditionell« verarbeitet, also angequetscht, über Nacht zum Mazerieren stehen gelassen (Fachbegriff: Maischestand) und dann gekeltert. Wenn der Most aus den edelfaulen Trauben sauber schmeckt, werden die zwei Mostpartien zusammengelegt (manchmal kann Most aus edelfaulen Trauben stark nach Schimmelpilzen schmecken, also unsauber). Das ist die vielkopierte »Hirtzberger-Methode«.

Die Gärung findet bei den Hirtzbergers in Edelstahltanks statt, danach wird der junge Wein ziemlich bald von der Hefe getrennt. Die ersten Edelstahltanks wurden in ihren Kellern am Tag meines ersten Besuchs 1988 aufgestellt. Franz ist schon immer ein Verfechter neuer Ideen und Methoden gewesen, obgleich diese nur übernommen werden, wenn sie mit dem Grundprinzip vereinbar sind, dass der vorsichtige Umgang mit reifen Trauben und minimale Eingriffe den besten Wein ergeben. Zweifellos wirkte sich die Einführung von Edelstahltanks im Gebiet positiv auf die leichteren Weine der Kategorien Steinfeder (maximal 11,5 % Alkohol) und Federspiel aus (maximal 12,5 %). Die Hirtzbergers erzeugen Riesling ausschließlich aus Einzellagen als Smaragd oder als Federspiel unter der Bezeichnung Steinterrassen, ein Verschnitt all ihrer Lagen aus Trauben, die früher gelesen werden als für den Smaragd. Es ist ein prototypischer leichterer trockener Wachauer Riesling mit ziemlich schönem Pfirsicharoma, mittlerem Körper und lebhafter Säure, aber der Preis ist beachtlich für die Qualität. Diese Kategorie ist heute die Achillesferse der Wachau, ein Thema, auf das ich zurückkommen werde, nachdem wir die drei anderen Winzer des Wachauer Quartetts besucht haben.

Die Rieslinge von **Emmerich Knoll** in Unterloiben hatten einen einzigartigen Stil, und damals in den 1990ern war es ziemlich einfach, sie in Blindverkostungen von den Hirtzberger-Weinen zu unterschieden, weil sie weniger opulent waren, kühler schmeckten und häufig dezente Kräuter- und Gewürznoten hatten. Nein, sie waren mehr als das – im besten Fall waren sie unglaublich fein, tief ... Seit Emmerich Knolls Sohn Emmi die Verantwortung für die Weine übernommen hat, haben sie sich dem satten Hirtzberger-Stil angenähert; häufig steht auf dem Etikett 14 % Alkohol, und die Aromen der Riesling-Smaragd-Weine gehen oft ins Üppige – weiße Schokolade, Marzipan und Karamell. Sie brauchen mehrere Jahre Flaschenreife, bevor sich die fruchtigen Aromen entwickeln, der Nachhall strahlender wirkt und eine salzige mineralische Note zum Vorschau kommt. Dann lässt sich der Charakter des Wein endlich unter der Decke überreifer Aromen und der Cremigkeit vom langen Hefekontakt der jungen Weine nach der Gärung endlich erkennen.

Diese Beschreibung klingt vielleicht, als seien die Riesling-Smaragd-Weine aus diesem Haus alle gleich, aber das ist nicht der Fall. Hinter der Fülle des Weins aus der Schütt versteckt sich kräuterige Frische und mineralische Säure. Der Loibenberg ist auch ein mächtiger Wein, mit exotischen Fruchtaromen, aber tendenziell weicher, und in Jahren mit heißem Sommer hat der Wein kaum genug Säure, um diesen gewichtigen Körper zu tragen. Der schlankste von ihnen ist der Kellerberg, da dies die kühlste Lage ist, und daher ist es der Riesling Smaragd mit der frischesten Säure, den strahlendsten Fruchtaromen und der elegantesten Harmonie. Es ist kennzeichnend dafür, wie sehr sich die Situation im Gebiet verändert hat, dass dieser Wein in den 1990ern der schwächste dieser Reihe war. In punkto Preis und Ruf ist der Smaragd Vinothekfüllung die Spitze beim Knoll Riesling. In Jahren mit Edelfäule landen die meisten dieser Trauben in diesem Wein, der dadurch zu einem riesigen Maulvoll von sattem, cremigem Riesling wird und gleichzeitig verhindert, dass die anderen Smaragdweine übermächtig ausfallen.

Das bringt uns zu **F. X. Pichler** im benachbarten Oberloiben, wo Lukas Pichler 2009 inmitten der Weinberge eine modernistische Kellerei gebaut hat, das neue Zuhause einer österreichischen Legende. Kein Weinerzeuger hat mehr dazu beigetragen, den Ruf der trockenen österreichischen Weine nach dem schmerzhaften Glykolskandal wiederherzustellen als Lukas' Vater, Franz Xaver Pichler. Meine erste Verkostung in seinem Keller im November 1988 war eine vollkommene Offenbarung. F. X. war der Winzer, der Reife, Konzentration und Kraft auf die Spitze trieb und beständig daran arbeitete, sie mit Klarheit und genug Frische zu verbinden, damit man die Flasche trotzdem leeren konnte und noch eine wollte. Der 1990 Kellerberg Riesling Smaragd etablierte diesen Wein als einer neuen trockenen Wein-Ikonen Österreichs, dann übertraf ihn der 1992 Riesling M (für »monumental«) noch, und F. X. wurde zur Legende.

F. X. wusste immer, wie gut seine Weine waren und war sich jeder gelegentlichen Schwachstelle im Keller schmerzhaft bewusst. Mit jedem Erfolg wuchs jedoch sein Selbstvertrauen, bis er im Ruf eines gefährlich stark ausgeprägten Selbstbewusstseins stand, worauf Neid einige seiner Kollegen dazu brachte, die Pichler-Weine herunterzureden, da sie angeblich nicht gut altern könnten (was alles andere als der Fall war). Zu diesem Zeitpunkt war der Heurigen, mit dem er in den de 1980ern einen Teil seines Einkommens bestritt, bereits geschlossen und zu einem sehr eleganten Verkostungsraum umgebaut worden. Hier waren F.X. und seine Frau Rudolfine als einer der Spitzen-Doppel der Weinwelt zu erleben, und keiner von beiden gab sich mit Idioten ab. Es war immer gefährlich unterhaltsam, beim Verkosten der atemberaubenden trockenen Rieslinge und Grünen Veltliner zu beobachten, wie die verbalen Pfeile in alle Richtungen flogen. Warum hat niemand einen Film mit ihnen gedreht? Der einzige Grund dafür lautet, dass sie beide nur wenige Worte Englisch sprechen.

Doch selbst so haben ihre Erfolge die Latte für Lukas natürlich ziemlich hoch gehängt, und er hatte Glück, dass die Wiener Weinmedien ihn mit Samthandschuhen behandelten, als er 1999 den Keller übernahm. Obgleich er als Kellermeister gutes Ansehen genießt, führt seine gutmütige Art oft dazu, dass seine präzise und systematische Vorgehensweise übersehen wird. Im neuen Keller findet jeder Schritt im Produktionsprozess in einem eigenen Raum statt, und jede Traubenpartie wird mindestens bis zum Abschluss der Gärung separat ausgebaut und für sich beurteilt. Alle Trauben für den mittelgewichtigen und ziemlich eleganten Riesling Federspiel werden gequetscht und mazerieren nur kurz auf der Maische vor dem Keltern, werden dann vergoren und ausschließlich in Edelstahltanks ausgebaut. Die Trauben für den konzentrierteren Riesling Smaragd werden gequetscht und machen einen ganzen Tag Maischestandzeit durch, und die jungen Weine liegen sechs bis acht Monate in großen Eichenholzfässern. Es klingt wie ein Rezept, und beginnt alles mit dem Versuch, die edelfaulen Trauben aus den trockenen Weinen herauszuhalten.

Auch hier lauert die Frage, wo genug Fülle endet und zu viel beginnt. So wie sein Vater über seine gelegentlichen schwächeren Weine am Grübeln war, denkt Lukas über diese Frage nach. Manche seiner Weine, die direkt aus dem Fass probiert sensationell schmeckten, wie der 2011 Kellerberg Smaragd, wirkten nach dem Abfüllen eher übermächtig und ein wenig alkoholisch. Werden sie mit mehr Zeit auf der Flasche besser schmecken? Sind die 14,5 % Alkohol einfach zu viel und weniger ist mehr, selbst wenn weniger immer noch 13,5 % sind wie beim 2011 Steinertal Smaragd? Ohne Zweifel bietet dieser Wein kühlere, kräuterige Aromen neben dem reifen Pfirsich, und eine Frische, die den Alkohol maskiert und den Wein ansprechender wirken lässt. Ich kann mich des Gedankens nicht erwehren, dass sich Lukas' Weine trotz ihres Ansehens noch ständig weiter entwickeln werden, weshalb ich vom letzten Jahrgang berichte, den ich intensiv verkosten konnte. »Wenn man einen großen Wein machen will, braucht man ein Gefühl dafür, und man braucht Erfahrung«, sagte er kürzlich. Er hat sicher mehr als genug Einfühlungsvermögen, und ich denke, dass er die Erfahrung mit halsbrecherischer Geschwindigkeit sammelt. Das Problem ist, dass seine Weine unausweichlich mit denen seines Vaters verglichen werden, und das ist der härteste Vergleich, den es je für ihn geben könnte.

Während diese Winzer mit beiden Füßen fest auf dem eigenen Boden stehen, kann Toni Bodenstein vom Weingut **Prager** in Weißenkirchen das nicht behaupten. Er ist ein Außenseiter, der durch seine Hochzeit mit Ilse Prager auch das Gebiet geheiratet hat, und er ist außerdem ein sehr ernsthafter und intellektueller Typ. Es passt, dass er zusätzlich zum international anerkannten Weingut auch als Direktor einer der größeren österreichischen Genossenschaftsbanken agiert, Bürgermeister von Weißenkirchen ist und so manches mehr. Um das hier gleich klarzustellen: Von mir ist er ziemlich enttäuscht, weil ich immer noch kein Standardwerk zur Wachau geschrieben habe, mit Analysen der Klimadaten, Geologie, Geschichte usw .... Aber das ist eigentlich gar nicht nötig, weil er selbst ziemlich ausführlich über diese Themen geschrieben hat.

Tonis Riesling Smaragde wirken immer auffällig frischer und strahlender als die der anderen Mitglieder des Wachauer Quartetts. Sie setzen sich nur selten dem Vorwurf aus, zu mächtig oder zu ausladend zu wirken. Für gewöhnlich zeigen sie eine großartige Balance, sind sehr klar im Geschmack und bringen eine mineralische Frische ins Spiel, die ein großes Vergnügen ist. Was sie vollends unwiderstehlich macht, ist ihr ausgeprägter Terroircharakter; jeder einzelne scheint tatsächlich nach einem ganz präzisen Ort zu schmecken.

Seine besten Rieslinge stammen aus drei Lagen unweit von Weißenkirchen, und der verführerischste davon ist aus der Lage Achleiten, mit vollen Pfirsicharomen, einem Hauch von Rauch, sehr reifer, aber nie überreifer Frucht und sehr langem, elegantem Nachgeschmack mit ausgeprägter Salzigkeit. Mit seinen floralen Noten und schlanken Art trotz der enormen Geschmackskonzentration braucht der Riesling Smaragd aus der Lage Klaus einiges an Flaschenreife – um dann aber allen zu zeigen, wer der Boss ist! Der Wachstum Bodenstein ist Tonis bislang größter Erfolg, weil es ein bahnbrechender Wein ist. Bereits auf über 400 Meter über dem Meeresspiegel Riesling zu pflanzen, sorgte im Gebiet für höhnische Kommentare, da diese Lage (Hinterseiber) als viel zu kalt für den spätreifenden Riesling galt. Doch Toni setzte noch eins drauf, indem er dafür eine Mischung von Rieslingklonen importierte, die die heimischen Winzer nicht kannten. Da er spät liest, erhält er einen Wein, der ebenso kraftvoll ist wie seine anderen Riesling Smaragde, aber eine aromatische Brillanz besitzt, die in der Wachau einzigartig ist. Er lässt mich an einen Diamanten mit unzählig vielen Facetten denken, die jede in einer anderen Farbe blitzen.

Das ist alles großartig, aber die andere Seite von Tonis Rieslingen ist der Riesling Federspiel aus der Lage Steinriegl, den er in beträchtlichen Mengen produziert. Dieser magere, strenge Wein lässt mich total kalt und ist der Grund, warum Prager es nicht auf die weltweite Hitliste trockener Rieslingerzeuger in diesem Buch geschafft hat. Die Söhne Karl und Robert steigen aktutell in das Weingut Prager ein und so werden wir sehen ob das zu einer Kurskorrektur der Federspiel-Weine führen wird. Für die Wachau im Allgemeinen, wird der Jahrgang 2013 als der Wendepunkt in Richtung weniger Alkohol und mehr Eleganz im Riesling gesehen. Ob dies ein langfristiger Trend oder etwa nur eine Laune des Jahrgangs war, wird sich bald zeigen.

Diese kritischen Worte werfen die Frage auf, ob jemand anderes im Gebiet bessere Weine macht. Wo sind die jungen Wilden, die der alten Garde zeigen, wie man es noch besser machen kann? Natürlich ist die Frage etwas absurd, weil Franzi Hirtzberger, Emmi Knoll und Lukas Pichler allesamt mehr oder weniger jung sind, aber nicht unbedingt wild. Auf der anderen Seite hat **Peter Veyder-Malberg**, der häufig als der ultimative junge Wilde des Gebiets dargestellt wird, sein gleichnamiges neues Weingut 2008 in Spitz gegründet (erst die zweite Neugründung seit meinem ersten Besuch im Gebiet), nachdem er 15 Jahre lang als Kellermeister für den großen Betrieb Graf Hardegg im Weinviertel tätig war. Das schmälert jedoch das erhebliche Wagnis von Peters Unternehmung keinesfalls.

Viele der Weinberge der Wachau ziehen sich über schmale Terrassen, auf denen typischerweise jeweils nur zwei oder drei Reihen Reben stehen, plus einige Reben in den Trockensteinmauern dazwischen. Man kann mit dem Traktor hinauffahren, aber die Reihen sind zu eng, um ihn sonst zu nutzen. Peters drei Riesling-Parzellen – im Buschenberg in Weißenkirchen, Brück im sogenannten Spitzer Graben, einem Seitental der Donau, und dem Brandstätt nicht weit davon – sehen alle so aus. Die 0,5 Hektar im Brandstätt musste er 2010 von Gestrüpp befreien und ganz neu anlegen. Das steht in der Tradition von Franz Hirtzbergers Rekultivierung der Lage Singerriedel, aber für einen kleinen, neuen Betrieb ist es eine Riesenaufgabe.

Man muss natürlich extrem drauf sein, um sich eine solche Herausforderung zu suchen, und auf seine ruhige Art ist Peter genau das. Die ersten Jahrgänge, die er hier erzeugt hat, schienen dem Trend der »Naturweine« zu folgen; sie wirkten auf mich wenig attraktiv und teilweise ein wenig grün und unreif. Mit dem Jahrgang 2011 kam er seinem Ziel ausgeprägt eigenständiger Weine aus reifen, aber gesunden Trauben (frei von Edelfäule) näher. Sein eleganter Brück Riesling mit zarten Pfirsich- und Grapefruitaromen, schlankem Körper und rassiger Säure macht ihn zu einer Art von Anti-Hirtzberger!

Oder ist der wahre Anti-Hirtzberger **Martin Muthenthaler** mit seinem gleichnamigen Mini-Weingut in Elsarn am Jauerling? Er gründete es 2006, nachdem er 20 Jahre für die Gebietsgenossenschaft als Mechaniker gearbeitet hatte. Sein Riesling aus der Lage Brück ist ein gewagt karger und etwas schräger Wein ohne eine Spur der Opulenz, die die Wiener Weinkritiker von den Wachauer Weinen einfordern.

Es gibt aber noch einen anderen, alt eingeführten unabhängigen Winzer in Spitz: **Johann Donabaum** vom gleichnamigen Weingut, dessen Talente häufig übersehen und unterschätzt werden, weil er nicht gut in Sachen Eigenwerbung ist. Er verfügt auch lediglich über etwa ein Drittel der Weinbergsfläche der Hirtzbergers, und der Riesling wächst nahezu vollständig in Lagen im Spitzer Graben, die alles andere als berühmt sind. Auf dem Papier, besonders dem Papier, auf dem die Wiener Weinkritiker schreiben, ist er ein guter Produzent, aber kein Vergleich mit den berühmten Namen. Wenn man Johanns Weine verkostet, ist das ganze Wiener Papier allerdings reif für die Tonne. Seine Weine gehören zu den elegantesten Rieslingen nicht nur der Wachau, sondern Österreichs insgesamt; im Gebiet ist ihre Aromenbrillanz unübertroffen. Wenn ich seine beiden Riesling Smaragd vor mir habe, ist das immer eine Spieglein-Spieglein-Situation, weil der Setzberg derart schöne weiße und gelbe Pfirsicharomen hat und eine so grandiose Balance zwischen Reife und seidiger Säure; dann probiere ich den Offenberg, mit seiner enormen mineralischen Frische, die den Nachhall scheinbar nie enden lässt. Es gibt auch einen Riesling Smaragd Limited Edition, aber dabei handelt es sich leider um einen mächtigeren, cremigeren und insgesamt konventionelleren Wachauer Wein.

Diese Art von Vergleich zwischen den jungen Wilden unter den Winzern des Gebiets und den Platzhirschen ist nur ein Versuch, dieses kleine, aber ziemlich komplexe Weingebiet zu begreifen. Es gibt daneben bedeutende Erzeuger mit ähnlichen Jahresproduktionen wie die des Wachauer Quartetts, die seit langem ganz bewusst alternative Wege eingeschlagen haben und es verdienen, ernst genommen zu werden.

Eine der bemerkenswertesten Verkostungen während meiner ersten Wachau-Reise – eigentlich meines gesamten Lebens – fand während des Abendessens mit Christine Saahs beim **Nikolaihof** in Mautern statt, dem einzigen bedeutenden Weingut am rechten Donauufer. Seit damals hat sich nichts an den Grundprinzipien des Nikolaihof geändert, sodass Christine und Nikolaus Saahs nun schon seit über einem Vierteljahrhundert systematisch einen anderen Weg beschreiten als die große Mehrheit im Gebiet. Sobald man ihre tiefen Keller betritt, wird eines ihrer Grundprinzipien offensichtlich, da man hier ausschließlich die großen alten Holzfässer findet, in denen alle Weine vergoren und ausgebaut werden. Selbst der kleinste ihrer Weine liegt dort bis zum Anfang des auf die Lese folgenden Sommers, sodass es hier keine frühe Abfüllung gibt, um Weine des neuen Jahrgangs vor Weihnachten wegen der inländischen Nachfrage nach dem jüngstmöglichen Wein ins Regal zu bekommen. Der jeweils beste Riesling und Grüne Veltliner reifen von 12 Monaten bis zu 15 Jahren! Die einzige wesentliche moderne technische Ausstattung ist eine pneumatische Presse. Die wichtigen Unterschiede setzen aber viel früher ein, mit der biodynamischen (Demeter zertifizierten) Bewirtschaftung der Weinberge, mit der sie vor meinem ersten Besuch angefangen haben, lange bevor dies im Trend lag. Ein anderes fundamentales Saahs-Prinzip liegt darin, nicht wie sonst heute üblich nach der höchstmöglichen Reife in den Trauben zu streben, weil sie dies als hinderlich für die Harmonie der Weine betrachten.

Gegen den Strom der Konventionen zu schwimmen, ist hier Tradition; Nikolaus Junior folgt dem Vorbild seiner Eltern mit entspanntem Selbstbewusstsein und hat den Weinen bereits einen neuen Akzent verliehen. Ich denke, es ist mehr als angebracht, seine Weine eher »retro« als »altmodisch« zu nennen, kann mir aber vorstellen, dass Nikolaus auch dieses Wort als zu cool ablehnt. Der Riesling Smaragd mit seinen fein ziselierten Pfirsich- und Kräuteraromen verkörpern die Nikolaihof-Philosophie am umfassendsten. »Fein ziseliert«, weil sie mich an alte Gravuren erinnern, obgleich der Entstehungsprozess einer Gravur ebenso brutal ist wie das Quetschen und Keltern der Trauben. Dies sind knochentrockene Weine mit einem großzügigen Maß an natürlicher Säure, aber die lange Reifezeit im Fass lässt sie sanft werden. Der Mangel an der für Wachauer Weine der Gegenwart üblichen Opulenz wird von den Wiener Kritikern mit ohrenbetäubender Stille aufgenommen, woran Familie Saahs sich kein bisschen stört.

Rudi Pichlers gleichnamiges Weingut in Wösendorf schwimmt auch gegen den allgemeinen Wachauer Strom, aber auf eine vollkommen andere Weise als der Nikolaihof. Rudis Weine waren lange Zeit von guter Qualität, und als er den Familienbetrieb 1997 übernahm, entwickelte er einen ganz eigenen Stil. Er war der erste Winzer im Gebiet, der im Ruf stand, die edelfaule Trauben in seinen Weinen kategorisch abzulehnen. »Wir entsorgen sie im Weinberg«, sagte er mir unverblümt, erklärte dann aber, es handle sich dabei nicht ein Dogma, sondern nur eine Notwendigkeit, um den von ihm bevorzugten Stil zu erreichen. Es war ihm wichtig, sich seinen Kollegen gegenüber unparteiisch zu verhalten. Eigentlich hat er die traditionellen Kellermethoden des Gebiets auf einzigartige und sehr persönliche Weise revolutioniert.

Sein 2004 errichtetes, supermodernes, aber überraschend kompaktes Weingut spielt dabei eine entscheidende Rolle, weil es ihm ermöglicht, große Mengen Trauben mehrere Tage temperaturkontrolliert zu lagern. Er lagert dabei aber nicht die ganzen Trauben, sondern die Maische, die er mehrere Tage sehr kalt stehen lässt (Wärme fördert das Wachstum von Mikroben, die zum Verderb führen können).

Ziel ist dabei, die in den Beerenhäuten eingelagerten Aromen und Mineralstoffe herauszulösen, Stoffe, die den Geschmack des Weins positiv beeinflussen. Allerdings extrahiert diese Methode gleichzeitig auch Gerbstoffe aus den Beerenhäuten, was den Wein negativ beeinflussen

VERRÜCKTE RIESLING-ZAHLEN: Wie bedeutend ist Riesling wirklich an der Donau?

Heute sind österreichische Weine weltweit hoch angesehen, die trockenen Rieslinge des Landes genießen Kultstatus, und die Annahme liegt nahe, es gebe schon immer eine Menge Riesling in den Weinbergen. Doch die Statistik vermittelt ein ganz anderes Bild. 2009 waren es insgesamt 1863 Hektar Riesling in ganz Österreich, inzwischen sind es 2023 Hektar. Blickt man ein Jahrzehnt zurück, dann waren es 1999 1643 Hektar Riesling, was eine Steigerung von knapp über 13 % in zehn Jahren bedeutet, kaum eine Schlagzeile wert. Fügt man dem jedoch hinzu, dass Riesling die einzige weiße Rebsorte ist, deren Rebfläche in den ersten zehn Jahren unseres Jahrhunderts überhaupt gewachsen ist, einer Zeitspanne, in der die des Grünen Veltliners um nahezu 23 % abgenommen hat (aufgrund der abnehmenden Nachfrage für einfache Trinkweine aus dieser Sorte), dann sieht das schon ganz anders aus. Blicken wir ein noch wenig weiter zurück. 1990 gab es nur 1113 Hektar, was auf nationaler Ebene in den 1990ern ein Wachstum von 48 % bedeutet. Das wird noch interessanter, wenn man sich auf die Gebiete konzentriert, in denen Riesling traditionell zu den Hauptsorten gehört. Vergleichen wir die Statistik von 1980 mit 2009, eine Generationsspanne. Kein anderes österreichisches Gebiet ist dem Riesling so verbunden wie die Wachau, aber damals wuchs meine Lieblingssorte dort nur auf 98 Hektar. 2009 waren es 221 Hektar, was uns auf 126 % Steigerung während einer Generation bringt. Kremstal und Kamptal zusammen brachten es 1980 mit 296 Hektar auf deutlich mehr. Und trotz dieser höheren Ausgangsposition war es dort mit 589 Hektar 2009 immerhin beinahe eine 100 %ige Steigerung. Wenige österreichische Rieslinge sind unkomplizierte Trinkweine, im Gegensatz zu einem eher größeren Anteil solcher Weine in Deutschland. Zusammen mit der Statistik sagt uns das, dass Riesling sich während der letzten Generation in Österreich von einer Spezialität zu einer der bedeutendsten weißen Rebsorten für Qualitätsweine entwickelt hat.

kann, wenn es zu weit getrieben wird. Vor fünf Jahren und darüber hinaus waren Rudis Rieslinge unglaublich aromatisch, aber die Gerbstoffe führten den Geschmack an den Rand der Adstringenz. Inzwischen meistert er diese sehr spezielle Riesling-Gratwanderung, und seine Weine strahlen richtig.

Der größte unter ihnen ist der Riesling Smaragd aus der Lage Achleiten in Weißenkirchen, und seine Größe beginnt mit einer enormen Vielfalt an Aromen, die von Kräutern und Lakritze über schwarze Johannisbeere und Zitrus bis zu Pfirsich reichen. Dann kommt die Rudi Pichler eigene Balance zwischen Reife, »Festigkeit« aus den Beerengerbstoffen und der mineralischen Frische des Nachhalls. Rudis andere Riesling Smaragd-Weine, der Verschnitt »Terrassen« und die Einzellagen-Abfüllungen aus Steinriegl, Kirchweg und Hochrain, stehen dem Achleiten aber kaum nach. In gewisser Weise ist sein viel günstigerer Riesling Federspiel der bemerkenswertere Wein, weil dies eine Kategorie ist, an der viele Wachauer Erzeuger scheitern. Er bringt einen ganzen Cocktail von Fruchtaromen ins Glas (Apfel, Pfirsich, Zitrus), ist saftig und harmonisch und stellt eine ideale Einführung in die Rieslinge des Gebiets zu einem Preis dar, der nicht von der Wachau-Aura in die Höhe getrieben wird.

Ein großer Teil dieser Aura geht auf **Josef Jamek** (1919–2011) vom gleichnamigen Restaurant und Weingut zurück, die nach wie vor seinen Namen tragen. Die Kombination war entscheidend für das Gebiet, da das Restaurant seit Ende der 1950er wohlbetuchte, berühmte und erfolgreiche Tages- und Wochenendausflügler aus Wien anlockte. »Lass uns zum Jamek gehen!« bedeutete nicht nur, dass man man ein angesagtes Restaurant besuchen würde, sondern verdeutlichte auch den eigenen sozialen Status oder zumindest den ernsthaften Versuch, »jemand« zu sein. Das Restaurant war sowohl ein Unternehmen mit gesundem Profit als auch die Bühne, auf der sich Jamek bewegte, und ein Besuch hier unterlag festen Ritualen. Ich hatte das Glück, das mehrere Male zu erleben, bevor sich Jamek 1996 77-jährig aufs Altenteil zurück zog. Die zurückhaltende Liebenswürdigkeit dieser Szenen würde heute sehr altmodisch wirken, ist aber zweifelsfrei eine Erklärung für den Anflug von Grandeur, auf den man in der Wachau heute immer wieder trifft.

Die Verbindung von Weingut und Gastronomie besteht nach wie vor, heute unter der Leitung von Jameks Tochter Jutta Altmann und ihrem Mann Hans, die bereits in den 1980ern mit einem eigenen kleinen Wachauer Weingut begonnen hatten, und es bedeutet, dass diese Weine auch außerhalb der üblichen Normen liegen. Es sind eher zurückhaltende Weine, und der Kategorie Federspiel wird hier tendenziell mehr Aufmerksamkeit geschenkt als anderswo, da diese Weine sich im Restaurant am besten verkaufen und in der Tat hervorragend zu der gehobenen österreichischen Küche passen. Moderater Körper und harmonische Säure sind oft die entscheidenden Faktoren, selbst wenn die Gäste hier ebenso nach immer noch jüngeren Weinen schreien wie überall sonst in Österreich. Stars im Glas sind der Riesling Federspiel und Smaragd aus der Ried Klaus, der terrassierten Lage, in die Josef Jamek 1959 als erstes investierte. Es sind Bilderbuchbeispiele an diskreter, trockener Eleganz, aber nach meiner Erfahrung schmecken sie nie so gut wie in diesem höchst ungewöhnlichen Theater des Weins im Herzen der Wachau.

GRUNDLAGENFORSCHUNG:

Die Wahrheit übers »Urgestein«

Urgestein ist ein Ausdruck, den österreichische Winzer, aber auch Weinhändler und Sommeliers gern und häufig benutzen, um bestimmte Rieslinge und Grüne Veltliner als etwas Besonderes darzustellen. Dabei drängt sich unbewusst auf, es handle sich nicht nur um felsige Böden, sondern Felsen vulkanischen Ursprungs wie etwa Basalt. An der Donau und in ihren Seitentälern trifft das allerdings selten zu. Der größte Teil dieser steinigen Böden besteht aus der einen oder anderen Art von Gneis, der Granit ähnelt, aber nicht wie dieser gefleckt aussieht, sondern in Streifen strukturiert ist. Diese und verschiedene andere ebenfalls hier anzutreffende Arten von Schiefer gehören zu den sogenannten metamorphen Gesteinsarten. Durch Hitze und/oder Druck wurde eine Art von Gestein in eine andere verwandelt (im Fall von Schiefer sind es sowohl Hitze als auch Druck). Es klingt häufig, als wüchsen so gut wie alle österreichischen Rieslinge auf Böden dieser Art, blickt man aber genauer hin, stellt man fest, dass eine ganze Menge Riesling auf viel jüngeren Schwemmböden oder fruchtbarem Löß stehen, einem vom Wind angewehten Boden, der sich in den letzten paar Millionen Jahren und zahlreichen Eiszeiten bildete. Auch diese Weine können »mineralisch« schmecken.

Der Aufstieg der »alternativen Wachau«

Einige der besten Wachauer Lagen, jene von Krems-Stein, gehören offiziell gar nicht zu diesem Gebiet. Der Höhepunkt meines ersten Besuchs beim Weingut Nikolaihof in Mautern war der damals elf Jahre alte 1977 Riesling aus der Lage Steiner Hund. Der aktuelle Jahrgang dieses Weins ist grundsätzlich vier oder fünf Jahre alt und ein radikal kühler, kräuteriger und mineralisch trockener Riesling. Wenn man ihn zum ersten Mal erlebt, wird er einem entweder zu extrem erscheinen, oder man findet ihn atemberaubend, wie in meinem Fall. Im Gegensatz dazu ist der üppigste und exotischste der Rieslinge von Emmerich Knoll der aus der Lage Pfaffenberg von Krems-Stein. Dann gibt es da noch das kleine, 2003 gegründete Weingut von **Rainer Wess**, dem ehemaligen Kellermeister der Winzergenossenschaft Domäne Wachauer, das einen beeindruckenden trockenen Riesling aus dem Pfaffenberg erzeugt. Lebhafter, aber auch mit ausladender Aprikosenfrucht gibt sich der trockene Pfaffenberg Riesling von **Pichler-Krutzler**, ebenfalls in Loiben, das sehr beständige, von F. X. Pichlers Tochter Elisabeth und ihrem Winzer-Ehemann Erich Krutzler (dem Bruder von Reinhold Krutzler vom gleichnamigen Weingut im südlichen Burgenland) gegründete Weingut. Weinrechtlich stammen alle diese hervorragenden »Wachauer« Weine aus dem Kremstal.

Das absurdeste an dieser unlogischen Grenze zwischen den beiden Regionen ist die Tatsache, dass das Weingut **Salomon Undhof** in Krems-Stein keinerlei Wachauer Weine und ausschließlich Kremstal-Weine erzeugt, obgleich sie vom Typus her rein wachauerisch sind. In diesem Fall ist ein wenig Geschichte angebracht, und die beginnt mit Fritz (1905-1971), dem Vater des gegenwärtigen Besitzers Bertold Salomon. Er war ein Qualitätspionier, der den größten Teil der Riesling-Weinberge des Betriebs in der Lage Kögl in Krems-Stein anlegte. Anfang der 1930er begann er seine trockenen Rieslinge in die USA zu exportieren. Als ich das erste Mal die Weingebiete an der Donau und ihren Nebenflüssen bereiste, fand meine allererste Verkostung mit Bertolds älterem Bruder Erich (1943-2007) statt, der mit mir erst seine Weine des Jahrgangs 1986 durchging, und dann Weine von Vater Salomon bis zurück in die 1930er folgen ließ. Die älteren Weine waren eine Offenbarung und zeigten mir, dass die trockenen Rieslinge aus der Wachau zwar voller und reifer waren als entsprechende Weine vom deutschen Rhein, der Schlüssel zur Größe aber Ausgewogenheit war, nicht reine Kraft.

Diesen Weg hat auch Bertold beim Salomon Undhof verfolgt, seit er den Familienbetrieb 2002 übernommen hat, obgleich seine Rieslinge definitiv keine leichten Weine sind. Vor diesem Schritt stand er an der Spitze der Österreich Wein Marketing (ÖWM), und davor wiederum war er Verkaufsleiter für die Importweine bei Schlumberger, wo das Hauptanliegen die Produktion günstiger österreichischer Schaumweine ist. Aus diesem Grund hat er beträchtliche Erfahrung in Sachen Weinvermarktung, und gelegentlich führte das auch dazu, dass er als Winzer nicht ernst genommen wurde. Dass das Unsinn ist, zeigen die Rotweine, die er bei Salomon Estate in Finiss River, Südaustralien macht, jene von Salomon and Andrew, einer Joint-Venture in Neuseeland, und nicht zuletzt die im heimischen Krems-Stein. Am bemerkenswertesten sind die Rieslinge aus den alten Reben im Kögl, die es heute in zwei Versionen gibt. Der Undhof Kögl ist etwas leichter, schlanker und viel rassiger, mit strahlenden Zitronen- und weißen Pfirsicharomen, während der pfirsichsaftige Steiner Kögl kraftvoller wirkt, jedoch ohne den leisesten Anflug von hitzigem Alkohol oder zu viel botrytisbedingtes Fett oder Honig.

Einen kurzen Spaziergang vom historischen Undhof, wo die Renovierung sehr diskret durchgeführt wurde, liegt das komplett umgebaute Weingut der **Stadt Krems**, das Fritz Miesbauer vom schlafenden Riesen zu einem dynamischen Erzeuger erweckt hat, seit er hier 2003 angetreten ist. Er ist ein Meister der mittelgewichtigen trockenen Rieslinge der Art, wie sie die Mitglieder der Vinea Wachau als Federspiel vermarkten und die bei ihnen häufig im negativen Sinne wie ein Nebenprodukt der Spitzen-Smaragde schmecken. Manchmal werden sie ausschließlich aus minderwertigem Lesegut erzeugt, das vor der späteren Ernte der besten Trauben herausgeschnitten wird. Fritz' Steinterrassen-Riesling zeigt, was möglich ist, wenn diese Weine das Hauptziel bei der Bewirtschaftung der Weinberge sind – ihrer Produktion also ganze Weinberge gewidmet werden. Er duftet nach reifen Äpfeln und Apfelblüten (eins meiner Lieblingsaromen beim Riesling) und wirkt frühlingshaft strahlend im Geschmack. Er stellt auch ein sehr gutes Preis-Leistungsverhältnis dar. In einer ähnlichen Preiskategorie liegt der Riesling Göttweiger Berg von **Stift Göttweig** am anderen (rechten) Donauufer, deren Weine seit 2006 von Fritz und seinem Team verantwortet werden; er duftet mehr nach Pfirsich und wirkt cremiger, ist aber weder schwer noch alkoholisch.

Zusätzlich zur Leitung von zwei Weingütern mit hohen Qualitätsstandards und beträchtlichen Mengen, hat Fritz auch die nicht zu unterschätzende Aufgabe übernommen, die 3,4 Hektar große Lage Grillenparz in Krems-Stein quasi komplett neu anzulegen, in der traditionell der Spitzenriesling des Weinguts der Stadt Krems wächst. Wenn diese Reben ein entsprechendes Alter erreicht haben, dann könnte er die Menge dieses Weins auf etwa 20 000 Flaschen jährlich mehr als verdoppeln, etwas sehr Ungewöhnliches für Spitzen-Wachauer (sorry, Kremstal-) Weine. Die volle Aprikosennase dieses Weins ist jetzt schon erstaunlich und wird gefolgt von einem beeindruckenden Spiel zwischen cremiger Fülle und salziger Mineralität.

Ebenfalls am rechten Donauufer, aber hoch über dem Fluss in dem idyllischen Örtchen Oberfucha (und ja, das ist verwirrend, aber auch das Kremstal erstreckt sich über beide Donauufer!) ist eines der großen Talente des Gebiets beheimatet, Ilse Maier vom Weingut **Geyerhof**. Dies ist der Punkt, an dem sich das flussaufwärts von Krems-Stein enge Donautal wie ein Trichter öffnet, und der Blick von der Rieslinglage Goldberg des Weinguts an einem klaren Tag über diesen Trichter ist spektakulär. Ilse ist die jüngere Schwester von Christine Saahs vom Nikolaihof und bewirtschaftet das Familienweingut seit 1985 ökologisch (aber nicht biodynamisch), wobei sie langsam, aber sicher die Qualität immer weiter gesteigert hat. Im Rückblick etwa hat sie das Gefühl, in den Anfangsjahren zu viel Unkrautwuchs in den Weinbergen zugelassen zu haben, während sie heute auf eine Balance zwischen Reben und anderem Bewuchs abzielt. An ihrer Herangehensweise ist nichts Fundamentalistisches, nur das Streben nach Harmonie, und das kommt in allen ihren Weinen zum Ausdruck.

Wegen der Höhenlage wirken die meisten von Ilses Rieslingen zarter als die niedriger oder gar am Talboden wachsenden Weine, allen voran der sehr kühle, schlanke, rassige Wein aus der Lage Sprinzenberg mit seinen subtilen Pfirsich- und Petersilienaromen. Grundsätzlich ähnlich im Charakter, aber weniger säuerlich ist der sanftere Johannisberg Riesling, mit verführerischen Blütenaromen. Für mich kommt der Spitzenriesling hier aus dem Kirchenstieg, wo der Boden denen in der eigentlichen Wachau sehr ähnlich ist. Dies ist ein Wein, der einige Jahre Flaschenreife braucht, damit seine kräuterige Art ganz zum Vorschein kommt; und selbst in wärmeren Jahren, wenn viele Rieslinge aus dieser Gegend »übergewichtig « und alkoholisch geraten, hat er nie ein Gramm Fett zuviel am Körper. Im Gegensatz dazu ist Ilses Riesling aus dem Goldberg ein ziemlich mächtiger Kerl, den man so entweder liebt oder zu schwer findet.

Es wird gelegentlich gesagt, trockener österreichischer Riesling könne nie denselben Erfolg erfahren wie der Grüne Veltliner, weil er zu kompliziert sei und seine Säure zu ausgeprägt für die breite Masse. Diese Beschreibung trifft aber beileibe nicht auf sämtliche trockene österreichische Rieslinge zu. Der Tiefenthal Riesling vom Grüner Veltliner-Spezialisten **Mantlerhof** in Brunn im Felde, am linken Donauufer, ist ein perfektes Beispiel für einen österreichischen Wein, der unkompliziert und doch alles andere als simpel ist. Der Wein passt perfekt zu dem optimistischen, enthusiastischen Paar Sepp und Margit Mantler. Der Tiefenthal und die saftigen trockenen Rieslinge aus den Lagen Steingraben (Aprikose und Mango) und Wieland (eher Richtung weißer Pfirsich) wachsen auf breiten Terrassen, die ganz anders aussehen als in der Wachau und fruchtbare Lößböden haben, die man in den steilen Hängen des engeren Teils des Donautals nicht antrifft. In den Lagen um Krems und weiter flussabwärts ist Löß hingegen weit verbreitet. Die bekannteren Rieslinge stammen tendenziell von steinigen Böden, aber Löß bringt Rieslinge hervor, die unmittelbar ansprechend sind – jede Menge Frucht, ein fleischiger Körper, moderate Säure – und daher einfach zu verstehen.

Fährt man das Tal der Krems (Fluss) von Krems (Stadt) hinauf in Richtung des Ortes Senftenberg, ändert sich die Landschaft bald. Die Böden sind steinig wie in der Wachau (vor allem Glimmerschiefer) mit ähnlich schmalen Terrassen mit nur zwei oder drei Rebreihen, aber das Tal ist noch enger und wirkt wilder. Dies ist die Heimat zweier bemerkenswerter Rieslingproduzenten, von denen Martin Nigl vom Weingut **Nigl** der beständigere ist. Martins Durchbruch war eine Blindverkostung deutscher und österreichischer trockener Rieslinge Anfang der 1990er, als es für einen vollkommen unbekannten Erzeuger echt eine Leistung war, mit seinem Wein unter den ersten drei zu landen. Ich gehörte zu den Verkostern, und Nigls 1988 Riesling trocken aus der Lage Hochäcker war mein Favorit, obgleich es einer der allerersten Weine war, den der junge Kerl je gemacht hatte, noch dazu im Keller eines Bauernhofs!

Was hat dieser Wein, der mich immer wieder erstaunt, wenn ich ihm begegne, sei es als junger Wein, wenn ich verkosten und auf mehr oder weniger analytische Weise professionell begutachten muss, oder gereift und genießend getrunken? Ich finde ihn immer wieder so überwältigend, dass ich alles um mich herum vergesse, alle Aufgaben, Verantwortlichkeiten ... Nun, wenn ich analytisch und professionell unterwegs bin, dann weigert sich der Nigl Hochäcker, darauf beschränkt zu werden. Wenn ich wenige Worte finden müsste, dann wären das verheerend würzig, von elektrisierender Lebendigkeit und brutal mineralisch. Es gibt keinen anderen Wein auf der Welt, den ich ebenfalls genauso beschreiben würde.

Der Hochäcker hat außerdem die gleiche schöne Pfirsichfrucht wie Martins Riesling Privat aus der Lage Pellingen, bei dem dieses Aroma den Ton angibt und der ein deutlich üppigerer Wein ist als der Hochäcker. Was diesen Gegensatz so außergewöhnlich macht, ist die Tatsache, dass die beiden Lagen nur durch eine einzige Steinmauer getrennt sind. Wie kann diese quasi nicht existierende Entfernung zwei derart unterschiedliche Weine hervorbringen? Der Privat ist Martins körperreichster Riesling, er passt beinahe (aber nicht ganz) in die von den Weinen des Wachauer Quartetts definierte Welt von Rieslingaromen. Viel leichter und heller ist der Senftenberger Piri Riesling, und obgleich das wie ein Lagenname klingt, handelt es sich bei diesem Wein um einen Verschnitt aus drei Lagen. Dies ist eine perfekte Einführung in den österreichischen Riesling für alle, die die Säure dieser Rebsorte in trockenen Weinen mögen, weil er schlank und mineralisch ist, was aber von Zitronen- und herben Pfirsicharomen ausgewogen wird – ein Wein mit der Frische eines Gebirgsbachs!

Die Weine von **Franz Proidl** hingegen sind so lebhaft und originell wie ihr Erzeuger. Franz stünde heute nicht auf dem gegenwärtigen Niveau, wenn er nicht 1990 entschieden hätte, die Terrassen unmittelbar unter der Burgruine Ehrenfels in Senftenberg zu rekultivieren, die seit langem auf dem wortwörtlich schrägen Etikett des Familienweinguts prangt. Seine jungen Weine fallen unter anderem wegen der ausgeprägten Hefenoten aus dem üblichen Rahmen, weil die meisten österreichischen Winzer seiner Generation sie ablehnen (obwohl die jüngere Generation inzwischen darauf steht). Die Proidl-Methode bedeutet eine Menge kleine Edelstahltanks, und kleine Behälter wirken sich tendenziell auf zweierlei Art auf den Wein in ihnen aus: Sie verlangsamen die Gärung, indem sie die dadurch entstehende Wärme besser abführen, und sie verstärken den Kontakt zwischen dem jungen Wein und dem Hefedepot, das sich dabei bildet. Das mag man entweder, oder man mag es nicht, aber es hilft anscheinend oft, den Alkohol geschmacklich in den Wein »einzubinden«, sodass man ihn selbst dann nicht schmeckt, wenn er wie beim 2011 Ehrenfels Riesling beachtliche 14,5 % beträgt. Am anderen Ende der Skala liegt ein Wein namens »Proidl spricht deutsch«, mit wenig Alkohol und reichlich unvergorener Traubensüße wie ein süßer Moselriesling. Er ist ebenso würzig wie saftig und für Österreich wunderbar »untypisch«. Jetzt wird der Vater tatkräftig vom Sohn Patrick unterstützt, und es scheint ein sehr positives Zusammenspiel der Generationen im Weingut zu geben.

Das KAMPTAL liegt eine kurze Autofahrt nördlich von Krems, rund um das historische Städtchen Langenlois und ist ein viel einheitlicheres Gebiet als das Kremstal. Wenn man die Hauptstraße von Süden von der Donau hinaufkommt, sieht man rechts sehr bald die beeindruckende Silhouette des Heiligenstein, gekrönt vom Turm der Kamptalwarte. Mir fällt kein anderes Rieslinggebiet ein, in dem der wichtigste Weinberg so markant wäre. Weil die Weine seit langem so gut sind und international gut erhältlich, ist auch der wichtigste hiesige Erzeuger, Bründlmayer, ziemlich markant. Die Versuchung, in abgelegenen Ecken nach einem obskuren Winzer mit »ungewöhnlichen« Weinen zu suchen, nur um die Feststellung zu vermeiden, dass der berühmteste Winzer eines Ortes auch der beste ist, mag hier für viele Kritiker und Sommeliers groß sein, wäre aber ein Fehler.

Wenn er diese Worte liest, wird **Willi Bründlmayer** wahrscheinlich ein bisschen rot werden, sich dann an seinen Sohn Vincent wenden und sagen: »Schau mal, was Stuart Pigott Nettes über deine Weine geschrieben hat!« Vielleicht wird er Vincent auch daran erinnern, dass ohne die in der Lage Heiligenstein 1992 installierte Tröpfchenbewässerung wahrscheinlich nur einer von drei Jahrgängen die Qualität liefern würde, die heute als normal angesehen wird. Dies ist ein Gebiet mit sehr geringem Niederschlag, und der Boden dieser terrassierten Lage speichert äußerst wenig Wasser, obgleich sich dasselbe von den Hanglagen der Wachau sagen ließe, wo die erste Tröpfchenbewässerung 1979 im Loibenberg angelegt wurde. Selbst wenn diese Anlagen nur drei oder vier Mal während der Wachstumsperiode jeweils eine halbe Stunde in Betrieb sind, kann dies den Unterschied zwischen einem schlechten und einem großen Jahrgang bedeuten.

Die Bründlmayers hätten es viel einfacher, wenn sie ihren gesamten Heiligenstein Riesling einfach in einen großen Tank schütten und jedes Jahr nur einen Wein daraus machen würden, doch Willi und Vincent erzeugen drei trockene Rieslinge aus dem Heiligenstein, jeder mit ganz eigenem Charakter. Der normale Heiligenstein kommt von der Westseite des Bergs, wo kühle Luft aus

den Hügeln des Waldviertel in die Weinberge hinunterfließt, sobald die Sonne untergeht. Auch das ist eine Parallele zur Wachau, wo die gleiche Situation für viele der höhergelegenen Hanglagen besteht. Das bedeutet, dass dies selbst in warmen Jahren ein schlanker trockener Riesling ist, häufig mit weißen Pfirsich- und gelben Grapefruitnoten. Die Lyra-Abfüllung ist nach dem Erziehungssystem der Reben benannt (Fachbegriff: Doppelspalier), bei dem die Stöcke doppelt so viel Laub wie üblich tragen. Das bedeutet eine Menge zusätzliche Arbeit für das Weinbergsteam, aber wenn es zu den natürlichen Bedingungen passt, dann führt es zu wesentlich reiferen Trauben, mit Melonen- und exotischen Fruchtaromen in den Weinen, und ein beträchtliches Mehr an Körper und Saftigkeit. Der Heiligenstein Alte Reben besitzt ähnlich viel Kraft, wirkt aber voller und komplexer; ich rolle ihn lange im Mund herum und denke darüber nach, wie er wohl mit der Flaschenreife schmecken wird.

Der Heiligenstein ist zweifellos ein sehr langlebiger Wein, wie der Jahrgang 1952 zeigt. Fragt man Willi jedoch, in welchem Alter er persönlich seine Rieslinge dieser Qualität vorzieht, entgegnet er: »Acht Jahre scheint genau zu passen.« Lange Zeit waren dies die wichtigsten trockenen Rieslinge von Bründlmayer, doch vor kurzem sind zwei Weine aus der Lage Steinmassel hinzugekommen – der normale und die DAC Reserve – und sie sind kein bisschen weniger beeindruckend. Sie strotzen vor Kräuter- und Minzenoten, während die Fruchtaromen ein wenig zurückhaltender wirken als bei den Heiligenstein-Rieslingen. Schauen wir, wie sie mit acht Jahren schmecken.

Wichtige Konkurrenten sind die Rieslinge vom nahegelegenen Weingut **Schloss Gobelsburg**, das seit 1996 von Michael und Eva Moosbrugger geführt wird, mit Willi Bründlmayer und seiner französischen Frau Edwige als Investoren. Für Michael, dessen Familie ein großes Alpenhotel im äußersten Westen Österreichs betreibt (die Post in Lech/Arlberg) und der keine offizielle Ausbildung als Winzer absolviert hat, war es ein beträchtlicher Sprung. Es war erstaunlich, wie schnell er sich eingearbeitet und seinen ganz eigenen Weinstil entwickelt hat. Das ist nirgends offensichtlicher als in seinem Riesling Tradition, der mit minimalen Zugeständnissen an moderne Kellertechnik dem Weinstil entspricht, der in diesem Weingut erzeugt wurde, als es in den 1960ern seine Blütezeit erlebte und Pater Bertrand die Weine für das Zisterzienserkloster im nahegelegenen Zwettl machte, dem er angehörte. Das heißt, dass der Wein ohne Hefezusatz vergoren wird (Fachbegriff: Spontangärung) und vor der Abfüllung 18 Monate in großen neutralen Eichenfässern lagert. Das verleiht ihm eine Geschmeidigkeit und innere Stille, die ganz anders ist als die für moderne Weine typische nervöse Frische, und die Pfirsicharomen öffnen sich dabei wie die Blätter einer Rose, die mehrere Tage in einer Vase stand. Die großen ovalen Fässer in den Kellern von Schloss Gobelsburg stehen auf Rädern, und durch einen leistungsstarken Fahrstuhl ist es möglich, sie so anzuheben, dass der Wein allein durch die Schwerkraft von einem Fass ins andere umgezogen werden kann (Fachbegriff: Abstich) – ein einzigartiges System.

Alle Rieslinge von Schloss Gobelsburg gehen jedoch in diese Richtung, allen voran der aus der Lage Gaisberg, aus der auch der Tradition stammt. Er ist aber frischer, mit zarten Blüten- und Würzaromen und einer lebendigeren Säure, was nicht überraschen sollte, da er nach nur sechs Monaten im Fass abgefüllt wird (obgleich Michael plant, das in den kommenden Jahren zu verlängern). Der einfache Gobelsburger Riesling wirkt noch jünger, erinnert an tropfnasse Blätter und Blumen und hat jede Menge Stoff – ein Merkmal der Weine dieses Hauses. Die Betonung der Tradition macht absolut Sinn, wenn man das Schloss erlebt, das mindestens bis aufs Jahr 1074 zurückgeht. Die radikale Neugestaltung im Barockstil 1725 führte zum Bankrott des damaligen Besitzers, der das Anwesen daraufhin einige Jahre später an die Abtei in Zwettl verkaufen musste. Gobelsburg ist nicht nur ein wunderschönes Schloss; es hat auch eine spannende Vergangenheit!

Hannes **Hirschs** Familienweingut in Kammern sieht auf den ersten Blick einfach wie ein ganz normaler Bauernhof aus. Dann betritt man den Verkostungsraum, mit dem spektakulären Blick über die Lagen (von links nach rechts) Heiligenstein, Lamm und Gaisberg und steht unvermutet im 21. Jahrhundert. Doch das sind noch nicht alle Überraschungen, denn dann erlebt man trockene Rieslinge im Glas, die anders als alle anderen in Österreich sind. Ich habe eine Weile gebraucht, um sie zu begreifen, weil sie in keine der herkömmlichen stilistischen Kategorien passen. Schließlich ergaben sie beim 2010 Riesling Rendezvous in Seattle endlich Sinn, als ich aufhörte, sie in irgendwelche Schubladen zu zwingen. Hannes ist Anfang 40, gehört aber zu den Menschen, bei denen das Alter keine Rolle zu spielen scheint, die zugleich jung und alt wirken. Ungefähr so schmecken auch seine Weine: voller Leben, entschieden und fruchtbetont, dabei aber doch geschmeidig und würzig vom ersten Moment an, wenn der neue Jahrgang im Glas landet.

Hannes war in der glücklichen Situation, von seinen Eltern 30 Hektar Weinberge zu bekommen; ein Drittel davon ist mit Riesling bepflanzt, der Rest mit Grünem Veltliner. Sie hatten das Ganze ökologisch und sehr sorgfältig bewirtschaftet (zwei grundsätzlich unterschiedliche Dinge!) – eine ideale Ausgangssituation. Doch es ist natürlich keine Garantie für bemerkenswerte Weine, und jeder junge Winzer muss zuerst seinen Weg durch den Irrgarten an kellertechnischen Möglichkeiten finden und herausarbeiten, welche Eigenheiten (im positiven wie im negativen Sinne) die Weinberge den Weinen verleihen. In Hannes' Fall bedeutete das, einen Stil zu entwickeln, der weitab von den populistischen Mehrheiten der Wiener Weinszene liegt, ohne Rücksicht auf die Kritiker (von denen heute die meisten seine Weine trotzdem mögen). Nichts davon schien ihm irgendwelche größeren Probleme zu bereiten, und viele nahmen deshalb an, für ihn sei das alles ganz einfach gewesen, aber eigentlich steckt hinter diesen so unangestrengt und geradlinig wirkenden Weinen eine Menge Nachdenken.

Der Zöbing Riesling gehört zu Österreichs besten trockenen Rieslingen in der Kategorie unter 13% Alkohol. Hannes strebt schlanke 12% an, aber mit so viel gelber Frucht und Würze wie möglich; es ist ein vergnüglicher, unkompliziert zu trinkender Wein, der trotzdem raffiniert genug ist, dass ich mich länger damit beschäftigen möchte. Normalerweise trinke ich guten Riesling zu schnell, aber bei Hannes' trockenen Weinen aus den Spitzenlagen Gaisberg (der nach Süden ausgerichtete, von Glimmerschiefer geprägte terrassierte Hang hinter dem Weingut) und Heiligenstein lasse ich mir immer Zeit. Ersterer wirkt als junger Wein tendenziell sanfter und verführerischer, oft mit einem Touch Blütenhonig; letzterer ist strikter und unzugänglicher, bis er einige Jahre Flaschenreife hinter sich hat, dann treten die weißen Pfirsiche zutage. Diese Weine sind bereits ein Jahr alt, wenn sie auf den Markt kommen, was ihnen jede Menge Zeit bietet, ohne viel moderne Technik langsam zu vergären, sich zu entwickeln und zu klären. Und das erinnert mich an etwas, das meine Großmutter immer wieder betont hat: »Geduld macht perfekt.« Mich hat das wahnsinnig gemacht, aber heute sage ich es mir oft selber, und die Hirsch-Weine sind ein großartiges Argument dafür.

In Langenlois erzeugen eine Handvoll anderer bedeutender Betriebe trockene Rieslinge aus dem Heiligenstein. Familie **Ehn** ist ein Bruder-Schwester-Team, bei dem Michaela die Weine verkauft und die Geschäfte führt und Ludwig sich um Weinberge und Keller kümmert. Weil ihre Weine ebenfalls Lichtjahre entfernt sind von der ausladenden Art und Mächtigkeit, die von den Wiener Kritikern vergöttert wird, werden sie häufig unterbewertet. Der trockene Riesling aus dem Loiser Berg erinnert mich im Duft an frisch gepalte Erbsen (woran ich mich sehr deutlich aus meiner Kindheit erinnere – ich bin in einer Familie von Gärtnern aufgewachsen) und ein wenig an frischen Basilikum. Es ist ein ziemlich kühler Kerl, mit betonter Säure und wie der trockene Riesling aus dem Heiligenstein ganz und gar Ehn, ganz und gar eigenständig. Mit weißen Johannisbeer- und gelben Grapefruitaromen ist der Heiligenstein ein gefährlich lebhafter Wein, seine Kraft vollkommen heruntergespielt. Mit einigen Jahren Flaschenreife sind dies großartige Weine zum Essen.

Das Weingut der Familie **Jurtschitsch** war wesentlich größer und kommerzieller aufgestellt, bis Alwin und seine Frau Stefanie (geborene Hasselbach vom Weingut Gunderloch in Rheinhessen, es 2008 übernahmen und alles sehr schnell von Grund auf umkrempelten. Sie stellten nicht nur sofort auf ökologische Bewirtschaftung um, sondern kündigten auch sämtliche Verträge für die von anderen Betrieben gepachteten Flächen, um ausschließlich mit Trauben aus von ihnen selbst bewirtschafteten Weinbergen zu arbeiten. Sie gingen außerdem dazu über, die Einzellagenweine grundsätzlich ohne den Zusatz von Hefe zu vergären. In wenigen Jahren hat das die Weine in punkto Menge, Qualität und Stil verändert, und dieser Prozess ist noch nicht abgeschlossen. Ihre neuen trockenen Rieslinge aus dem Heiligenstein (der normale und der Alte Reben) sind weitaus kräuteriger und mineralischer in Duft und Geschmack als die Weine der vorhergehenden Generation, und sie brauchen mindestens einige Monate nach dem Abfüllen, um den Anflug von »Stinker« abzulegen, den sie anfangs oft zeigen.

Fred **Loimer** in Langenlois ist auch keine Eintagsfliege im frisch vergorenen Wein. Der Ruf des Weinguts Loimer geht auf Anfang der 1990er zurück, als Freds kraftvoller, ziemlich lauter Grüner Veltliner aus der Lage Spiegel quasi über Nacht von den Wiener Weinkritikern zur Sensation erklärt wurde. 1999 übernahm er dann am Ortsrand die ausgedehnten Keller von Schloss Haindorf, die aufs frühe 18. Jahrhundert zurückgehen und ihm endlich genug Arbeitsfläche boten. Statt nun aber ein pseudobarockes Gebäude darauf zu setzen, engagierte er den Architekten Andreas Burghardt, der ein minimalistisch modernes »Weinloft« über den unterirdischen historischen Komplex stellte. Der nackte Beton war ein Zeichen für das radikale Umdenken, das zu einer kompletten Neuorientierung führte, in Richtung ökologischer und biodynamischer Weinbau, aber auch zum Riesling.

Anfang der 1980er und in den 1990ern kamen die trockenen Rieslinge aus Krems- und Kamptal selten an die besten Weine der Wachau heran, sodass viele in der Weinszene, mich selbst eingeschlossen, annahmen, die Bedingungen seien dort weniger geeignet für große Rieslinge. Wir verwechselten einen Zeitpunkt – die Winzer in Krems- und Kamptal waren ihren Wachauer Kollegen einfach ein paar Jahre hinterher – mit angeblichen, in den Stein ihrer Weinberge gemeißelten Wahrheiten. Heute erzeugen Fred Loimer und seine oben erwähnten Kollegen trockene Rieslinge, die häufig ausgewogener, subtiler und komplexer in Duft und Geschmack sind und ihre Herkunft deutlicher zum Ausdruck bringen als jene aus der Wachau. Seit der Jahrhundertwende hat sich das Blatt gewendet, weil die Winzer in Krems- und Kamptal begriffen haben, dass beim Riesling mehr nicht zwangsläufig besser ist.

Freds trockener Riesling aus der Lage Seeberg verkörpert das aufs beste. Er hatte immer ein auffallendes Bouquet (wirklich ein Wein, der dieses Wort verdient!), kräuterige Noten, die mich an die zerklüfteten Landschaften am Mittelmeer denken lassen, aber das mit einer kühlen Bergfrische verbinden. Manchmal ist da auch ein Anflug von Blütenhonig, aber selbst bei diesem Maß an Reife liegt der Wein nur knapp über 13% Alkohol und wirkt immer noch frisch.

Riesling wächst an vielen anderen Orten in Österreich, von denen der wichtigste in punkto Qualität das winzige TRAISENTAL ist, in dem die Traisen unmittelbar flussabwärts von Krems in Richtung Donau fließt. Es sollte ebenso viel Anerkennung erfahren wie Krems- und Kamptal, ist aber mit nur zwei Erzeugern einfach zu klein dafür. Die Weine sind hier etwas anders im Typus, weil dies das einzige Gebiet in Niederösterreich ist, in dem die steinigen Böden der Hanglagen von Kalk geprägt sind (andernorts sind sie kalkfrei und tendenziell sauer).

In den 1990ern schien es oft, als sei Ludwig Neumayer vom Weingut **Neumayer** in Inzersdorf daran gelegen, seine trockenen Riesling und Grünen Veltliner stilistisch an die viel gefeierten Weine der Wachau anzulehnen. Dann kam eine Phase des Experimentierens, des Suchens nach einem anderen Weg. Heute gehören die Neumayer-Rieslinge zu den eigenständigsten in ganz Österreich und zeigen selbst bei Alkoholwerten über 13% eine ungewöhnliche Leichtigkeit. Der Grillenbühel zeigt Orangenschalen- und gelbe Pfirsichnoten und wirkt ziemlich voll und weich, aber knochentrocken. Selbst der niedrigste Teil der Höhenlage Rothenbart liegt auf

350 Meter, und der Boden hier ist, wie der Name andeutet, auffallend rot. Ludwig hat erst vor kurzem begonnen, den hier wachsenden Riesling separat abzufüllen, nachdem die Vereinigung der Traditionsweingüter, der er angehört, den Rothenbart auf die 2012 veröffentlichte Liste an Ersten Lagen setzten. Mit floralen Noten und mineralischer Frische stellt er für den Riesling »Der Wein von Stein«, der zugleich reifer (ein ganzer Korb an gelben Früchten) und filigraner wirkt, eine ernstzunehmende hauseigene Konkurrenz dar. Beide gehören zu den besten trockenen Riesling Weinen in Österreich.

Seit **Markus Huber** vom gleichnamigen Weingut im benachbarten Reichersdorf 2000 nach einem längeren Aufenthalt in Südafrika zurück gekehrt ist, arbeitet er an der Perfektionierung eines schlanken und eleganten Stils von trockenem Riesling, der erheblich leichter als die österreichische Norm ist. Die Stärke seiner Weine liegt in der Kombination ihrer floralen und kräuterigen Art mit mittelgewichtigem Körper und großartiger Balance. Alte Setzer und Berg sind seine Spitzenlagen, aber manche der anderen Weine haben auch viel Charakter.

Eine Schwalbe macht noch keinen Sommer, und auch zwei nicht, aber die beeindruckenden Weine von zwei solchen Erzeugern stellen ein entscheidendes Argument zugunsten des kühlen Traisentals dar; es verdient eindeutig mehr Aufmerksamkeit, da die Weine hier eine Antwort auf die häufig mächtigen und üppigen trockenen österreichischen Rieslinge bieten, zu denen die Klimaveränderung und übertriebener Winzer-Ehrgeiz im 21. Jahrhundert geführt haben.

All die österreichischen Gebiete, die wir bis jetzt erforscht haben, liegen in den Tälern der Donau und ihrer Nebenflüsse, und das führt zu der Frage, ob hochwertige trockene österreichische Rieslinge auch außerhalb dieser Gebiete erzeugt werden können. Der Riesling Bergweingarten vom Weingut **Sommer** in Donnerskirchen im Gebiet Neusiedlersee-Hügelland beantwortet diese Frage mit einem eindeutigen Ja. Leo Sommers mittelgewichtiger trockener Riesling strotzt vor Frucht (Pfirsich und Nektarine) und ist in einem saftigen, modernen Stil gemacht, endet aber mit einem Spritzer mineralischer Frische. Er kommt aus einer vergessenen Ecke des Burgenlands, das vor allem für kraftvolle Rote und üppige Süßweine bekannt ist. Hier gibt es ganz offensichtlich unausgeschöpftes Rieslingpotenzial!

WIEN

RIESLING CITIES: WIEN

Für mich war Wien schon immer eine Riesling-Stadt. Wenn ich ankomme, gehe ich direkt in Weibels Wirtshaus in der engen Kumpfgasse im ersten Bezirk. Ich trinke ein Glas Grünen Veltliner als Aperitif, während ich die Weinkarte studiere. Dann bestelle ich einen der kräftigen trockenen österreichischen Rieslinge. Doch so sehr ich den zurückhaltenden, warmherzigen Hans Weibel mag, und die »Weinkultur« genieße, die hier so offenkundig zu spüren ist, gibt es einen anderen, wichtigeren Grund nach Wien zu fahren. Um Österreichs aufregende neue Weine zu verstehen, muss man ein oder zwei Dinge über die Stadt wissen, die einst Hauptstadt des österreichisch-ungarischen Kaiserreichs war und zumindest optisch den Anschein erweckt, sie sei es nach wie vor (viele Osteuropäer erledigen hier ihre Bankgeschäfte).

Als ich Ende 1988 zum ersten Mal in Wien-Westbahnhof aus dem Zug stieg, erwartete mich eine ganze Reihe von Schocks, allerdings ganz andere als in Neuseeland. Zuerst einmal war die Donau nicht blau, sondern wie der größte Teil der Stadt grundsätzlich graubraun. Mit Ausnahme des Tag und Nacht lebhaften Verkehrs und der grell gekleideten Prostituierten am nächtlichen Straßenrand, schien Wien zum damals noch hinter dem Eisernen Vorhang liegenden Osteuropa zu gehören. Das Essen in den schicken Wiener Restaurants ähnelte dem in Deutschland, war aber so üppig, dass die deutsche Version im Vergleich gesund wirkte. Die besten der trockenen Rieslinge, denen ich begegnete, waren kaum weniger erstaunlich, in ihnen verband sich die sinnliche Fülle eines Klimt-Gemäldes mit dem Ernst einer Aufführung der Wiener Staatsoper.

Ich gewann schnell österreichische Freunde und hörte von ihnen Dinge, die mich richtig schwindeln ließen: »Die österreichische Mentalität ist wie Walzer: drei Schritte in eine Richtung, dann vor dem vierten und entscheidenden Schritt eine Drehung in eine andere Richtung« und: »Österreich ist eine Bananenrepublik ohne Bananen und wird vom Café Landtmann aus regiert« (das Café Landtmann liegt direkt gegenüber vom Wiener Parlament und ist häufig voller bedeutender Politiker). Dann ist da der Witz, dessen Pointe lautet, »die größte Leistung der Österreicher liegt darin, aus Beethoven einen Österreicher gemacht zu haben und aus Hitler einen Deutschen.« Beethoven war natürlich eigentlich Deutscher und Hitler Österreicher, aber in der allgemeinen Wahrnehmung tatsächlich anders. Wie Beethoven kam die Rieslingrebe eindeutig aus Deutschland nach Österreich (ich habe trotz der Behauptung in einigen Quellen, ihr Ursprung sei hier zu suchen, keine überzeugenden Beweise dafür gefunden, und es scheint, dass sie nicht vor dem 19. Jahrhundert herkam), ist aber seit ihrer Ankunft durch und durch österreichisch geworden. Trotz all der Veränderungen, die in Österreich während der letzten 25 Jahre stattgefunden haben – es ist jetzt so viel bunter, entspannter,offener und Teil der EU – und des internationalen Erfolgs der trockenen Grünen Veltliner, sind diese Witze und das, was sie über Österreich aussagen, weiterhin zutreffend.

Im Gegensatz zu den Deutschen hatten die Österreicher nie ernsthafte Probleme mit ihrer nationalen Identität. Ab den frühen 1990ern stieg die Zahl an guten österreichischen Weinen nicht nur drastisch, auch die heimische Begeisterung für den österreichischen Wein wuchs ständig. Weinjournalisten vergleichen österreichische Rieslinge häufig mit den trockenen Weinen dieser Sorte aus anderen Ländern; und in Blindverkostungen überstrahlen sie die Mitbewerber oft. Im Tal der Donau und ihren Nebenflüssen wachsen Grüner Veltliner und Riesling Seite an Seite, aber der Weg zu Anerkennung und Ruhm durch den Vergleich mit gleichgestellten war dem Grünen Veltliner lange verwehrt, weil die Sorte außerhalb Osteuropas kaum angebaut wurde (was sich in den letzten Jahren geändert hat). Daher rückte der österreichische Riesling in den Mittelpunkt des österreichischen Nationalstolz, und genauso wird er in den vornehmen Restaurants von Wien heute auch präsentiert.

Die Stadt ist außerdem die Hauptstadt des Weinjournalismus des Landes in einer Art, wie es in Berlin für Deutschland nicht ist (wo die Kritiker übers ganze Land verstreut sind). Wenn man eine Handvoll von in Wien veröffentlichten Zeitschriften und jährlichen Weinführern liest, stellt man schnell fest, welche Weine von den Kritikern jeweils für die besten ihrer Kategorie gehalten werden. Die Spitzenrieslinge auf dem Papier – gutes Wiener Papier! – bestimmen das Ideal für diese Sorte, und jeder Winzer, der bewusst andere Weine erzeugt, tut dies in dem Bewusstsein, dass er Grenzen überschreitet und dies entweder ohrenbetäubende Stille oder harte Kritik auslösen wird. Das könnte man als die dunkle Seite dieser Riesling-Stadt betrachten.

Die helle Seite sind die bemerkenswerten Rieslinge, die hier erzeugt werden. Die bedeutendsten von ihnen erlebt man, indem man die Tram Nr. 31 vom Schwedenplatz im ersten Bezirk nach Stammersdorf nimmt, am östlichen Stadtrand. Hausnummer 31 ist der Heurigen und das Weingut von Fritz Wieninger. Hier habe ich 1988 meine ersten atemberaubenden trockenen österreichischen Rieslinge verkostet, und obgleich Fritz gerade die Verantwortung für den Keller übernommen hatte, empfing mich sein Vater. Es schien damals alles sehr altmodisch, und der Ort als solcher ist beinahe unverändert, mit Ausnahme des supermodernen Kellers, den Fritz vor Kurzem eingeweiht hat.

Während der 1990er schuf sich Fritz mit seinen Chardonnays und Pinots Noirs einen ziemlichen Ruf. Dann verlagerte er den Schwerpunkt grundlegend zum Gemischter Satz, einem traditionellen trockenen Wiener Weißwein aus verschiedenen, gemischt angebauten Rebsorten, der mit dem ersten Jahrgang 1999 exakt ins Schwarze traf. Aber es steht nicht nur gemischter Satz an den Hängen des Nussbergs, am nördlichen Rand der Stadt mit spektakulärem Blick auf Wien; Fritz hat hier auch reine Riesling-Weinberge, aus denen er einige der opulentesten Weine dieser Sorte in Österreich erzeugt, allen voran den Riesling aus dem Rosengärtl. Und ja, er duftet nach Rosen, aber auch einem Topf voller Pfirsiche, die auf dem Herd leise kochen, und manchmal umweht einen ein Hauch Honig.

Für mich ist er etwas zu süß, um als trocken eingestuft zu werden, aber für einen Weißwein mit nahezu 14 % schmeckt er weder schwer noch alkoholisch. Diese 14 % Alkohol sind auf dem Etikett österreichischer Spitzenrieslinge inzwischen ziemlich gängig, und man kann die Weine dann sicher nicht als leicht bezeichnen, selbst wenn sie so ausgewogen wie Wieningers Rosengärtl sind. Wie wir im vorhergehenden Kapitel gesehen haben, liegt das Problem für manche österreichischen Rieslinge heute darin, dass sie zwar diese Art von Körper haben, ihnen aber die Balance fehlt.

GRUNDLAGENFORSCHUNG:

Weinskandale alt und neu

Der eine Weinskandal, an den sich die meisten Menschen entweder selbst erinnern oder von dem sie zumindest gehört haben, ist der sogenannte Glykolskandal in Österreich und Deutschland von 1985. Es gibt einige offensichtliche Gründe, warum er nach wie vor in den Köpfen noch so präsent ist. Erstens kam er den österreichischen und deutschen Medien in einer Woche mit wenig anderem Nachrichtenstoff mehr als gelegen, und er bestätigte all die Vorurteile der Zeitungs- und Zeitschriftenredakteure bezüglich der Unterlegenheit der Weine ihrer eigenen Nation im Vergleich mit den berühmten alten Weinen Frankreichs und den angesagten neuen Weinen Italiens. Dann war da die Tatsache, dass der den betreffenden süßen Weinen zugesetzte Stoff, Diethylenglykol, auch als Frostschutzmittel im Auto Verwendung findet. Das verlieh ihm einen vertrauten Namen und eine hässliche technische Assoziation. Diethylenglykol ist zwar gefährlich, wenn man es in großen Mengen zu sich nimmt, aber in den betreffenden Weinen kam es in sehr geringen Konzentrationen vor, und es gibt keinerlei Beweise, dass jemand gesundheitlichen Schaden erlitt. Als hingegen ein Jahr später mindestens 20 Menschen starben und noch viel mehr erblindeten, nachdem sie billigen, als Barbera etikettierten Rotwein (eine Rebsorte aus dem Piemont) aus norditalienischen Supermärkten getrunken hatten, geschah das in einer Woche, in der die Nachrichtenredaktionen gut mit Stoff versorgt waren, und heute erinnert sich quasi niemand mehr daran, nicht zuletzt deshalb, weil so viele von uns erwarten, dass genau solche Dinge in Italien eben einfach passieren.

Inzwischen ist das jedoch alles altes Zeug. Die Weinskandale unserer Zeit erregen viel weniger Aufsehen, weil es meistens darum geht, dass Weinen zum Aufpeppen illegal Aromen zugesetzt werden und man dafür nur winzige Mengen benötigt, deren analytischer Nachweis extrem schwierig ist, wenn dieselbe Substanz im Wein auch auf natürliche Weise vorkommt. Ein Beispiel sind Industrie-Sauvignon-Blancs aus Südafrika, denen vor einigen Jahren die charakteristischen Aromen dieser Sorte (Fachbegriff: Pyrazine) zugesetzt worden waren. Meine Vermutung ist, dass ähnliches auch anderswo geschieht, aber bis jetzt nicht aufgedeckt worden ist. Die verantwortlichen südafrikanischen Winemaker wurden bestraft, denn kein Land möchte, dass seine Weinbranche öffentlich an den Pranger gestellt wird, wie es 1985 mit Österreich und Deutschland geschah.

KAPITEL 7
RIESLING-ABENTEUER NR. 5: DIE TÄLER DES RHEINS UND SEINER NEBENFLÜSSE

DIE TÄLER TIEF UND DIE BERGE SO HOCH

Riesling, und vor allem deutscher Riesling, hat lange darunter gelitten, als altmodisch zu gelten. Es kann schwierig sein, der Vergangenheit zu entrinnen, weil der Blick in unseren geistigen Rückspiegel so viel beruhigender scheint als durch die Windschutzscheibe nach vorn. Deshalb klebt das Image des deutschen Weins in der englischsprachigen Welt hartnäckig an süßen Weinen vom Rhein und den gleichermaßen engen und gewundenen Tälern seiner Nebenflüsse, vor allem der Mosel, deren steile Hänge vom Schiefer geprägt und mit Felsen und Burgen übersät sind. Selbstverständlich hat dieses Bild seine Reize.

Es gibt andere Gründe, warum es sich so tief ins allgemeine westliche Bewusstsein eingegraben hat, dass es den Blick auf die heutige Realität versperrt. Der enge und felsige Abschnitt des Rheintals zwischen Bingen und Bonn wird gelegentlich und nicht zu Unrecht als Deutschlands Grand Canyon bezeichnet, obgleich es hier grüner aussieht und alles ein bisschen kleiner ist als am richtigen Grand Canyon des Colorado River in den USA. Nach Beendigung der napoleonischen Kriege war es viel einfacher, durch Europa zu reisen, zumindest für die Reichen, und Dichter und Maler »entdeckten« diese Landschaft. Dies ist der Rhein der Romantiker, was bei den Dichtern bedeutet, dass Liebende schlechte Karten haben: Wir sind in der Heimat der Lorelei-Sage, in der es schließlich nur darum geht, dass Verführungskünste zum Untergang führen können. Dann begann vor etwa 150 Jahren, zu Beginn des goldenen Zeitalters des deutschen Rieslings, die Weinbranche die Rhein-Romantik in Worten und Bilder für sich zu nutzen. Zeitgleich entdeckte eine breitere Schicht in Europa mithilfe von Eisenbahn

und Dampfschifffahrt die Freuden des Reisens. Der romantische Rhein wurde zum Touristen-Hit und die Weinbranche lancierte erstmals ein bis heute erfolgreiches Marketing-Konzept: »Die malerischen Weinberge anschauen, den Wein in den Tälern trinken, in denen er wächst, dann ihn zuhause wieder kaufen.« Weintäler von der Donau bis zu Napa kopierten diese durch und durch moderne Formel gegen Ende des 19. Jahrhunderts; so entstand die moderne Weinwelt.

Als ich ab Anfang der 1980er den romantischen Rhein als Weintourist bereiste, war der größte Teil davon bereits verwässert und zu gruseligem Kitsch geworden. Selbst wenn der Wein angeblich viel »besser« als Billigmarken wie Liebfraumilch und Goldener Oktober war, begeisterte er mich doch nur selten. Ich besuchte all die berühmten Wein-Schlösser, und gelegentlich waren die Weine gut, wenn auch nicht aufregend, während ich mich in anderen Fällen fragte, warum ich überhaupt gekommen war. Doch dann, ziemlich plötzlich, kurz nach der Jahrhundertwende, gab es ein Erdbeben. Das Rheintal ist keine erdbebengefährdete Zone, aber es fanden derart grundlegende Veränderungen statt, und ich brauchte einige Jahre, um alles richtig zu begreifen.

Heute ist die Dynamik der Weinbranche in den Tälern des Rheins und seiner Nebenflüsse das totale Gegenteil zu der enttäuschenden und manchmal deprimierenden Situation von 30 Jahren zuvor, und mir scheint, wir erleben ein zweites goldenes Zeitalter des deutschen Rieslings. Ganze Gebiete, die noch vor 15 Jahren orientierungslos stagnierten, verzeichnen plötzlich enorme Fortschritte in Qualität, Image und Verkaufszahlen auf dem heimischen Markt (siehe »Rheinhessen: Willkommen in der Traumfabrik des trockenen deutschen Weins!«. Dies ist der Verdienst der Jungwinzer, ein Wort, das weit mehr als seine wörtliche Bedeutung in sich birgt und Talent, Kreativität und Coolness beinhaltet. Ein Beispiel: Kurz bevor die deutsche Ausgabe der amerikanischen Zeitschrift *Vanity Fair* aufgrund der Finanzkrise eingestellt wurde, hatte die Redaktion eine Modestrecke mit mehreren Jungwinzern geplant! Sie werden gelegentlich auch als »Generation Riesling« bezeichnet, weil sie allesamt so begeistert sind von den endlosen Möglichkeiten des Rieslings. Was dieser Begriff jedoch nicht vermittelt, ist die Art, wie sie zur gegenseitigen Unterstützung und konstruktiven Kritik häufig Gruppen bilden und Netzwerke aufbauen (von denen eins tatsächlich »Generation Riesling« heißt). Der allgemeine Tenor lautet: »Wir sind stärker, als ich es je sein könnte!«

Es ist das absolute Gegenteil des tiefen Misstrauens, das die Winzergeneration ihrer Eltern gegenüber ihren Kollegen zutage legte, die selten Ideen oder Information austauschten und nie zusammen ihre Weine verkosteten, wie es die Jungwinzer regelmäßig tun. Das hat ihnen ermöglicht, die Qualität extrem schnell hochzuschrauben. Der Mangel an Offenheit hat die Elterngeneration gehemmt und die meisten von ihnen gezwungen, große Mengen charakterloser Weine zu erzeugen und (mit sehr wenig Gewinn pro Liter) als Fassware an große Unternehmen zu verkaufen, die sie zu Liebfraumilch verschnitten. Es ist ein Treppenwitz der Geschichte, dass die Weine dieser Winzer, die nie miteinander redeten, alle zusammen in Riesentanks landeten; die dunkle Seite der Liebfraumilch, über die nie gesprochen wurde und immer noch nicht gesprochen wird.

Die allgemeine Wahrnehmung dieser Entwicklungen im Ausland hinkt aufgrund der Rückspiegel-Mentalität bestimmter Weinimporteure oft weit hinter der neuen Wirklichkeit her. Lückenhafte Kenntnisse der Deutschlandkarte sorgen zusätzlich für Verwirrung. Der romantische, enge Abschnitt des Rheins wird häufig für den Rheingau gehalten, mit Abstand das bekannteste der Anbaugebiete am Rhein. Eigentlich handelt es sich dabei aber um den MITTELRHEIN, der mit 459 Hektar zu den kleinsten und unbekanntesten der deutschen Anbaugebiete gehört. Und in diesem UNESCO Weltkulturerbe müssen wir anfangen, die Heimat des Rieslings zu erforschen, am Ursprung des Rheinwein-Mythos.

Wie erweckt man einen Mythos zu neuem Leben, der so ausgeschlachtet worden ist, dass er vollkommen fertig ist, eigentlich ein Zombie? Das erfordert Mut. **Dr. Randolf Kauer**, Professor an der Fachhochschule für Weinbau in Geisenheim, Rheingau, ist der unwahrscheinliche Held dieses Rhein-Märchens. Es begann, als er Anfang der 1980er mit einer Gruppe von Freunden kleine Mengen Wein als Hobby machte. Das Mini-Weingut in Bacharach war von Anfang an ein Ökobetrieb, von denen es in ganz Deutschland damals lediglich zwei Dutzend gab, verglichen mit 7,5 % aller Weinberge heutzutage. Damals betrachteten konventionelle Winzer die Ökos häufig als gefährliche Alternative, und es stimmt, dass manche von ihnen tatsächlich gefährlich alternativ aussahen und redeten. Randolf gehörte nicht zu diesen Fanatikern, und er zwang seine Weine auch nicht zur Knochentrockenheit, wie manche von ihnen.

Randolf ist heute viel zu alt, um als Jungwinzer bezeichnet zu werden, aber was er damals tat – ein Start-Up gründen, bevor es diesen Begriff überhaupt gab, mutige Weine machen, statt sich den etablierten Normen anzupassen, eine trockene Stilistik anstreben, klein anfangen und zum Kult werden – schlug eine Schneise, die vielen anderen jüngeren Jungwinzern die Richtung wies. Als ich ihn Anfang der 1990er kennenlernte, schmeckten Randolfs beste Weine so dramatisch wie der deutsche Grand Canyon. Seitdem sind sie noch kompromissloser geworden im Charakter, mit Kräuter, Zitronen- und Beerenaromen und ausgeprägt mineralischer Säure. Inzwischen gab es auch die Möglichkeit, das Weingut in ein beeindruckendes historisches Gebäude am Ortsrand zu verlegen und die Rebfläche auf 3,6 Hektar auszudehnen.

Für Cecilia Jost vom Weingut **Toni Jost** ein Stück weiter an derselben Straße ist die Situation eine vollkommen andere, weil ihre Eltern – Peter und Linde – bereits einen Ruf für untypisch reife und pfirsichsaftige Weine aufgebaut hatten, als sie ihr Studium in Geisenheim abschloss, wo Randolf Kauer unterrichtet. Daran möchte sie nichts ändern, aber man kann natürlich alles besser machen, auch beim Wein, wenn man nach dem richtigen Weg sucht. Anfangs bestand Cecilias Problem vor allem darin, ihren begabten Vater vom Keller fernzuhalten, wenn sie alleine arbeiten und die Dinge anders machen wollte. Da machte sie eine Entdeckung von historischen Ausmaßen für die Zukunft der gesamten deutschen Weinbranche: »Ich höre immer Musik beim Arbeiten, und wenn es Metallica oder irgendeine andere Heavy Metal-Band ist, dann lässt mich mein Vater in Ruhe.«

Warum schmecken die Toni Jost-Weine aus der Bacharacher Lage Hahn so viel reifer und saftiger als der größte Teil der Rieslinge dieses Gebiets? Im Prinzip fließt der Rhein hier von Süd nach Nord, sodass die Talseiten am linken Ufer, wo die meisten Mittelrheinlagen sind und Bacharach liegt, typischerweise nach Osten gerichtet sind. Der Hahn ist ein seltenes Beispiel eines Steilhangs am linken Rheinufer mit direkter Süd-Ausrichtung. In Cecilias Händen sind diese Weine noch würziger und verführerischer geworden.

Der Bopparder Hamm, unmittelbar südlich von Köln am Zusammenfluss von Mosel und Rhein, gehört zu den großen Lagen am Rhein, brachte aber lange Zeit jedes Jahr einen kleinen See an angenehmem, aber harmlosem Riesling hervor. Dann entschied **Matthias Müller** vom gleichnamigen Weingut in Spay, den Beweis für das Potenzial dieser Weinberge anzutreten. Es war eine Frage des Überlebens, weil sich die Winzer in diesem Teil des Gebiets nahezu ausschließlich auf den lokalen Markt und die Touristen konzentrierten. Die Konkurrenz zwischen ihnen hielt die Preise unter der Fünf-Euro-Schwelle pro Flasche, sodass der Ertrag pro Stock so hoch wie möglich sein musste, um überhaupt Gewinn zu machen. Hohe Erträge sind aber genau das Falsche auf diesen steinigen Böden, die so wenig Wasser speichern, weil es die Auswirkungen des Trockenstresses auf die Reben verstärkt – was der Weinqualität immer abträglich ist und sie manchmal vollkommen den Bach runtergehen lässt.

Der Gegensatz zwischen solchen Weinen und denen von Matthias Müller ist wie Tag und Nacht. Ohne je schwer oder opulent zu wirken, sind seine immer duftig und großzügig, mit einer wunderbaren Balance zwischen Reife und Frische. Matthias scheint instinktiv genau zu wissen, welcher Wein sich dazu eignet, ganz trocken durchzugären und welcher viel ansprechender sein wird, wenn er halbtrocken bleibt, ein Stil, den er wahrhaft meisterlich beherrscht. Diese Weine tragen die neu eingeführte Bezeichnung »feinherb«. Im Kontext des Mittelrheins erzeugt er sie in beträchtlichen Mengen, und von seinen 16 Hektar Weinbergen ist der allergrößte Teil dem Riesling gewidmet. Die im Vergleich zu seinen Kollegen etwas höheren Preise haben ihm den Bau eines neuen Weinguts mit einem Bistro ermöglicht, was seinen gegenwärtigen Status als Nummer Eins des Gebiets unterstreicht.

Einer der wichtigsten Mitanwärter auf diesen Titel ist beinahe ein Nachbar; das Weingut **Weingart**. Florian Weingarts Weine sind oft ausgeprägt fruchtig, und er scheut nicht davor zurück, ihnen gelegentlich gehörige Mengen Traubensüße zu belassen, um die für den Mittelrhein typische Säure zu balancieren. Säurefreaks, bitte notieren!

Die Heimat des Rieslings ist ein Vergnügungspark

Emotionsfrei betrachtet ist der Rheingau ein schmaler Streifen zwischen dem rechten Rheinufer im Süden und dem Taunusgebirge einige Kilometer nördlich, ich habe jedoch oft den Eindruck, ich sei auf einer Riesling-Insel gelandet, mitten in einem historischen Vergnügungspark. Da ist etwa das Graue Haus in Winkel; wahrscheinlich tausend Jahre alt und das älteste steinerne Gebäude Deutschlands. Es gibt eine Reihe von uralten Kirchen, Klöstern und Burgen, viele davon gut erhalten, genau das, was die Welt vom romantischen Rhein erwartet. Die Nähe zum Frankfurter Flughafen, etwa eine halbe Stunde Autobahn Richtung Osten, macht das alles gut zugänglich für die Touristenbusse.

Ein weiterer Vorteil besteht darin, dass das Finanz- und Versicherungswesen Deutschlands sein Zentrum in Frankfurt hat, quasi vor der Haustür. Und Frankfurt wiederum ist lediglich ein Teil des viel größeren Rhein-Main-Ballungsgebiets, mit Chemie- und Auto-Industrie sowie großen Verlagen. Das bedeutet Scharen von Tagesausflüglern mit unterschiedlichstem Budget und mehr oder weniger klaren Vorstellungen, wie sie ihr Geld auf der Wein-Insel ausgeben möchten. Manche wollen sich einfach möglichst günstig in einer Straußwirtschaft vergnügen, für andere kann es gar nicht schick und teuer genug sein. Beides ist möglich und ziemlich einfach zu finden.

Entschuldigung! Das klang jetzt gerade wie ein Touristenführer oder sogar wie eine Anzeige für dieses Gebiet, das mich oft fasziniert, aber selten richtig in seinen Bann zieht. Die Wahrheit lautet, dass man Pech haben kann, und in der Straußwirtschaft dünnen, banalen Wein vorgesetzt bekommt, und in den Luxushotels und schicken Restaurants für einen Abend einen ganzen Monatslohn los wird. Die starke heimische Nachfrage für billige Weine ist ein zweischneidiges Schwert: Der Absatz ist gut, aber das durchschnittliche Preisniveau bleibt enttäuschend – ein Teufelskreis, der zu weit verbreiteter Selbstgefälligkeit und Selbstzufriedenheit geführt hat. Dadurch hat der Rheingau den inoffiziellen Titel als Riesling-Gebiet Nummer Eins verloren, den er 1815 bis 1970 trug.

Es hat lange gedauert und viel Mühe gekostet, diesen negativen Kreis aufzubrechen, und ist nur dadurch überhaupt geschehen, weil benachbarte Gebiete den Rheingau in der beliebten trockenen und halbtrockenen Stilistik überholt haben. Die ersten, die das Ruder herumgerissen haben, waren kleine, unabhängige Winzer, die die Probleme und verpassten Möglichkeiten deutlich erkannten. Weil diese kleinen Leute hochmotiviert, selbstkritisch und agil waren, konnten sie bei Weinbergsbewirtschaftung, Lesemethoden und Ausbau schnell Veränderungen bewirken und Fortschritte erzielen. Daraufhin folgten einige der berühmten Wein-Schlösser am Rhein ihrem Beispiel, allen voran und am konsequentesten Schloss Johannisberg.

Schloss Johannisberg thront auf exakt dem Berg, auf dem der Heilige Römische Kaiser Karl der Große im neunten Jahrhundert die ersten Reben pflanzen ließ, nachdem er beobachtet hatte, dass der Schnee an dessen Südhang früher schmolz. Vor dem heutigen Barockschloss stand hier ein Kloster (von dem nur noch die ursprüngliche Kirche existiert), und bei dessen Gründung um 1100 wurde hier schon etwa 200 Jahre Weinbau betrieben – das ist Hardcore-Weingeschichte!

Als Christian Witte 2005 mit gerade 30 Jahren die Leitung des berühmtesten Wein-Schlosses am Rhein übernahm, waren die Weine oft nur ein Schatten ihrer einstigen Größe. Christian wuchs im Taunus auf, wo die Luft frei von Rheingauer Selbstgefälligkeit und Selbstzufriedenheit ist. Dann studierte er an der nahegelegenen Fachhochschule für Weinbau in Geisenheim, als Professor Hans R. Schultz dort gerade mit seinen Vorlesungen über die Bedeutung der Details bei den Wachstumsbedingungen der Reben und dem Reifeprozess der Trauben für wirklich große Weine begonnen hatte. Christian fand das faszinierend und wandte das Gelernte entschlossen, geduldig und mit großem Erfolg bei Schloss Johannisberg an.

Eine seiner ersten Entscheidungen bestand darin, dass der Betrieb fortan nur noch einen Wein mit der Bezeichnung Spätlese machen und dies immer ein süßer, spät gelesener Riesling sein würde. Da ging es darum, die Geschichte dieser Lage ernst zu nehmen. 1775, als sich in New England der Unabhängigkeitskrieg zusammenbraute, führte eine unbeabsichtigte Verzögerung beim Überbringen der Order zum Lesebeginn vom damaligen Besitzer von Schloss Johannisberg, dem Bischof von Fulda, zur Entdeckung der positiven Auswirkungen von später Lese und Edelfäule auf die Weinqualität beim Riesling. Im Frühjahr 1776, als der Unabhängigkeitskrieg so richtig begann, notierte der Kellermeister von Schloss Johannisberg in seinem Tagebuch, jeder, der die neuen Weine verkoste, sage dasselbe: »Solche Weine habe ich noch nicht in den Mund gebracht!« . Dies waren die ersten Spätlese-Weine, und das späte Lesen wurde hier umgehend zur Betriebsphilosophie erklärt und Methoden zur selektiven Lese von Trauben oder Beeren entwickelt, die von Edelfäule befallen und/oder zu Rosinen eingetrocknet waren.

Aus Christians Sicht darf man diese Vergangenheit nicht einfach ignorieren, aber er schreckt auch nicht vor dem Einsatz moderner Kellertechnik zurück, um diese Weine noch besser zu machen. Manche Riesling Spätlesen vom Rhein verlassen sich heutzutage zu stark auf die natürliche Traubensüße, um Geschmack und Körper zu zeigen, und sind dadurch mächtige, aber ziemlich einfache Weine. Im Gegensatz dazu handelt es sich bei Schloss Johannisberg um ausladende Weine mit üppigen Trockenfruchtaromen und einer Komplexität, die sie so spannend wie ein guter Thriller macht. Wenn eine Riesling Spätlese so dunkel-erotisch ist, dann muss man in den jungen Weinen so viel Frische wie möglich erhalten, damit das alles am Ende nicht einfach nur viel zu heftig wird. Dafür sind Edelstahltanks sehr wertvoll.

Nicht dass es die etwa in den wunderschönen historischen Gewölbekellern von 1721 direkt unter dem Schloss geben würde; da stehen ausschließlich die im Gebiet traditionellen 600 Liter Holzfässer. Aber das hier ist kein Vergnügungspark, trotz der Touristengruppen. Als er bei Johannisberg anfing, ging Christian sorgfältig alle alten Fässer durch und sortierte die heraus, die noch zu gebrauchen waren (dicht und gut riechend), und startete damit ein Programm, bei dem er jedes Jahr sechs neue Fässer dieser Art hinzufügt. Das zielt nicht auf Eichenholznoten in den Weinen ab, sondern hat vielmehr das Ziel, zum Vergären des besten trockenen Rieslings des jeweiligen Jahrgangs ohne den Zusatz von Reinzuchthefen (Fachbegriff: Spontangärung) genau die (geschmacklich neutralen) Behältnisse zu nutzen, die bis in die 1960er die Norm waren. Diese Politik ist erfolgreich, seit dem Jahrgang 2009 wird hier einer der spannendsten trockenen Rieslinge am gesamten Rhein erzeugt.

Beinahe zehn Jahre lang lautete die offizielle Rheingau-Story, dass auch die anderen berühmten Weingüter im Gebiet beständig an Qualität zulegten; doch dann wurde diesem Märchen einer Renaissance ein schwerer Schlag versetzt. Im August 2013, nach langwierigen Ermittlungen der Staatsanwaltschaft, bekannte sich das Weingut **Schloss Schönborn** in Hattenheim dazu, unter dem bis vor kurzem für sie tätigen technischen Direktor Peter Barth etwa 20 Weine illegal »verbessert« zu haben. Erstaunlicherweise waren diese Weine von manchen Kritikern sogar gelobt worden, während die Weinqualität in meinen Augen seit Peter Barths Antritt 2001 ziemliche Glückssache war. Ich habe jedoch das Gefühl, dass das nicht der Auftakt zu einer ganzen Reihe von Rheingau-Riesling-Horrorfilmen war, und der neue Direktor Torsten Kuhne vielmehr Schloss Schönborn wieder auf Kurs bringen wird.

Ein viel weiter verbreitetes Problem bei den berühmten Wein-Burgen und Kloster-Weingütern liegt darin, dass die Qualität zwar Fortschritte gemacht hat, aber heftige Preise aufgerufen werden für das, was im Glas landet. Die Qualitätsfortschritte können auch, im breiteren Sinne, teuer sein, wie im Fall des nach dem 1136 gegründeten Zisterzienserkloster benannten **Kloster Eberbach**, Deutschlands größtem Weingut, das ausschließlich Trauben aus eigenem Anbau verarbeitet. Es gehört dem Land Hessen, das viele Millionen an Steuergeldern in den neuen Steinberg-Keller gepumpt hat. Steinberg heißt die angrenzende ummauerte Alleinbesitzlage, das deutsche Pendant zum Clos de Vougeot im Burgund. Die Weine sind heute strahlender und klarer, aber wirklich spannend sind nur wenige (größtenteils süß).

Welcher der berühmten Rheingauer Betriebe bietet also etwas, das wenigstens entfernt einem fairen Preis-Leistungsverhältnis ähneln würde? **G.H. von Mumm** ist im selben Besitz wie Schloss Johannisberg, und in den letzten Jahren hat dank harter Arbeit von Christian Witte und seinem Team auch hier eine grundlegende Wende stattgefunden. Gleich um die Ecke bei **Prinz von Hessen** ist die Qualität durchwegs gut und der Dachsfilet ein wahrhaft innovativer, geschmeidiger trockener Riesling. **Langwerth von Simmern** in Eltville hat sich erfolgreich etwas in Richtung seines einstigen Rufs

für schlanke und elegante süße Kabinett- und Spätlese-Weine aus berühmten Lagen wie dem Erbacher Marcobrunn und dem Hattenheimer Nussbrunnen bewegt. Auch ohne aristokratische oder klösterliche Wurzeln ist **Wegeler** in Oestrich ein berühmter Erzeuger mit vielen guten trockenen und süßen Weinen in einem eleganten, mittelgewichtigen Stil. Seit dem Antritt von Dirk Würtz, Deutschlands bekanntestem Weinblogger, 2011 als Kellermeister des ähnlich großen und nicht-aristokratischem Weingut **Balthasar Ress** in Hattenheim, hat dort eine Qualitätsrevolution stattgefunden. Dies sind jetzt gewagt ausdrucksstarke Weine, voller Charakter und oft etwas »stinkig« (Fachbegriff: Sponti), aber im allgemeinen zurückhaltend in der Säure. Wenn die Qualität noch beständiger wird, könnte dies eine der führenden Adressen im Gebiet werden.

Am anderen Ende der Skala liegen winzige Start-Ups wie **Eva Fricke**, die 2006 von Null anfing (und heute in dem kleinen Ort Kiedrich ansässig ist). Vom ersten Tag an konzentrierte sie sich auf den in Vergessenheit geratenen nördlichen Teil des Rheingaus, wo voll entwickelte Weinberge an den Steilhängen von Lorch und Lorchhausen für bescheidene Summen zu kaufen oder pachten sind. Logischerweise sollte diese Ecke zum Mittelrhein gehören, es ist eine ganz andere Landschaft als das Mittelstück des Rheingaus, wo die meisten Lagen nur sanfte Hänge und von tiefen, fruchtbaren Böden geprägt sind. Eva war nicht die einzige, die das unerfüllte Potenzial von Lorch und Lorchhausen erkannt hat, aber niemand widmet sich dieser Aufgabe so hingebungsvoll wie sie.

Das Ergebnis sind Weine von ungeheurer Brillanz und enormer Geschmackskonzentration, mit der für Lorch und Lorchhausen typischen Samuraischwert-Säure und Supermodel-Schlankheit. Der halbtrockene Stil passt diesen Weinen äußerst gut, und Evas Rieslinge aus der Lage Seligmacher schmecken denn auch trocken, sind aber gleichzeitig voller Kraft und Beerenaromen. Der Schlossberg-Riesling fällt saftiger aus, mit einer weißen Pfirsichnote, und er ist etwas süßer. Aus dieser Lage erzeugt sie außerdem eine umwerfende, energiegeladene süße Spätlese. Säurefreaks wird auch der trockene Riesling aus der Lage Krone mit seinen Zitronen- und Melissearomen gefallen. Weniger fordernd und ein toller Wein für diesen Preis ist Evas trockener Lorcher Riesling. Dies sind sensationelle Weine und eine große Leistung für jemanden aus dem Bier liebenden Norden Deutschlands, ohne familiäre Verbindungen zum Wein.

Die Weinberge und Weine aus dem Rüdesheimer Berg haben mit den Lorchern viel gemeinsam, und als Johannes Leitz vor 25 Jahren beim Weingut Leitz einstieg, war der Weinbergsbesitz dort nur ein winziger Bruchteil der heutigen 45 Hektar. In den 1980ern, als der Betrieb vollkommen unbekannt und in den 1990ern, als sie immer noch am Kämpfen waren, finanzierte der familiäre Blumen-, Obst- und Gemüseladen das Weingut mit. Das Wichtigste der großen Veränderungen bei Leitz seit diesen Tagen sind neue Weinberge in den besten Partien der Lagen Berg Roseneck, Berg Rottland und Berg Schlossberg und die Rekultivierung historischer Terrassen in der Lage Berg Kaisersteinfels. Die trockenen Rieslinge, die Johannes Leitz hier erzeugt, sind zugleich üppig und fleischig, komplex und subtil von dem Moment an, wenn sie auf den Markt kommen. Der Berg Rottland ist der muskulöseste von ihnen, ein »Terminator« Riesling, neben dem die meisten trockenen Weine des Gebiets geradezu blass wirken. Der Berg Kaisersteinfels hingegen ist von großer floraler Zartheit geprägt. Magic Mountain ist beinahe so beeindruckend wie die Einzellagenweine, aber deutlich günstiger im Preis, Eins-Zwei-Dry ist eine gute Einführung in den trockenen Rheingau-Wein, und Leitz Out tut dasselbe für im halbtrockenen Bereich. Alle entsprechen der extrovertierten Persönlichkeit von Johannes, genauso wie seine ausdrucksvollen süßen Kabinett- und Spätleseweine.

August Kesseler war immer überzeugt, genau das Richtige zu tun, genauso wie er wusste, dass seine Weine zu den besten im Rheingau gehörten. Sein Ruf könnte sich auf seine trockenen Rieslinge aus den Spitzenlagen des Rüdesheimer Berg und in Lorch stützen, wäre sein Name nicht so eng mit Spätburgunder-Rotweinen aus Assmannshausen verbunden. Seine Spitzenabfüllungen sind mit die besten und eigenständigsten Rotweine dieser Sorte in ganz Deutschland (was sie bei dreistelligen Euro-Preisen auch sein sollten). Aber Kesselers Großes Gewächs (GG) aus der Lage Berg Schlossberg ist ebenfalls ein großer Wein, ein trockener Riesling, dem dieses Riesenklischee aller Weinbeschreibungen gelingt, die (nahezu perfekte) Kombination von Kraft und Eleganz. Beinahe ebenso beeindruckend ist der trockene Riesling aus dem Lorcher Schlossberg mit dem straffen und schlanken Körper eines Marathonläufers und einem rassigen Finale mit intensiver mineralischer Frische. Wenn sich im Herbst ausreichend Edelfäule entwickelt, dann erzeugt August auch eine ganze Kollektion von hervorragenden süßen Rieslingen aus den Rüdesheimer Lagen. Die gesamte Palette bewegt sich hier auf einem hohen Niveau.

Klaus Schön erzeugt zwar ebenfalls sowohl beeindruckende (geschmacklich nicht vom Eichenholz geprägte) Spätburgunder-Rotweine aus Assmannshausen als auch gute trockene Rieslinge aus Rüdesheim, aber er wird wahrscheinlich nie berühmt werden, weil der größte Teil davon in seiner rustikalen Weinstube in Aulhausen ausgeschenkt wird. Die Weinstube von Carl Ehrhard in Rüdesheim hat ein bisschen mehr Stil, ist gastronomisch ein wenig wagemutiger und außerdem einfacher mit dem Auto aus dem Rhein-Main-Ballungsgebiet zu erreichen. Carl und Petra Ehrhards würzige und subtile trockene »Urstück«-Weine aus einigen Spitzenlagen von Rüdesheim sind die Fahrt wert und bieten ein gutes Preis-Leistungsverhältnis für Weine im GG-Stil. Da Carl Ehrhard seit dem Frühjahr 2014 nicht mehr als Exportleiter für das Weingut Franz Künstler in Hochheim arbeitet, hat er mehr Zeit für sein eigenes kleines Weingut, und vielleicht wird aus ihm noch ein Star.

In vielerlei Hinsicht gleicht die Geschichte vom Weingut **Georg Breuer** in Rüdesheim der von Leitz. Als ich damals in den 1980ern den Rheingau kennenlernte, hatte Bernhard Breuer (1946–2004) die Probleme des Gebiets bereits klar erkannt und war entschlossen, es auf den richtigen Weg zu bringen, um den einstigen Ruf für großen Riesling wieder aufzubauen. Anfangs waren seine Ideale der Qualität seiner Weine etwas voraus, aber ab dem Jahrgang 1993 gehörten seine Weine zu den besten trockenen Rieslingen ganz Deutschlands. Seine Tochter Theresa war erst 20, als er plötzlich starb, aber sie wuchs scheinbar mühelos in die von ihm hinterlassene Lücke. So unterschiedlich ihre beiden Persönlichkeiten sind, hat sie das Weingut doch noch stärker zu einem Bollwerk Rheingauer Traditionen gemacht. Ihre trockenen Rieslinge entstehen vor allem in (neutralen) Holzfässern, und sie gibt ihnen bis zu einem Jahr Zeit, damit die ausgeprägte Säure sich harmonisieren kann.

Bei der Abfüllung wirken die Einzellagenweine, allen voran der Berg Schlossberg, wie straff aufgezogene Uhrwerke, und sie brauchen immer einige Reifejahre, um sich zu entspannen. Wenn die meisten anderen trockenen Rheingau-Rieslinge – Weine, die in ihrer Jugend viel charmanter wirken als die von Breuer – allmählich verblassen, dann beginnen sich Theresas Weine von ihrer besten Seite zu zeigen. Zehn Jahre nach der Lese besitzen sie eine Harmonie und Feinheit, die in der heutigen von Gewinnmaximierung bestimmten Welt der Spitzenweine selten sind. Zwei oder drei Jahrzehnte Flaschenreife sind auch kein Problem, und eigentlich habe ich noch nie einen trockenen Riesling von Breuer erlebt, der zu alt gewesen wäre.

Wer sich nun fragt, ob es noch traditionellere Rheingauer Winzer gibt, sollte direkt zum Weingut **J. B. Becker** in Walluf gehen. Hier verbringen die trockenen Rieslinge nach der Gärung ausnahmslos mindestens ein Jahr in großen Eichenholzfässern auf dem vollen Hefedepot. Das ist weder bewusst »Retro« noch Nostalgie für eine Vergangenheit, in der angeblich alles langsamer lief und man sich auf der Straße noch grüßte. Hajo Becker war der erste Winzer in Deutschland, der mit dem Jahrgang 2002 von Naturkorken auf den gläsernen Vinolok-Verschluss umgestellt hat, und selbstverständlich nutzen sowohl er als auch seine Schwester Maria (die den größten Teil der Vermarktung macht) Computer und E-Mail. Als ich die beiden 1985 kennenlernte, hatten sie ein Telex-Gerät, was damals supermodern war.

Hajo Becker begann 1971, seine eigene Version eines traditionellen Rheingauer Kellers und traditioneller Rheingauer Rieslinge zu entwickeln. Sein Vater hatte ausschließlich süße Weine erzeugt, und der Wechsel zu vornehmlich trockenen Weinen war ziemlich radikal. Das scheint jetzt eine Ewigkeit her, und inzwischen gelten Hajos Weine als altmodisch und/oder exzentrisch. Sie liegen zweifellos weitab der Norm, aber seine Methode hat Wunder bewirkt bei dem von Natur aus säurebetonten Jahrgang 2010 und war ebenso erfolgreich für den 2009er mit seinen hohen natürlichen Alkoholwerten. Jahr aus, Jahr ein gehören Hajos trockene Rieslinge aus alten, ausgewachsenen Parzellen der Lage Walkenberg zu den eigenständigsten Weinen des gesamten Gebiets. Ihre Fruchtaromen sind vielleicht zurückhaltend, aber wenn man ohne Tuttifrutti im Glas zurechtkommt, sind die kräuterigen, erdigen und würzigen umso faszinierender.

Das Gefühl, dass durch die Einführung neuer Ausbaumethoden etwas verloren geht, ist unter jungen deutschen Winzern weit verbreitet. Viele von ihnen sind überzeugt, dass einst weitverbreitete, dann aufgegebene Methoden, wenn sie an die heutige Zeit angepasst werden, bessere und interessantere Weine ergeben. Das veranlasst Jungwinzer in ihren 20ern und 30ern, sich Erzeugern wie Hajo Becker und Peter Jakob Kühn im nahegelegenen Oestrich zuzuwenden. Während der 1990er hat Peter durch und durch modernistische Weine gemacht, sich dann aber abrupt von dem größten Teil der dafür häufig erforderlichen Technik und Chemie verabschiedet. Aber Peter und seine Frau Angela haben nicht einfach nur auf biodynamische Prinzipien umgestellt; sie haben vielmehr eine komplett eigene Weinphilosophie entwickelt, und das brachte ihre Weine immer weiter von den üblichen Pfaden ab. Mit ebenso viel Gerbstoff wie viele Rotweine, ohne Fruchtaromen aber intensiv nussig schmeckten ihre 2007 Weine anders als alles, was ich je aus dem Rheingau, Deutschland und aus der Sorte Riesling erlebt habe. Kein Wunder, dass sie für jede Menge Kontroverse sorgten! Ein Winzer vor Ort sagte damals über die Kühns: »Sie sind so glücklich, aber ihre Weine schmecken so tot!« Dann, nur wenige Tage später, hörte ich von einem Studenten der Geisenheimer Fachhochschule für Weinbau, die trockenen Rieslinge der Kühns seien »die perfekten Terroir-Weine!«

Heute werden die Kühn-Weine von Peters Sohn Bernhard gemacht, bei weitem nicht so ein Extremist wie sein Vater. Allerdings ist das als Beschreibung seiner Ziele unzureichend. Für ihn geht es beim Wein um die Suche nach Authentizität, und die bahnbrechenden Methoden seiner Eltern (etwa Riesling mit Traubenhäuten und -fruchtfleisch wie einen Rotwein zu vergären) könnten vielleicht den authentischen Charakter des Weins zum Vorschein bringen, aber wenn sie den Trauben eines Jahrgangs nicht passen, dann können sie auch kontraproduktiv sein. Diese vorsichtige, suchende Herangehensweise hat den Kühn-Rieslingen in den letzten Jahren sehr gut getan, selbst der normale Jacobus wirkt jetzt ausgewogener, aber immer noch sehr eigenständig mit getrockneten Birnen- und kandierten Zitrusnoten. Die Einzellagenweine zeigen alle eine mehr oder weniger ausgeprägte kräuterige Art und viel Kraft, aber jeder hat seine eigenen individuellen Aromen, und der aus der vor kurzem erworbenen Parzelle im Hendelberg im nahegelegenen Hallgarten hat sogar eine Pfirsichnote.

Die Rieslinge der Brüder Bernd und Andreas Spreitzer vom Weingut **Josef Spreitzer** in Oestrich sind typischer für den Rheingau, aber bei weitem nicht konventionell im negativen Sinne. Eine ihrer Spezialitäten sind leichte und elegante trockene Kabinett-Weine mit nur 11,5 % Alkohol. Sie erfordern einen gewissen Mindestertrag in den dafür ausgewählten Parzellen, damit die Zuckerwerte der Trauben im Herbst nicht in die Höhe schießen und zu hohen Alkoholwerten führen. Bernd und Andreas ernten in diesen Parzellen aus demselben Grund ziemlich früh. Im Gegensatz dazu reduzieren sie den Ertrag für ihre GGs aus der Lage Lenchen in Oestrich, St. Nikolaus in Mittelheim und Wisselbrunnen in Hattenheim rigoros und lesen diese Trauben viel später, um reifere, kraftvollere Weine zu erhalten, aber auch die sind wunderbar ausgewogen. Mit ihren rassigen »101« und Spätlese »303« haben sie feinherbe und süße Rieslingmarken geschaffen, die international nachgefragt sind. Die beeindruckende Spreitzer-Villa bietet einen angemessenen Rahmen für diese kultivierten Weine.

Ob es nun an den grauen Etiketten oder seiner bescheidenen Art liegt, aber die Weine von **Peter Querbach** in Oestrich sind wahrscheinlich die unterschätztesten trockenen Rieslinge des gesamten Rheingaus. Sie beeindrucken nicht nur als junge Weine, sondern altern auch wirklich gut. Wenn manche der berühmten Produzenten Weine mit dieser Kombination von Substanz, Charakter und moderatem Alkohol im Keller hätten, dann wären die Preise das Doppelte von seinen! Dem Amerikaner Anthony Hammond von **Garage Winery** in Oestrich kann man hingegen keinesfalls vorwerfen, er verkaufe sich unter Wert. Er gründete dieses exzentrische Unternehmen (zumindest im konservativen Kontext des Rheingaus) 2000 mit seiner Partnerin Simone Böhm. Mit den Jahrgängen 2008 und '09 stieg die Qualität der Weine drastisch, und seitdem gehören sie zu den besten Erzeugern des Ortes. Besonders beeindruckend sind die feinherbe Riesling Spätlese »Wild Thing« und die trockene Riesling Spätlese »Old School« aus der Rüdesheimer Lage Berg Roseneck. Damit haben Anthony und Simone schlüssig bewiesen, dass es im Rheingau Raum für Alternativen gibt, die weitab von Burg, Schloss und Straußwirtschaft liegen.

Ich habe den Rheingau eine »Insel« genannt, um zu vermitteln, wie sehr dies eine Welt für sich ist. Das Bild gilt aber in einem noch viel wörtlicheren Sinn für die 435 Hektar an Weinbergen, die näher am Main als am Rhein liegen (westlich von Frankfurt). Auf die Frage, wer die besten trockenen Rieslinge des gesamten Rheingaus macht, lautet meine Antwort heute wie vor 20 Jahren nämlich ganz eindeutig: Gunter Künstler vom Weingut **Franz Künstler** in Hochheim. Damals hatte Gunter jedoch nur sieben Hektar, heute sind es 36, also eine spektakuläre Steigerung. Das ist auch die richtige Beschreibung für die neuen Gebäude in den ausgedehnten Kel-

lern einer ehemaligen großen Sektkellerei. Der Gegensatz zu dem bescheidenen Vorort-Wohnhaus, in dessen Keller Gunters Vater Franz 1965 mit dem Weinmachen begann, könnte kaum extremer sein. Die Story dieser Veränderungen wird von den altmodischen Tugenden der Entschlossenheit, harte Arbeit und Perfektionismus bestimmt, zu einer Zeit, in der plötzlich vieles möglich wurde, das noch eine Generation zuvor unmöglich schien.

Bevor sich der Klimawandel bemerkbar machte, war es nur durchschnittlich jedes dritte Jahr möglich, derart reife und doch verblüffend frische und ausdrucksstarke trockene Rieslinge zu machen, wie sie Gunter längst jedes Jahr erzeugt. Selbst die einfachsten Weine aus diesem Haus verdienen es, ernst genommen zu werden, und wenn man sich den mittleren Qualitäten der Kollektion nähert, mit Weinen wie dem Hölle Kabinett trocken und dem Stielweg ‚Alte Reben', dann kann man schmecken, warum der Rheingau lange im Ruf stand, die besten trockene Rieslinge Deutschlands hervorzubringen. An der Spitze der trockenen Rieslinge, den GGs, sind die Weine aus Hochheim eher majestätisch als robust. Dem Kirchstück gelingt der alte Trick, Kraft mit Eleganz und großen Selbstverstrauen zu verbinden, während die Hölle Hochachtung einflößt, ohne irgendeine Art von Schock zu versetzen; außer jenem köstlichen, den jeder große Wein auslöst, wenn man ihn zum ersten Mal trinkt.

Wer behauptet, Rheingauer Weine stellten grundsätzlich ein schlechtes Preis-Leistungsverhältnis dar, kennt ganz offensichtlich nicht die vielen hervorragenden Weine von unabhängigen Winzern wie Reiner Flick vom Weingut **Joachim Flick** in Wicker, unweit von Hochheim. Wenn man die Straßenmühle besucht und die »historischen« Keller sieht mit den Reihen von großen Holzfässern, fällt es einem schwer zu glauben, dass hier alles außer dem Wohnhaus und einem Nebengebäude nagelneu ist – zumindest bis Reiner die Lichtshow im Keller einschaltet und einen denselben Wein bei grünem, blauem und dann rotem Licht verkosten lässt. Und ja, der Wein schmeckt jedes Mal anders!

Wir sind zwar im »teuren« Rheingau, aber Reiners ›Vini et Vita‹ ist zugleich saftig und rassig mit einer gewissen mineralischen Frische und in dieser Qualität einer der günstigsten trockenen Rieslinge ganz Deutschlands. Dasselbe lässt sich von dem regulären trockenen Riesling aus Reiners Alleinbesitzlagen Nonnberg sagen, mit goldener Frucht und zarter Würze, guter Substanz und Schwung. Selbst der vollere und geschmeidigere reguläre trockene Riesling aus der berühmten Hochheimer Lage Königin Victoriaberg (der immer noch mit dem historischen Etikett aus dem 19. Jahrhundert auf den Markt kommt) stellt ein gutes Preis-Leistungsverhältnis dar. Aus beiden Lagen produziert Reiner auch trockene Ries-

ling GGs, Weine von beträchtlicher Statur, die von den Kritikern regelmäßig unterbewertet werden, weil sie von einem netten Kerl kommen, der nicht an ADHS leidet, wie es bei Winzern rund um den Erdball der Fall zu sein scheint.

Dass Reiner Flick keinesfalls der einzige Lieferant solch ernstzunehmender Rheingau-Weine zu bezahlbaren Preisen ist, beweist Fred Prinz vom Weingut Prinz in Hallgarten (nun wiederum im Hauptteil des Gebiets), der wie Flick Anfang der 1990er quasi aus dem Nichts anfing. Hinter Freds bescheidener Art verbirgt sich ein extrem begabter Winzer, der den hochgelegenen Weinbergen in Hallgarten regelmäßig total erstaunliche Weine entlockt. Hier oben ist der Felsgrund (verschiedene Arten von Schiefer) viel näher unter der Erdoberfläche als in den tiefer gelegenen Weinbergen näher zum Rheinufer, was Fred dazu inspirierte, seinen superlebendigen normalen halbtrocken Riesling vom bunten Schiefer zu nennen. Wer behauptet, Riesling müsse trocken sein, damit man ihn richtig ernst nehmen kann, muss diesen Wein erleben oder einen von Freds supersaftigen »süßen« Kabinettweinen, deren Säure einen an den Nachthimmel durchschneidende Suchscheinwerfer denken lässt.

Wilhelm Weil vom Weingut **Robert Weil** im nahegelegenen Kiedrich (er hält dort einen Minderheitsanteil; das japanische Unternehmen Suntory ist der Hauptbesitzer) hatte mehr mit den unabhängigen Winzern dieses Gebiets gemeinsam, als er gerne zugibt, als er vor 25 Jahren die Leitung dieses historischen, aber bescheidenen Familienweinguts übernahm. Seitdem hat er es jedoch von Grund auf umstrukturiert und daraus etwas gemacht, das einer meiner Kollegen vor kurzem als »ein

GRUNDLAGENFORSCHUNG:

Sorry, der Fluss ist schön aber nicht wichtig

Es gibt ein Märchen über die Flüsse in den deutschen und österreichischen Weintälern, in dem es heißt, diese Wassermassen würden eine wichtige Rolle spielen und dort für ein besonders weinbaugünstiges Klima sorgen. Dieses Märchen ist nirgendwo lebendiger als im Rheingau, trotz der Tatsache, dass man den Fluss von den meisten Lagen aus gar nicht oder nur in weiter Ferne sehen kann. Oft wird dann argumentiert, es habe alles damit zu tun, wie die Sonnenstrahlen von der Wasseroberfläche reflektiert werden. Dummerweise ist das Blödsinn. Eine wesentliche Reflektion des Sonnenlichts vom Fluss gibt es nur, wenn die Sonne in einem Winkel von weniger als zehn Grad über dem Horizont steht, und auch dann dauert dieser Effekt nur kurze Zeit, da das Licht eine enorme Entfernung durch die Atmosphäre zurücklegen muss, um die Reben zu erreichen und auf dieser Strecke viel von seiner Energie verliert. Auch die Idee, dass im Wasser eines breiten Flusses wie dem Rhein oder der Donau gespeicherte Wärme den nahe am Ufer wachsenden Reben helfen könnte, ist Wunschdenken. Das Problem ist, dass Energie sich stets von wärmeren Körpern auf kältere überträgt, und die Zeiten, in denen der Fluss wärmer ist als der Boden um ihn, liegen im Spätherbst und Winter, in der Ruhezeit der Reben. Unabhängig von der Jahreszeit sind diese Wassermassen aber auch ständig in Bewegung, was den positiven Effekt sowieso zunichte macht. Seen hingegen wirken sich klimatisch eindeutig positiv auf ihre Umgebung aus, weil große stehende Wassermassen sehr effiziente Wärmespeicher darstellen. Sie haben vor allem zwei Auswirkungen: Sie verzögern den Frühling (weil ihr Wasser dann kälter ist als die Luft) und verlängern den Herbst (weil sie dann wärmer sind als die Luft). Dieser Effekt macht sich allerdings nur in bis zu etwa 1500 Meter Entfernung vom Seeufer bemerkbar.

echtes deutsches Riesling-Château« bezeichnete. Viele Deutsche, seit nahezu einem Jahrhundert ohne Monarchie, sehnen sich nach Pomp und Prunk, und die Familie Weil war Hoflieferant bei Kaiser Wilhelm, Queen Victoria in England und Zar Nikolaus II von Russland, sodass dies hier eine gewisse Logik hat. Château Weil ist auch ein einfach verständliches Symbol für den neuesten Aufschwung des Gebiets.

Wenn man eine der erstaunlichen Riesling-Auslese, -BA oder -TBA aus den Lagen Gräfenberg oder Turmberg probiert, vergisst man das alles, so intensiv sind die Aromen getrockneter Früchte und Honig, so himmlisch ist das Spiel zwischen balsamartiger Traubensüße und diamantenscharfer Säure auf der Zunge. Doch um dieses Erlebnis angemessen zu beschreiben, wären für Minderjährige unangemessene Bilder nötig, die zur Ächtung dieses Buchs durch gewisse religiöse Instanzen führen könnten. Selbstverständlich hat diese Art von geschmacklicher Verführungskunst ihren Preis, und der beginnt bei etwa 35 Euro für eine halbe Flasche Auslese und klettert auf das Zehnfache für eine Flasche Trockenbeerenauslese. Für Dessertweine aus dem Sauternes in Bordeaux oder Tokaji in Ungarn lässt sich allerdings mehr ausgeben.

Robert Weil erzeugt natürlich nicht nur Weine dieser Art, und es gibt einen normalen trockenen Robert-Weil-Riesling, von dem mehrere hunderttausend Flaschen jährlich produziert werden. Es ist ein viel besserer Wein als das, was manche der berühmten, aber enttäuschende Produzenten im Rheingau zu bieten haben, und er ist in Deutschland und vielen Exportmärkten weitflächig erhältlich. Doch bezahlt man hier genauso für den Namen Weil auf dem Etikett mit, wie es bei vielen berühmten Winzern weltweit der Fall ist. Das ist ein guter Grund, sich nun einem Gebiet zuzuwenden, das davon profitiert hat, mehr fürs selbe Geld bieten zu können: Rheinhessen.

GRUNDLAGENFORSCHUNG:

Süße Rheinträume sind aus diesem Stoff

Beim Wein besteht einer der größtmöglichen Fehler in der Annahme, die Weine von gestern seien mehr oder weniger wie die Weine des Hier und Heute gewesen. Weil Riesling für viele immer noch grundsätzlich ein süßer Wein ist, stehen in den vielen Exportmärkten auch hauptsächlich süße Rieslinge in den Regalen, und auf Weinkarten gehen selbst manche Sommeliers davon aus, dass die großen Rieslinge vom Rhein und seinen Nebenflüssen immer süß waren. Tatsache ist jedoch, dass bis zur Einführung erschwinglicher Sterilfilter (Fachbegriff: Entkeimungs- oder EK-Filter) im Jahr 1949 der größte Teil dieser Weine trocken oder halbtrocken waren. Vor kurzem habe ich eine Reihe trockener Rieslinge aus dem Keller von Kloster Eberbach im Rheingau verkostet, die mit einem '09 begann und sich mit jeweils einem Wein aus den Jahrgängen zurück bis '93 fortsetzte. Ein paar der Weine waren ein bisschen müde und gezehrt, aber die meisten waren beeindruckend, und der '99er schmeckte sensationell. Ich spreche hier jedoch nicht von den Jahrgängen 2009 bis 1993: Der jüngste Wein war aus dem Jahrgang 1909, und mein Favorit war der 1899er! Zum Kontext: Meine Großmutter, die vor wenigen Jahren im Alter von 101 gestorben ist, wurde 1910 geboren. Damals waren trockene Weine die Norm, außer es stand Auslese, Beerenauslese (BA) oder Trockenbeerenauslese (TBA) auf dem Etikett. Fügt man dieser Aufzählung am Anfang die Begriffe Kabinett und Spätlese hinzu, dann ist das gegenwärtige Prädikatssystem für deutsche Süßweine komplett.

Willkommen in der Traumfabrik des trockenen deutschen Weins!

Ich bin immer wieder überrascht, wie viele Menschen außerhalb Deutschlands, darunter Weinfreaks und Sommeliers, immer noch nicht erkannt haben, dass das am engsten mit der billig-süßen Liebfraumilch verbundene Weinanbaugebiet sich auf spektakuläre Weise als Traumfabrik des trockenen deutschen Weins ganz und gar neu erfunden hat. Ich bin deshalb so überrascht, dass ihnen die Verwandlung RHEINHESSENs – mit 26500 Hektar Rebfläche Deutschlands größtes Weinanbaugebiet – bis jetzt entgangen ist, weil dieser Prozess bereits Ende des letzten Jahrhunderts eingesetzt hat. Aber die weit verbreitete Unfähigkeit, die Wahrheit vor Ort zu erkennen, liegt auch daran, dass sie nicht in die deutsche Weinstory passte, die diese Weinfreaks und Sommeliers hören wollten, und in manchen Fällen immer noch hören wollen. Bei dieser Story dreht sich alles um süßen Riesling aus Trauben, die in Steilhängen mit Schiefer- oder ähnlich steinigen Böden in engen, gewundenen Flusstälern wachsen. In Rheinhessen gibt es so gut wie keine Weinberge, die diesem Bild entsprechen, und nur wenige der spannenden Weine hier sind süß. Aber Rheinhessen hat inzwischen 60% mehr Riesling-Weinberge als der berühmte Rheingau direkt im Norden am gegenüberliegenden Rheinufer.

Der Mangel an schneller internationaler Anerkennung enttäuscht die Macher des neuen Rheinhessens, die nahezu ausnahmslos kreative und ehrgeizige Jungwinzer sind. Doch ihr Erfolg auf dem heimischen Markt ist so groß, dass sie bereits mit dieser Nachfrage oft ihre Probleme haben. Sie sind sich zu Recht darin einig, dass dies das Ergebnis einer grundlegenden Verbesserung der Weinqualität ist, die nur möglich war, weil sie sich ganz auf an die Bedingungen ihres Gebiets angepasste trockene Weinstilistiken konzentriert haben. Sie haben diesen Quantensprung gemeinsam vollbracht, durch den Austausch von Ideen, Kontakten und konstruktiver Kritik, mit einer generellen »Wir«-Einstellung. Aus ihrem Erfolg heraus entstand dann ein positives »Wir-sind-sowie-wir-sind«-Gefühl. Einer der Jungwinzer kommentierte die rückwärts gerichtete Haltung eines gewissen amerikanischen Weinimporteurs gegenüber Rheinhessen vor kurzem so: »Sie haben die Tür vor sich zugeschlagen und sie dann auch noch verschlossen!«

Selbstverständlich kann man die größten Weine kleinreden, genauso wie Filme, Bücher und Musik. Und das ist bei den trockenen Riesling-GGs (Großes Gewächs) vom Weingut **Keller** in Flörsheim-Dalsheim zweifellos der Fall und geschieht manchmal ganz bewusst in dem Versuch, die alte Weinstory am Leben zu halten. Aber wie sind diese Weine tatsächlich? Der Kirchspiel GG und der Hubacker GG sind einfacher aufzutreiben als manche anderen trockenen Spitzen-Rieslinge von Klaus-Peter und Julia Keller, weil sie in etwas größeren Mengen erzeugt werden, und deshalb fangen wir mit ihnen an. Der Kirchspiel GG hat eine Strahlkraft und Finesse, die ihn nahezu schwerelos wirken lässt, die Kraft ganz im Hintergrund. Der Hubacker GG zeigt direktere gelbe und exotische Fruchtnoten und ist offensichtlicher üppig und fleischig. Klaus-Peter spricht von den klingenden, ernsten Tiefen des Morstein GG, der auch deutlich von Kräutern geprägt ist, während ihm die spürbaren Gerbstoffe etwas wie die tiefen Bassnoten in der Orgelmusik von Bach verleihen. Der Einfluss vom Kalk, den all diese Weine im Nachhall zeigen, ist im Abtserde GG noch stärker, der eine atemberaubend schöne Pfirsichfrucht hat und eine geschmackliche Subtilität, die sich jeglicher von Weinkritikern überstrapazierten Beschreibung mit Superlativen entzieht.

Klaus-Peter und Julia haben sich auf der Fachhochschule für Weinbau in Geisenheim kennengelernt, und alles, was er kann, kann sie auch, außer ein bisschen Japanisch und Russisch. Sie hatten zweifellos einen guten Start, denn Klaus-Peters Eltern, Klaus und (die leider früh verstorbene) Hedwig, hatten bereits zahlreiche wunderbare süße Rieslinge und einige sehr gute trockene Grauburgunder (der hier ziemlich Tradition hat) und Weißburgunder im Hügelland des Wonnegau im südlichen Rheinhessen erzeugt. 1999 machten sich Klaus-Peter und Julia nach Abschluss des Studiums daran, den einen Weinstil zu perfektionieren, mit dem Klaus und Hedwig jedoch selten richtig Erfolg hatten: trockener Riesling. Ab dem Jahrgang 2002, als die Weinberge in den Spitzenlagen im nahe gelegenen Westhofen über Julias Familie in ihren Besitz kamen, gehörten diese zu den gelobtesten und gesuchtesten deutschen Weinen.

Wie gelang ihnen das so schnell? Sie begannen mit einer soliden Basis aus der zuhause und bei anderen deutschen Spitzenerzeugern gesammelten praktischen Erfahrung, dem technischen Wissen aus Geisenheim und einem ästhetischem Gespür für Wein aus dem Verkosten der großen Gewächse der Welt. Dann waren sie mutig genug, nach dem Unmöglichen zu streben und die Grenzen immer weiter auszureizen, angefangen mit kleinen Erträgen, exakter Arbeit im Weinberg (Fachbegriff: Laubmanagement) und sehr später Lese. Im Keller setzten sie viele Methoden ein, die in diesem Buch bereits erwähnt worden sind, wie die Standzeit der angequetschten Trauben vor dem Keltern (Fachbegriff: Maischestand), um Aromen, Mineralstoffe und Gerbstoffe freizusetzen, und das Reifen des jungen Weins auf dem vollen Hefedepot, das sich nach der Gärung bildet (Fachbegriff: *sur lie*), wobei die Hefe gelegentlich aufgerührt wird (Fachbegriff: Batonnage). Auf diese Weise konnten sie um die Aromen der superreifen goldenen Trauben herum eine imposante Struktur aufbauen. Um die Jahrhundertwende war dies eine radikal neue Art des Weinmachens, die früheren Trends zu einfachen, unkomplizierten Weinen entgegenlief. Heute hingegen ist dies die Standardmethode, die jeder rheinhessische Jungwinzer anwendet, wie es ihr oder ihm richtig erscheint.

Bei den Kellers waren das Ergebnis aufsehenerregende Weine, voller Aromen, üppig und mächtig, mit einer für trockenen deutschen Wein vollkommen neuen Stoffigkeit. Trotz ihrer Konzentration wirkten sie im Allgemeinen ausgewogen, obgleich einige Weine der ersten Jahrgänge dieses neuen Stils einen Touch zu massiv waren und/oder nicht so gut alterten. Seit dem Jahrgang 2007 haben Klaus-Peter und Julia den Stil ihrer trockenen Spitzenrieslinge allmählich in eine elegantere Richtung verlagert, mit Alkoholwerten unter 13%, weniger

Hefeeinfluss und mehr mineralischer Frische. So sind Meisterwerke entstanden, die zu Recht auf der ganzen Welt gefragt sind.

Auf Philipp Wittmann vom Weingut **Wittmann** in Westhofen waren die deutschen Weinkritiker schon mehrere Jahre vor den Kellers aufmerksam geworden. Er trug entscheidend dazu bei, dass es möglich und denkbar wurde, als junger Winzer aus einem bis dato unbekannten Weindorf in Rheinhessen mithilfe der oben beschriebenen Methoden Spitzenweine zu machen. Philipp sagt von sich, er sei auf der Schule ein Versager gewesen, dann aber in Geisenheim und erst Recht zuhause auf dem Weingut aufgeblüht, wo ihm seine Eltern ab dem Jahrgang 1998 freie Hand ließen. Das ist die andere Seite des neuen Rheinhessen-Erfolgsrezepts – Eltern, die ihren Töchtern und Söhnen, nachdem sie eine der Fachhochschulen für Weinbau absolviert und/oder mehrere Jahre in anderen, mehr oder weniger fernen Weinbauländern gearbeitet haben, bereitwillig das Ruder übergeben und einfach sagen: »Du bist dran!« Günter und Elisabeth Wittmann gehörten zu den ersten, die dies taten, vielleicht, weil sie erkannten, dass die neuen Ideen ihres Sohnes eigentlich den Methoden seines Großvaters ziemlich nahe kamen. Das ergibt zweifellos Sinn, wenn man in dem ausgedehnten Keller der Wittmanns steht und die Reihen großer Holzfässer betrachtet, von denen viele seit Generationen im Einsatz sind. Philipp war nicht bewusst auf »Retro« aus; aber er interessiert sich, wie so viele Jungwinzer nicht nur in Rheinhessen, für die Geschichte seiner Heimat.

An Philipps Weinen ist jedoch kein bisschen Nostalgie, und selbst der normale trockene Riesling, der etwa die Hälfte der gesamten Jahresproduktion von 150 000 Flaschen darstellt, verfügt über den besonderen Charakter der Weine aus Westhofen. Zugleich kraftvoll, geschmeidig, sehnig, üppig und reif, aber dabei doch kühl und subtil ist er ein kleiner Bruder des trockenen Westhofen-Rieslings mit seinem verführerischen Blütenhonigduft und der mineralischen Frische. Philipps Weine einen nach dem anderen zu erleben ist, als folge man einer Spur ins Herz der Riesling-Dunkelheit, geführt von einer Fackel aus dem Saft reifster Pfirsiche. Der Kirchspiel GG erinnert mich an holländische Stillleben des 17. Jahrhunderts, nicht nur wegen all der Früchte und Blumen, sondern auch wegen des präzisen Zusammenspiels von Licht und Schatten. Der Brunnenhäuschen GG duftet und schmeckt wie ein Strauß frischer Kräuter, er ist voller Spannung wie ein Bogen, bevor der Schütze den Pfeil freigibt. Wer auf ein angenehmes Glas Wein zur Entspannung aus ist, sollte zum normalen Riesling greifen, statt zu diesem oder dem Morstein GG, der so überwältigend ist wie Bachs Orgelwerke in einer großen Kathedrale oder einer der vordersten Plätze bei einem Konzert der deutschen Heavy-Metal-Gruppe Rammstein im Madison Square Garden.

Die meisten Westhofener Lagen sind von schwerem Tonmergelboden geprägt, was allerdings häufig nur eine relativ dünne Auflage ist, unter der sich Kalkfelsen verbergen. Es ist keine Gebirgslandschaft, aber die beeindruckenden Hänge von Kirchspiel und Morstein

ziehen sich bis auf 300 Meter über dem Meeresspiegel. Fritz Groebe vom Weingut **Groebe** in Westhofen scheint in dieser Landschaft verwurzelt wie kein zweiter. Das hat sicher etwas mit seinem stark ausgeprägten Bewusstsein für den Respekt zu tun, den die Westhofener Weine genossen, bevor die Weinkultur in den 1970ern und '80ern zuerst verwässert und dann ausgeschlachtet wurde. Ebenso bewusst ist ihm, dass die Weine aus seinen Spitzenlagen, Kirchspiel und Aulerde, früher tendenziell trocken oder halbtrocken waren, und er nimmt beide Stilrichtungen sehr ernst, selbst wenn die Weinszene gegenwärtig seinen trockenen Kirchspiel GG hier für den Spitzenwein hält. Mit dem einhüllenden Aroma reifer Birnen und Pfirsiche, Kraft und Seidigkeit gehört er zweifellos zu den bemerkenswertesten Weinen des Gebiets, aber das gilt auch für den gleichermaßen reichhaltigen, sinnlichen halbtrockenen Westhofen Riesling Alte Reben.

Florian Fauths **Seehof** in Westhofen gehört zu den eher unspektakulären Erfolgsstories der ersten Generation von Jungwinzern in Rheinhessen. Seine Weine wirken nie laut oder vordergründig und noch viel weniger üppig oder mächtig, haben aber stets viel reife Frucht und eine gute Balance zu bieten. Sie wären vielleicht bekannter, wenn seine trockenen Einzellagen-Rieslinge, vor allem der Steingrube und der »Alte Reben« aus dem Morstein, nach der Abfüllung nicht mindestens ein Jahr Flaschenreife bräuchten, um ihre komplexe herzhaft mineralische Art zu zeigen.

Ebenfalls in Westhofen ist Katharina Wechsler, deren Geschichte nachzulesen ist.

Das nahegelegene Bechtheim ist aufgrund seiner niedrigen Lage und die rund um den Ort angeordneten Hügel, die es vor kalten Winden abschirmen, einer der wärmsten Orte am deutschen Teil des Rheins. Vor einem Jahrhundert, als das Klima viel kühler war als heute, schmeckten die Bechtheimer Weine im Allgemeinen ziemlich reif und üppig und verkauften sich daher gut. Das erklärt die vielen imposanten Häuser im Ort, unter anderem auch jenes der Familie und des Weinguts **Dreißigacker**. Durch den Klimawandel kann die Reife der trockenen Bechtheimer Rieslinge heute jedoch gelegentlich zu viel des Guten sein. »Wir müssen hart arbeiten, um sicherzustellen, dass die Weine trotz aller Kraft und Cremigkeit auch Finesse haben. Ich möchte, dass sie zugleich tief und entspannt schmecken«, sagt Jochen Dreißigacker. Das bedeutet für ihn zuallererst, alles knochentrocken durchzugären, weil selbst der kleinste Anflug von Süße die Weine sprengen, sie zu mächtig machen würde. Sein trockener Riesling aus der Lage Geyersberg ist der perfekte Ausdruck dieses Stils, zugleich opulent und energiegeladen.

Zehn Jahre, nachdem er seine ersten Weine gemacht hat, ist Jochen kein Jungwinzer mehr, aber inzwischen trotz seiner Bechtheimer Herkunft der bedeutendste neue Weinproduzent in den Spitzenlagen von Westhofen. Seine neuen Weine sind die mächtigsten trockenen Rieslinge, die ich aus Aulerde, Kirchspiel und Morstein je erlebt habe – und noch viel wichtiger, sie trauen sich, anders zu sein. Der junge 2012 Aulerde duftet nach Lakritze und ranziger Butter (wen letzteres schockiert: Das ist das typische Aroma tschechischen Pilsners), und sein 2012 Morstein wirkt ausgesprochen rauchig. Anders zu sein ist etwas, das Jochen nie Sorgen bereitet hat. Jochens Bruder Christian leitet seit 2006 das Weingut **Dr. Koehler**. Er brauchte zwar ein paar Jahre, um sich einzuarbeiten, aber mit der Reife und Brillanz der neueren Jahrgänge seiner trockenen Rieslinge gehört er in Bechtheim mit in die vorderste Reihe. Seine Weine stellen einen ziemlichen Gegensatz zu den viel kühleren und zurückhaltenderen Rieslingen von Johannes Geil-Bierschenkt vom Weingut **Geil** dar. Johannes ist einer der wenigen Winzer im Wonnegau, die neben den in Bechtheim allgemein vorherrschenden trockenen Weinen auch ausgewogene feinherbe und süße Riesling-Spätlesen erzeugen.

Das Weingut **Spiess** ist wahrscheinlich der am besten etablierte Familienbetrieb Bechtheims, und die Weine waren häufig ein bisschen zu einfach im Stil, um unter all den Individualisten herauszustechen. Seit Johannes Spiess 2011 den Keller übernommen hat, haben sie jedoch an Charakter gewonnen, was besonders bei den trockenen Rieslingen zum Ausdruck kommt (obgleich der Betrieb in erster Linie für seine kraftvollen Rotweine bekannt ist). Hingegen neu in der Bechtheimer Szene ist das Weingut **Weinreich**, wo Marc Weinreich mit dem Jahrgang 2012 erstmals mit den trockenen Rieslingen seine neue Stilistik richtig gezeigt hat. Inmitten all der Bechtheim-Power sind dies eher zurückhaltende, aber immer noch kraftvolle Weine, die Basisweine fruchtbetonter als die Norm. Kein Wunder, dass Marc in einer Reihe von wichtigen Exportmärkten schnell Importeure gefunden hat!

In derselben Nacht, als mir Jochen Dreißacker und seine Weine begegneten, habe ich auch Stefan Winter kennengelernt und die Weine seines Weinguts **Winter** erstmals verkostet. Das war in den frühen Morgenstunden des 1. Mai 2004, bei der ‚Wein-in-den-Mai'-Party von Message in a Bottle, der etwa zwei Jahre zuvor gegründeten Vereinigung von gut 20 rheinhessischen Jungwinzern um die 20. Es ist einer der wenigen Großen dieser »Clubs«, die üblicherweise eher wie Rockbands drei bis acht Mitglieder haben. Es mag schwierig nachzuvollziehen sein, wenn man nicht gleichzeitig die Energie dieser Partys spürt – tanzen, zu viel trinken und die Zeit vergessen gehört einfach dazu –, aber sie sind ein Ausdruck der instinktiven Überzeugung der Jungwinzer, dass Wein zur Popkultur gehört. Als das alles noch im Untergrund agierte und häufig als schnell vergängliches Phänomen abgetan wurde, verwies ich auf die Frage, wo man denn nun eigentlich die Weine dieser unerfahrenen jungen Winzer erleben könne, häufig auf Stefan Winter und sein Weingut in Dittelsheim-Hessloch.

»Dittelsheim-Hessloch? Wo ist das denn bitte?« Ich erinnere mich, dass in dieser schicksalhaften Frühlingsnacht 2004 selbst ungläubig gefragt zu haben. Als ich fünf Jahre zuvor Philipp Wittmanns erste Weine verkostet hatte, wusste ich, wo Westhofen lag, aber Dittelsheim-Hessloch klang wie ein Witz. Das Erstaunliche ist, dass ich seitdem immer wieder Namen mir unbekannter rheinhessischer Weinorte höre und immer wieder frage »Wo ist das?« Auf Stefan und Jochen folgte eine Welle von Jungwinzern nach der anderen. Der 2003 trockene Riesling Leckerberg gab den Ausschlag zur Fahrt nach Dittelsheim-Hessloch. Für Stefan waren dieser Wein und die Lage, in der er wächst, der Schlüssel zu allem, was folgte. Zuerst einmal landete der Wein beinahe umgehend auf der Karte der Weinbar Rutz in Berlin und wurde so zum coolen neuen Wein des Netzwerks junger deutscher Sommeliers. Noch wichtiger ist, dass der Weinberg von Stefans Großvater lange vor seiner Geburt angelegt worden war, und sein Großvater das mit einem eigenen Rieslingklon tat statt der üblichen Fertigware. Das war ein kluger Schritt, weil diese Fertigware hauptsächlich auf möglichst hohe Erträge ausgerichtet war und sich nicht groß um den Geschmack des Endprodukts kümmerte. Der Klon einer Pflanze ist nur so gut wie die Gesichtspunkte, nach denen er selektioniert wird und die Gründlichkeit, mit der man sie verfolgt. Seitdem hat Stefan sämtliche

Rieslingweinberge, in denen seine Eltern Fertigware gepflanzt hatten, mit dem Klon seines Großvaters neu angelegt. Das verleiht seinen Weinen ihre eigenständige Persönlichkeit. Alle seine Rieslinge verfügen über die Wonnegau-Kraft, verbinden sie aber mit ausgeprägt kräuterigen Aromen, großer mineralischer Frische und einer Säure, die sie wie ein Gitarrensolo von Jimi Hendrix wirken lässt. Der »normale« trockene Riesling und der Dittelsheimer sind keinen Deut weniger spannend als die Einzellagen-Weine, nur etwas weniger konzentriert und subtil.

Wer jetzt immer noch denkt, jemand wie Stefan Winter sei ein besonders begabter Einzelfall und als Ausnahme eine Bestätigung der Regel etablierter alter Namen, braucht bloß wenige Schritte weiter zu gehen. Die eleganten trockenen Rieslinge habe ich von Justus Ruppert beim Weingut **Ruppert-Deginther** erwartet, aber er macht auch hervorragende Cabernet Sauvignon-Rotweine (ohne einen Anflug von grünen Noten!). Gleich um die Ecke sind Justus' gute Freunde Stephan und Florian Wernersbach vom Weingut **Wernersbach** ansässig, ebenso talentierte Winzer, mit einem reiferen, volleren Stil beim trockenen Riesling und vielen anderen interessanten Weißweinen. Und das ist nur einer der vielen unbekannten Weinorte Rheinhessens!

All das war und ist nach wie vor eine Herausforderung für die Winzer am Roten Hang. Diese steilen Weinberge, die zwischen Nierstein und Nackenheim unmittelbar südlich von Mainz entweder direkt am Rheinufer liegen oder zumindest sehr nahe, sind beinahe der einzige Ort in Rheinhessen, der die offizielle deutsche Weinstory bestätigt, die manche nach wie vor hören wollen. Während der Wonnegau seinen Aufschwung erlebte, trieb der Rote Hang orientierungslos im All, mit der Ausnahme von zwei Erzeugern, die trotz vieler Veränderungen bis heute an der Spitze stehen.

Der Doppelbetrieb **St. Antony-Heyl zu Herrnsheim** ist mit 46 Hektar und 20% der Gesamtrebfläche des Roten Hangs bei weitem der größte Produzent. Die Besitzerfamilie Detlev Meyer hat mit der Modekette Street One in Deutschland ein Vermögen gemacht und einen ansehnlichen Teil davon 2005 hier in Nierstein investiert. Das war nicht ihr einziger mutiger Schritt; noch gewagter war es, im darauffolgenden Jahr den damals 29-jährigen Felix Peters als Kellermeister und Betriebsleiter zu engagieren. Die Weine dieses Doppel-Weinguts waren immer gut, aber in den letzten Jahren hat Felix sich richtig ins Zeug gelegt. Das hat viel mit Meyers Kauf der Sammlung alter Weine des ehemaligen Niersteiner Weinguts Franz-Karl Schmitt zu tun, zusammen mit dem größten Teil der verbleibenden Weinberge (die anderen wurden vom Weingut Keller in Flörsheim-Dalheim übernommen). Im August 2013 schmeckte die 1893 Riesling Auslese erstaunlich lebendig und feingliedrig (und nur leicht süß) für einen 120 Jahre alten Wein. Das Interessante ist, dass die bei der Erzeugung dieses Weins verwendeten Methoden gut dokumentiert sind. Felix hat sie nicht kopiert, sondern sehr genau studiert und Methoden entwickelt, mit moderner Kellertechnologie Weine zu erzeugen, von denen er hofft, dass sie genauso langlebig sein werden.

Die Weine, die diesem Vorsatz zweifellos am nächsten kommen, sind die trockenen GGs aus den Lagen Pettenthal und Orbel mit dem modernen St.-Antony-Etikett und die halbtrockenen Rieslinge aus den Lagen Pettenthal und Brudersberg mit dem historischen Heyl zu Herrnsheim-Etikett. Unmittelbar nachdem sie auf den Markt kommen, sind es herausfordernde Weine mit ziemlichem »Stinker«, stark geprägt von der langen Gärung und dem ausgedehnten Kontakt mit den dabei entstehenden Hefeablagerungen. Felix sagte, das Aroma eines dieser Weine kurz nach dem Ende der Gärung habe ihn an Mortadella erinnert. Mindestens ein Jahr auf der Flasche ist notwendig, damit die hefigen »Wolken« den Blick in die Ferne freigeben. Der Orbel entwickelt dann eine weiße Pfirsichnote und aufsehenerregende Brillanz; die Pettenthal-Weine sind muskulöser und gewichtiger. Der Brudersberg ist der subtilste, seine Finesse erinnert deutlich an den überwältigenden 1893er. Der trockene Rothschiefer bietet eine günstige Einführung in diese Dimension des Rieslings.

Der Gegensatz zum Weingut **Gunderloch** im benachbarten Nackenheim ist in vieler Hinsicht groß, obgleich die Weine beider Erzeuger die grundsätzliche Eleganz der Rieslinge vom Roten Hang zeigen und tendenziell ein Jahr oder zwei länger als andere rheinhessische Spitzenweine brauchen, um sich als junge Weine von einer vorteilhaften Seite zu zeigen. »Kristallin« ist ein übermäßig strapazierter Begriff beim Beschreiben von Rieslingen, aber die der Familie Hasselbach vom Steilhang der Lage Rothenberg verdienen es, aufgrund ihrer Reinheit und Klarheit ohne jeden Zweifel so genannt zu werden. Rosa Grapefruit-, Hagebutten- und frische Kräuteraromen sind hier typisch.

Es war sehr aufregend, aus nächster Nähe zu beobachten, wie Fritz Hasselbach und seine Frau Agnes (eine Nachfahrin des Gründers Carl Gunderloch) in den späten 1980ern und frühen ,90ern die Reihe von Rothenberg-Weinen entwickelten, die heute in vielen Märkten so gut eingeführt sind. Damals war ihre finanzielle Lage viel angespannter als heute und ihr Ruf ebenso problematisch wie der des restlichen Rheinhessens. Vielleicht war es ihre Entschlossenheit zum Erfolg, trotz aller scheinbar unüberwindbarer Widrigkeiten, der sie so vorausschauend handeln ließ. Zu den wichtigsten Weinen, die damals entstanden, gehört der Kabinett namens Jean Baptiste, der sowohl dem Ruf der Exportmärkte nach unverhohlen süßem Kabinett als auch der heimischen Nachfrage nach knochentrockenen Weinen die Stirn bot. Heute ist dies eine Balance, für die sich viele junge Winzer im Gebiet für ihre Spitzenrieslinge entscheiden. Bereits seit 1989 produzieren Fritz und Agnes außerdem einen sehnigen, kraftvollen trockenen Wein, auf dessen Etikett einfach nur Rothenberg steht; einer der Vorreiter für das heutige Prinzip der Großen Gewächse (GG). Mit demselben Jahrgang führten sie einen mittelgewichtigen trockenen, als »Nackenheim« bezeichneten Riesling ein, gleichermaßen ein Vorläufer der heute üblichen Village-Weine. Ihr Sohn Johannes, inzwischen ein Mittdreißiger, ist entschlossen, die Familientradition für hochwertige süße Rieslinge von überwältigender Konzentration und Komplexität fortzuführen. Von der supereleganten Spätlese bis hin zur enorm dichten und »rosinigen« TBA gehören diese zu den besten Süßweinen überhaupt, basta.

Während der letzten Jahre hat Nierstein einen Aufschwung erlebt, und das zu einem guten Teil durch Erzeuger, die nicht unmittelbar im Ort ansässig sind wie Fritz Eckehard Huff im angrenzenden **Schloss Schwabsburg**. Die trockenen Rieslinge der talentierten Jungwinzerin Christine Huff überzeugten mich erstmals aus dem Jahrgang 2008 mit ihrem schlanken, eleganten Stil, der feinen Pfirsichfrucht und ihrer ausgeprägten Säure. Inzwischen gehört Christine zu den wichtigsten Produzenten von Einzellagenweinen aus den Spitzenlagen des Roten Hangs, und ich kann mich unmöglich entscheiden, ob ich ihren Pettenthal, Orbel oder den regulären Schloss Schwabsburg vorziehe. Die ,Rabenturm'-Abfüllung aus der Lage Schloss Schwabsburg ist jedoch einer der elegantesten Weine Rheinhessens. Daniel Huff vom Weingut **Georg Gustav Huff** gleich nebenan ist bekannter, weil er ein paar Jahre früher angefangen hat, und vielleicht auch, weil seine Einzellagenweine aus Hipping, Pettenthal und Schloss Schwabsburg fleischig und üppig sind, wie es für Riesling-GGs üblich war. Die Preise lagen jedoch weit darunter und bis heute bieten Daniel Huffs trockene Rieslinge viel Wein fürs Geld (was auch für die beeindruckenden Rotweine seines Bruders Stefan gilt).

Doch auch aus Nierstein selbst kommt endlich ernsthafte Konkurrenz in Gestalt von **Kai Schätzel** und **Lisa Bunn**, Anfang 20. Ihr Familienweingut hieß früher Margarethenhof, doch mit dem Jahrgang 2012 schraubte sie nicht nur die Qualität in die Höhe, sondern manifestierte dies auch sehr offenkundig auf dem Etikett. Ihr trockener Riesling ›vom Rotliegenden‹ ist vielleicht der beste Wein, den man für diesen Preis gegenwärtig vom Roten Hang in dem strengen kräuterig-mineralischem Stil bekommen kann (und auch sehr gut gemacht). Der Gegensatz zu ihrem saftigen trockenem Riesling ›vom Kalkstein‹ mit seiner satten gelben Frucht ist erstaunlich. Ein neuer Star!

Wer in seinen Rieslingen vom Roten Hang auf maximale Power aus ist, sollte sich mit **Kühling-Gillot** in Bodenheim beschäftigen. Diese Weine werden inzwischen von Carolin Gillots Mann H. O. Spanier vom Weingut Battenfeld-Spanier in Hohen-Sülzen im äußersten

Süden des Gebiets gemacht. Zwischen den Weinbergen der beiden Betriebe liegen beinahe 30 Kilometer, aber sie werden im selben Keller ausgebaut, neigen durch Spontangärung alle zu einem gewissen »Stinker« und sind muskulös und reichhaltig. Wenn ich die beiden Kollektionen vergleiche, finde ich immer wieder, dass das in den trockenen Rieslingen von Battenfeld-Spanier so viel besser funktioniert, die häufig im besten Sinne des Wortes gewagt wirken (vor allem die GGs aus den Lagen Frauenberg, Kirchstück und Schwarzer Herrgott) und oft zur ersten Liga Rheinhessens gehören, während die von Kühling-Gillot gelegentlich ein wenig schwer und/oder weich wirken. Es lässt sich jedoch nicht abstreiten, dass auch sie voller Kräuter und Mineralik stecken.

Die Stadt Mainz verfügt über eine lange Weintradition bis zurück zu den alten Römern, während heute gesagt wird, es könne hier schwierig sein, etwas richtig Gutes zum Trinken aufzutreiben. Die Weine, die Mirjam Schneider vom Weingut **Schneider** seit 2006 am Rande der Stadt in dem Vorort Hechtsheim macht (die Endhaltestelle der Tram ist gleich nebenan), widerlegen dieses Vorurteil. Es ist wirklich ein Erlebnis, ihren dichten, würzigen trockenen Riesling aus der Lage Edelmann neben ihrem kraftvollen, gerbstoffbetonten roten Merlot zu erleben. »Wie können die aus ein und demselben Keller kommen?« fragt man sich und hofft, niemand der Anwesenden leide unter der Art von Merlot-Komplex wie Miles, die Hauptfigur in dem Film ‚Sideways', weil sie sonst Mirjams gleichermaßen beeindruckenden Spätburgunder-Rotweine und die wirklich kühlen trockenen Rieslinge aus dem Niersteiner Pettenthal verpassen würden.

Christine Huff (siehe oben) und Mirjam Schneider bilden zusammen mit **Eva Vollmer** aus dem Mainzer Vorort Ebersheim eine der seltenen deutschen Jungwinzerinnen-Gruppen. Als Eva mit 2007 ihren ersten Jahrgang abfüllte, schrieb sie ihren Namen selbstbewusst in großen Buchstaben aufs Etikett, und daneben: »Vol. 1«, erste Folge. Mit den nächsten Folgen aus ihrem improvisiertem Keller unter dem Wohnhaus der Familie entwickelte sie einen eigenständigen Stil strahlender, saftiger und äußerst geradliniger trockener und feinherber Rieslinge. »Zu sauber, zu modern,« lautete die abschätzige Reaktion einiger »stink«-süchtiger Kritiker, Fakt ist aber, dass ihr kraftvoller, würziger trockener Riesling aus der Lage Herrnberg in Gau-Bischofsheim diese vergessene Spitzenlage auf die Weinkarte Rheinhessens zurückgebracht hat.

Johannes Thörle und sein jüngerer Bruder Christoph vom **Winzerhof Thörle** haben das gleiche für die Lagen ihres Heimatsort Saulheim bewirkt. Von hundert Hügeln umrundet war Saulheim seit mindestens zwei Generationen das verlorene Herz Rheinhessens. Johannes und Christoph erzeugen von den Kalkböden dieser geschützten Hänge eine ganze Reihe von Weinen, die für ernsthafte internationale Anerkennung gesorgt haben, inklusive dem konzentrierten und muskulösen Spätburgunder aus der Lage Hölle und dem trockenen Silvaner aus der Probstey, der verblüffende Ähnlichkeit mit den weißen Burgundern der berühmten Domaine Coche-Dury zeigt. Dennoch gilt ihre Aufmerksamkeit vor allem den trockenen Rieslingen. Vor einigen Jahren (besonders aus dem Jahrgang 2009) waren die oft etwas mächtig, aber seitdem gelingt es, ihnen eine gewisse Leichtigkeit mitzugeben, ohne dass dies die beträchtliche Tiefe beeinträchtigen würde. Der elegantere Schlossberg wird von den Weinfreaks tendenziell unterbewertet, die sich meist sofort auf den gewichtigeren Wein aus der Hölle stürzen. Ich finde beide mit jedem neuen Jahrgang immer beeindruckender!

Von hieraus ist es nur eine kurze Autofahrt zu dem gleichermaßen in Vergessenheit geratenen Wein-Örtchen Appenheim, wo eine ganze Meute ehrgeiziger junger Winzer während der letzten Jahre für Wirbel sorgt. Inoffizieller Anführer der Meute ist Jürgen Hofmann vom Weingut **Hofmann**, das er seit 1997 zielstrebig in einen Modellbetrieb umgewandelt hat. Hier spielen sowohl die regionale Spezialität Silvaner als auch der französische Import Sauvignon Blanc eine sehr wichtige Rolle, aber Riesling bleibt die Nummer Eins, und es ist der trockene Riesling aus der Lage Hundertgulden, dem die Aufmerksamkeit der Medien gilt. Mit ihrem steinigen Kalkboden gehört die Lage direkt oberhalb des Ortes zu den besten in dieser Ecke Rheinhessens, und die Weinen halten neben den besten aus dem Wonnegau am anderen Ende des Gebiets stand, sind aber charmanter und eleganter in ihrer Art. Die unglaubliche Beständigkeit in der Qualität der breiten Palette an Weinen verdient ebenso viel Lob wie jeder einzelne von Jürgens Weinen.

Jürgen Hofmanns Erfolg mit seinen Hundertgulden-Rieslingen war eine wichtige Inspiration für Tobias Knewitz vom Weingut **Knewitz**, der seine ersten Weine 2008 im Alter von erst 17 Jahren gemacht hat. Als er 20 war, hatte Tobi bereits seinen eigenen Stil gefunden – knochentrocken mit viel Charakter und Schwung. Seine Weine hatten es auch bereits in die Regale einiger führender Kaufhäuser und auf die Listen einiger der besten Restaurants des Gebiets geschafft. Er könnte das ultimative Extrem des Jungwinzer-Phänomens sein, aber ich würde tippen, dass es nicht lange dauern wird, bis ich Proben von noch jüngeren Winzern bekomme. Manche von Tobis Weinen waren etwas extrem, aber mit den Jahrgängen 2012 und 2013 hat er ein viel besseres Gespür für Balance gezeigt, und die trockenen Rieslinge aus dem Hundertgulden beider Jahrgänge sind umwerfend.

Die ehrgeizigen Brüder Christian und Matthias Runkel vom Weingut **Bischel** sind beinahe Nachbarn. Sie stehen im Ruf ziemlich wilder spontan vergorener trockener Rieslinge, aber in den letzten Jahren sind die Weine trotz beträchtlicher Kraft und Tiefe deutlich geschliffener und ausgewogener geworden. Diese Unterschiede zwischen Appenheims führenden Winzern kommen allen zugute, und ihre Anzahl – dies ist nur eine Auswahl der örtlichen Winzertalente – macht Appenheim zu einem Cluster, ähnlich dem Silicon Valley für die IT-Branche.

Jens Bettenheimer vom gleichnamigen Weingut ist zwar im historischen Ingelheim auf der Rückseite des Hundertgulden ansässig, aber er gehört definitiv zu diesem Cluster. Er hat bei all seinen Weinen – von trockenem Silvaner bis zu den roten Spätburgundern – in den letzten Jahren eine Menge Feinarbeit geleistet. Die Weinberge von Ingelheim neigen zu saftigeren und weicheren Weinen als die von Appenheim, und Jens' trockene Rieslinge zeigen im Allgemeinen exotische Fruchtaromen. Er reduziert die natürliche Gärungskohlensäure in seinen Weinen heute ganz bewusst, von der es früher zu viel gab, und jetzt verleiht sie diesen häufig ziemlich substanziellen Weinen genau den richtigen »Kick«. Seit einiger Zeit ist jeder Jahrgang bei ihm besser als der Vorgänger. Er gehört mit zu den Gründen, warum es im Nordwesten Rheinhessens inzwischen richtig ab geht.

Zu den wenigen Orten in Rheinhessen, die die offizielle deutsche Weinstory halbwegs bestätigen, gehört Bingen in der äußersten nordwestlichen Ecke des Gebiets. Die Binger Lage Scharlachberg ist ein großer Brocken Quarzitschiefer, genau wie der Rüdesheimer Berg im Rheingau direkt gegenüber auf der anderen Seite des Rheins. Während der 1990er wurden hier keine spannenden Weine erzeugt, und Bingen geriet in Vergessenheit, doch ab der Jahrhundertwende begannen Carolin und Erik Riffel mit dem Aufbau des Weinguts **Riffel**. Seit 2007 produzieren sie spektakuläre trockene Rieslinge (und Silvaner) aus dem Scharlachberg unter der Bezeichnung Turm, in denen sich enorm tiefes Pfirsicharoma mit belebender Säure verbindet. Die zweitbesten trockenen und halbtrockenen Rieslinge unter der Bezeichnung Quarzit bieten sehr viel sehr guten Wein für wenig Geld.

Die größte Leistung der Jungwinzer Rheinhessens besteht darin, dass sie die Karte ihres Gebiets grundlegend überholt und die vormals so zahlreichen leeren Flecken mit Konturen und Besonderheiten gefüllt haben. Wenn man in die Rheinhessische Schweiz fährt, fragt man sich, warum eine so schöne Landschaft mit steilen Weinbergshängen und dramatischen Felsen nicht seit langem viel bekannter ist. Bevor der damalige Jungwinzer Daniel Wagner vom Weingut **Wagner-Stempel** in Siefersheim begann, hier erstaunliche trockene Rieslinge aus den Lagen Heerkretz und Höllberg zu machen, war dies eine der Leerstellen auf der Weinkarte. Ab dem Jahrgang 2003 (nach wie vor ein großartiger Wein) gehört der Heerkretz GG zu den Weinen, die das Schicksal von Rheinhessen grundlegend verändert haben. Wie alle anderen bis jetzt beschriebenen neuen Weine schmeckt er ausgesprochen eigenständig und wirkt, als gebe es ihn seit Generationen. Er duftet nach Pfirsich und Zitrus,

VERRÜCKTE RIESLING-ZAHLEN:
Rheinhessen und die Legende der deutschen Riesling-Geschichte

Als ich vor nahezu 30 Jahren zum ersten Mal nach Rheinhessen kam, war die Liebfraumilch-Blase gerade auf dem ersten Exportmarkt geplatzt. Damals nahm der bescheidene Müller-Thurgau – Hauptzutat im Liebfraumilch-»Rezept« – im Gebiet dreimal mehr Rebfläche ein als der Riesling. Heute hat der Riesling den ständig schrumpfenden Müller-Thurgau beinahe überholt. 2012 wuchsen auf 4052 Hektar Riesling – sehr nahe an der Zahl für die gesamte amerikanische Westküste. Das ist eine Steigerung von über 50% gegenüber den 2597 Hektar von 2000.
»Ja, aber das sind nur 15,3% von Rheinhessen. Vor einem Jahrhundert war Riesling mit Abstand die wichtigste Rebsorte in Deutschland!« höre ich jemanden entgegnen. Studiert man jedoch die Statistik, ergibt das eine ganz andere Geschichte. 1905, das erste Jahr mit verlässlichen Zahlen, betrug die Rieslingfläche in Rheinhessen 15,6%, also beinahe identisch mit heute. Die vorherrschende Rebsorte im Gebiet war 1905 der Silvaner, mit 64,1% (im Vergleich zu den heutigen 9,1%), Betrachtet man dann Deutschland als Ganzes, fällt diese letzte Zahl nur geringfügig auf etwa 60% ab – die Vorstellung, beim deutschen Wein habe sich vor einem Jahrhundert alles um den Riesling gedreht, ist vollkommen falsch.

exotisch und floral, alles zugleich; er schmeckt superkonzentriert und ist doch superelegant, und wenn ich einen Schluck davon trinke, habe ich das Gefühl, er fließe in Richtung Unendlichkeit und ziehe mich mit.

Ist Siefersheim der einzige Ort im Hügelland von Rheinhessen, an dem solche Wunder möglich sind? Nico Espenschied vom Weingut **Espenhof** in Flonheim-Uffhofen ist überzeugt, dass die Antwort darauf eine negative ist, und er hat seinen Besitz in der Lage La Roche erweitert und dort brachliegende Parzellen in überraschend kurzer Zeit neu angelegt. In seinen Händen hat das steinige Rotliegende dieser felsigen Lage (übrigens die einzige in Deutschland mit einem französischen Namen) in der Tat Weine von gewagt betontem rassigen und salzigen Charakter hervorgebracht. Zweifellos entsteht hier ein neuer Klassiker.

Es gibt noch einen Ort in Rheinhessen mit steinigem Boden dieser Art, im Alzeyer Vorort Weinheim, wo Alex Gysler vom Weingut **Gysler** Rieslinge macht, die ebenso gewagt sind und doch ganz anders. Sein Ausloten, wie weit sich die Eingriffe im Keller und die Menge an Schwefel (dem traditionellen Wein-Konservierungsstoff) reduzieren lassen, hat zu gemischten Ergebnissen geführt, aber die besten seiner Weine sind so wild wie der Wind, der durch diese Weinberge weht und den Rieslingen eine kühle nördliche Art verleiht, weitab von der runden und unkomplizierten Konformität, die in diesem vielerorts so schönen und immer faszinierenden Gebiet einst herrschte.

Wie größer schöner wurde

Es begann alles mit einem Kühlschrank in einem Bungalow am Stadtrand. Ich war nicht ganz 16 und verbrachte während eines Schüleraustauschs einige Wochen mit einer Familie in der Industriestadt Ludwigshafen am Rhein in der PFALZ. Die Tatsache, dass mein Austauschschüler und ich nicht das Geringste gemeinsam hatten, spielte keine Rolle, weil ich mich mit seiner Familie so prima verstand. Als ich ankam, führte mich sein gut gelaunter Vater durchs Familienheim. Zuletzt standen wir in der Küche, und dort geschah es. Er öffnete die Kühlschranktür, in dem reihenweise Weinflaschen standen, und sprach ein magisches Wort aus, das sofort in meinen beschränkten deutschen Wortschatz überging: Selbstbedienung. Ich konsumierte großzügig, ohne nennenswerten Schaden, und unter diesen Weinen waren auch meine ersten Rieslinge. Sie waren ziemlich voll und halbsüß oder süß, aber durch den unvermeidlichen Rausch weiß ich sonst nichts weiter über sie. Als ich abreiste, zurück ins Vorort-London, gaben sie mir einen Koffer voller Wein mit, und von diesem Moment war ich diesem Stoff verfallen. »Meine« deutsche Familie, die auch ein kleines Restaurant betrieb, hatte mit mir einen der Winzer besucht, von dem sie kauften und mir die Weinberge gezeigt – beziehungsweise in ihren Worten, das Rebmeer.

Eigentlich ist es ein Meer von rebbedeckten, sanften Hängen, bis zum Rhein im Osten und den bewaldeten Hängen der Haardt im Westen sowie der deutsch-französischen Grenze im Süden. Der nördliche Rand der Pfalz hingegen verschwimmt im Meer. Kaum eine andere Grenze zwischen zwei Weingebieten ist vor Ort so schwierig zu erkennen wie die zwischen der Pfalz und dem nördlich angrenzenden Rheinhessen. Doch der Lokalpatriotismus ist so ausgeprägt, dass es ernsthafter Fauxpas wäre, eine Gruppe gebürtiger Pfälzer auf diesen Umstand hinzuweisen!

Am Esstisch ist es einfacher, diese Grenze zu erkennen als draußen in den Feldern und Weinbergen. Seitdem ich die Pfalz kenne, hat man hier immer richtig gut, wenn auch eher bodenständig gegessen. Sehe ich die Städte und Dörfer des Gebiets, mit ihren weiten Straßen, in denen ein Winzerhaus am anderen steht, jedes mit einem großen Innenhof, denke ich an die großzügigen Mengen an Wein und Essen, die mir bereits bei meinem ersten Besuch in der Pfalz serviert wurden. Erst in den letzten Jahren hat Rheinhessen in Sachen Kulinarik langsam aufgeholt, als seine Weine zu einem ernsthaften Konkurrenten beim wichtigsten Pfälzer Weinstil wurden, dem kräftigen trockenen Riesling. Es gibt einen weiteren wichtigen, früher ebenso stark ausgeprägten Unterschied zwischen den zwei Gebieten. Durch sein größeres Selbstvertrauen war es der Pfälzer Weinbranche, als ich Mitte der 1980er mit meinen eigenen Erkundungen begann, bereits gelungen, sich aus der Billig-Süß-Liebfraumilch-Falle zu befreien.

Die Süd- und Nordpfalz waren damals zwar auf dem aufsteigenden Ast, aber der Qualitätsweinbau als solcher begann in der Pfalz bereits Anfang des 19. Jahrhunderts in der Mittelhaardt, dank eines Visionärs namens Andreas Jordan (1775–1848). Das ist an sich bereits interessant, weil kein anderes Weinbaugebiet Deutschlands sonst seine Qualitätswein-Anfänge auf eine Einzelperson zurückführen kann. Zwei der berühmten »Drei B's«, **Dr. von Bassermann-Jordan** und **Reichsrat von Buhl**, plus **von Winning** (sämtlich in Deidesheim, die ersten beiden mit die zuverlässigsten deutschen Erzeuger von trockenem und halbtrockenem Riesling, während von Winning mit großer Überzeugung seine eigenen Blade-Runner-Kreise zieht), gehen auf Jordans ausgedehnte Besitztümer zurück. Mitte der 1980er klang ihr Anspruch auf die Qualitätsspitze allerdings hohl, sodass die Leistungen im Norden und vor allem Süden des Gebiets umso deutlicher hervortraten. Heute ist die Mittelhaardt zwar wieder in Form, aber ihre Vormachtstellung gehört der Vergangenheit an.

Die Einführung der neuen Kategorie Großes Gewächs (die selbst in Deutschland alle nur GG nennen) für hochwertige trockene Einzellagen-Weine 2002 war nirgendwo in Deutschland erfolgreicher als in der Pfalz, und sie bewirkte mehr für die Pfalz als für jedes andere Gebiet. Das lag einerseits am warmen, trockenen Klima der Pfalz, das sich für kraftvollen trockenen Riesling noch besser eignet als in Rheinhessen, und andererseits daran, dass die führenden Pfälzer Winzer 2002 bereits viel Erfahrung mit Weinen dieser Art gesammelt hatten.

GGs als solche dürfen nur von den gut 200 Mitgliedern der Spitzenwinzer-Vereinigung VDP (Verband

Deutscher Prädikatsweingüter) erzeugt werden. Nicht-VDP-Mitglieder hindert jedoch nichts daran, die Regeln der GG-Erzeugung zu befolgen und ebenfalls entsprechende Weine zu machen. In den letzten Jahren hat sich dies weit verbreitet, aber niemandem unter ihnen und niemand anderem im VDP gelingt es, dafür den Preis durchzusetzen, den **Dr. Bürklin-Wolf** für den Riesling GG aus der Forster Lage Kirchenstück verlangt: knapp unter 100 Euro pro Flasche im Direktverkauf an Privatleute in Deutschland und entsprechend mehr anderswo. Obgleich es unbestreitbar ein mächtiger Wein ist, schmeckt er nicht im Geringsten schwer, sondern sticht vielmehr durch Raffinesse und mineralische Frische hervor. Ist er den Preis wert? Stellt man sich diese Frage bei diesem Wein, sollte man sie konsequenterweise auch bei weißen Burgundern (und vielen anderen hochwertigen Weinen) stellen, die weit mehr kosten. Dabei sollte ich auch darauf hinweisen, dass mehrere andere GGs von Dr. Bürklin-Wolf einen Bruchteil des Kirchenstücks kosten und ebenfalls sehr beeindruckende Weine sind.

Dies war der erste Erzeuger im Gebiet, der auf biodynamische Bewirtschaftung umstellte, ein Prozess, der 2005 abgeschlossen war. Es war eine riesige Aufgabe, weil die 86 Hektar Weinberge sich auf über ein Dutzend Lagen verteilen. Dass der Biodynamik-Experte Georg Meissner sie ohne große Probleme meisterte, ermutigte viele andere führende Pfälzer Winzer (darunter die anderen beiden B's), diesem Beispiel zu folgen. Das Interessante ist, dass so gut wie keiner dies auf dem Etikett vermerkt, und selbst auf den Internetseiten steht es eher kleingedruckt – eine ganz andere Einstellung als die der ersten Generation von deutschen Ökowinzern in den 1980ern. Wer meint, biodynamische Methoden seien nur fauler Zauber, sollte diese Weine probieren.

Forst liegt unmittelbar südlich von Wachenheim und verfügt über einer Handvoll von Lagen mit ähnlichem Potenzial für trockene Rieslinge wie das Kirchenstück. In vieler Hinsicht ist es ein typisches historisches Pfälzer Weindorf mit einer Reihe von hervorragenden unabhängigen Winzern und einer (guten) kleinen Genossenschaftskellerei. Der berühmteste Erzeuger hier ist Georg Mosbacher, gerade einmal ein Viertel so groß wie Dr. Bürklin-Wolf. Unter den drei exzellenten GGs von Jürgen Düringer und Sabine Mosbacher-Düringer ist das aus der Forster Lage Ungeheuer der Star und während der letzten zehn Jahre auch der beständigste unter den spannenden trockenen Rieslingen aus der Mittelhaardt. Mit seinem Guavenaroma, konzentrierter Frucht, enormer Lebendigkeit und Alterungspotenzial ist es ein großer Wein, Punktum. Alle trockenen Rieslinge hier, die meisten etwas leichter, zeugen jedoch von demselben Perfektionismus und sind wunderbar ausgewogen.

Nur wenige Schritte weiter die Hauptstraße entlang liegt das noch kleinere Weingut **Acham-Magin**, nicht der einzige kleine Erzeuger im Ort mit eigenem Ausschank. Das ganze Szenario – die besten Weinberge liegen direkt hinter dem Gebäude aus dem 18. Jahrhundert – könnte kaum pittoresker sein, aber darum geht es hier nicht. Die Weine waren immer gut, aber Anna-Barbara Acham brauchte lange, um als Winzerin heranzureifen, und erst während der letzten zehn Jahre sind ihre trockenen Rieslinge in die Pfälzer Spitze aufgerückt. Ihr Kirchenstück GG kostet zwar nur ein Drittel so viel wie bei Dr. Bürklin-Wolf, wirkt aber noch subtiler und hat mehr Schwung. Anna-Barbaras Pechstein GG ist wahrscheinlich der mineralischste und rassigste trockene Riesling der gesamten Mittelhaardt, und ihr trockener Riesling Eruption ist eine kleinformatigere, günstigere Version davon.

Der Name dieses Weins bezieht sich auf den vulkanischen Basalt im Boden der Lage Pechstein. Wie viel ist auf natürliche Weise dorthin gelangt, und wie viel wurde aus dem Basaltsteinburch oben in den Haardter Bergen eingebracht? Ebenfalls dort oben – wo man das Gefühl hat, in den Wolken zu stehen, obgleich es nur 350 Meter sind – ist das Weingut **Odinstal**. Die Weinberge liegen direkt vor den Fenstern der Odinstal-Villa aus dem 19. Jahrhundert, eine große Lichtung im Haardter Wald, mit dem Rebmeer in weiter Ferne. Die Kombination steiniger Böden – Basalt mit für die Pfalz eher typischem Sandstein und Kalk – mit den kühlen Wachstumsbedingungen führt zu einzigartigen trockenen Rieslingen. Häufig kann man schmecken, dass die Reben Mühe hatten, die Trauben zur vollen Reife zu bringen, und während die Säure der Weine von einer an Blade Runner erinnernden Intensität ist, ist ihr Körper so spindeldürr wie ein Supermodel. Betriebsleiter Andreas Schumann hat jedoch eine wahre Meisterschaft darin entwickelt, sie stets gerade so vor der Magersucht zu bewahren. Spitzenweine wie der Basalt Riesling strotzen vor Bergfrische und zeigen enorme Spannkraft sowie konturenscharfe Kräuter- und Blütennoten.

Besitzer von Odinstal ist der Projektentwickler Thomas Hensel, was etwas verwirrend ist, weil es im nahegelegenen Bad Dürkheim ebenfalls einen Winzer mit diesem Namen gibt, der aber vollkommen andere Weine macht und mit seinem Namensvetter in keiner Weise verwandt ist. Dieses Weingut **Hensel** liegt direkt neben dem kleinen Flughafen, und kurz nachdem Thomas 1991 im Alter von 20 Jahren seine ersten Weine machte, entschied er sich für die Silhouette eines Segelflugzeugs als Logo. Sein Vater hatte sich ganz auf die zum Betrieb gehörende Rebschule konzentriert, sodass es keine Weine im Keller gab, mit denen sich Thomas hätte messen müssen. So mancher in der deutschen Weinszene ist aufgrund seiner hervorragenden Rotweine (allen voran der mächtige, Gerbstoff betonte Cabernet-Verschnitt namens Ikarus) jetzt vielleicht überrascht, ihn hier aufgeführt zu sehen, und seine Weißweine sind selten auf den Hitlisten deutscher Kritiker anzutreffen. Aber bereits als prototypischer Pfälzer Jungwinzer gelang es ihm, seinen eigenen Stil von kräftigem, saftigem trockenen Riesling zu entwickeln, der einer »Ich-bin-wer-ich-bin«-Einstellung entspringt. Mit der neuen Ausstattung, von Thomas' Frau Alexandra Weiss entworfen, sind die Rieslinge auf dem Etikett dick und schwarz mit den Buchstaben »Rg« gekennzeichnet, was zu seinem entschlossen eigenständigen Stil gut passt. Die Preise sind moderat, besonders für den Steinberg mit seinem für die Pfalz ungewöhnlichen schwarzem Johannisbeeraroma und dem leicht »stinkigen«, gewichtigeren Hochbenn.

Viele Jahre lang waren sich die Fachleute darin einig, dass Steffen Christmann vom Weingut **Christmann** in Gimmeldingen die kraftvollsten trockenen Rieslinge der Pfalz erzeugte. Aber Steffen, erfolgreicher Jurist und Präsident des VDP, fühlte sich damit nicht wohl. Er fürchtete, sie könnten durch den Klimawandel noch mächtiger werden, und trieb sie daher ganz bewusst in die entgegengesetzte Richtung. Die biodynamische Bewirtschaftung scheint die Alkoholwerte ganz offensichtlich in manchen Jahrgängen zu reduzieren, aber der opulente Jahrgang 2011 zeigt, dass das nicht immer funktioniert. Steffen ist von Natur aus ein optimistischer Mensch, aber dies sind Weine mit einem flackernden Wechselspiel von Dunkelheit und Licht.

Im Gegensatz zu manchen GGs, die nur in homöopathischen Mengen produziert werden, gibt es von Steffens Idig GG so gut wie in jedem Jahrgang mindestens 10 000 Flaschen. Im Kontext der unzähligen reifen, fruchtbetonten Weine der Pfalz ist dies anfangs ein »dunkler« Wein mit wenig Frucht und nicht viel Charme, aber enormer »erdiger« Kraft und einer seidigen Säure. Diese Persönlichkeit geht auf den schweren Kalk-Ton-Boden zurück, und im Keller gesteht Steffen diesem Wein die Freiheit zu, genau das zu sein, was er möchte. Viele Jahre war er mit seinen Riesling GG aus der Lage Reiterpfad im nahegelegenen Ruppertsberg etwas enttäuscht, weil er zu geschmeidig und hübsch wirkte für diese Kategorie, aber mit dem Jahrgang 2012 ist es Steffen gelungen, all den Pfirsich- und Blütencharme durch etwas dunkle Würze auszubalancieren. Der Mandelgarten GG ist ein voller, saftiger Wein, kurvenreich, der aber auch extrem viel mineralische Frische ins Spiel bringt. Der normale trockene Riesling und die etwas kräftigeren mit Ortsnamen sind würdige kleinere Schwestern dieser imposanten, einzigartigen Weine.

Zum Weingut **Rebholz** in Siebeldingen braucht man von hier auf der Autobahn Richtung Süden nur eine halbe Stunde, aber auf dieser Strecke ändert sich die Landschaft nach und nach. Statt den Haardter Bergen, die wie eine Wand aufragen (und wie eine Art Spoiler agieren, der das schlechte Wetter über die Pfalz hinwegsegeln lässt; die Weinberge liegen in ihrem Regenschatten) gleichen sie unten in der Südpfalz einer Reihe spitzer Zähne, mit ein oder zwei Lücken. Klimatisch ist der Unterschied zwischen den Weinbergen, die beinahe unten in der Rheinebene liegen und jenen hoch oben am Waldrand größer als in der Mittelhaardt. Die unteren Lagen gelten als »schwächer«, sind aber eigentlich die wärmsten im Gebiet, und wenn der Klimawandel weiter voranschreitet, dann werden Merlot und Chardonnay bald die optimalen Rebsorten sein – sie wachsen hier jetzt schon in beträchtlichen Mengen. Die höheren Lagen sind kühler und eine größere Herausforderung, aber das Potenzial für spannende Weine ist dort viel größer.

Hier hat sich eine besondere Art von Winzer entwickelt, die sich trockenen Weinen mit größtmöglichem Charakter und Charisma widmen. Eduard Rebholz (1889-1966) war Vorreiter dieser Bewegung, die in den 1930ern begann, und sich ab 1949 mit seinem Sohn Hans fortsetzte (1920-1978). Zu ihrer Zeit wagten sie ebenso viel wie die Jungwinzer der Gegenwart. Heute führt Eduards Enkel Hansjörg Rebholz die Tradition der Erneuerung (wenn das nicht wie ein Widerspruch klingt – aber es ist keiner!) mit seinen GGs fort. Wie seine Riesling GGs gehören aus die vollen, mächtigen GGs aus Weiß- und Spätburgunder zu den besten trockenen Weinen Deutschlands. Bei meinem ersten Besuch hier Ende der 1980er hätte ich nie gedacht, dass ich so etwas je schreiben würde, denn unter den damaligen klimatischen Bedingungen neigten die trockenen Weine aus diesen Höhenlagen zu eher leichtem Körper und einer gewissen Strenge. Der Name Rebholz stand außerdem für kompromisslos knochentrocken; doch Klimawandel und viel Arbeit im Weinberg änderte das alles ab Ende der 1990er.

Es dauerte einige Jahre, bis die Architektur hier mit Qualität und Ansehen der Weine aufholte, aber nachdem die Keller in ein 2000 als riesige leere Betonhülle gekauftes und renoviertes Gebäude einige Häuser weiter umgelegt worden sind, wurde der alte Gärkeller zu einem geräumigen neuen Verkostungsraum umgestaltet. Es ist nicht die Château-artige Atmosphäre wie bei Produzenten wie Dr. Bürklin-Wolf, aber man spürt zu Recht, dass es sich um ernstzunehmende Weine handelt. Mit seinem subtilen Beeren- und frischen Kräuteraromen, gefolgt von dem straffen, schlanken Körper eines Langstreckenläufers ist der Kastanienbusch GG einer der erstaunlichsten neuen trockenen Rieslinge am Rhein (der erste Jahrgang war 1998). Der Kontrast zwischen den beiden Riesling GGs aus der Lage Im Sonnenschein ist groß. Es sind zwei, weil die Grenzen dieser Lage ohne Berücksichtigung von Geologie oder Ausrichtung festgelegt wurden. Der Im Sonnenschein Ganz Horn ist ein voller und satter Wein mit dem Aroma reifer Mangos, obwohl er wie alle Rebholz-Rieslinge richtig trocken ist. Der normale Im Sonnenschein GG wirkt gleichermaßen voll und verführerisch, aber mit einem festeren Kern. Was für ein Gegensatz zu den schlanken Rebholz-Weinen der 1980er – jetzt sind sie richtig ausladend!

Freund? Kollege? Herausforderer? Alter Ego? Karl-Heinz Wehrheim ist all dies für Hansjörg Rebholz und umgekehrt gilt das gleiche. Obwohl das Weingut **Dr. Wehrheim** zu Birkweiler gehört, sind es eigentlich nur wenige hundert Meter von Rebholz in Siebeldingen. Die beiden haben so viel gemeinsam – beide Betriebe waren Vorreiter trockener Weine, als die Mode nach süßen Weinen verlangte, sie haben so gut wie dieselben Rebsorten in den Weinbergen stehen, und bei beiden ist der GG aus dem Kastanienbusch der begehrteste Riesling – aber sie sind gleichzeitig so verschieden wie die beiden Seiten einer Münze. Die Rieslinge, die Karl-Heinz mit seinem Sohn Franz macht, sind von einer gewagten Eigenständigkeit und scheinen unterschwellig immer zu fragen: »Bist du stark genug für mich, oder bin ich stärker als du?« Auch hier bedeutet trocken knochentrocken, und der Grundsatz, rigoros sämtliches botrytisbefallene Lesegut aus den für die trockenen Weine bestimmten Weine auszusortieren, verleiht ihnen eine makellose Klarheit und noch mehr Biss. Nirgendwo anders in der Südpfalz kann man so riechen und schmecken, wie nahe die Berge und Wälder an den Weinbergen liegen wie im Kastanienbusch GG, so wild wie der Wind. Der Kastanienbusch Köppel GG wirkt einen Touch weniger radikal, im ersten Eindruck scheint er ein wenig fleischiger und saftiger, aber dann folgt wie ein Peitschenschlag der kräuterige, mineralische Nachhall. Diese Weine werden nach einigen Jahren Flaschenreife sanfter, und wenn man darauf nicht warten kann oder will, dann sollte man zu den etwas weniger konzentrierten und fordernden trockenen Rieslingen greifen, die nach den Gesteinsformationen der beiden Teilen des Kastanienbusch benannt sind, »Rotliegendes« und »Buntsandstein«.

Es ist deutlich zu erkennen, in welchem Ausmaß die Weine von Rebholz und Dr. Wehrheim die Jungwinzer der Südpfalz in den letzten zehn Jahren inspiriert haben. Einige von ihnen streben erfolgreich nach ähnlicher Individualität, aber gepaart mit stärker ausgeprägten Fruchtaromen, wie Volker Gies von **Gies-Düppel** in Birkweiler und Boris Kranz von **Kranz** in Ilbesheim. Andere konzentrieren sich auf richtig trockene Weine mit vergleichbarer Statur und Kraft, wie Peter Siener von **Siener** in Birkweiler und Klaus Scheu von **Scheu** in Schweigen-Rechtenbach. Dann gibt es andere, die nach neuen, ebenso gewagten Pfaden suchen, wie sie Rebholz und Wehrheim verfolgten, bevor sie in Deutschland berühmt wurden, wie Sven Leiner von **Jürgen Leiner** in Ilbesheim. Zusammen bilden diese fünf die Gruppe Südpfalz ConneXion, deren Erfolge in den letzten Jahren bei trockenem Weiß- und Spätburgunder ebenso beachtlich waren wie bei trockenem Riesling. Aber das hatte zweifellos auch mit den beiden großen Vorbildern zu tun. Und die waren vor über 20 Jahren Gründungsmitglieder der Fünf Freunde; der allerersten Jungwinzergruppe Deutschlands.

Die trockenen Rieslinge der Südpfalz können kräftig und üppig sein, sind aber gelegentlich auch ein wenig schwer. Seit Anfang der 1990er konzentrieren sich Frank Meyer und sein Frau Manuela Cambeis-Meyer vom Stiftsweingut **Frank Meyer** in Klingenmünster auf leichte (häufig mit nur 11,5 % auf dem Etikett) bis mittelgewichtige Weine mit zitroniger Frische und großer Klarheit, die schmecken, als kämen sie aus einem ganz anderen Gebiet. Dasselbe ließe sich von den Weinen von **Theo Minges** vom gleichnamigen Weingut in Flemlingen sagen. Hier gab es immer aromatische und saftige trockene Rieslinge von großer Ausgewogenheit, und seit Tochter Eva mit eingestiegen ist, ist die Qualität noch gestiegen. Dies ist auch eine der wenigen Adressen in der Pfalz, wo anspruchsvolle süße Riesling-Spätlese-Weine regelmäßig erzeugt werden und sich gut verkaufen.

All diese selbstbewusste Dynamik war unglaublich spannend zu verfolgen, aber ich habe lange gebraucht, bis ich begriffen habe, dass eine andere entscheidende Quelle der Inspiration eine extrem konservative ist. Ein Besuch beim Weingut **Koehler-Ruprecht** in Kallstadt, quasi ganz am anderen nördlichen Ende der Pfalz, ist wie eine Reise in einer Riesling-Zeitmaschine, doch diese Weine waren und sind weit über die Grenzen der Pfalz hinaus richtungsweisend.

Das Weingut befindet sich jetzt in amerikanischem Besitz, aber Bernd Philippi, der die Weine seit dem Jahrgang 1976 macht, ist nach wie vor am Ruder, auch wenn der Einfluss von Kellermeister Dominik Sona deutlich erkennbar ist. Der ist wirklich genau das; alle Weine lagern in Holzfässern, die von kleinen neuen französischen Eichenholz-Barriquefässern bis hin zu großen

ovalen aus neutraler deutscher Eiche reichen. Doch gibt es andere ungewöhnliche Dinge an diesem Keller. Hier sind immer ein paar Weine am Gären, typischerweise brauchen sie ein halbes Jahr dafür, aber manche dehnen das bis zur folgenden Lese aus, oder sogar darüberhinaus. Dies und der Umstand, daß dass hier nie mit zugesetzter Reinzuchthefe gearbeitet wurde, haben zu einem natürlichen Selektionsprozess geführt. Die Hefe, die sich bei diesem Überlebenskampf durchgesetzt hat, kann Weine bis auf 15% Alkohol trocken vergären, was die meisten »wilden« Hefen nicht können. Das ist hilfreich, weil sich Bernd immer auf richtig trockenen Riesling konzentriert hat, und diese Weine auf bis zu 13,5% Alkohol kommen.

Heute wirken viele dieser Methoden ziemlich normal, weil sich während der letzten zehn Jahre viele Jungwinzer für einen ähnlichen Weg entschieden haben (wenn auch häufig nur für einen Teil ihrer Produktion), aber vor 20 Jahren und noch länger wurden sie von Bernds Kollegen als altmodisch verspottet und von Fachleuten als unvereinbar mit der modernen Auffassung von Weinqualität abgelehnt. Es erforderte große Entschlossenheit und eine dicke Haut, um an dem eingeschlagenen Weg festzuhalten, und Bernd verfügt über beides. Er hat nichts für Dummköpfe übrig und ebenso wenig Geduld mit Weinen, die er als dumm betrachtet – oder häufiger, oberflächlich –, und seine Kritik kann vernichtend sein. Seine trockenen Rieslinge aus der Lage Saumagen – zu römischen Zeiten ein Kalksteinbruch – spiegeln mit ihrer radikalen Individualität all dies wider. Das Überraschende an ihnen ist, wie sie mit zunehmendem Alter auch immer mehr Frucht gewinnen (die meisten Weine verlieren ihre Fruchtaromen allmählich mit dem Alter). Selbst der einfachste der Saumagen-Rieslinge, »Kabinett trocken«, braucht ein paar Jahre, um sich von seiner besten Seite zu zeigen, und die höherwertigen »Spätlese trocken« und »Auslese trocken« (überholte Bezeichnungen, die inzwischen selten verwendet werden) profitieren von noch längerer Reifezeit. Die besten Fässer werden separat abgefüllt, mit einem großen »R« (für Reserve) auf dem Etikett und kommen erst mit fünf, sechs oder sieben Jahren auf den Markt. Diese Weine sind ebenso majestätisch wie geheimnisvoll und trotz aller Nachahmer immer noch vollkommen einzigartig.

Es ist nur eine kurze Fahrt von Philippi zu den anderen Riesling-Extremisten der Nordpfalz, dem Weingut der Familie **Knipser** in Laumersheim, das heute von den Brüdern Volker und Werner zusammen mit Werners Kindern Stephan und Sabine geführt wird. Ihre Spitzen-Rieslinge werden sämtlich knochentrocken durchgegoren und in neutralen Holzfässern ausgebaut. Sie bringen ihre Einzellagenweinen, GGs aus den Lagen Mandelpfad, Großer Garten und Steinbuckel nach einem Jahr auf den Markt, aber es gibt auch einen trockenen Reserve-Riesling, der hier Halbstück heißt nach den 600-Liter-Fässern, in denen all diese Weine reifen, in diesem Fall mindestens ein Jahr lang. Was diese Weine so stark von denen bei Koehler-Ruprecht unterscheidet, ist das Grundprinzip der Knipsers, die Trauben früh genug zu lesen für Weine mit maximal 12,5%. Das macht sie kühl und frisch, und die ausgeprägten Kräuteraromen sind oft prägnanter als die Frucht. Ihre Mineralik schmeckt intensiv salzig, was

sie zu einem Liebe-Hass-Erlebnis macht. Opulente trockene Rieslinge lassen sich hier in den meisten Jahren ziemlich einfach erzeugen, und gelegentlich wird die Opulenz von Winzern bis an den Limit ausgereizt und darüber hinaus (durch die Verwendung von edelfaulen Trauben), sodass dies Weine sind, die gegen den mächtigen Strom schwimmen.

Markus Schneider aus Ellerstadt ist ein Phänomen. Seinen ersten Erfolg konnte er Ende der 1990er mit einem Wein aus der durch und durch unmodischen Rebsorte Portugieser verbuchen, den er (etwas ironisch) einfach »Rotwein« nannte. Der große Durchbruch kam jedoch in den ersten fünf Jahren dieses Jahrhunderts, und er basierte auf trockenem Riesling. Die Produktionsmenge seines normalen trockenen Schneider Riesling liegt im sechsstelligen Bereich, wirklich eine Leistung, weil es sich um einen ehrlichen mittelgewichtigen Pfälzer Wein handelt mit viel Birnen- und Zitrusaromen, die Balance immer genau auf den Punkt. Das ist es, zusammen mit seinem Namen, wodurch sich seine Weine verkaufen, nicht die Bewertungen der Weinkritiker oder Begeisterungsstürme auf Twitter oder Facebook. Dass ihm dies so spektakulär gelungen ist, hat ihm erlaubt, ein futuristisches neues Weingut zu bauen, das ihm endlich den Raum bietet, kompromisslos am Ziel der Welteroberung zu arbeiten, oder zumindest des deutschen Markts.

Ein halbes Jahrhundert zuvor (ab 1952) war das Weingut **Pfeffingen** im nahegelegenen Bad Dürkheim eine ähnliche Erfolgsstory; allerdings basierte Karl Fuhrmanns Ansehen auf Dessertweinen aus den Rebsorten Riesling und Scheurebe. Ende der 1970er beherrschte er diesen Stil so vollendet, dass die Weine zu den besten am ganzen Rhein gehörten. Heute führt Enkel Jan Eymael den Betrieb zusammen mit Hilfe seiner Mutter Doris, und die Dessertweine sind immer noch erstaunlich. Ihre größte Aufmerksamkeit aber gilt den konzentrierten und geschliffenen trockenen Rieslingen, allen voran den GGs aus den Lagen Herrenberg (zurückhaltender und eleganter) und Weilberg (extrovertierter mit viel reifen Pfirsich-und Ananas-Aromen) im nahegelegenen Ungstein.

VERRÜCKTE RIESLING-ZAHLEN:
Wie schön ist groß?

Bei Statistik hängt alles vom Kontext ab. Als ich mir zum ersten Mal ein Glas Riesling aus diesem Kühlschrank in Ludwigshafen am Rhein holte, gab es in der Pfalz etwa 3000 Hektar Riesling, was 14% der Gesamtrebfläche entsprach. In absoluten Zahlen war das etwas mehr als im Rheingau, obgleich dort der Riesling-Anteil näher bei 80% lag, aber weit entfernt von den 7300 Hektar an der Mosel, wo Riesling aber wiederum weniger als die Hälfte aller Weinberge belegte. Daran erkennt man, wie unterschiedlich diese Gebiete sich noch vor einer Generation präsentierten, als ich allmählich zu dem Menschen wurde, der ich heute bin und das kurze dunkle Zeitalter des Rieslings gerade erst begonnen hatte.

Seitdem sind die Karten viele Male gemischt und neu verteilt worden, und es hat sich eine vollkommen andere Situation entwickelt. Das wird am deutlichsten angesichts der Tatsache, dass sich die von roten Sorten belegte Weinbergsfläche von 12% auf 36% ausgedehnt hat (obwohl seit 2005 wieder etwas mehr weiße Sorten gepflanzt worden sind). Nicht ganz so extrem, aber immer noch auffallend ist die Steigerung beim Riesling in der Pfalz. Jetzt ist dies mit knapp 24% aller Weinberge die wichtigste Rebsorte, was sich in 5600 Hektar übersetzt – beinahe das Doppelte wie damals, als ich an diesen Kühlschrank ging. Die Mosel ist wieder bei 60% Riesling, aber dort ist die Gesamtrebfläche seit der Jahrhundertwende deutlich geschrumpft, und tatsächlich wächst an der Mosel inzwischen weniger Riesling als in der Pfalz, die die größte Rieslingfläche aller deutschen Anbaugebiete aufweist.

Jedoch ist jeder Wein im Keller hier gut gemacht. Jan ist als Winzer herangereift und beinahe dort angelangt, wo sein Großvater vor zwei Generationen stand.

Spricht man mit deutschen Sommeliers, bekommt man häufig den Eindruck, die Pfalz sei ein geschlossenes Gebiet und die Weine sich insgesamt sehr ähnlich. Bei genauerer Betrachtung verblassen die vermeintlichen Gemeinsamkeiten jedoch, und das sollte kaum überraschen angesichts der Gesamtrebfläche von 23 500 Hektar. Zudem ändert sich vor Ort alles viel schneller als in der Berichterstattung der Medien (wir schlecht bezahlten Weinjournalisten verwenden gern unser Recherchematerial von vor fünf Jahren!). Bis Gutsverwalter Hans-Günther Schwarz 2001 nach der Lese in Ruhestand ging, war das Weingut **Müller-Catoir** ein Musterbetrieb, das zahllosen jungen Pfälzer Winzern als Vorbild diente. Das war die Zeit, bevor Jungwinzer als cool und kreativ galten und die meisten der führenden deutschen Winzer die Fruchtigkeit der Weine optimieren wollten. Hans-Günthers Weine hatten, seinen eigenen Worten zufolge, »eine dominante Fruchtigkeit«, die ich häufig im wahrsten Sinne des Wortes atemberaubend fand. Seit seiner Pensionierung haben sich nicht nur die Ideale der Winzer hin zu der größtmöglichen Mineralik in den Weinen verlagert, auch Müller-Catoir hat sich grundlegend verändert.

Zuerst ernannte der damalige Besitzer Heinrich Catoir den sehr begabten, noch sehr jungen Martin Franzen zum Kellermeister; dann übergab er den Betrieb 2007 an seinen Sohn Philipp. Unter ihrer Leitung sind die Weine trockener und mineralischer geworden, aber im

Gegensatz zu Hans-Günthers Weinen, die häufig bereits sechs Monate nach der Lese für Begeisterungsstürme sorgten, werden die Müller-Catoir-Weine der Gegenwart oft unterbewertet, weil sie ihren jugendlichen Höhepunkt erst mit ein oder zwei Jahren erreichen. Das klingt vielleicht nicht wie ein Riesen-Unterschied, aber heutzutage bewerten die meisten Kritiker Weißweine im Alter von sechs bis zehn Monaten. Dadurch ist Müller-Catoir von einem Erzeuger mit von den Kritikern verherrlichten Weinen zu einem geworden, dessen Weine mit Skepsis und sogar Geringschätzung betrachtet werden. Gesteht man ihnen jedoch genug Zeit zu, leuchten sie wie eine Sammlung von Edelsteinen im Sonnenlicht, allen voran der Breumel in den Mauern Riesling GG, ein Wein von atemberaubender Brillanz. In meinen Träumen öffne ich manchmal einen Kühlschrank in der Pfalz …

Elsass: Das Riesling-Paradox des französischen Rheins

»Sind die Elsässer Weine wie die deutschen Weine?« »Nein, nicht wirklich.« »Sind sie wie die anderen französischen Weine?« »Nein, nicht wirklich!« Ich stand mit Olivier Humbrecht im Verkostungsraum des Weinguts **Zind-Humbrecht** am Stadtrand von Colmar. Wir blickten hinunter auf die Reihen von großen Eichenholzfässern, traditionelle germanische Behältnisse für die Weinbereitung und viele von ihnen Jahrzehnte alt. Von außen wirkt das Weingut allerdings eher wie ein Raumschiff, das soeben aus dem All gelandet ist, und sehr französisch. Historische Orte im Elsass wie Riquewihr oder Kaysersberg wiederum, die von Touristen überrannt werden, machen einen ganz und gar deutschen Eindruck, und überall stößt man auf Weine mit Riesling und Gewürztraminer auf dem Etikett! Manchmal erscheint es wirklich schizophren.

Gelegentlich scheinen die Elsässer selbst nicht zu wissen, auf welche Seite dieser Kulturgrenze sie nun eigentlich gehören. In den 1990ern gab es eine Veränderung im Stil der Rieslinge des Gebiets von kräftig aber frisch und richtig trocken zu opulent, cremig und mehr oder weniger süß. Was nationale Weinstereotypen angeht, war dies ein Wechsel vom französischen zum deutschen Stil, obgleich die Theorie hinter dem neuen Stil äußerst französisch klang. Einige Jahre fehlten zuverlässige Angaben auf dem Etikett hinsichtlich der tatsächlichen Süße im Glas, was zu viel Verwirrung unter den Konsumenten führte. Auch ich fragte mich manchmal, ob ich diesen oder jenen Wein nun eigentlich zu meinem Hühnchen mit Pilzen in Sahnesauce öffnen sollte oder nicht. Mit einem trockenen Wein ist das eine tolle Kombination, mit einem süßen schmeckt es hingegen furchtbar.

Es war ein schlechter Moment für diese Unklarheiten, da das Elsass gerade erst eine Weinbergslagenklassifizierung eingeführt hatte, bei der die besten Weine der vier »edlen« Sorten, darunter auch Riesling, aus den besten (das heißt klassifizierten) Weinbergen den Lagennamen und die Bezeichnung Grand Cru tragen. Kontinuität wäre dem Bewusstsein für diese neuen Weine am Markt sehr zugute gekommen. Es dauerte eine Weile, bis die führenden Winzer des Gebiets das Ausmaß ihres Fehlers bemerkten, aber dann fanden sie endlich wieder aus dem Labyrinth heraus, in das sie sich verirrt hatten. Heute ist der trockene Elsässer Riesling wieder in Bestform und zwar in einem ganz neuen Stil. Im Vergleich mit den Weinen, die ich hier auf meinen ersten Verkostungsreisen Ende der 1980er erlebte, sind die heutigen Spitzenweine deutlich aromatischer und ausdrucksvoller. Sie besitzen aber eine ähnliche Frische wie Weine aus den 1970er und '80ern und schmecken dadurch weder fett noch schwer, obgleich es definitiv gewichtige Weine sind.

Zind-Humbrechts Rieslinge bringen diesen neuen Stil am deutlichsten zum Ausdruck, obgleich Olivier Humbrecht grundsätzlich jeden Wein seine eigene Balance finden lässt, sodass manche trocken sind und andere, die nicht vollkommen durchgären, halbtrocken. Außerdem spielt bei Zind-Humbrecht eine entscheidende Rolle, dass die Weinberge weit über die südliche Hälfte des Gebiets verstreut liegen, von Hunawihr nördlich von Colmar bis hinunter nach Thann, den südlichsten Lagen des gesamten Gebiets. Das bedeutet erhebliche Unterschiede in Klima und Geologie und somit Weine mit ganz unterschiedlichen Aromen. Oliviers Vater Léonard, ohne dessen Leidenschaft für die Spitzenlagen das Elsässer Grand-Cru-System vielleicht nie eingeführt worden wäre, fand das faszinierend. Während der 1970 und frühen '80er, als viele andere Winzer den Steillagen sanfte Hänge vorzogen, in denen die gesamte Bewirtschaftung mit dem Traktor erfolgen konnte, investierte Léonard in einige der steilsten und besten Lagen des Gebiets. Olivier hat seine Begeisterung geerbt. »Es war wie in einer Sekte aufzuwachsen«, bemerkte er zu seiner Erziehung. Heute ist er der Anführer dieser Sekte.

In jedem Jahrgang gibt es bei Zind-Humbrecht sieben Einzellagen-Rieslinge: Herrenweg, Clos Hauserer, Heimbourg, Clos Windsbuhl, Grand Cru Rangen, Grand Cru Brand und Grand Cru Brand Vieilles Vignes (alte Reben). Die Persönlichkeit jedes einzelnen ist so unterschiedlich wie bei Kindern einer Familie. Am üppigsten in Körper und Frucht (vor allem Pfirsich und Aprikose) sind Clos Hauserer und Heimbourg; Clos Windsbuhl ist am muskulösten und sehnigsten; und die Grands Crus wirken noch konzentrierter. Vielleicht aufgrund seines komplexen, hauptsächlich vulkanischen Bodens ist der Rangen ein einzigartiger trockener Wein auf Planet Wein. Ich empfinde ihn als intensiv würzig, kann aber nie genau sagen, welche Gewürze ich da nun eigentlich rieche. So gut wie alle Gewürze stammen aus den Tropen, und da scheinen auch die Fruchtaromen des Brand herzukommen, aber hier ist die Ananasnote eindeutiger zu identifizieren. Weil die Trauben für den Brand Vieilles Vignes tendenziell mehr Edelfäule haben als die der anderen Lagen, wirkt dieser Wein auch exotisch, geht aber mehr in Richtung Honig als der normale Brand. Im Gegensatz dazu ist Zind-Humbrechts »einfacher« Riesling Terroir d'Alsace knackig, frisch und richtig trocken mit ganz gut Substanz. Bei einem Elsässer Spitzenproduzenten wie diesem haben sogar die einfachen Rieslinge 13 % Alkohol!

Buchstäblich auf den ersten Blick sind die Riesling-Weine des Weinguts **Weinbach/Faller** am Ortsrand von Kaysersberg scheinbar einfach verständlich, weil deren Weinberge nicht weit verstreut liegen. Wenn man das historische Weingut besucht, ein ehemaliges Kloster, fährt man durch die flachen Parzellen des Clos des Capucins, wo die Reben auf Schwemmböden wachsen, die sich dort über viele tausend Jahre aus den Vogesen angesammelt haben. Von dort wird der Blick unwillkürlich von der felsigen Silhouette des nach Süden ausgerichteten Grand Cru Schlossberg angezogen. Er sieht leicht rötlich aus durch das Granit-Muttergestein. Alle trockenen Weinbach-Rieslinge stammen aus einer dieser beiden Lagen. Aus dem Clos des Capucins ist es die Cuvée Théo, benannt nach dem Vater von Catherine und Laurence Faller, die den Betrieb seit seinem Tod 1979 zusammen mit ihrer Mutter Colette führen. Riesling Cuvée Théo ist ein freundlicher, ansprechender Wein, zugleich saftig und harmonisch, aber nicht ganz so spannend wie die trockenen Rieslinge aus dem Schlossberg.

Die Fallers besitzen volle acht Hektar in dieser Grand-Cru-Lage und erzeugen hier jedes Jahr typischerweise drei trockene Rieslinge. Ich verkoste sie immer in einem der holzgetäfelten Räume, in denen Cathy Faller Besucher empfängt, aber wie wir sehen werden, sind die Weine moderner, als diese Kulisse vermuten lässt. Zuerst schenkt sie den Riesling Grand Cru Schlossberg ein, der von den oberen Hängen der Lage kommt, wo der Boden am wenigsten tief und die Luft am kühlsten ist. Das ergibt einen unglaublich strahlenden Wein mit ausgeprägtem weißem Pfirsicharoma; er wirkt rank und schlank trotz der 13% Alkohol (oder leicht darüber) und endet mit einem Schwall Frühlingsfrische. Durch die Höhenlage der Weinberge ähnelt der Wein einem Riesling von weiter nördlich, wo es auch kühler ist als in den meisten Elsässer Lagen. Aufgrund seiner durch die Vogesen geschützten Lage und die warme Luft vom Mittelmeer, die das Rhônetal hinauf und durch die burgundische Pforte bei Basel fließt, sind die Sommer im Elsass ziemlich heiß. Es ist vielleicht schwer zu glauben, aber die Sommer sind hier trockener und nur wenig kühler als in Bordeaux. Daher ist das Elsass nicht der richtige Ort, um leichte Weine zu machen.

Dann schenkt Cathy den Wein ein, der ihren Namen trägt, den Riesling Cuvée Ste. Catherine, aus den Parzellen im unteren Teil des Grand Cru Schlossberg. Die Geschichte dieses Weins geht zurück auf das Jahr 1984, dem letzten richtig schlechten Jahrgang, als die Fallers bis zum 25. November warteten, dem Namenstag der heiligen Katharina, um wirklich reife Rieslingtrauben zu ernten. Viele neuere Jahrgänge hingegen waren so reif, dass sie aufpassen mussten, um die Trauben vor der Überreife zu lesen. Überreife würde bedeuten, dass die Trauben zu viel Zucker enthalten, als dass die Hefe sie trocken vergären könnte. Der Cuvée Ste. Catherine ist stets ein üppiger Wein, aber nie übermächtig, und die Anflüge von Kräutern und die prickelnde Salzigkeit, die er am Gaumen hinterlässt, sind ebenso einprägsam wie die Fülle. Mit dem Grand Cru Schlossberg Cuvée Ste. Catherine im Glas verliere ich mich einen Moment lang in Gedanken und erinnere mich an frühere Jahrgänge, die ich ebenfalls hier erlebt habe. Der Wein stammt immer aus dem mittleren Teil des Schlossberg und somit von den ältesten, über 60-jährigen Reben. Obgleich er der kräftigste und konzentrierteste des Trios ist, zeigt er doch eine gewisse Feingliedrigkeit statt nur Muskeln. Und wenn wir einige der früheren Jahrgänge zurück verkosten, dann fällt mir auf, dass die Weine mit dem Alter etwas Filigranes bekommen, wodurch ihre Schönheit zeitlos erscheint.

Man könnte jetzt voreilig den Schluss ziehen, dass der neue Stil des Elsässer Rieslings biodynamische Bewirtschaftung voraussetzt, weil diese sowohl bei Zind-Humbrecht als auch bei Weinbach/Faller praktiziert wird. Doch wäre das ein Irrtum, denn einige der besten dieser Rieslinge kommen von Jean Boxler vom Weingut **Albert Boxler** in Niedermorschwihr, der seine Weinberge nach normalen ökologischen Richtlinien bewirtschaftet – was aber keinesfalls bedeutet, dass ihm seine Weinberge nicht wichtig sind. Jean sagt vielmehr, Weinqualität sei »das Ergebnis der Investition von Arbeit in den Weinberg«, und das richtig hinzubekommen, erfordere ständige Beobachtung der dortigen Vorgänge.

Selbst diese Beobachtung ist harte Arbeit, weil der größte Teil von Jeans Weinbergen zu den brutal steilen Grand-Cru-Lagen Sommerberg und Brand gehören. Beide haben sandige Granitböden wie der Grand Cru Schlossberg, und beide sind flachgründig und speichern wenig Wasser. Die Reben brauchen hier während der Wachstumsperiode deshalb alle zwei oder drei Tage Regen, und wenn der ausbleibt, dann schalten sie ab, und der Reifeprozess kommt zum Stillstand. Der Vorteil dieses Bodentypus liegt daher darin, dass die Weine selbst bei hohen Alkoholwerten nicht opulent und noch viel weniger übertrieben wirken; selbst Jeans Weine aus dem superüppigen Jahrgang 2011 schmeckten letztendlich frisch und kühl statt massiv oder schwer. In jenem Jahrgang hat er zuerst die Rieslingtrauben gelesen, die normalerweise die letzten sind; dieser ungewöhnliche Schritt war das Ergebnis von Beobachtung und schnellen Entscheidungen.

Wenn man aus dem Verkostungsraum der Boxlers tritt, ragt der Hang des Sommerberg wie eine Wand vor einem auf, und für die Rieslinge aus dieser Lage ist das Weingut berühmt. Wenn ich Jean gegenüber das Wort

»berühmt« gebrauchen würde, wäre ihm das sehr peinlich; bereits meine Kommentare zu seinen Weinen während der Verkostung – etwa dass selbst der normale trockene Riesling ein gestandener Wein mit ausgeprägten Beeren- und Kräuteraromen ist – ließen ihn gelegentlich erröten. Ich behielt daher meine Gedanken zu den vier verschiedenen Weinen, die er als Riesling Grand Cru Sommerberg vermarktet, lieber für mich.

Zwischen ihnen zu unterscheiden erfordert einen Blick aufs Rückenetikett. Der Wein aus den *Jeunes Vignes*, den jungen Reben, ist mit »JV« markiert; der aus der Parzelle Egberg mit »E«, der aus der Parzelle Duddenstein mit einem »D«. Beim normalen Sommerberg stehen gar keine Buchstaben auf dem Rückenetikett. Der Preisunterschied zwischen diesen Weinen ist viel geringer als der geschmackliche. JV ist ein kraftvoller Wein, aber ziemlich streng, während der normale Sommerberg große mineralische Frische mitbringt. E ist ein derart opulenter, exotischer Riesling, dass seine Brillanz wie ein Wunder erscheint, und der D ist von allen am mächtigsten und würzigsten.

Die Unterschiede zwischen trockenen Rieslingen aus Lagen mit leichten Granitböden und solchen mit schweren Böden am anderen Ende der Skala lassen sich sehr gut beim Weingut **Bott-Geyl** in Beblenheim beobachten. Jean-Christophe hat Rieslingreben im Grand Cru Schlossberg und im Grand Cru Schoenenbourg, letzterer mit einem Gipsmergelboden, der wirklich zum Hardcore unter den Weinbergsböden gehört. Während sein Riesling aus dem Schlossberg schlank und rassig ist mit einer blütigen Frische, die ihn in der Jugend sehr ansprechend macht, wirkt sein Riesling aus dem Schoenenbourg streng und monolithisch, bevor er nicht mindestens zwei Jahre Flaschenreife hinter sich hat.

Ein weiterer bedeutender Riesling-Erzeuger im Grand Cru Schoenenbourg ist der junge Betrieb **Agapé** (2007 gegründet) in dem historischen Ort (oder auch: der Touristenfalle) Riquewihr. Wie Agapés Kellermeister Vincent Sipp dieser Lage diesen Charme entlockt, ist mir ein Rätsel, aber so gewichtig der Wein ist, zeigt er doch bereits in seiner Jugend etwas Frucht neben all seiner Kraft. Ein erstaunlicher Wein in der Kategorie trockener Basis-Rieslinge ist Vincents »Expression«, den man ebenso auf ein Picknick mitnehmen könnte, als ihn zu einem aufwendigen Gericht servieren. Wenn ich einen so fröhlichen Wein trinke, frage ich mich, warum das berühmte Weingut **Hugel** in Riquewihr ins All abgedriftet ist. Ihre Rieslinge sind nie schlecht, aber häufig ein wenig langweilig und auf der schweren Seite. Ihnen würde eine vorsichtige Überholung gut tun oder sogar eine vollständige Neu-Erfindung.

Das Weingut **Trimbach** in Ribeauvillé hingegen erzielt einen Erfolg nach dem anderen. Sie erzeugen seit langem den teuersten trockenen Riesling der Welt, Clos Ste. Hune (erster Jahrgang 1919), und ihre Rieslinge sind seit Jahrzehnten weltweit so gut distribuiert, dass sie den Ruf des Elsässer Rieslings als einem Wein ohne Süße oder Eichenaromen mitgeprägt haben. Pierre Trimbach ist gegenwärtig für den Keller verantwortlich, wozu alles gehört vom Begutachten der Trauben, die sie zukaufen (von etwa 100 Hektar, zusätzlich zu ihren eigenen 44 Hektar), bis zur Abfüllung. Jean Trimbach hat die anspruchsvolle Aufgabe, den Überblick über Dutzende von Märkten zu behalten, in denen ihre Weine verkauft werden. Die größte Herausforderung für die Brüder liegt jedoch darin, dieses Unternehmen von den Ausmaßen eines Ozeandampfers auf dem vor Generationen bestimmten Kurs zu halten. Hier gibt es keinen neuen Rieslingstil, weil sich die Trimbachs dem trockenen Riesling immer verpflichtet gefühlt haben.

Ihr normaler trockener Riesling stellt über 30 % der Gesamtproduktion von mindestens einer Million Flaschen jährlich dar. Mittelgewichtig, supergeradlinig und knackig ist dies die beste Einführung in den Elsässer Riesling, und genau das war er auch, als ich ihm vor 30 Jahren erstmals begegnete. Er besitzt dieselbe Art von frischen und doch diskreten Fruchtaromen (Apfel, Pfirsich, Zitrus) wie der Clos Ste. Hune, ist aber weniger reif und straff. Das hat viel mit dem in diesem Teil des Elsass vorherrschenden Bodentyp zu tun, der aus dem Kalk-Muttergestein entstanden ist. Er ist das Gegenteil vom Granit: Er ist alkalin (basisch) statt sauer, schwer statt leicht und kann viel Wasser speichern, statt es wie ein Sieb durchzulassen. Kein Wunder, dass die Weine so anders schmecken! Am offensichtlichsten ist das im Riesling Frédéric Emile (eine Cuvée aus den Grands Crus Gaisberg und Osterberg), mit seinen erdigen und kandierten Zitrusaromen, elegantem Profil und ausgesprochen festem Nachhall. Wie der Clos Ste. Hune kommt auch er grundsätzlich erst mit mindestens fünf Jahren Flaschenreife auf den Markt. Was ist das Besondere am Clos Ste. Hune? Vom Grundstil ist er dem Frédéric Emile sehr ähnlich, aber zugleich konzentrierter, geschmeidiger und seidiger. Das alles erweckt vielleicht den Eindruck, bei Trimbach gäbe es nie Veränderungen, aber bei meinem letzten Besuch verkostete ich Einzellagen-Rieslinge des Jahrgangs 2011 aus den Grands Crus Gaisberg und Mandelberg, und einen aus dem Grand Cru Schlossberg wird es in Zukunft auch geben. Nach ihrer ursprünglichen Ablehnung des Grand-Cru-Systems scheinen sie jetzt in großem Stil dazu überzugehen.

Es war merkwürdig, die junge Mélanie Pfister vom Weingut **Pfister** in Dahlenheim zu besuchen (eine kurze Autofahrt von Strasbourg entfernt, also verhältnismäßig nördlich im Gebiet), ihr neues Weingut mit Temperatur kontrollierten Edelstahltanks anzuschauen und dann zu begreifen, dass es ihr nicht darum geht, mithilfe von Hightech radikal neue Weine zu machen. Das ist für sie nur ein Mittel, um den von ihrem Vater André entwickelten trockenen, schlanken (im satten Elsässer Kontext) Weinstil zu vervollkommnen, der eigentlich dem der Trimbachs ziemlich nahe kommt. Diese Ähnlichkeit ist kein Zufall, denn der Boden im Grand Cru Engelberg ist vom selben Grundtypus wie um Ribeauvillé, obgleich es hier etwas kühler ist. Das ist der Grund, warum die Weine hell und knackig schmecken, nicht die moderne Kellertechnologie, mit der sich Mélanie bestens auskennt, sie aber nur sparsam einsetzt.

Auch beim Weingut **Albert Mann** in Wettolsheim wird moderne Technik nicht abgelehnt, und die Weine werden hier mit Schraubverschluss abgefüllt. Eine viel größere Leistung der Brüder Maurice und Jacky Bartholmé ist aber ihr saftiger und geschmeidiger trockener Riesling Cuvée Albert mit seinen Orangenschalen- und Aprikosenaromen. Maurice berichtet, dass sich Riesling lange nur sehr schwer verkaufen ließ, sich das in den letzten Jahren aber grundlegend geändert habe. Angesichts derart ansprechender Weine ist das mehr als verständlich. Sie mögen wie Modernisten erscheinen, doch die Brüder bewirtschaften ihre Weinberge nicht nur nach biodynamischen Methoden – »im Prinzip das, was mein Großvater getan hat«, sagt Maurice – sondern setzen für manche Aufgaben auch Pferde ein. Als ich das hörte, fragte ich mich, wer hier tatsächlich Modernist oder Traditionalist ist und was diese Worte im Elsass eigentlich bedeuten.

Diese Fragen drängten sich auch bei meinem letzten Besuch bei Marie-Hélène und Jean-Michel vom Weingut **Marcel Deiss** in Bergheim auf. Hier trägt nur ein Wein die Bezeichnung Riesling auf dem Etikett; die anderen, die vornehmlich aus der Sorte entstehen, sind ausschließlich mit dem Lagennamen gekennzeichnet. »Vornehmlich« ist das entscheidende Wort, denn das Paar glaubt, dass der Terroir-Charakter am stärksten in Weinen zum Ausdruck kommt, die aus vielen, im Weinberg zusammen gepflanzten Rebsorten (Fachbegriff: gemischter Satz) zum Ausdruck kommt, die dann zusammen gelesen, gekeltert und vergoren werden (Fachbegriff: Cofermentation). Erstaunlich tiefe und fein nuancierte Deiss-Weine wie der (im allgemeinen halbtrockene) Grand Cru Altenberg und der Grand Cru Schoenenbourg gehören also streng genommen nicht in dieses Buch, weil es Verschnitte aus dem deutschen Riesling und französischen Rebsorten sind! Das ist die Komplexität der Elsässer Persönlichkeit in einem Glas Wein.

Die anderen Rieslinge vom Rhein und seinen Nebenflüssen

Innerhalb der internationalen Weinszene gibt es eine inoffizielle Hierarchie der Weingebiete, mit berühmten Namen an der Spitze und unbekannten am Fuß der Pyramide. Die breitere Wahrnehmung der Konsumenten folgt diesem Insiderplan, aber mit einer Zeitverschiebung.

VERRÜCKTE RIESLING-ZAHLEN:
Die unbekannte Dynamik des Elsass

Französische Weine werden oft als zeitlose Meisterwerke vermarktet, und das ist vielleicht der Grund dafür, dass in der offiziellen Version die einzige große Veränderung in den Weinbergen des Elsass darin bestand, dass Pinot Blanc (Weißburgunder) und Auxerrois den bescheidenen Sylvaner als Grundstoff für einfache trockene Weine beinahe vollständig verdrängt haben (die beiden sind ein Paar, werden meistens verschnitten und als Pinot Blanc vermarktet). 2009 gab es nur noch 1446 Hektar Sylvaner, verglichen mit 3331 Hektar Pinot Blanc und Auxerrois. Und Gewürztraminer? Ist das nicht der berühmteste Elsässer Wein und die wichtigste Rebsorte im Gebiet? 1982 nahm der Riesling im Elsass 2250 Hektar ein. 2009 waren es 3382 Hektar. Eine Steigerung von 50 % klingt ziemlich bedeutend, aber über eine Zeitspanne von 27 Jahren sind das weniger als 2 % jährlich, als Wachstum also beständig, aber vollkommen unspektakulär. Blickt man jedoch noch weiter zurück, bis 1958, zeichnet sich eine grundlegende Veränderung ab. Damals waren nur 787 Hektar mit Riesling bepflanzt, was zwischen 1958 und 1982 eine Steigerung von 185 % ergibt, ein Jahresmittel von beinahe 8 % über 24 Jahre. Meiner Meinung nach hat sich der Riesling in dieser Zeit im Elsass von einer unbedeutenden Spezialität zu einer der vorherrschenden Rebsorten entwickelt und nach 1982 allmählich den Gewürztraminer als die Nummer Eins überholt.

Einfach ausgedrückt kann der gute Ruf eines Gebiets zur Verherrlichung seiner Weine führen, wie es zum Beispiel beim Burgund in Frankreich der Fall ist, das ich gelegentlich als heiliges Burgund bezeichne. Der gegenwärtige Ruf dieses Gebiets übersieht die zahlreichen dort erzeugten minderwertigen Weine, die für viel Geld angeboten werden, und den Verdacht falscher Alkoholangaben, die sich auch auf einige der berühmtesten Erzeugernamen erstrecken. Das geringe Ansehen manch anderer Weingebiete, wie etwa Baden auf der anderen Seite des Rheins direkt gegenüber dem Elsass, Württemberg im Neckartal und Franken im Maintal (beides wichtige Nebenflüsse des Rheins), sorgt hingegen für Vorurteile.

International stehen diese Gebiete im Ruf, in Deutschland am »falschen Ort« zu liegen, und das liegt zu großen Teilen daran, dass dort nach Wahrnehmung der Wein-Insider keine spannenden Rieslinge erzeugt werden. Zuerst muss dazu bemerkt werden, dass zwei dieser drei Gebiete bedeutende Mengen Riesling erzeugen. Württemberg hat 2096 Hektar beziehungsweise 18,5 % seiner Gesamtrebfläche; Baden wirft 1130 Hektar in die Waagschale, etwa 7 % seiner Weinberge, und Franken verfügt über 323 Hektar Riesling, 5 % seiner Fläche. In allen drei Gebieten zusammen wächst mehr Riesling als im Rheingau oder in Nordamerika östlich der Rocky Mountains.

Was diese nackten Zahlen über Franken nicht aussagen, ist die Tatsache, dass der größte Teil der Weine am oberen Ende der Preisskala hier Rieslinge sind. Man hört von diesen Weinen nicht viel, weil erstens Franken traditionell den heimischen Markt versorgt (das heißt Bayern, nicht ganz Deutschland), und zweitens bei Riesling im Vergleich mit dem Silvaner, traditionell die Vorzeigesorte des Gebiets, die Qualitätsschwankungen von Jahrgang zu Jahrgang beträchtlich ausfallen können. Im richtigen Jahr kann trockener Franken-Riesling jedoch ein kräftiger, gestandener Wein mit Aprikosen- und Mangonoten sein.

Ein paar Jungwinzer, wie Christian Stahl vom Weingut **Stahl** im abgelegenen Auernhofen, experimentieren mit neuen Riesling-Stilistiken, in Stahls Fall aromatische Weine mit einem Schuss natürlicher Kohlensäure, damit die recht gewichtigen Weine etwas leichter daher kommen.

Dann gibt es die superfleischigen und strahlendsüßen Rieslinge (Auslese, BA und TBA) voller exotischer Fruchtaromen von **Horst Sauer** in Escherndorf, die ihm so gut wie jede bedeutende internationale Auszeichnung auf dem Gebiet der Dessertweine eingebracht haben. Für diese Weltklassequalität sind die Preise sehr freundlich; eines der großen Schnäppchen auf Planet Riesling. Horst hat auch mit seinen GGs aus dem Escherndorfer Lump eine Reihe von Blindverkostungen trockener Rieslinge gewonnen – eigentlich gibt es keinen Preis, für den er sich qualifizieren würde, den er nicht gewonnen hat! Im richtigen Jahrgang ist dies ein Wein, der beträchtliche mineralische Kraft mit leuchtenden superreifen Fruchtaromen verbindet. Andere Jahrgänge sind allerdings lediglich gut.

Das berühmte Weingut **Juliusspital** in Würzburg produziert jährlich über eine Million Flaschen, die sämtlich in der hypermodernen Kellerei unter dem Parkhaus der Stiftung (als Wärmedämmung) ausgebaut und abgefüllt werden. Volle 20% davon sind Riesling, ein sehr hoher Anteil für Franken, was Sinn macht, da das Juliusspital über beträchtliche Besitztümer in den wärmsten Lagen eines Gebiets verfügt, in dem frühe Herbstfröste trotz des Klimawandels nach wie vor ein Risiko darstellen. Häufig gefallen mir die trockenen Spitzen-Silvaner des langjährigen Gutsdirektors Horst Kolesch und seines neuen Kellermeisters Nicolas Frauer allerdings einen Stich besser als die trockenen Spitzen-Rieslinge. Unter ihnen ist der GG aus der Würzburger Lage Stein mit seinen schönen Zitrusaromen und einer für Franken seltenen Eleganz ganz eindeutig der beständigste.

Die Brüder Uli und Wolfgang **Luckert** schwimmen beharrlich gegen den modernistischen Strom dieses sehr dynamischen Gebiets. Hier geht es bei ökologischer Bewirtschaftung, niedrigen Erträgen und Spontangärung (der Keller scheint seine ganz eigenen Hefekulturen entwickelt zu haben) um das Ziel von Weinen mit außergewöhnlicher aromatischer und struktureller Komplexität. Trotzdem muss man nicht auf knochentrocken stehen, um diese Weine zu mögen. Der Maustal Riesling GG schwankt zwischen sehr gut und hervorragend, während der schlanke, unfassbar mineralische ‚Unter der Mauer' (ein Verschnitt von Riesling und Silvaner von dieser Lage) seit dem Jahrgang 2008 regelmäßig zu den besten trockenen Weißweinen Deutschlands gehört, vorausgesetzt man ist bereit, ihm die volle Aufmerksamkeit zu schenken.

In vieler Hinsicht sind die Hänge des Steigerwalds im Osten von Franken eine Weinwelt für sich – eine verlorene Rieslingwelt? Dies ist die einzige Ecke in Deutschland, wo Riesling auf schwerem Gipsmergel wächst, und das scheint der Grund für die eher kräuterige statt fruchtige, muskulöse statt charmante Art der Weine zu sein. Lange Zeit war das Weingut **Wirsching** in Iphofen hier der beste Erzeuger, und unter der Führung der Schwestern Andrea und Lena Wirsching könnte das auch bald wieder der Fall sein. Ihre trockenen Steigerwald-Rieslinge sind ganz eindeutig ansprechender als das Gros.

Mit 7,5 Hektar Weinbergen verfügt Paul Weltner in Rödelsee nur über ein Zehntel der Fläche der Wirschings, aber sein Weingut **Weltner** ist hier der beständigste unter den führenden Betrieben, seit er es 2005 von seinem Vater Wolfgang übernommen hat. Für einen so ruhigen Kerl zeigen Pauls Weine enorm viel Schwung und Charisma, neben einem komplexen erdig-kräuterigen Kern. Mit mehr Rieslingflächen könnte er leicht in der ersten Liga mitspielen!

Dass die Weine, die Hansi Ruck beim Weingut **Johann Ruck** in Iphofen macht, entweder geliebt und verherrlicht werden, oder aber gehasst und verspottet, ist vollkommen logisch, denn Hansi hat sie selbstbewusst weit über die Grenze dessen getrieben, was in Franken als »korrekt« betrachtet wird. Positive »Stinker« und erdige Kraft sind Hansis Ziel, daneben vielleicht auch, Bewegung in ein Weingebiet zu bringen, das paradoxerweise zugleich dynamisch und zutiefst konservativ ist. Man könnte dahinter Sendungsbewusstsein vermuten, doch ist eher das Gegenteil der Fall. Die Rucks sind keine Aristokraten, aber Hansi ist auf eine Weise reserviert, die dazu passen würde.

Ferdinand Erbgraf zu Castell-Castell ist der Besitzer des großen Weinguts **Castell** in dem kleinen Ort desselben Namens und selbstverständlich ein echter Aristokrat. Hier konzentriert man sich ganz auf Silvaner und Müller-Thurgau, beides Sorten, für die die Familie Castell sich als Vorreiter im Gebiet eingesetzt hat. In Spitzenjahren ist der Riesling GG aus der Lage Schlossberg trotzdem einer der kraftvollsten und dunkel geheimnisvollen Weine aus meiner Lieblingssorte des gesamten Gebiets.

Das Taubertal ist der kühlste Standort Frankens, an dem Riesling angebaut wird, und einer der kühlsten ganz Deutschlands. In den letzten Jahren hat Jürgen Hofmann vom Weingut **Hofmann** in Röttingen an der im Kontext des trocken-besessenen Gebiets schwierigen Aufgabe eines entspannteren Umgangs mit unvergorener Süße in den Weinen gearbeitet. Seine stahligen trockenen Weine sind gut, aber die als »feinherb« bezeichneten sind eindeutig harmonischer und aromatischer. Der Name der Lage Feuerstein sagt viel darüber aus, wie diese Weine schmecken, obgleich sie darüber hinaus alle Arten von weißen Fruchtaromen ins Spiel bringen.

Es gibt eine bedeutende positive Ausnahme auf dem Gebiet des trockenen Franken-Rieslings, nämlich den unteren Teil des Maintals, eine kurze Autofahrt von Frankfurt nach Osten. Hier herrscht beim Boden der rote Buntsandstein vor statt des Muschelkalks im Zentrum des Gebiets. Das Weingut **Fürst** in Bürgstadt ist hier ohne jeden Zweifel der führende Erzeuger, und obgleich Paul Fürst die Verantwortung für den größten Teil der Weine an seinen Sohn Sebastian übergeben hat, kümmert er sich doch weiterhin um die trockenen Rieslinge. Sein Centgrafenberg ist wahrscheinlich der international unterbewerteste trockene Riesling unter den GGs. Der Gebirgsbach ist eine überstrapazierte Metapher für Riesling, aber dieser Wein ist von einer solch atemberaubenden Klarheit, Frische und betonten mineralischen Salzigkeit, dass einfach kein Weg daran vorbei führt. Dazu kommt ein ganzer Haufen an Kräuter- und Beerenaromen, und alles zusammen ergibt einen der komplexesten trockenen Weine auf Planet Riesling. Der normale trockene Riesling Pur Mineral ist charmanter und viel leichtgewichtiger.

Baden scheint ein viel schwierigerer Fall zu sein, was den Ruf für ernstzunehmenden trockenen Riesling betrifft, da in den Weinbergen und Kellern die Burgunderfamilie dominiert, allen voran der Spätburgunder, gefolgt von Grau- und Weißburgunder. Doch in dem Untergebiet der

Ortenau, zwischen dem berühmten Kurort Baden-Baden im Norden und der Stadt Offenburg im Süden, gibt es nicht nur Weinorte, in denen der Riesling die wichtigste Rebsorte ist, sondern auch eine Ballung sehr guter Erzeuger. Hier sind die Weinberge häufig extrem steil, und der Boden ist von Granit geprägt, was zu sehnigen, aromatischen Rieslingen führt, die weitab vom allgemeinen Image badischer Weine als korpulent und robust liegen.

Die trockenen Rieslinge, die Vater und Sohn beim Weingut **Andreas Laible** (ja, sie heißen beide Andreas) in Durbach erzeugen, sind die floralsten, fruchtbetontesten und elegantesten Weine der Ortenau. Das Weingut ist so klein (unter acht Hektar), dass es keinen Platz für den anderen Sohn gab, **Alexander Laible**, der daher 2009 eine ehemalige Bäckerei in Durbach anmietete und Weinberge pachtete, wo sie ihm angeboten wurden; für seine trockenen Rieslinge ist das 40 Kilometer entfernt im Norden von Durbach. Seine Weine sind etwas muskulöser als die seines Bruders, haben aber noch die für die Ortenau charakteristische schlanke Art. Noch näher bei Baden-Baden (lediglich eine Taxifahrt entfernt) liegt **Schloss Neuweier**, wo Klaus Schätzle seit 2009 Weine voller Würze und Rauch macht, mit einer betont salzigen mineralischen Note. Sie sind den Laible-Weinen ebenbürtig, aber von einer ganz anderen Persönlichkeit und sollten auch sehr gut altern.

Württemberg ist immer noch schwer am Kämpfen, um sich von dem Ruf als Quelle dünner, blassroter Weine zu befreien, was nicht zuletzt daran liegt, dass dort nach wie vor viel zu viele solcher Weine aus den Sorten Trollinger und Schwarzriesling (in Frankreich Pinot Meunier) erzeugt werden. Wenn man den trockenen Bergmandel Riesling GG von **Rainer Schnaitmann** in Fellbach unmittelbar östlich von Stuttgart verkostet, erlebt man das andere Extrem dieses Gebiets. Diese Aromen wilder Erdbeeren und kleiner Bananen sind einzigartig in der Welt des Rieslings, und der Wein hat die Statur und das Auftreten eines klassischen Helden. Es kann problematisch sein, dieses Weines habhaft zu werden, selbst direkt beim Weingut, weil der Verkostungsraum so häufig vollkommen überrannt wird – ein klarer Beweis dafür, dass Rainer längst ein Winzerstar ist (auch aufgrund seiner kraftvollen Rotweine).

Schnaitmanns Kraftpaket von Riesling und die saftigen, charmanten trockenen Weine von **Gerhard Aldinger**, nur wenige Ecken weiter ebenfalls in Fellbach, wären wahrscheinlich nie entstanden, wenn es nicht ein örtliches Vorbild gegeben hätte, das es wagte, sich mit der streng orthodoxen Vorstellung des württembergischen Rieslings als bestenfalls angenehmem Wein anzulegen, Hans-Peter Wöhrwag vom Weingut **Wöhrwag** in Untertürkheim, dessen Weinberge direkt über dem Mercedes-Benz-Werk liegen. Sein trockener Riesling Goldkapsel war der erste im Gebiet, der unverhohlen aromatisch, statt langweilig und »weinig« war, strahlend und rassig, ohne zu säuerlich zu schmecken.

Es war ein bahnbrechender Wein in diesem ausgedehnten Gebiet mit ziemlich kontinentalem Klima, weil er nicht nur sofort neue stilistische Möglichkeiten eröffnete, sondern auch bewies, dass es möglich war, sich in einem sehr konservativen Gebiet von der Menge abzuheben und damit Erfolg zu haben. Nachdem er die europäische BMX-Meisterschaft gewonnen hatte, stellte Jochen Beurer 1997 sein Fahrrad in die Ecke, trat aus der örtlichen Genossenschaft aus, gründete das Weingut Beurer und begann, in der Garage seines Elternhaus trockenen Riesling zu machen. Inspiriert von Heymann-Löwenstein an der Mosel und Peter Jakob Kühn im Rheingau entwickelte er einen radikal neuen Stil von Württemberger Wein, weitab der gegenwärtigen fruchtbetonten Norm.

Herr Soundso und seine Sammlung von Mineralien

Vor Kurzem gab es ein Wunder im Weingebiet Nahe, oder vielmehr ist das Wunder, dass die Nahe als Weingebiet endlich wahrgenommen wird, während sie vorher immer nur der Herr Soundso des deutschen Rieslings war. Natürlich existiert das Tal dieses Nebenfluss des Rheins bereits wesentlich länger als der Homo Sapiens in Europa, und der Weinbau begann hier mit den

Römern, aber so gut wie niemand sprach bis vor wenigen Jahren von der Nahe als Weingebiet. Das Seltsame ist, dass die Weine vom Weingut **Crusius** in Traisen (immer noch beeindruckend) und von der Staatsdomäne in Niederhausen-Schlossböckelheim (siehe unten) bei meinem ersten Besuch hier 1984 international angesehen waren, ihr Erfolg sich aber nicht auf das Gebiet übertrug. Ich erkannte das damals nicht, aber eigentlich erlebte ich die letzten Überreste der alten Nahe-Weinkultur, deren Wurzeln in die Anfänge des 20. Jahrhunderts zurückreichen. Vor gut 15 Jahren zeigte eine Umfrage, dass die Nahe in Deutschland das am wenigsten bekannte heimische Anbaugebiet war.

Zu jener Zeit waren die Art, wie die geographische Lage und der Rieslingtyp der Nahe beschrieben wurden, oft kennzeichnend für das Fehlen einer eigenen Gebietsidentität: »zwischen der Mosel und dem Rheingau.« Eigentlich entsprechen aber nur wenige Nahe-Weine dieser Beschreibung, und geographisch liegt die Nahe südlich der Mosel und westlich des Rheingaus, was kaum als »zwischen« bezeichnet werden kann. Die ungewöhnliche Nachlässigkeit der deutschen Beamten, die erst 1971 die Gebietsgrenzen festlegten, war alles andere als hilfreich, um das Bewusstsein für die hiesigen Weine zu stärken. Dazu kam der langsame Verfall der bis dahin gesunden Weinkultur ab Ende der 1960er. Die Anonymität begann, sich erst ganz gegen Ende des letzten Jahrhunderts aufzulösen, als eine Gruppe von Nahe-Erzeugern, die zuvor nur einer kleinen Zahl von Fans bekannt gewesen waren, allmählich mehr Aufmerksamkeit von den Kritikern bekam und neue Kunden weit über die deutschen Grenzen hinweg anzog. Dann erreichte das Jungwinzer-Phänomen auch die Nahe, und vor zehn Jahren wurde das Gebiet plötzlich ebenso zum Gesprächsstoff in der deutschen Weinszene wie Rheinhessen, galt aber als noch cooler. Dieses Cool hatte seinen Ursprung in der Vielfalt von steinigen Böden dieser felsigen und landschaftlich oftmals wirklich dramatischen Region, und dem »mineralischen« Charakter der Weine, der als direktes Ergebnis davon wahrgenommen wurde. International hatte es die Nahe relativ leicht, Forstschritte zu erzielen, denn wie die bestens etablierte Mosel handelt es sich schließlich um ein gewundenes Flusstal mit steinigen Böden, das gleichermaßen aromatische und rassige, süße Rieslinge hervorbringt. Sie passt also bestens in die offizielle deutsche Weinstory der internationalen Weinszene.

Die Weine von Tim Fröhlichs Weingut **Schäfer-Fröhlich** in Bockenau verkörpern die neue Nahe mehr als alle anderen, weil ihnen eine »Wildheit« eigen ist – sie sind geschmacklich immer extrem und oft »stinkig« im Aroma –, die direkt aus der Landschaft um das abgelegene Bockenau zu stammen scheint, mit seiner Insel von Weinbergen im Hunsrück nördlich des Nahetals. Tim hat den Keller des Familienweinguts 1995 übernommen, wirkt aber immer noch jungenhaft genug, um als Jungwinzer durchzugehen. Er sorgte bereits mit den ersten Jahrgängen für einiges Aufsehen, aber im Rückblick erscheinen sie wie tastende Versuche im Vergleich mit seinen Blade-Runner-Rieslingen der letzten zehn Jahre. Seine süßen und halbsüßen Rieslinge haben zwar allesamt ein Spiel von tropischen Fruchtaromen und rassiger Säure von hochspannungsartiger Intensität, aber die trockenen Rieslinge und von denen vor allem die sechs Einzellagen-GGs haben sein Ansehen von interessanter Newcomer auf Starwinzer-Status hochgeschraubt.

Die GGs aus den Lagen Frühlingsplätzchen und Halenberg in Monzingen sind ausgenommen rassige Weine, haben aber auch jede Menge charmante Fruchtaromen (ganz besonders weißer Pfirsich) und im Fall des Frühlingsplätzchens auch kräuterige Noten. Die Schäfer-Fröhlich-GGs aus den Lagen Kupfergrube und Felsenberg in Schlossböckelheim bringen ausgeprägte Grapefruit und Rauchnoten ins Glas und sind viel radikalere, strenge Weine mit beträchtlicher Säure. Sie bereiten einen trotzdem kaum auf den Felseneck GG aus Bockenaus bekanntester Lage vor, der wie alle zuvor erwähnten Lagen supersteil und supersteinig ist. Dies ist ein Liebe-Hass-Wein, enorm konzentriert im Geschmack, mit einer stahligen Säure und mineralischen Frische, die im Glas entweder wie die Hölle wirken oder einen direkt in den siebten Rieslinghimmel katapultieren. Ein Neuzugang seit dem Jahrgang 2012 ist der Stromberg GG, der mich überraschte, weil er sich als wesentlich eleganter und filigraner entpuppte als jeder andere im Schäfer-Fröhlich-Weinteam und keinerlei »Stink« mitbringt (Anmerkung: nach einem Jahr Flaschenreife, nachdem die Weine auf den Markt kommen, hat sich der »Hefestinker« meistens verzogen).

Zur gleichen Zeit als Tim Fröhlich in Bockenau begann, ernsthaft die Grenzen des trockenen Rieslings richtig auszuloten, übernahm Frank Schönleber beim

Weingut **Emrich-Schönleber** in Monzingen die Verantwortung für den Keller. Ab seinem ersten Jahrgang 2005 drehte Frank an der Qualitätsschraube der bereits beeindruckenden Weine seines Vater Werner. Der hatte Emrich-Schönleber und diese vergessene Ecke des an sich wenig beachteten Gebiets mit den brillanten süßen Spät- und Ausleseweinen der Jahrgänge 1989 und '90 bekannt gemacht. Hier ist das Tal weiter, und auf den ersten Blick ist es eine grüne und einladende ländliche Gegend. Erst bei näherer Betrachtung erkennt man, wie extrem die Weinberge von Monzingen tatsächlich sind. Die Emrich-Schönleber-Weine scheinen diese beiden Aspekte des Standorts in ihrer Art zu verbinden; die aus der Lage Frühlingsplätzchen gehen mehr in die einladende, charmante Richtung, während jene aus dem Halenberg zerklüftet und dramatischer wirken. Für Weinfreaks ist auch der geologische Unterschied zwischen den beiden interessant: Im Frühlingsplätzchen wachsen die Reben auf feinkörnigem roten Buntsandstein (manchmal irrtümlich als »roter Schiefer« bezeichnet), im Halenberg ist es grauer Schiefer.

Diese beiden Seiten ziehen sich durch die gesamte Riesling-Kollektion und wirken in dem preislich günstigen halbtrockenen Lenz (hauptsächlich Frühlingsplätzchen) und dem trockenen Mineral (vor allem Halenberg) ebenso überzeugend wie in den GGs, die einen enormen geschmacklichen Kick mit sich bringen, ohne je überladen oder kopflastig zu erscheinen. Wenn man nicht darauf besteht, sie sofort im Moment ihrer Auslieferung im Alter von einem Jahr zu trinken, sondern ihnen einige Jahre Flaschenreife zugesteht, wird daraus ein Ausbund an Eleganz. Die Schönlebers selbst lassen einen ihrer Spitzenrieslinge vor der Vermarktung im Keller reifen, den halbtrockenen Halenberg R (für »Reserve«), der wesentlich mehr Würze und Fülle besitzt als der Halenberg GG. Das liegt an dem Anteil edelfauler Trauben beim R, während bei den GGs nur sauberes superreifes Lesegut verwendet wird.

Harald Hexamer vom Weingut **Hexamer** im nahegelegenen Meddersheim macht seit den 1990ern rassige trockene und süße Rieslinge, aber seit dem Jahrgang 2011 sind seine Weine noch brillanter und ansprechender geworden. Er hat auch Weinberge in den hervorragenden Lagen Königsfels und In den Felsen in Schlossböckelheim zu seinem Besitz in dem weit weniger berühmten Rheingrafenberg seines Heimatortes hinzugefügt. Neben trockenen Rieslingen von kristalliner Schönheit aus diesen Lagen erzeugt er den halbsüßen ‚Quarzit', der ein exzellentes Preis-Leistungsverhältnis darstellt, und straffe, saftige Riesling-Spätlesen.

Lange Zeit fehlte der Stadt Bad Sobernheim ein Erzeuger, der demonstriert hätte, dass die dortigen Lagen über ein mit dem unmittelbar flussaufwärts gelegenen Monzingen vergleichbares Potenzial verfügen. Mit den 2011 Weinen von Andi Schneider vom Weingut **K.H. Schneider** änderte sich das ganz plötzlich. Ich kann mich nicht entscheiden, ob mich sein kraftvoller, aber schlanker trockener Riesling aus dem Domberg mehr begeistert oder der fleischige und gewichtige aus der Lage Marbach, aber das ist ein sehr gutes Zeichen. Es bedeutet, dass er zwar erst Mitte dreißig ist, aber bereits erkannt hat, was sich in diesen steilen Hängen an spannendem Riesling verbirgt. Und selbst Andis schlichteste Weine – was als Beschreibung passt, weil er selbst total unprätentiös ist – sind köstlich.

Am anderen Ende des Gebiets und einige Jahre vor diesen jungen Wilden begann Caroline Diel, die Weine des Schlossgut **Diel** in Burg Layen in eine neue Richtung zu lenken. Ich fand das sehr spannend zu beobachten, weil ich mich an sie als ziemlich in sich gekehrtes kleines Mädchen Ende der 1980er erinnern kann, als ich dort regelmäßig zu Besuch war. Im Rückblick wurde dieser Eindruck erheblich durch ihren extrovertierten Vater verstärkt, Armin Diel, der lange die Rolle des Weingutsherren mit der eines Restaurant- und Weinkritiker-

Halbgotts in sich vereinte. Es ist erstaunlich, wie viele sich von ihm eingeschüchtert fühlten, obgleich ich nicht annehme, dass Caroline zu dieser Gruppe gehört. Wie auch immer, in den letzten Jahren ist sie als Winzerin aufgeblüht und hat in Bezug auf ihre Arbeit ein gesundes Selbstvertrauen entwickelt.

Carolines größte Begabung ist ihr Gespür für das Geschmacksprofil der einzelnen Rieslingtypen. Bei den trockenen Rieslingen will sie Reife, Fülle, Körper (aber ohne übermäßig viel von dem Honig und »Fett«, die mit Edelfäule ins Spiel kommen) und eine moderate Säure, die belebt, ohne je zu dominieren. In dieser Kategorie hat sie bei Schlossgut Diel am meisten bewegt, und dies sind jetzt beeindruckende Weine. Der Burgberg GG begeistert mich vor allem, mit Aromen, die ich keinem anderen Wein aus dem Gebiet finde, wie Lakritze und Cranberries, und dem es ohne ein Zeichen der Anstrengung gelingt, mehr Geschmack in solch einen schlanken Körper zu packen, als man für möglich halten würde. Der Goldloch

GG wirkt tatsächlich goldener im Aroma und eher etwas großzügiger in den Ausmaßen; der Pittermännchen GG ist floral und von Zitrusaromen geprägt mit einer herben Strähne schwarzer Johannisbeeren. Im Gegensatz dazu möchte sie im süßen Riesling eine betonte, sogar schneidende Säure, um die Süße auszugleichen. Hier bestand das Erneuern darin, die Süße der leichtesten dieser Weine, den Kabinetts, vorsichtig zu reduzieren, um sie von den volleren Spätlesen abzuheben, die bereits unter Armin Diel eine Stärke des Betriebs waren. Durch den Klimawandel ist eine Schlossgut Diel Riesling Spätlese heute ein wirklich konzentrierter und fleischiger Wein mit einem ganzen Spektrum an Fruchtaromen. Der Riesling-Brut-Sekt verdient ebenfalls Aufmerksamkeit, weil die Balance von knackiger Frische und geschmeidiger Reife auf dem Punkt ist.

Was auch immer Armin Diels viele Gegner über ihn sagen, seine Weine aus den späten 1980ern und den 1990ern stellten häufig mutige Ansagen dar, und die besten von ihnen bewiesen, dass die untere Nahe (der Talabschnitt zwischen dem Kurort Bad Kreuznach und der Mündung in den Rhein bei Bingen) Weine hervorbringen konnte, die einer großen Liga würdig waren. Das ermutigte unbestreitbar andere, nach Qualität zu streben, am offensichtlichsten Sebastian Schäfer vom Weingut **Joh. Bapt. Schäfer**, direkt gegenüber vom Schlossgut Diel in Burg Layen. Sebastian zieht jedoch seine eigenen Bahnen und verbindet ein Weinbergsportfolio, das dem der Diels ähnelt (wenn auch weniger umfangreich), mit einem Hang zum Wagemut. Manchmal treibt er das eine oder andere im Keller einen Stich zu weit, aber letztendlich entstehen dabei stets Weine voller Persönlichkeit. Der trockene Riesling vom Kieselstein ist ein hervorragendes Preis-Leistungsverhältnis, und im Vergleich mit den Einzellagenweinen (wirklich ausdrucksstarke Weine aus Goldloch und Pittermännchen) fehlt ihm nur das letzte Quäntchen Schwung. Das lässt sich von Sebastians superstraffen Riesling Spät- und Ausleseweinen keinesfalls behaupten, die nie zu üppig oder übermäßig süß sind.

Manche deutschen Ortsbezeichnungen sagen alles, und Windesheim ist eine davon. Obgleich es nur wenige Kilometer von Burg Layen entfernt liegt, ist es hier durch die Höhe und den Wind viel kühler. Dieser kleine Ort beherbergt eine ganze Handvoll begabter Winzer, und die trockenen Rieslinge des jungen Johannes Sinß vom Weingut **Sinß** werden aus ihm zweifellos einen Star machen. Seinem Vater Rudolf war es bereits gelungen, die besondere klimatische Situation dieser Weinberge in trockenen Rieslingen einzufangen, wie ich bei einigen Blindverkostungen während meiner zwei Semester auf der Geisenheimer Fachhochschule für Weinbau 2008/9 feststellen konnte. Johannes war einer der hellsten unter den Studenten, und vielleicht weil er dies ahnte, sagte Rudolf seinem Sohn, er würde nach dem Studienabschluss allein für die Weine verantwortlich sein, und während des Studiums würden sie sich die Verantwortung teilen. Dieser allmähliche Wechsel funktionierte ausgesprochen gut, und ab dem ersten Solo-Jahrgang (2010) erreichte die von Rudolf entwickelte schlanke und rassige Art in Johannes' Weinen ein neues Niveau an kristalliner Klarheit und Finesse. In dem brillanten Riesling R (für Römerberg) findet das seinen nahezu perfekten Ausdruck.

Es ist nur eine kurze Autofahrt von Windesheim nach Langenlonsheim und dem Weingut **Tesch**, aber die Weine, die Dr. Martin Tesch dort macht, sind vollkommen anders. Hier bedeutet Riesling immer knochentrockener Riesling, und es ist nahezu das einzige, was Martin produziert, außer dem Buch *Riesling People Vol. 1*, der CD *Riesling People Vol. 2* und einer bundesweiten Tour mit Rockmusikern namens »Rolling Riesling Show«. »Manchmal kann man die Tür nehmen, aber manchmal muss man durch die Wand gehen!« gehört zu Martins Lieblingssprüchen, und durch wiederholtes Durchbrechen der Wand an Konventionen, hat er die Rolle des Winzers in Deutschland neu definiert. Es begann alles damit, dass Martin seine Karriere als Biochemiker beendete, um das Familienweingut zu übernehmen, und zu dem Schluss kam, dass grundlegende Veränderungen notwendig seien, um die Zukunft sicherzustellen.

Das begann mit der Lese 2001, als er einen Wein namens Riesling Unplugged produzierte. Wie die Musik in der Konzertreihe des Senders MTV war er ohne »Verstärker« gemacht, also ohne den Versuch, den Alkoholgehalt des Weins zu erhöhen, seine Säure zu mildern oder ihn auf irgendeine andere Art zu »verbessern«. Er vergärt ihn mit Reinzuchthefe, die aber in den 1960ern aus den wilden Hefen der eigenen Keller selektiert wurde, und der einzige Zusatz sind Sulfite, das gängige Weinkonservierungsmittel. Dieser Wein schockierte viele Tesch-Kunden beim ersten Jahrgang, und sie rannten Martin in Scharen davon; statt aber in Panik zu geraten, ging er mit dem Jahrgang 2002 noch weiter, reduzierte den Rest seiner Kollektion auf nur einen einzigen trockenen Riesling pro Lage und markierte die Weine in der Ausstattung farblich sehr auffällig. Etikett und Kapsel des trockenen Riesling aus dem Löhrer Berg sind knallgrün, für die Krone ist es die Farbe Zitronengelb, für das Königsschild Türkis (eine ausgesprochene Nicht-Wein-Farbe), für den Karthäuser Ziegelrot und den St. Remigiusberg Orange. Die Farben entsprechen tatsächlich dem »Tempo« und »Rhythmus« der einzelnen Weine. Martins Entscheidung, grundsätzlich relativ früh zu lesen, ist entscheidend für diese klare geschmackliche Differenzierung. Weine aus überreifen Trauben sind nicht nur üppiger als die aus reifen Trauben, sondern ähneln einander oft ziemlich stark, und genau das will Martin vermeiden.

Das Rock 'n' Roll-Auftreten des Weinguts entwickelte sich, als Martins Musikliebe an seine Leidenschaft für den Riesling andockte. Ich weiß wirklich nicht, ob das einfach geschah oder ein genialer Einfall war, aber das gilt schließlich auch für einen großen Teil der besten Rockmusik. Manchmal klingt die genau richtig, weil sie aus einer bestimmten Situation wie von selbst entstanden ist.

Martin Korell vom Weingut **Korell (Johannishof)** in Bad Kreuznach-Bosenheim ist ein weiterer begabter Winzer in dem »uncoolen« unteren Teil des Nahetals, und obgleich seine Weine dauernd Blindverkostungen und Preise gewinnen, würde ich sagen, dass er auf die nettest mögliche Art ebenfalls uncool ist. Trotz ihrer eleganten modernen Ausstattung sind seine Weine Originale, ungeachtet der professionellen Vermarktung. Am erstaunlichsten sind vielleicht die trockenen Rieslinge aus der Lage Paradies in Bosenheim, deren Tonmergelboden das absolute Gegenteil der vulkanischen Porphyr- und Schieferböden im mittleren Nahetal darstellt, wo Martin aus den Lagen In den Felsen und Königsfels in Schlossböckelheim, Klamm in Niederhausen und Kirschheck in Norheim ebenfalls trockene Rieslinge erzeugt. Eine weitere Parallele zieht sich durch die Art dieser Weine, da die von der mittleren Nahe rauchig mineralisch wirken und von einer Säure geprägt sind, die einen entweder begeistert oder überfordert, während seine Weine aus dem Paradies großzügig und fleischig sind, mit reifen gelben Fruchtaromen.

Ich kann das Wort »Marketing« nur schwer mit den Weinen zusammen bringen, die Peter und Martina Linxweiler in ihrem Weingut **Hahnmühle** in Mannweiler-Cölln im Alsenztal erzeugen, einem Untergebiet der Nahe. Dies ist wiederum eine ganz eigene Landschaft mit nur wenigen Rebinseln an steilen, nach Süden ausgerichteten Hängen. In ihren erfahrenen Händen bringt der Sandsteinboden der Lage Beutelstein feine, beeindruckende trockene und süße Rieslinge mit Beeren- und Kräuteraromen und superschlanken Konturen hervor, die nichts anderem im Gebiet gleichen. Für die Linxweiler ist ökologische Bewirtschaftung weder neu noch modisch, sondern vielmehr seit 30 Jahren die logische Konsequenz ihrer Überzeugungen.

Riesling hat mit dem Wunsch vieler Weinfreaks und Sommeliers zu kämpfen, jeden Weintyp auf eine simple Formel zu reduzieren. Beim Riesling geht es jedoch genau um die Vielfalt der Weine, und solange sie gut gemacht sind, ist diese Vielfalt immer eine Bereicherung. Ich bin nie sicher, was mir auf Planet Riesling als nächstes begegnen wird, selbst in dem relativ kleinen Nahetal. Fährt man flussaufwärts von Langenlonsheim durch den Kurort Bad Kreuznach, vorbei an den riesigen roten Felshängen des Rotenfels mit dem schmalen Streifen von Reben darunter und folgt dann dem Fluss noch eine halbe Stunde, ändert sich etwas Grundlegendes. Das Ziel, das Weingut **von Racknitz** in Odernheim, scheint tiefe historische Wurzeln zu haben, doch seine neuere Geschichte reicht nur ein Jahrzehnt zurück.

Das war der Moment, als Matthias Adams, der zuvor in bedeutenden Positionen in der Finanzbranche tätig war, sich der Geisenheim-Absolventin Luise von Racknitz anschloss, um diesem strauchelnden Familienweingut entscheidende neue Impulse zu geben. Ich fand das alles eines Tages im Februar 2004 heraus, als ich die Zeitschrift Focus aufschlug und mich mein Freund Matthias anstarrte, der eine Zeit lang scheinbar verschollen gewesen war. Er war im von Racknitz-Keller als Winzer abgebildet – ich kannte ihn als Weintrinker. Diese Verwandlung war jedoch erstaunlich erfolgreich, und die von Racknitz-Weine erlangten eine markante neue Art, obgleich die einiges gemeinsam hat mit der von Weinen anderer Erzeuger, die ebenfalls ohne den Zusatz von Reinzuchthefen arbeiten (Fachbegriff: Spontangärung) und ihre Weine über mehrere Monate gären lassen statt der üblichen wenigen Wochen. Als Grundregel lässt sich sagen, je länger ein Wein gärt, desto weniger strahlend fruchtig, aber opulenter und cremiger wird er.

Von diesem Streifen Reben unter dem Rotenfels stammt mein persönlicher Favorit der von Racknitz-Weine, ein funkelnder Kristall in einem Brocken Roherz. Dies ist auch einer der Weinberge, aus denen ihr rauchiger, zitrusgeprägter trockener Riesling Vom Vulkangestein kommt. Der geschmackliche Kontrast zu dem eleganteren und pfirsichsaftigen Vom Schieferboden ist auffallend, und er findet sich in den ansonsten vollkommen andersartigen Weinen des Weinguts **Dönnhoff** in Oberhausen wieder.

Vom Weingut Dönnhoff im winzigen Oberhausen blickt man über den Fluss auf das Panorama der nach Süden ausgerichteten Weinbergshänge des mittleren Nahetals. Als junger Mann besaß Helmut Dönnhoff nur sehr wenig Wein-Immobilien dieser Art und konnte von ihrem Kauf nur träumen, weil sie so gut wie nie auf den Markt kamen und dann Spitzenpreise aufgerufen wurden. Als ich ihn 1987 kennenlernte, erzeugte er mit die besten Weine des Gebiets, aus hauptsächlich zweit- bis drittklassigen Lagen. Aufgrund ihrer Qualität wuchs sein Ansehen beständig, und die Zeiten änderten sich, der Wein-Immobilienmarkt an der Nahe entspannte sich nach und nach. Lob und Erfolg verführten ihn nie dazu, sich zufrieden zurückzulehnen. Stattdessen verfolgte er geduldig seinen Plan, Land in den besten Hanglagen zu sammeln – mit den Namen, die ihm seit frühester Jugend vertraut waren. Helmut hat das Glück, als Teenager den

letzten Höhepunkt der alten Nahe-Weinkultur miterlebt zu haben, und dann als erwachsener Mensch die Gelegenheit zu bekommen, viele dieser großartigen Lagen günstig zu ergattern – was er mit großer Entschlossenheit tat.

Währenddessen erzeugte er weiterhin Weine in dem kristallklaren, puristischen und rassigen Stil, der dem Ideal der alten Nahe-Weinkultur entsprach. Die führenden Nahewinzer seiner Jugend sprachen über Herkunft, statt den heute angesagten französischen Begriff Terroir zu benutzen, und strebten Weine mit geschmacklich klar erkennbarem Herkunftscharakter nicht weniger als Weinqualität als solche an. Einer der wichtigsten Faktoren dafür war damals Reife, weil sie nicht jedes Jahr zu erreichen war. Durch den Klimawandel ist das soviel einfacher geworden, und das eröffnete auf dem Gebiet der trockenen Weine Möglichkeiten, von denen der junge Helmut ebenfalls nur träumen konnte. Er bemerkte dazu irgendwann: »Seit einigen Jahren haben wir häufig richtig reife Trauben, die gesund sind statt edelfaul, und das braucht man für trockene Spitzenweine.« Die Dönnhoffs wurden dadurch motiviert, ihre Lagenweine in zwei Gruppen zu teilen, nämlich trockene Weine (vor allem GGs) und süße Spätlesen. Daneben gibt es andere Weine, unter anderem günstige wie den (halbsüßen) »Riesling« und den »Riesling trocken«, doch die GGs und Spätlesen stehen im Mittelpunkt ihrer Anstrengungen.

Ich sage Dönnhoffs, weil es wenig bekannt ist, dass seit dem Jahrgang 2008 Helmuts Sohn Cornelius die Weine ausbaut. Weltweit waren die Sommeliers der irrtümlichen Annahme erlegen, Cornelius sei der Sohn,

dessen Aufgabe bis zur Pensionierung seines Vaters im Weinverkaufen bestehen würde. Dass niemand so richtig den Generationswechsel im Keller bemerkte, ist ein großes Kompliment für Cornelius und zeigt, dass er diesen Weinstil meisterhaft beherrscht; schließlich gehört der Hermannshöhle GG der Dönnhoffs zu den gefragtesten neuen trockenen deutschen Rieslinge aufgrund seiner enormen Aromenfinesse und unschlagbaren Anmut. Sie beruhen auf dem Schieferboden und dem idealen Klima dieser Niederhauser Lage sowie, ganz offensichtlich, Cornelius' Gespür für all diese Dinge. Am anderen Ende der Skala liegen die auffallend rauchigen und gelben Grapefruitnoten des Felsenberg GG, hier wie vielen anderen Schlossböckelheimer Lagen eine intensive Form des vulkanischen Bodens.

Diese Eigenschaften kommen ebenso deutlich in den entsprechenden süßen Spätlesen zum Ausdruck, aber unter ihnen gibt es eine Lage, aus der kein trockener Wein erzeugt wird, die Oberhauser Brücke. Es handelt sich um eine Alleinbesitzlage der Dönnhoffs mit viel tieferem, schwererem Boden (weil sie am Hangfuß liegt, wo sich das ansammelt, was von den Hängen heruntergespült wird), der den Weinen eine pikante Säure verleiht, die in trockenen Weinen unbeholfen wirkt, bei den süßen jedoch die Spannung steigert. Außerdem gibt es einen nicht ganz trockenen Riesling (noch kein GG, aber das wird kommen) aus den Reben in der Lage Roxheimer Höllenpfad, deren Erwerb Helmuts Immobilienplan 2009 krönte und abschloss. Seine Geduld wurde genau rechtzeitig zur Feier seines 60. Geburtstags belohnt.

Ein großer Teil von Helmut Dönnhoffs Bild der Nahe-Rieslinge geht auf die ehemalige Staatsdomäne Niederhausen-Schlossböckelheim zurück, hoch oben inmitten der Weinbergshänge an dem Oberhausen gegenüberliegenden Nahe-Ufer. Nach der Privatisierung und einem qualitativen Durchhänger wurde der Betrieb 2009 von Jens Reidel und seiner Frau Dr. Christine Dinse übernommen und in **Gut Hermannsberg** umbenannt. Sie engagierten Karsten Peter, einen jungen Winzer aus der Pfalz (und Ehemann von Tim Fröhlichs Schwester Meike), und arbeiteten dann mit Nachdruck an Renovierung und Modernisierung. Sie rodeten so gut wie sämtliche vom vorherigen Besitzer gepflanzten Reben, um den Betrieb erneut zu dem zu machen, was er seit dem ersten Jahrgang 1912 bis 1989 gewesen war: einer von Deutschlands großen Rieslingspezialisten. Diese radikale Strategie, zu der ein Lagentausch mit Dönnhoff gehörte (er bekam ihren Besitz in der Hermannshöhle und zog sich dafür vollständig aus der Lage Kupfergrube zurück, wo seine Weinberge an Gut Hermannsberg übergingen), wurde von vielen in der Weinszene mit Skepsis aufgenommen, die die Weine aus den 1980ern nicht in ihrer Jugend erlebt hatten. Die 1983 und '89 waren Meisterwerke, sehr ähnlich dem, was Dönnhoff heute macht.

Für Karsten lag der Orientierungspunkt jedoch genauso wie für die Besitzer noch weiter zurück in der

Betriebsgeschichte. Ihr gemeinsames Ziel bestand in markanten und einzigartigen Weinen, wie sie den jungen Helmut Dönnhoff inspiriert hatten – schroffer und wilder im Ausdruck als die geschliffenen Weine der letzten Jahrzehnte. Die Riesling-GGs und der Von den Steinterrassen (ein Verschnitt aus Parzellen, die nicht ganz GG-Niveau entsprechen) aus den Jahrgängen 2011 und '12 erreichten dieses Ziel und lösten in der deutschen Weinszene sofort Kontroversen aus, ob es sich dabei um positive oder negative »Innovation« handle. Die meisten Sommeliers und andere Weinprofis werden viel länger brauchen, um die historische Bedeutung zu begreifen, als sich von den Weinen begeistern zu lassen. Der Kupfergrube GG von Gut Hermannsberg wirkt gefährlich rauchig; unmittelbar nachdem er auf den Markt kommt, erinnert mich sein Bouquet an Räucherspeck, und er verbindet Hardcore-Mineralik mit messerscharfer Säure, was einen entweder begeistert oder schockiert zurückschrecken lässt. Großzügiger und im Vergleich beinahe geschmeidig ist der GG aus der Alleinbesitzlage Hermannsberg, auf die der Name des Weinguts zurückgeht. Die Pfirsich- und Aprikosenaromen sind nicht nur sehr reif, sondern es scheint auch, als berge der Wein gleich jenen Früchten einen Stein in sich, einen harten Kern an kribbelnden Mineralien.

Vor 50 Jahren war Hans Crusius vom Weingut **Dr. Crusius** im nahegelegenen Traisen ziemlich genau das, was die besten Jungwinzer an der Nahe heute darstellen, aber eher weniger cool. Trotzdem schuf er sich eine internationale Fangemeinde, darunter die begeisterte Unterstützung von Hugh Johnson. Das bedeutete, dass sein Sohn Dr. Peter Crusius 1991 in große Fußstapfen treten musste, und er brauchte einige Jahre, um sich darin richtig wohlzufühlen. Heute zeichnen sich sowohl seine trockenen Rieslinge – nicht nur die GGs aus den Lagen Bastei, Felsenberg und Rotenfels, sondern auch die Marke »Top of the Rock« – genauso wie die süßen Rieslinge aus denselben Lagen durch eine Tiefe in Charakter und Reinheit aus, die sie in der ersten Liga des Gebiets mitspielen lässt. Sie sind den Weinkritikern selten dramatisch oder »stinkig« genug, um sie zum Schwärmen zu bringen, aber ein Grund mehr, warum die Nahe heute so cool ist.

Es könnte jetzt scheinen, als sei die Nahe ein ausschließlich dem Riesling gewidmetes Paradies. Doch wächst nur auf knapp 28 % der 4170 Hektar Gesamtfläche Riesling. Während der letzten Generation haben sich trockene Weine aus den Sorten Grau- und Weißburgunder zu erfolgreichen Spezialitäten entwickelt und im wortwörtlichen Sinn einen Haufen von minderwertigen modernen Sorten ersetzt. Selbst bei den Dönnhoffs stehen diese Sorten in einem Fünftel der Weinberge, und beim Schlossgut stellen sie zusammen mit dem Spätburgunder sogar 40 % dar.

Riesling-Wahrheiten und Riesling-Märchen

Habe ich das Beste bis zum Schluss aufgehoben, wie man es mir als Kind beigebracht hat? Ja, aber … Zuerst die Gründe fürs »ja«. Kein anderes Riesling-Gebiet kann auf einen vergleichbaren weltweiten Fanclub verweisen wie die Mosel, und ich bin selbstverständlich Mitglied auf Lebenszeit. Das Folgende hat viel mit dem superaromatischen und super-eleganten Stil »klassischer« Mosel-Rieslinge zu tun, in denen natürliche Traubensüße und rassige Säure oft nahtlos ineinander übergehen. Sie erscheinen vielen Weintrinkern in der englischsprachigen Welt als die deutschen Weine schlechthin, aber ihre Beliebtheit beruht nicht nur auf ihrem eigenständigen Geschmacksprofil.

Die Mosel erfüllt auch optisch die allgemeinen Traumvorstellungen eines Weingebiets. Jancis Robinson hat irgendwo geschrieben, Rebgärten sähen so aufregend aus wie Kartoffelfelder, was furchtbar nach dem Médoc in Bordeaux klingt, während die Rieslingreben an der Mosel sich üblicherweise an Hänge klammern, die von steil bis atemberaubend steil reichen. Man muss wirklich einmal einen dieser Hänge hinaufsteigen und hinab zum Fluss blicken – manchmal hat man den Eindruck, es sei eine senkrechte Falllinie – und sich dann vorstellen, was es bedeutet, hier zu arbeiten, wo Traktoren nur auf den Straßen fahren können und die extremsten Parzellen nicht einmal für Raupen zugänglich sind. Welche Superlative bringen das angemessen zum Ausdruck?

Ich kenne das alles zwar bereits seit 30 Jahren, doch mein Herz macht jedes Mal wieder einen Sprung, weil das Moseltal wirklich ein erstaunlicher Ort ist. Die Statistik sagt, es handle sich um ein kühles Anbaugebiet, und viele Experten halten es für das ultimative kühle Gebiet. Steht man jedoch an einem heißen Sommertag in einem der steilen, nach Süden ausgerichteten Hänge, wenn die Temperaturen bereits im Schatten über 32°C liegen, verspreche ich, dass es hier selbst mit Sonnencreme, Hut und Sonnenbrille nicht lange auszuhalten ist. – Zudem wird einem auffallen, dass der Boden aus einem Haufen Steintrümmer besteht. Schiefer!

Jetzt zu den Gründen für mein »aber«. Der Gedanke, man könne die Dramatik dieser steilen Hänge mit ihren Schieferböden und dem Wechsel von Sonnenlicht und Schatten, Dürre und Regen tatsächlich im Spiel der Weine zwischen fruchtiger Süße und knackiger Säure schmecken, ist verführerisch. Kauft man heute einen Mosel-Riesling in New York, Oslo oder Sydney, dann schmeckt er wahrscheinlich zugleich erstaunlich intensiv, ausgesprochen fein und atemberaubend erfrischend. Das muss doch wohl die 1:1 in Wein übertragene Landschaft sein? Das Problematische dieser Annahme ist, dass nicht jeder auf Schiefer gewachsene Mosel-Riesling so schmeckt. Warum muss ich hier auf diese Tatsache hinweisen? Erstens »filtern« Importeure und Händler die mittelmäßigen Mosel-Rieslinge heraus und verzerren so unsere Wahrnehmung des Gebiets ins Positive. Zweitens halten sie auch »untypische« Mosel-Weine zurück, die dem klassischen Bild nicht entsprechen. Ob das nun positiv oder negativ ist, kann jeder selbst entscheiden, aber es führt ebenfalls zu einer Verzerrung der allgemeinen Wahrnehmung.

Die Wahrheit ist, dass wie beinahe überall sonst auf Planet Riesling, eine große Lage auch im Moseltal einen großen Winzer braucht, um ihr Potenzial voll auszuschöpfen, und es inzwischen so viele von ihnen gibt, dass ich hier nur die spannendsten aufführen kann. Ihre Gedanken und Persönlichkeiten führen ebenso wie die vielen Arten von Schiefer und die Unterschiede im Mikroklima zu einer enormen Vielfalt an Weinen. Die größte Stärke der Mosel sind die Menschen, und so wunderschön diese Weinberge aussehen, sind sie doch nicht natürlichen Ursprungs. Sie existieren hier, weil seit den Zeiten der alten Römer Wälder gerodet wurden, Reben in geraden, vollkommen unnatürlichen Reihen gepflanzt und über unzählige Generationen hinweg gepflegt wurden, Steinmauern aufgeschichtet, Zugangsstraßen gebaut und so weiter und so weiter.

Aber das ist nur ein Teil der Wahrheit über die Mosel, den es sich vor Augen zu führen gilt. Der nächste ist, dass der Mosel-Weinstil, den die englischsprachige Welt und ein paar andere Absatzmärkte als »klassisch« betrachten, nämlich leichte halbsüße und süße Weine mit strahlender Säure, nicht annähernd so historisch ist, wie es einen das K-Wort annehmen ließe. In seiner gegenwärtigen Form geht er auf das Jahr 1971 zurück, als das Weingesetz geändert wurde und den Winzern gestattete, in Kabinett- und Spätlese-Weinen mehr unvergorene Traubensüße zu belassen als vorher. Für die volleren Auslese-Weine ist der heutige Stil schon länger etabliert, aber auch nur bis Ende der 1940er, als erschwingliche Steril-Filter auf den Markt kamen.

Die Ergebnisse des Einsatz dieser Technik, um etwas natürliche Traubensüße in leichteren Mosel-Rieslingen zu erhalten, waren interessant, weil dies die Aromen der Weine betonte (siehe Grundlagenforschung: Warum »klassischer« Mosel-Riesling so aromatisch ist, und die Süße gut als Gegenpol zur betonten, manchmal spitzen Säure funktionierte. Einfach ausgedrückt waren sie viel ansprechender als vorher, bevor diese Filtertechnik weithin zur Verfügung stand und die Weine trocken oder halbtrocken waren.

Als diese neuen leichten, strahlenden und süßen Weine von der Mosel in den 1970ern und '80ern die Herzen der Weintrinker rund um den Erdball eroberten, wurden die wenigen interessanten trockenen Rieslinge, die an der Mosel erzeugt wurden, sämtlich vom heimischen Markt weggeschnappt, und die Winzer in den anderen deutschen Gebieten taten sich schwer, das Potenzial ihrer Lagen voll umzusetzen. Durch den Mangel an überzeugenden Rieslingen in anderen Stilistiken galten die neuen Mosel-Weine schnell als Klassiker und prägten das Bild vom deutschen Wein schlechthin. Schließlich wurden dadurch der Schiefer und das kühle Klima der Mosel auf die deutschen Weine in ihrer Gesamtheit projiziert, die an sich viel vielfältiger sind.

Diese Erklärungen, wie sich die weit verbreitete Wahrnehmung der Mosel-Weine und des deutschen Weins entwickelt haben, zielen nicht darauf ab, jemandes geschmackliche Vorlieben zu beeinflussen. Die tatsächliche Mosel hat seit langem viel mehr geschmackliche Abwechslung zu bieten als die wahrgenommene, und selbst Ende der 1980er, als viele der Winzer, die heute allgemein als Gebietsspitze gelten, noch am Anfang standen, sah ich mich häufig mit Mosel-Weinen konfrontiert, die beim ersten Schluck widersprüchlich erschienen. Seitdem hat sich ein vollkommen neuer Typus an trockenen und doch sehr stoffigen Mosel-Rieslingen entwickelt, und weil der zu einem wichtigen Aspekt der Weine dieses Gebiets geworden ist, müssen wir dort anfangen. Sein Ursprung liegt in einer der am wenigsten bekannten Ecken des Gebiets, dem letzten Abschnitt des langen, gewundenen Tals durch Frankreich, Luxemburg und den äußersten Westen Deutschlands, bevor die Mosel bei Koblenz in den Rhein fließt.

Die neue Mosel: »Everybody must get stoned!« oder Steinrausch für alle

Der Vergleich zwischen dem Kölner Dom und den schmalen Terrassen, die am steilen Hang der Lage Uhlen unmittelbar flussaufwärts von Winningen aufsteigen, mag einen Tick übertrieben erscheinen oder auch einfach absurd. Doch beide bestehen aus Stein, und es hat mindestens ebenso viele Jahrhunderte gedauert, die vielen Kilometer an Trockenmauern im Uhlen aufzuschichten, wie der Bau der verschachtelten Fassade des Kölner Doms brauchte, und in beiden Fällen vollendeten die Handwerker ihr Werk erst im 19. Jahrhundert, nachdem Dutzende von namenlosen Generationen vor ihnen daran gearbeitet hatten. In den letzten Jahrzehnten sind große Anstrengungen unternommen worden, um beide Denkmäler in ihrer vollen Pracht zu restaurieren.

Vielleicht geht Reinhard Löwensteins Besessenheit mit der Art und Weise, wie die verschiedenen Gesteinstypen in den drei unterschiedlichen geologischen Formationen des Uhlen die dort wachsenden Weine gschmacklich beeinflussen, darauf zurück, dass er in dieser Landschaft aufgewachsen ist. Als er 1980 mit seiner Frau Cornelia Heymann das Weingut **Heymann-Löwenstein** (H-L) gründete, statt ins Weingut seines Vaters einzusteigen und sich durch den Konflikt mit diesem sein Leben zu ruinieren (wie es bei so vielen anderen deutschen Winzern dieser Generation der Fall war), ging es ihm jedoch nicht in erster Linie um Steine. Die wurden erst allmählich wichtig, weil Reinhard und Cornelia fest entschlossen waren, trockene, authentische Rieslinge zu erzeugen, die sich zu einem angemessenem Preis verkaufen lassen würden, statt süße Weine, die bei den Touristen guten Absatz fanden, solange sie nur billig genug waren. In den 1980ern an der unteren Mosel, die Reinhard später in Terrassenmosel umtaufte, war das für alle Winzer eine krasse Entscheidung. Angesichts der enormen Kosten für die Handarbeit, die für die Bewirtschaftung dieser terrassierten Lagen unumgänglich ist, sprach die wirtschaftliche Logik für hochwertige trockene Weine, und für Revolutionäre wie Reinhard und Cornelia gab es sowieso keine Diskussion: Nieder mit dem Süß-und-Billig-System!

Als ich den H-L-Weinen 1988 erstmals begegnete, hatten die beiden bereits begonnen, auf den Etiketten den Namen der Lage größer zu schreiben als den des Weins, was sich zu einem Trend entwickeln sollte. Ihre trockenen Weine waren dicht und mineralisch im Geschmack, aber viel zu streng, und sie gingen schnell zu dem gegenwärtigen volleren, cremigen und etwas weniger trockenen Stil über, der erforderte, die Trauben noch später zu lesen (oft im November) und die Gärung ohne den Zusatz von Reinzuchthefe (Fachbegriff: Spontangärung) über viele Monate auszudehnen statt der üblichen wenigen Wochen, um den Aromen zu ermöglichen, sich zu entfalten, und dem Wein durch langen Kontakt mit der aktiven Hefe, an Fülle zu gewinnen. Sie schlugen diesen riskanten Weg ein, weil sie begeistert davon waren, wie dies die charakteristischen Aromen der jeweiligen Lage zu betonen schien. »Terroir« gehört zu Reinhards Lieblingswörtern, und diese Zeile von Bob Dylan, die er immer wieder zitiert, *»Everybody must get stoned«*, und für sich eher wörtlich übersetzt, im Sinne eines Steinrausch für alle, bringt seine Überzeugung zum Ausdruck, dass der Geschmack des Ortes im Wein beim Trinker eine Bewusstseinserweiterung auslösen kann, die weit über die Auswirkungen des Alkohols hinausgehen. Das ist für die beiden der Beweggrund, die Grenzen in Weinberg und Keller immer weiter auszureizen.

H-L wäre heute in Deutschland nicht derart angesehen, wenn die Weine nicht folgerichtig Reinholds und Cornelias Terroir-Debatte verkörperten. Ihre Rieslinge aus der Lage Röttgen, unmittelbar flussabwärts von Winningen, dem Sitz des Weinguts, sind von tropischer Frucht geprägt und vollkommen anders als all die Kräuter und Gewürze, die man in den Rieslingen aus dem Stolzenberg bei Hatzenport weiter flussaufwärts von Winningen riechen kann. Ebenso entscheidend war, dass sie den neuen Weinstil bravourös beherrschten, der paradoxerweise Weinbeschreibungen von einem Jahrhundert zuvor sehr nahe kam. Wir sollten ihn daher eigentlich den neu-alten Stil des Mosel-Rieslings nennen. Es war alles derart überzeugend, dass sich eine H-L-Gefolgschaft bildete, doch bevor wir zu diesen Winzern kommen, müssen wir uns noch dem Trio von halbtrockenen Rieslingen von den verschiedenen geologischen Formationen innerhalb des Uhlen zuwenden, die den Kern des H-L-Projekts bilden. Am gesuchtesten ist der Uhlen Rothlay aus dem Abschnitt des Uhlen mit rotem Quarzitschiefer, der den dunkelwürzigsten und am radikalsten mineralischen Wein hervorbringt. Wer Zweifel hegt, ob Wein überhaupt mineralisch schmecken kann, sollte den salzigen Geschmack dieses Weins erleben. Der Uhlen Laubach ist geschmeidiger und verführerischer, von einer seltenen Art von Schiefer mit hohem Kalkanteil (im Gegensatz zu den meisten anderen Schieferarten, die so gut wie kalkfrei sind); der Uhlen Blaufüßer Lay ist von kühler, grünblättriger Eleganz geprägt. Alle sind Weltklasse.

Es wäre möglicherweise korrekt zu sagen, dass Reinhard Löwenstein diesen neu-alten Stil zeitgleich mit Ulrich Franzen vom Weingut **Franzen** in Bremm/Terrassenmosel entwickelt hat. Da Ulrich aber tragischerweise 2010 durch einen Traktor-Unfall ums Leben kam, kann er uns nicht mehr berichten, wie es wirklich war. Er trieb diesen Weinstil sogar noch weiter in die opulente, cremige Richtung als Reinhard und lotete aus, wie mächtig ein mehr oder weniger trockener Mosel-Riesling sein kann, ohne die Harmonie zu verlieren. Einige seiner Weine gingen zu weit, aber wenn er ins Ziel traf, dann mitten ins Schwarze. Für Ulrich spielten die Weinberge der Lage Calmont, der steilsten in Europa und wahrscheinlich der Welt, dieselbe Rolle wie der Uhlen für Reinhard. Die letzten zehn Jahre seines Lebens verbrachte er viel Zeit damit, 1,5 Hektar der extremsten Weinbergsterrassen hier wiederherzustellen und neu zu bepflanzen, den Fachkaul.

Ulrichs Sohn Kilian war erst 20 beim Tod seines Vaters und studierte damals noch auf der Fachhochschule für Weinbau in Geisenheim, zusammen mit seiner Freundin Angelina Lenz aus dem nahegelegenen Bullay/Terrassenmosel. Es blieb ihnen nichts anderes übrig, als sofort ins kalte Wasser zu springen, aber überraschend schnell verbesserten sie die Struktur der Weine und brachten eine erste Eigenkreation auf den Markt, mit dem Namen ‚Der Sommer war sehr groß', ein Zitat aus einem Gedicht von Rainer Maria Rilke. Der etwas fruchtbetontere und charmantere Stil dieses Weins ist ein vergnügter Gegenpol zu den monumentalen Ausmaßen und der enormen Konzentration von Würze und Rauch im Calmont Goldkapsel und dem Calidus Mons – (halbtrockene) Twin Peaks!

Für die Fans »klassischer« Mosel-Weine wäre es viel einfacher, diesen neuen Stil abzulehnen, wenn **Clemens Busch** in Pünderich, dem letzten Ort der Terrassenmosel flussaufwärts, damit nicht so erfolgreich wäre. Meine Vermutung ist, dass das Geheimnis seines Erfolgs darin liegt, dass die Weine einen Nerv trafen und Clemens sich mit dem Kontakt zu Leuten außerhalb der spezifisch deutschen Weinperspektive leichter tat als Reinhard Löwenstein und Ulrich Franzen. Aber das Problem der Verständigung stellt sich auf beiden Seiten. Selbst heute, lange nach dem internationalen Durchbruch dieser Weine, schütten mir gelegentlich junge Sommeliers förmlich ihr Herz aus, wie sehr sie die Weine von Clemens Busch begeistern. Sie könnten sich nur schwer vorstellen, dass das Weingut 1987, als ich Clemens kennenlernte, vollkommen unbekannt war, oder wie erstaunt ich war, als ich die jungen Weine des Jahrgangs 1999 verkostete, den ersten im gegenwärtigen Stil.

Die neuen Weine waren so fantastisch und beeindruckend in Ausmaß, Intensität und Aromenvielfalt, dass das, was Clemens und seine Frau Rita vor 1999 gemacht hatten, plötzlich unsicher und provisorisch wirkte. Seitdem hat sich nichts Grundlegendes verändert, aber die Reihe von Einzellagenweine ist immer länger geworden. Um die Orientierung zu erleichtern, benutzt Clemens Kapseln in drei verschiedenen Farben, die jeweils der Farbe der Schieferart entsprechen, auf der der entsprechende Wein gewachsen ist: grau, blau und rot. Es sind tatsächlich drei Weinfamilien. Die kleinste ist die der Rotschiefer-Weine. Ihre charakteristischen Aromen – frische Kräuter, Stachelbeeren und herbe rote Weinbergspfirsiche – sind in dem trockenen GG Marienburg Rothenpfad am stärksten ausgeprägt, einem atemberaubend konzentrierten, mächtigen und leuchtenden Riesling. Die anderen beiden Schieferarten kommen beide innerhalb der Marienburg vor, und Clemens' beste Weine vom grauen und blauen Schiefer sind stets halbtrocken, haben aber 13,5 bis 14 % Alkohol. Der Marienburg Fahrlay-Terrassen zeigt die blauschiefer-typische Strenge, aber auch jede Menge Gewürze, Lakritze und ein wenig Blütenhonig. Der Marienburg Felsterrasse verbindet die grauschiefer-typische Eleganz mit Breitwand-Dimensionen und 3D-Klarheit. Der Unterschied könnte kaum größer sein zu dem leichten, erfrischenden, zartsüßen Wein, den die meisten auf Planet Riesling für »typisch Mosel« halten.

Die Idee, dieser neu-alte Stil sei spezifisch für die Terrassenmosel, lässt sich nicht halten, weil mit die besten dieser Weine von dem kleinen Weingut **Kirsten** in dem ziemlich unbekannten Weinort Klüsserath an der Mittelmosel kommen. Bernhard Kirsten hat seine Frau und Geschäftspartnerin Inge von Geldern 1987 in New York kennengelernt, was gewissermaßen zu den von ihnen errichteten neuen Gebäuden aus Stahl und Glas passt. Die Kirsten-Weine zeigen eine deutliche Familienähnlichkeit mit jenen von Heymann-Löwenstein, Franzen und Clemens Busch; sie sind gleichermaßen im Allgemeinen halbtrocken und sehr stoffig (das Ergebnis der gleichen Vorgehensweise im Keller), hier aber tendenzieller etwas strahlender in den Aromen, eleganter und weniger »stinkig«. Die besten sind der freudvolle Herzstück und der sehr konzentrierte Alte Reben, beide aus der Lage Brüderschaft. Kirsten erzeugt außerdem hervorragenden Riesling-Sekt und versektet auch für andere Winzer wie zum Beispiel Van Volxem.

Dass die Weine, die **Markus Molitor** auf seinem gleichnamigen Weingut macht, üblicherweise kräftig und mächtig sind, ist einfach genug zu erkennen, aber er erzeugt jedes Jahr eine derart große Zahl von unterschiedlichen Weinen – meist über das ganze Riesling-Spektrum hinweg von knochentrocken bis honigsüß, von federleicht bis tonnenschwer – dass es schwierig ist, sie in nur wenigen Zeilen zu beschreiben. Die Aufgabe wird zudem durch die vielen Lagen noch komplexer, obgleich er am bekanntesten ist für Zeltinger Sonnenuhr (seine üppigsten und würzigsten Weine) und Wehlener Klosterberg (die leichtesten und strahlendsten Weine). Meine Favoriten sind immer wieder die feinherben Weine, die eine blassgrüne Kapsel tragen und häufig zu den besten neu-alten Weinen des Gebiets gehören.

Das Weingut **Van Volxem** in Wiltingen an der Saar (dem größten Nebenfluss der Mosel) war in einem total heruntergekommenen Zustand, als Roman Niewodniczanski es Ende 1999 übernahm. Seitdem hat er es in einen florierenden Betrieb mit 42 Hektar verwandelt, der darüber hinaus für seine Basisweine Trauben zukauft. Das Erstaunliche hier ist die Kombination von Menge, beständiger Qualität und dem neu-alten Stil. »Niewo«, wie so gut wie jeder in der Weinszene ihn nennt, ist ein

Extremist, und es war hart für ihn zu lernen, dass gelegentlich ein bisschen weniger tatsächlich viel mehr sein kann; aber seit er diese Lektion begriffen hat, treffen die Van-Volxem-Weine voll ins Schwarze. Sein Extremismus ist nur positiv bei Projekten wie der Lage Goldberg in Wawern, die er über mehrere Monate hinweg in ihrer Gesamtheit von 14 Hektar von Dutzenden von früheren Besitzern zusammenkaufte. Dann rodete er alles bis auf 1,2 Hektar alte Rieslingreben und legte den besten Teil neu an mit dem Ziel, hier eines Tages nahezu 100 000 Flaschen jährlich eines hochwertigen Einzellagen-Weins zu machen. Trotz seiner Jugend weiß er nicht, ob er diesen Tag selbst erleben wird, weil diese jungen Reben dafür erst ihr optimales Alter erreichen müssen (mindestens 15 bis 20 Jahre). Familiengeld hat ihm zweifellos bei diesem Unternehmen geholfen, aber die Vision, die Entschlossenheit der Umsetzung, und die Geduld, es durchzuziehen, sind ganz allein sein Verdienst.

Die Produktionsmengen von Niewos Rieslingen aus den alten Reben in der Kanzemer Lage Altenberg (kühl und schlank mit diskreter Eleganz) und dem Wiltinger Gottesfuß (goldene Früchte mit mineralischer Frische balanciert) sind wesentlich geringer als das, was der Goldberg eines Tages bringen wird, aber es sind Meisterwerke des neu-alten Stils. Zu einem wesentlich günstigeren Preis und besser distribuiert ist der Saar Riesling aber eine ebenso beachtliche Leistung. Wie die Einzellagen-Weine bringt er in den meisten Jahrgängen nur ganze 12 % Alkohol auf die Waage, und mit seinen Mandarinen-, getrockneten Pfirsich- und Blütenhonigaromen ist es ein prototypischer Van Volxem, mit der verführerischen Fülle und einem streichelleichten Touch, die diesen Weinen innerhalb weniger Jahre Kultstatus verliehen haben. Die Weine von der Saar stehen im Ruf, eher stahlig und streng als üppig zu wirken, und es ist behauptet worden, Niewo habe die Saar verraten und verkauft, statt einen alten Weintyp wiederzubeleben, der vor einem Jahrhundert großen Erfolg hatte und teurer gehandelt wurde als die Spitzenrotweine aus Bordeaux. Andere Winzer in diesem Untergebiet der Mosel sind jedoch inzwischen zu einem ähnlichen Weinstil übergegangen, sodass sich dies nicht mehr als Marotte eines Fanatikers abtun lässt.

Der wichtigste unter ihnen ist Florian Lauer vom Weingut **Peter Lauer** in Ayl. Die Familie Lauer betreibt seit langem ein kleines Hotel und ein sehr gutes Restaurant, und über zwei Generationen war dies die Hauptvermarktung des Betriebs. Das änderte sich alles, nachdem Florian sein Studium an der Fachhochschule für Weinbau in Geisenheim abgeschlossen hatte und 2005 nach Hause zurückkehrte. Er drehte sofort den größten Teil der Weine in Richtung des neu-alten Stils und akzeptierte von Anfang an, dass der Verzicht auf den Zusatz von Reinzuchthefe bedeuten würde, dass manche Weine trocken durchgären und andere es nicht schaffen würden, obwohl die Vermarktung dadurch erheblich erschwert wird, weil nicht die gleichen Weine jedes Jahr durchgären.

Florians nächster Schritt bestand darin, die Trauben nicht nur nach dem Reifegrad zu lesen, wie sein Vater Peter es getan hatte, sondern auch getrennt nach Parzellen, und dann jede getrennt auszubauen. Da sie abhängig davon, von wo genau sie in der Lage Ayler Kupp stammen, sehr unterschiedlich schmecken, begann er sie nach den alten Flurnamen zu bezeichnen. Die Weine mit ungewohnten Namen wie Unterstenberg, Neuenberg, Stirn und Kern, meistens halbtrocken bis halbsüß, sorgten in der deutschen Weinszene und darüber hinaus aufgrund ihrer Kombination von viel muskulösem Körper und aromatischer Finesse schnell für Aufmerksamkeit und Begeisterung. Das ist auch eine gute Beschreibung für seine ersten trockenen GGs (Jahrgang 2012) aus den Ayler Lagen Kupp, Schonfels und Saarfeils.

Die bereits im Besitz der Familie befindlichen Weinberge in der Lage Ayler Kupp reichten jedoch nicht aus für Florians grenzenlose Schaffenskraft und Abenteuerlust, sodass er zusätzlich ein Stück der Lage Schonfels übernahm, vielleicht die steilste Lage, in der ich je stand. Der Blick war spektakulär, aber es war kein sehr angenehmes Erlebnis, weil ich unter Höhenangst leide, und die Reben auf einem Felsen sitzen, der sich hoch über der Saar erhebt. All das zeugt von Florians Fanatismus, und als wolle er diesen nochmals betonen, kaufte er dann die winzige Lage Lambertskirch, die so verstrüppt war, dass der Wald sie wieder einzunehmen drohte. Das ist mutiger Zukunftsglaube und passt zu Florians umstrittenem Weinstil!

Seit er die Leitung des Weingut **Von Hövel** in Oberemmel von seinem legendären Vater Eberhard mit dem Jahrgang 2010 übernommen hat, arbeitet Max von Hövel, Spitzname »Mad Max«, an der Neugestaltung der trockenen und feinherben Weine, indem er sie in die neualte Richtung dreht und mehr »Stink« in der Flasche zulässt. Die Ergebnisse sind bis jetzt eher gemischt, aber die halbsüßen Kabinett- und die süßen Spät- und Ausleseweine bleiben Saar-Klassiker, die die betonte Säure der Saar mit beträchtlicher Saftigkeit verbinden. Genial der saftig elegante, feinherbe Riesling »Lmeaax«, den Max in Zusammenarbeit mit der luxemburgischen Spitzenköchen Lena Linster macht.

Im Vergleich mit Max' Suchen nach einem passenden Stil wirken die trockenen Weine von Carolin Hofmann (geborene Willems) beim Weingut **Willems-Willems** ein paar Türen weiter seit 2005 sehr stilsicher. So gut wie die Basisweine von Carolin sind, lohnt es sich aber, eine Kategorie höher zu investieren, in den trockenen Riesling »Schiefer« oder den halbtrockenen »Auf der Lauer«; dies sind leuchtende Schmuckstücke zu einem günstigen Preis. Die Einzellagenweine aus Altenberg (Oberemmel) und Herrenberg (Niedermennig) sind zugleich elegant und von einer faszinierenden Stoffigkeit.

Vor knapp über 20 Jahren haben Manfred und Claudia Loch aus dem Nichts angefangen. Sie wurden quasi über Nacht zu Pionieren des neu-alten Weinstils mit ihrem Weinhof **Herrenberg** in Schoden, der nach der Lage benannt ist, in dem der größte Teil ihrer knapp vier Hektar Reben wachsen. Für manche Weinfreaks sind dies die spannendsten neu-alten Weine an der Saar, und sie sind tatsächlich sehr konzentriert, was unter anderem auf sehr niedrigen Erträgen beruht. Das bedeutet, dass sie nicht billig sein können, obgleich Weine wie die imposanten beinahe trockenen Saartyr und Quasaar zeigen, was sich heute in unbekannten Lagen des Gebiets durch sehr präzise (ökologische) Weinbergspflege und Kellerarbeit erreichen lässt. Und mit jedem Jahr gibt es mehr kleine Erzeuger, die dem Beispiel von Vorreitern wie den Lochs folgen.

Die alte Mosel: süße Kapitulation

Die meisten Rieslinge sind günstig, aber bei einigen wenigen, die weltweit Kultstatus genießen, sind die Preise in stratosphärische Höhen geschossen. Wenigen Weintrinkern ist bewusst, dass der teuerste Weißwein der Welt ein honigsüßer Riesling ist, der Scharzhofberger Riesling Trockenbeerenauslese (TBA) vom Weingut **Egon Müller-Scharzhof** an der Saar, einem Untergebiet der Mosel. Eine halbe Flasche dieser TBA macht einen um etwa 3000 Euro ärmer, und man tut gut daran, vorher den Preis zu checken, weil der immer noch steigt! Ein Grund dafür ist die Seltenheit dieses Weins, von dem in den meisten Jahrgängen nicht mehr als etwa 200 Flaschen erzeugt werden, obgleich die Menge in Jahrgängen mit viel edelfaulen Trauben – unabdingbar zur Erzeugung von Riesling TBA – beträchtlich höher sein kann. Ein anderer Grund sind der umwerfende Duft und Geschmack, zugleich enorm intensiv – alle Arten von getrockneten Früchten, Gewürze und Waldhonig – und dabei doch so filigran wie die feinste Spitze. Das ist natürlich nicht der einzige Wein, den Egon Müller IV erzeugt; die Preise beginnen etwa bei 20 Euro für den Scharzhof-Riesling. Er ist auch nicht trocken, hat aber überschwängliche weiße Pfirsich- und Blütenaromen, die saftige Süße wird wunderschön balanciert von der knackigen Säure, die den Nachhall so belebend wirken lässt. Zwischen diesen beiden gibt es alle Stufen an Körper, Süße und Preisniveau.

Um das alles besser zu verstehen, verbrachte ich 2010 einen Herbsttag mit dem Leseteam bei Egon Müller-Scharzhof, was zufällig ein optimales Jahr war für Edelfäule. Der Oktobertag begann mit Nebel, dann kam die Sonne durch, obgleich die Temperaturen auf der frösteligen Seite blieben. Egon selbst führte die nahezu 40 Lesehelfer an, von denen mehrere seit Jahrzehnten zum

Team gehören, und wies sie mit der Präzision eines Dirigenten ein. Wir wechselten ziemlich häufig von einer Parzelle zur anderen; der Scharzhofberg ist sehr aufgestückelt, und es gibt eine Reihe anderer Besitzer. Überall wurden die edelfaulen Trauben – je verschrumpelter sie

sind, desto konzentrierter ist der Most – rigoros ausgelesen, häufig brachen die Lesehelfer dabei die Trauben in mehrere Stücke. Das erfordert Übung und Geduld, und man muss sich damit abfinden, dass nicht nur die Finger vom sirupartigen Traubensaft heftig kleben.

Am Ende des Tages, als wir zurück ins Château-artige Weingut am Fuß des Scharzhofberg kamen, erklärte Egon, dass die gesunden Trauben in einer modernen pneumatischen Presse gekeltert würden und wahrscheinlich genug Most ergäben, um ein 1000 Liter Fuderfass zu füllen, die traditionelle Fassgröße im Gebiet. Dann kamen die edelfaulen Trauben in eine uralte Korbpresse mit einem Fassungsvermögen von bis zu 700 Kilo Trauben, aus der über viele Stunden hinweg langsam ein sirupartiger Saft floss. »Wenn wir Glück haben, bekommen wir 50 Liter, aber 2005 hat eine Ladung ganze 15 Liter Most ergeben«, sagte Egon. »Ich glaube nicht, dass der Most heute konzentriert genug sein wird für TBA, ich nehme an, es wird eine Auslese Goldkapsel.« Auslese Goldkapsel ist die dritte Stufe nach TBA und Beerenauslese (BA) und für um die 600 Euro pro ganzer Flasche erhältlich – aber auch hier den aktuellen Preis checken! Die Erzeugung solcher Weine wirft Gewinn ab, aber nicht nur die Lese ist anstrengend. Im Keller sind solche Weine ein Albtraum, weil sie oft mehrere Monate oder sogar Jahre gären und sich dann extrem schwierig zu dem strahlenden Glanz klären lassen, den moderne Konsumenten erwarten.

Zilliken, am Ortsrand von Saarburg, ist ein weiteres Saar-Weingut, dessen Name von Sommeliers und Weinfreaks oft voller Andacht ausgesprochen wird. Für sie steht Zilliken für Rieslinge aus der Lage Rausch. Der Lagenname geht auf das Rauschen von Wasser zurück, aber der Effekt der Zilliken-Weine ist ein ganz anderer und geht weit über die Wirkung des (in relativ geringen Mengen vorhandenen) Alkohols hinaus. Analytisch sind die meisten Zilliken-Weine mehr oder weniger süß, aber die besondere Säure der Saar kann auf sagenhafte Weise Süße maskieren. Die Idee, Weine wie Zillikens süßer Riesling Kabinett oder Spätlese könnten wegen ihrer Süße nicht zum Essen getrunken werden, ist viel zu simpel. Sicher, es gibt andere Weine, die ich zum Steak vorziehen würde, aber zu scharf gewürzter Küche von Thai-Curries bis hin zu Tex-Mex sind diese Weine perfekt. Sie definieren auch auf den Punkt das häufig missverstandene Schlagwort »rassig«; sie bewegen sich mit der scheinbar mühelosen Behändigkeit eines erstklassigen Rennpferds. Hanno Zilliken empfindet allerdings Schmetterlinge als das bessere Bild, wegen ihrer leuchtenden Farben und Schwerelosigkeit, selbst bei beinahe handtellergroßen Exemplaren.

Seit dem Jahrgang 2002 erzeugt er einen halbtrockenen Riesling, der dieser Beschreibung entspricht und

den er einfach Butterfly nennt. Der Wein war sofort ein Erfolg und macht heute die Hälfte der Betriebsproduktion aus. Tochter Dorothee, die 2007 in den Familienbetrieb einstieg, entschied, mit einem hochwertigen halbtrockenen Riesling namens ›Rausch Diabas‹ an diesen Erfolg anzuknüpfen. Der Name geht auf das grünliche Vulkangestein zurück, das zusammen mit dem moseltypischen grauen Schiefer hier den Boden prägt. Anders als die neu-alten Weine des Gebiets hält dieser Wein wie schon der Butterfly an der Strahlkraft und Leichtigkeit fest und kombiniert sie mit intensiver mineralischer Frische und Würze. Es ist eine weniger süße Alternative zu Zillikens Auslese-Weinen aus dem Rausch, die satte Aprikosen- und exotische Fruchtaromen mit diamantener Brillanz verbinden. Kein Wunder, dass sie Kult sind!

Die Saar erfuhr 2009 einen tüchtigen und unerwarteten Schuss Werbung, als der Fernseh-Star-Moderator Günther Jauch seiner (inzwischen verstorbenen) Tante Heidi Kegel das Weingut **von Othegraven** in Kanzem abkaufte. Sie hatte in aller Stille über zehn Jahre lang Weinqualität und Ansehen neu aufgebaut. Trotzdem ist dies kein Hobby, und seit Jauchs Einstieg hat Betriebsleiter Andreas Barth (der mit seiner Frau Susanne auch das hervorragende Weingut **Lubentiushof** in Niederfell führt, wo vor allem trockener Mosel-Riesling im neualten Stil erzeugt wird) die Qualität noch weiter gesteigert. Die kraftvollen trockenen GGs aus der Lage Altenberg könnte man leicht für hochwertigen österreichischen Riesling halten, und die halbsüßen Kabinett-Weine sind ebenso ausdrucksvoll, die ganze Kollektion brilliert.

Als Jochen Siemens, ehemaliger Chefredakteur der Frankfurter Rundschau, 2006 das Weingut Bert Simon in Serrig übernahm und es in **Dr. Siemens** umbenannte, gab es viele hochgezogene Augenbrauen, und es wurde ebenso viel Skepsis geäußert wie zu Jauchs Einstieg bei von Othegraven. Nach einem ersten Jahrgang, den er am liebsten vergäße, kam Jochen mit dem Jahrgang 2007 gut klar, und seitdem geht es stetig voran. Der normale trockene Riesling Scivaro ist ein erstaunlicher Wein (zugleich saftig, filigran und sehr mineralisch) dank der Alleinbesitzlagen Herrenberg und Würtzberg, die den gesamten Weinbergsbesitz darstellen, Jochens Perfektionismus und seines Kellermeisters Franz Lenz.

»Es ist nicht wirklich logisch, dass wir Alte Reben nur bei einem unserer Weine aufs Etikett schreiben, dem trockenen Riesling aus der Lage Kupp«, erklärte mir Christiane Wagner vom Weingut **Dr. Wagner** in Saarburg, »du weißt, dass wir ausschließlich alte Reben haben.« Obgleich viele Märchen zum Thema alte Reben kursieren – Reben mit schlechter Genetik bringen im Alter nicht zwangsläufig bessere Weine hervor! – gibt es manchmal Situationen wie den Jahrgang 2012 an der Saar, wo sie den alles entscheidenden Unterschied ausmachen. Während des Herbstes begannen die Trauben der jungen Reben plötzlich zu faulen, während das bei den alten Stöcken nicht der Fall war. Darüber hinaus sind es diese alten Reben zusammen mit einer selbstbewussten, den gesamten Prozess verlangsamenden Retro-Einstellung im Keller, die es Christiane ermöglichen, trockene, feinherbe und süße Rieslinge zu erzeugen, die »klassische« Saar-Geschliffenheit und stahlige Säure mit großer Würze und Mineralität verbinden. Sie schmecken beinahe, als existiere der Klimawandel nicht.

In älteren Weinbüchern wird es häufig anders dargestellt, aber in der neuen, vom Klimawandel geschaffenen Situation sind die Weine aus dem winzigen Ruwertal, von der Saar aus auf der anderen Seite von Trier, die aroma- und säurebetontesten des gesamten Moselgebiets. Die für diese Weine charakteristischen schwarzen Johannisbeer- und Brombeeraromen kommen wiederum am stärksten in den Rieslingen aus der Lage Kaseler Nies'chen zum Ausdruck, wo der größte Erzeuger das von Annegret Reh-Gartner geleitete Weingut **Reichsgraf von Kesselstatt** ist. Bemerkenswert bei diesem Betrieb ist, dass es hier durch den Weinbergsbesitz an Saar, Ruwer und Mittelmosel möglich ist, Spitzen-Rieslinge dieser drei Untergebiete der Mosel direkt miteinander zu vergleichen, nicht nur als süße Spätlese, sondern auch als feinherbe und trockene Weine. Das hat meine Theorie über die besondere Stellung der Ruwer-Weine bestätigt.

So beeindruckend Schloss Marienlay, in dem Kesselstatt residiert, als Anwesen auch ist, verblasst es ein wenig im Vergleich mit dem nahegelegenen Weingut **Maximin Grünhaus** der Familie von Schubert. Das sieht wirklich wie ein Bilderbuch-Märchenschloss aus, und mit über tausendjähriger Geschichte ist es ein Stück altes Europa. Die elegantesten Ruwer-Rieslinge stammen aus von Schuberts drei Alleinbesitzlagen. Abtsberg, Herrenberg und Bruderberg. Carl von Schubert leitet den Betrieb seit über 30 Jahren, hat aber letztes Jahr mit Kellermeister Stefan Kraml eine Handvoll neuer feinherber Weine geschaffen, die zur Qualitätsspitze dieses Stils gehören. Die besten Abfüllungen davon heißen Superior und werden ohne den Zusatz von Reinzuchthefe in alten Fuderfässern vergoren, so wie diese Weine vor 50 Jahren und länger generell ausgebaut wurden. Das wäre von rein akademischem Interesse, wenn die Weine den besonderen Grünhaus-Charakter nicht so vollkommen zum Ausdruck brächten: der Herrenberg mit subtilen Beeren- und Kräuternoten, der Abtsberg mit feinem Pfirsich. Diese Merkmale, mit einer saftigeren Frucht, finden sich in den süßen Riesling-Kabinett und Spätlesen aus denselben Lagen wieder; nahezu perfekte Beispiele des »klassischen« Gebietsstil.

Das Weingut **Karthäuserhof** mit seiner gleichnamigen Alleinbesitzlage ist ebenso Kult wie Maximin Grün-

haus, allerdings meistens für eine ganz andere Gruppe von Weintrinkern. Im Regal ist es einfach, die beiden auseinanderzuhalten, weil so gut wie alle Karthäuserhof-Rieslinge lediglich mit einer Halsschlaufe mit dem Gutswappen ausgestattet sind. Das war vor einem Jahrhundert und länger eine ziemlich weit verbreitete Praxis, aber heute ist dies das einzige Beispiel in Deutschland. Ob trocken oder süß, diese Weine sind stets geschliffen, rassig und makellos. Die trockenen Weine können ziemlich anspruchsvoll sein aufgrund der hohen Säure und ihrer leichten Art, aber die Kabinett- und Spätleseweine mit natürlicher Restsüße besitzen einen wunderbaren Charme. Sie können auch großartig altern, wie Weine von Ende der 1980er und Anfang der ,90er zeigen. 2012 wurde der Betrieb von dem New Yorker Geschäftsmann Albert Behler gekauft.

Obgleich das Weingut **Karlsmühle** ebenfalls über zwei Alleinbesitzlagen verfügt (Lorenzhof und Timpert) stellt es einen vollständigen Gegensatz zu den berühmtesten Erzeugern des Ruwertals dar. Peter Geiben ist ebenso ein Original und Charakter wie seine Weine es sind, und beide polarisieren die deutsche Weinszene. Diese Rieslinge haben immer eine dunkle und rätselhafte Seite, die einen entweder begeistert oder verwirrt und möglicherweise wenig beeindruckt. Sowohl der trockene als auch der feinherbe Molaris L (ein Verweis auf die römische Wassermühle am Standort des Weinguts) sind ernstzunehmende Ruwer-Rieslinge zu einem freundlichen Preis. Quarzitschiefer ist trockener Spitzenriesling aus der Lage Lorenzhof, ein muskulöser Wein mit moderater Säure im Kontext dieses Untergebiets. Die Stars sind hier jedoch die tiefen und blitzenden süßen Auslesen aus dem Lorenzhof.

Herbert Weiss und das Weingut **von Beulwitz**, das er besitzt und führt, wären viel bekannter, würde ihn die Leitung des Hotel Weiss in Mertesdorf nicht zusätzlich in Anspruch nehmen. Obgleich der Marathon laufende Hotelier ein ziemlich ernster Kerl ist, zeigen seine trockenen und süßen Rieslinge aus der Lage Kaseler Nies'chen eine frühlingshafte Überschwänglichkeit und Leichtigkeit. Sie schmecken am besten auf der Terrasse des zuverlässigen Hotelrestaurants.

Trier mag unter Kaiser Konstantin die Hauptstadt des römischen Imperiums gewesen sein und somit eine der bedeutendsten Städte der Welt, aber die Weine seiner Weinbergslagen gelten heute allgemein nur als für Touristen und unkritische lokale Zecher tauglich. Beim **Deutschherrenhof** in Olewig erzeugt Sebastian Oberbillig volle, fleischige Weine, die dies als Vorurteil entlarven. Sein ,feinherb No. 1' ist eine günstige Einführung in diesen Stil mit einem Bouquet reifer Aprikosen und ziemlicher Würze. 2008 hat er die 0,75 Hektar der aufgelassenen Lage Deutschherrenköpfchen neu angepflanzt, wo er inzwischen seinen Spitzenwein erzeugt, einen gestandenen, vollen und konzentrierten Riesling, der Konstantin sicher beeindruckt hätte.

Joh. Jos. Prüm in Wehlen spielt eine ähnliche Rolle als etablierter Star an der Mittelmosel wie Egon Müller-Scharzhof und Maximin Grünhaus es respektive für Saar und Ruwer tun. Freaks und Sommeliers auf dem gesamten Planeten Riesling sprechen einfach von »J.J.«, Jayjay. Es entlarvt mich als lebendes Fossil, aber ich verfolge die Weine dieses Erzeugers seit 30 Jahren. Das bedeutet, dass ich Dr. Katharina Prüm (sie hat ihren Doktor in Jura gemacht), die heute den Betrieb leitet, als kleines Kind kennengelernt habe. Sie ist die dritte Generation, seit Sebastian Prüm (1902-1969) 1920 begann, an der späteren J.J.-Legende zu arbeiten, und es ist erst wenige Jahre her, dass Katharina die volle Verantwortung für den Keller von ihrem Vater Manfred (ebenfalls ein Doktor der Rechtwissenschaften) übernommen hat. Sie sieht ihre Aufgabe darin, dieses Schiff auf dem Kurs zu halten, den es seit nahezu einem Jahrhundert verfolgt, und hat bisher nur wenige Änderungen vorgenommen.

Die J. J.-Weine sind die langlebigsten aller Mosel-Rieslinge, und bereits nach einigen Jahren leuchten sie wie frisch geputztes Silber, weil die Zeit die Aromen wegpoliert, die unmittelbar nach der Abfüllung viele irritieren, inklusive mancher Weinprofis. Einige halten sie fälschlicherweise für übermäßig zugesetzten Schwefel, während es sich eigentlich um Gäraromen handelt, die sich aufgrund extrem vorsichtiger Handhabung der jungen Weine im Keller nicht auf gewohnte Weise verflüchtigen. Es ist aber genau diese vorsichtige Handhabung, die es einer süßen J.J. Riesling Spät- oder Auslese erlaubt, jugendliche Vitalität und aromatischen Charme über Jahrzehnte hinweg zu bewahren. Ich habe hier nie eine (stets superkonzentrierte und satte) BA und TBA erlebt, die zu alt gewirkt hätte, und ich habe bis zum Jahrgang 1938 zurück probiert. Selbst die leichteren Kabinett-Weine brauchen ein Jahr oder zwei, nachdem sie auf den Markt kommen, um dieses Leuchten zu zeigen. Mit ihren Geißblatt-, Rosen- und weißen Pfirsicharomen sind die Weine aus der Lage Wehlener Sonnenuhr direkt gegenüber vom Weingut am anderen Moselufer sowohl die üppigsten als auch die feinsten der J.J.-Weine; zwischen dem Weingut und dieser Lage scheint es so etwas wie eine magische Verbindung zu geben. In guten Jahren sind ihnen die festeren Weine aus dem Graacher Himmelreich jedoch ebenbürtig, die oft eine schwarze Johannisbeernote zeigen (und etwas günstiger sind).

Ich hatte das Glück, im richtigen Moment am richtigen Ort zu sein, um den Aufstieg der Mosel zu verfolgen, aus den dunklen Tagen der frühen 1980er, als nur die oben beschriebenen Erzeuger zusammen mit wenigen anderen spannende Weine machten, zur gegenwärtigen Situation mit Aberdutzenden von sehr guten Betrieben. Ich glaube nicht, dass das ohne den internationalen Erfolg von Weingütern wie **Dr. Loosen** möglich gewesen wäre. Er basiert auf dem kreativen Chaos und der gewagten Risikobereitschaft von Ernst Loosen, der in der Weinszene allgemein als Ernie bekannt ist und sich gezwungen sah, seine geplante Karriere als Archäologe aufgrund der Erkrankung seines Vaters an den Nagel zu hängen. So verworren die ersten Jahre auch für ihn waren, danach gab es kein Zurück. Sein halbsüßer Dr. L ist wahrscheinlich der bedeutendste Marken-Riesling der Mosel (obgleich der Urban des hervorragenden Weinguts **St. Urbanshof** in Leiwen, dessen Weine fleischiger sind,

ernstzunehmende Konkurrenz darstellt). Wo auch immer ich diesem Wein auf meinen Reisen begegne, inklusive China und Australien, bestelle ich ihn, und er hat mich noch nie enttäuscht. Jedes größere Weingebiet braucht solche Marken! Am anderen Ende der Skala stehen Ernies äußerst konzentrierte und satte Riesling-Auslesen aus der Lage Erdener Prälat, mit intensiven Mango- und Bittermandelaromen, die zur Gebietsspitze gehören. Auch die trockenen GGs des Hauses sind beachtliche Weine die viel Würze mit einer eleganten Art verbinden. Und dazu kommt die Riesling-Kollektion Eroica, die er zusammen mit Chateau Ste. Michelle in Washington State/USA lanciert hat.

Weniger spektakulär aber gleichermaßen wichtig für die großartige Renaissance der Mosel war die Arbeit von Johannes Selbach vom Weingut **Selbach-Oster** und der angeschlossenen Exportfirma in Zeltingen. Wie bei vielen anderen der heutigen Spitzenerzeuger an der Mosel hat sich der Weinbergsbesitz hier in den letzten Jahrzehnten drastisch ausgedehnt, auf gegenwärtig 20 Hektar, aber im Gegensatz zu vielen unterlag Johannes nie der Versuchung, die Restsüße in den Weinen hochzuschrauben, um sich bei den Kritikern einzuschmeicheln (indem die Gärung unterbrochen wird, bevor der gesamte Zucker der Trauben zu Alkohol vergoren ist). Das verleiht den Selbach-Oster-Kabinett-Weinen am Esstisch eine erstaunliche Einsatzvielfalt, inklusive richtig scharfer Gerichte. Für mich stehen an der Spitze der Kollektion die Riesling Auslesen aus der Schmitt-Parzelle in der Lage Zeltinger Sonnenuhr, der Rothlay-Parzelle in der Lage Zeltinger Sonnenuhr und der Anrecht-Parzelle in der Lage Zeltinger Himmelreich; Weine, die zugleich satt und erfrischend wirken, nuanciert und kraftvoll.

Ohne die Selbachs hätten viele kleine Erzeuger, unter ihnen berühmte Namen wie **Willi Schaefer** in Graach, vielleicht nie den Kultstatus erlangt, den sie heute weltweit in den Exportmärkten genießen. Christophs Rieslinge aus der Lage Graacher Domprobst verdienen ihr Ansehen, sie gehören im wortwörtlichen sowie übertragenen Sinn des Wortes zu den brillantesten Süßweinen der Welt. Trotz ihres für »klassischen« Mosel-Riesling typischerweise niedrigen Alkoholgehalts besitzen sie eine Kraft, die sich nicht so einfach erklären lässt. Christoph hat das Familienweingut nicht erweitert, sondern bei 4 Hektar belassen, und kauft keine Trauben dazu. Die Entscheidung, klein zu bleiben, hat sich an der Mosel in den letzten Jahren zu einem wichtigen Trend entwickelt.

Der Mittzwanziger **Julian Haart** gründete 2010 ein Mini-Weingut mit einer Jahresproduktion von gerade 10 000 Flaschen. Trotzdem sind mir seine Weine bereits in mehreren der coolsten Weinläden in New York City begegnet! Vor nur zehn Jahren hätten sämtliche Experten das als unmöglich betrachtet. Auf dem Papier wirkt sein Erfolg etwas weniger erstaunlich als der mancher zum Profi mutierten »Hobbits«, der neuen Art von Mosel-Hobbywinzern. Denn er mag zwar ohne einen einzigen Rebstock angefangen haben, aber seine Familienwurzeln reichen beim Weinbau immerhin bis ins 14. Jahrhundert zurück. Theo Haart vom Weingut **Reinhold Haart** in Piesport, der bedeutendste Erzeuger süßer Rieslinge aus der berühmten Lage Piesporter Goldtröpfchen – Weine, die geradezu barocke Fruchtaromen mit unerwarteter Eleganz verbinden – ist sein Onkel. Julian Haart hat es inzwischen immerhin auf 1,4 Hektar gebracht, seine Weine sind international erhältlich und er schafft es, Mosel-Riesling in zwei verschiedenen Stilistiken zu machen! Ich kann wirklich nicht sagen, ob ich seine neualten Weine aus der Lage Ohligsberg vorziehe, die wie die Saiten einer virtuos gespielten Geige vibrieren, oder die Ohligsberg Spätlese mit ihrer unglaublich filigranen Pfirsichsüße. Und beides sind Weltklasse-Weine!

Im Gegensatz dazu war »Hobbit« Olaf Schneider, als er 2005 sein Weingut O. in Traben-Trarbach gründete, ein Elektro-Ingenieur ohne Wein-Vorgeschichte. Inzwischen verfügt er über einen Hektar in der vergessenen Trabener Lage Ungsberg und leitet das Hotel Trabener Hof im Ort. Dies sind sehr gute Weine mit ausgeprägt floralen Noten und dem straffen, sehnigen Körper eines Marathonläufers. Im selben Jahr gründeten Konstantin Weiser und Alexandra Künstler gleich um die Ecke das Weingut **Weiser-Künstler**, was einen Sprung von null auf

1,8 Hektar Reben in der schwindelerregend steilen und gleichermaßen vergessenen Enkircher Lage Ellergrub bedeutete (was sie inzwischen verdoppelt haben). Ihre Weine duften, als sei soeben der Frühling ausgebrochen und zeigen die »klassische« Mosel-Eleganz, und werden doch von einem ehemaligen Bankangestellten und seiner Frau gemacht, die nach wie vor eine Teilzeitstelle als Verwaltungsangestellte hat.

Ohne es zu beabsichtigen, lieferte der Schweizer **Daniel Vollenweider** den »Hobbits« mit der Gründung seines gleichnamigen Weinguts 2000 ein Vorbild. Die Kritiker salbten ihn jedoch sehr schnell zum Mitglied des Mosel-Wein-Establishments und vergaßen seine improvisierten Anfänge. Er war der erste, der es wagte, in einer Lage ohne jegliche Reputation, der Wolfer Goldgrube, auf Weltklasse-Weine hinzuarbeiten, und seine süßen Spät- und Auslesen können tatsächlich ohne jegliches Problem neben den Weinen der lang etablierten Namen des Gebiets bestehen.

Traben-Trarbach hat sich zu einer Petrischale entwickelt, in der sich alle möglichen Arten von ungewöhnlichen Weinmachern entwickeln konnten, und dabei hat Daniel Vollenweider eine entscheidende Rolle gespielt. Er war aber nicht der erste, der hier ein unkonventionelles Weingut gründete. **Martin Müllen** tat genau das bereits 1991, und er arbeitet seitdem an der Vervollkommnung eines absolut eigenständigen Weinstils, der auf selbstbewusste Art »retro« ist. Dazu gehört, die Trauben sämtlich in einer uralten und vollkommen altmodischen Korbkelter zu pressen und sie in 1000-Liter-Fuderfässern zu vergären. Es gibt zwei Keller, einen für die trockeneren Weine und einen anderen für die süßen, da die Gärung unterschiedlich verläuft und die trockenen Weine üblicherweise viel länger brauchen. Dies sind zu Recht Kultweine, obwohl die üblichen Kritiker sie wahrscheinlich nie richtig honorieren werden, gerade weil es eben keine regulären Weine sind. Die kristallinen trockenen Rieslinge aus der Lage Hühnerberg etwa duften nach Hyazinthen. Wer Zweifel an diesem Erzeuger hat, sollte sie bitteschön probieren; Martin Müllens trockene als auch edelsüße Hühnerberg-Rieslinge sind Weltklasse!

Für Thorsten Melsheimer war Volleyball lange Zeit viel wichtiger als Riesling, aber dann konnte er dem Weinvirus nicht länger widerstehen, studierte an der Fachhochschule für Weinbau in Geisenheim und kam zurück ins Familienweingut **Melsheimer** in Reil. Hochgewachsen und mit blondem Pferdeschwanz gibt Thorsten in Hochglanzmagazinen und auf Lifestyle-Seiten im Internet ein gutes Bild ab. Er gehörte jedoch lange, ehe dies zum Trend wurde, zu den Ökowinzern und engagierte sich in der steilen, felsigen Lage Mullay-Hofberg bereits, bevor um die Jahrhundertwende Mosel-Steillagen wieder cool wurden. Um die für die Bewirtschaftung notwendige Handarbeit auf eine gesunde wirtschaftliche Basis zu stellen, lancierte er aus dieser Lage den trockenen Marken-Riesling »Molun 1143«. Der verbindet die für den nach Osten ausgerichteten Mullay-Hofberg (erstmals 1143 als Molun dokumentiert) charakteristische zitronige Frische mit ausgeprägt mineralischer Würze. Seine trockenen Spitzenweine, allen voran der ‚Kellerchen', sind noch eigenständigere Ausdrucksformen dieses Stils, und wie der Molun profitieren sie zweifellos von den positiven Auswirkungen langfristiger ökologischer Bewirtschaftung.

Anfang der 1990er gehörte Gernot Kollmann, der heute das Weingut **Immich-Batterieberg** in Enkirch unmittelbar gegenüber am anderen Moselufer führt, zu den ersten Weinbau-Studenten ohne Wein-Vorgeschichte in Deutschland. Viele Jahre arbeitete er als Berater und Weinbergsmanager für eine Reihe von Erzeugern im Gebiet und darüber hinaus und blieb dabei weitgehend unbekannt. Dann engagierten ihn 2009 die neuen Besitzer dieses historischen Betriebs (die 1949er waren eine Legende), um es zurück zur Spitze zu führen, und plötzlich stand er im Rampenlicht.

Der pfirsichsaftige, feinherbe Riesling Kabinett ›C.A.I.‹ ist der Basiswein; er wird zum Teil aus betriebseigenen und teils aus von Vetragswinzern zugekauften Trauben erzeugt. Im Gegensatz zu seiner unmittelbar ansprechenden Art brauchen die trockenen Einzellagen-Rieslinge aus dem Steffensberg, der Engelgrub, dem Zeppwingert und der Alleinbesitzlage Batterieberg

hingegen ein Jahr oder zwei auf der Flasche, um den ziemlich ausgeprägten Hefestinker abzuschütteln, den sie unmittelbar nach der Abfüllung zeigen. Dann jedoch gehören sie in ihrem kompromsisslos kräuterig-mineralischen Stil zu den besten Weinen dieser Art an der gesamten Mosel.

Viele wichtige Mitglieder dieser Gruppe müssen hier erwähnt werden, nicht nur ihrer selbst willen, sondern auch um die gegenwärtige Vielfalt der Mosel-Weinkultur zu verdeutlichen. Meine erste Verkostung beim Weingut **Fritz Haag** in Brauneberg 1986 war eine totale Offenbarung. Wilhelm Haag hat Ende der 1980er und in den ‚90ern eine Fülle von erstaunlichen süßen Spät- und Auslesen erzeugt, bevor er den Betrieb seinem Sohn Oliver übergab, dessen halbsüße und süße Rieslinge ebenso filigran und subtil wirken (mit dem gleichen charakteristischen Vanilleschoten-Aroma) wie die seines Vaters. In den letzten Jahren hat Oliver verstärkt an einer Reihe von trockenen Weinen aus den Brauneberger Spitzenlagen gearbeitet, Juffer-Sonnenuhr und Juffer, die in ihrer Persönlichkeit mit den süßen Weinen vergleichbar sind, aber auch ohne Hilfe von Traubensüße ausgewogen wirken. Mit dem Jahrgang 2012 ist ihm dies gelungen. Wilhelm Haags älterer Sohn Thomas führt seit 1992 das Weingut **Schloss Lieser** im nahegelegenen Lieser, und obgleich ich kein großer Fan seiner trockenen Weine bin, stellt er auf dem Gebiet der halbtrockenen bis honigsüßen Weinen ernsthafte Konkurrenz für all die Spitzenproduzenten der Mittelmosel dar. Die Lieserer Lage Niederberg Helden bringt robustere und breitschultrigere Weine hervor, als das in Brauneberg je der Fall sein wird.

Der Ruf dieses Weinguts geht auf die legendäre 1921 Riesling TBA aus der berühmten Lage Bernkasteler Doctor zurück, doch in den letzten zehn Jahren haben die Weine bei **Wwe. Dr. H. Thanisch** in Bernkastel (verwirrenderweise gibt es zwei davon, ich meine hier das VDP-Mitglied) einen Quantensprung gemacht. Dies sind heute vielleicht die klassischsten aller »klassischen« Rieslinge von der Mittelmosel, mit einer wunderbaren Feinheit und von nahezu perfekter Balance im halbsüßen und süßen Stil. Der ‚Doctor' auf dem Etikett kostet, aber die Weine aus der Lage Badstube stellen ein sehr gutes Preis-Leistungsverhältnis dar.

Die Aufteilung des ursprünglichen Weinguts Thanisch durch die Erbfolge vor einer Generation hat dazu geführt, dass es seitdem einen zweiten Betrieb dieses Namens gibt, **Wwe. Dr. H. Thanisch (Müller-Burggraef)**, ebenfalls in Bernkastel. Auch hier hat das Team von Besitzerin Barbara Rundquist-Müller und dem jungen Kellermeister Maximilian Ferger seit 2008 die Qualität ziemlich hochgeschraubt. Die kräftig stoffigen trockenen Weine stehen hier ebenso im Mittelpunkt wie die vollen, fleischigen süßen Spät- und Auslesen aus dem Bernkasteler Doctor.

Gelegentlich frage ich mich, was erforderlich ist und wie lange es dauert, bis ein Mosel-Weingut im Gebiet als etabliert betrachtet wird. Karl-Josef Loewen vom Weingut **Carl Loewen** in Leiwen erzeugt seit 1993 erstaunliche »klassische« Mosel-Rieslinge, und die trockenen Weine sind seit einem Jahrzehnt gleichermaßen beeindruckend, aber merkwürdigerweise scheint das nicht genug zu sein. Vielleicht ist es der Standort, denn innerhalb des Gebiets wird Leiwen nach wie vor mit billig und süß assoziiert, und international kennt den Ort niemand. Vielleicht hat Karl-Josefs Sohn Christopher eine bessere Chance. Sein erster Wein, der nach dem Pflanzjahr des ältesten Teils der Lage Maximiner Herrenberg in Longuich benannte ‚1896' war jedenfalls ein gewagt radikales und gelungenes Experiment im neu-alten Mosel-Riesling-Stil.

Vor einer Generation war Trittenheim ein Moseldorf, in dem die Diskrepanz zwischen dem Potenzial der Weinberge und der Qualität der Weine in der Flasche häufig immens war. Doch genügte ein Blick über die Dächer des Dorfes hinweg, wo die steilen, nach Süden ausgerichteten Rebhänge der Lage Apotheke direkt in den Himmel zu streben scheinen. Zufällig ist es eine kleine Gruppe von ausschließlich Frauen, die am meisten dazu beigetragen haben, das Blatt hier zum Besseren zu wenden. Eva Clüsserath von dem kleinen Weingut **Ansgar Clüsserath** sorgte als erste in der Weinszene für Aufsehen. Ihr trockener Riesling ‚Steinreich' – Nomen est Omen – ist seit zehn Jahren der Prototyp für neue Trittenheim-Weine und nach wie vor einer der günstigsten unter den Spitzenweinen aus diesem Teil des Moseltals. Die meisten von Evas Weinen verwehren sich einer klaren Zuordnung in die eine oder andere Kategorie, aber ihr kraftvoller, komplexer trockener Riesling aus der Apotheke ist dem neualten Stil zweifellos näher als dem »klassischen«.

Ganz eindeutig zum neu-alten Stil gehören hingegen die stoffigen, würzigen trockenen und feinherben Weine, die Alexandra Eifel nur wenige Häuser weiter beim Weingut **Bernhard Eifel** macht. Während Evas Bekanntheitsgrad zweifellos davon profitiert hat, dass sie mit Philipp Wittmann vom Weingut Wittmann in Westhofen/Rheinhessen verheiratet ist, war Alexandra Eifel auf sich allein gestellt. Ironischerweise kommt ihr bester Wein, der feinherbe Riesling ‚vom roten Schiefer' nicht aus ihren Heimtort, sondern aus Schweich, der ersten bedeutenden Weinbaugemeinde flussabwärts von Trier. Trittenheim ist inzwischen so stark, dass die hiesige Expertise »exportiert« wird.

Als der fränkische Winzer Armin Vogel Mona Bastgen von dem kleinen Weingut **Bastgen** in Kesten heiratete, bekam das bis dahin wenig bekannte Weindorf einen wichtigen neuen Impuls. Ihre Weine prahlen nicht, aber die zuverlässig hervorragende Harmonie ihres trockenen ‚Blauschiefer' und des feinherben ‚Goldmund' hat ihnen viel Erfolg beschert. Dies sind tatsächlich Weine, deren Namen ihren Charakter gut beschreiben. Sie stellen für all jene eine perfekte Einführung in die Weine des Gebiets dar, die Moselweine generell für zu säurebetont oder süßsauer halten.

Rudolf Trossen vom gleichnamigen Weingut in dem winzigen Dorf Kinheim-Kindel war bereits Anfang der 1980er Ökowinzer, als das von den meisten Moselwinzern noch als sicheres Zeichen des Wahnsinns oder gar als terroristischer Akt betrachtet wurde. Die hartnäckige Art, mit der er erfolgreich an seiner einzigartigen Vision von Mosel-Weinen gearbeitet hat, macht ihn zu einem wichtigen Erzeuger. Er scheint häufig selbst schockiert von seinen Erfolgen, wie etwa auf der Weinkarte des

VERRÜCKTE RIESLING-ZAHLEN: Was an der Mosel wirklich anders ist

Während der letzten Jahrzehnte des 20. Jahrhunderts wurde leichter, süßer Mosel-Riesling in den Köpfen jener Weintrinker außerhalb Deutschlands, die gewillt waren, sich über das Vorurteil hinwegzusetzen, deutscher Wein sei gleichbedeutend mit Liebfraumilch & Co, zum Synonym für deutschen Qualitätswein schlechthin. Indem sie ihre Trinkerfahrungen unbewusst auf die Vergangenheit übertrugen, schufen sie den Mythos, früher – vor einem Jahrhundert – sei Riesling in Deutschland die vorherrschende Rebsorte gewesen. Tatsächlich kommt der prozentuale Riesling-Anteil an der deutschen Gesamtrebfläche vor 100 Jahren der heutigen von 22 % ziemlich nahe. Selbst mit den gegenwärtigen Auswirkungen des Klimawandels ist Riesling eine anspruchsvolle Sorte, die es hasst, nasse Füße zu haben (also mit den Wurzeln in nassem Boden zu stehen), und ihn am falschen Ort zu pflanzen, ist ein sicheres Rezept fürs Scheitern. Doch an der Mosel sah das ganz anders aus. 1905 beanspruchte der Riesling 88 % aller Mosel-Weinbergsflächen, nämlich 5 430 Hektar. Das Witzige ist, dass Riesling dort heute zwar nur 60 % einnimmt, das aber trotzdem beinahe exakt dieselbe Fläche wie vor einem Jahrhundert darstellt, nämlich 5 294 Hektar.

drei Mal zum weltbesten Restaurant gewählten Noma in Kopenhagen gelistet zu werden. Seine Weine scheinen den Gästen dort näher zu liegen als der hiesigen Weinszene. Der trockene Riesling ›Schiefer‹ ist die ideale Einführung in diese alternative Welt von Mosel-Aromen, die weitab der üblichen fruchtig-floralen Norm liegen.

Dies mag den Anschein einer ungekürzten, unzensierten Geschichte der Mosel erwecken, oder zumindest ihrer Geschichte in breiten Zügen, aber das ist es nicht. Denn so wichtig wie er für all die bis zu diesem Punkt erwähnten Weine ist, ist der Schiefer doch nicht unerlässlicher Bestandteil dieser Geschichte. An der deutschen Obermosel und im luxemburgischen Abschnitt des Tals am gegenüberliegenden Flussufer sind die Böden von Kalk geprägt und die Hügel sanfter. Dort sieht es keinesfalls nach Mosel-Riesling aus, und in Luxemburg gibt es denn auch nur ganze 163 Hektar von meiner Lieblingssorte. Doch die Weine der letzten Jahrgänge des kleinen Weinguts **Alice Hartmann** in Wormeldange sind ein schlüssiger Beweis dafür, dass große trockene Rieslinge hier durchaus im Bereich des Möglichen liegen. Der Sélection du Château ist ein voller, cremiger Wein, der den Gaumen verführerisch mit feiner Würze streichelt. Noch vor einem Jahrzehnt hätten sämtliche Experten das für unmöglich gehalten.

GRUNDLAGENFORSCHUNG:

Warum »klassischer« Mosel-Riesling so aromatisch ist

Im Labor ist es ein Leichtes, einem Wein unterschiedliche Mengen reinen Alkohols zuzusetzen und zu beobachten, wie sich das auf unsere Wahrnehmung der Aromen auswirkt. Das Ergebnis ist immer das gleiche: Die Aromen wirken mit steigendem Alkoholgehalt immer weniger intensiv. Das bedeutet, dass ein kalifornischer Kult-Cabernet mit rund 15 % Alkohol für ein gutes Bouquet enorm viel aromatische Substanzen benötigt, während ein »klassischer« Mosel Riesling Kabinett mit nur 7,5 % Alkohol viel weniger braucht, um mindestens ebenso aromatisch zu wirken. Und weil die Trauben, aus denen letzterer entsteht, bei viel geringerer Reife gelesen werden, riecht er auch viel frischer. Die Traubensüße des Weins scheint die Aromen ebenfalls zu betonen, und die ausgeprägte Säure verhindert, dass die Süße klebrig schmeckt. Das sind die ziemlich simplen Geheimnisse dieses ganz besonderen Riesling-Stils.

BERLIN

RIESLING CITIES: BERLIN

Es war eine dieser Berliner Nächte, in denen alles von Anfang an auf wunderbare Weise außer Kontrolle geriet. Nach einer sehr offiziellen Verkostung während des Tages bei der Präsentation der Großen Gewächse (GGs) in der Gemäldegalerie am Berliner Kulturforum war ich um 17 Uhr zu einer sehr inoffiziellen Probe an einem Ort namens The Grand eingeladen, teils Restaurant, teils Nachtclub. Der morbide Charme des bewusst nur teilweise renovierten Gebäudes passte perfekt zum trockenen Pettenspiel Riesling der beiden rheinhessischen Jungwinzer Katharina Wechsler aus Westhofen und Kai Schätzel aus Nierstein.

Für **Katharina Wechsler** vom gleichnamigen Weingut ist dies eine Rückkehr nach Berlin, wo sie über zehn Jahre gelebt und als Fernsehjournalistin gearbeitet hat. 2009 hielt sie es jedoch nicht mehr aus, packte ihre Sachen und kehrte nach Hause zurück, nach Westhofen, um Wein zu machen. Diese Entscheidung im Alter von 30 Jahren sagt alles über ihr Temperament. Um das Weinmachen von der Pike auf zu lernen, arbeitete sie beim Weingut Keller in Flörsheim-Dalsheim, einem Brutkasten rheinhessischer Jungwinzer; aber das erklärt nicht ihre 2011 Weine. »Das gibt's doch gar nicht!« entfuhr es mir, als ich diese zum ersten Mal verkostete. Mit ihrem anscheinend ersten Jahrgang präsentierte sie eine Reihe von Weinen, die nicht nur qualitativ hochwertig waren, sondern auch einen eigenen Stil zeigten, wofür die meisten Jungwinzer viele Jahre brauchen. Ihr trockener Westhofen Riesling war saftig und leichtfüßig, aber hinter diesen hellen Lichtern im Vordergrund konnte ich die dunkle Seite der Macht spüren.

Kai hatte ebenfalls eine frühere, andere Karriere in der Marketingbranche in Hamburg, fühlte aber ebenfalls dasselbe überwältigende Bedürfnis, beim heimischen Weingut **Schätzel** einzusteigen, das seine Eltern mit einer Auf-Nummer-Sicher-Einstellung führten, mit Weinen, die entsprechend wenig spannend schmeckten. Jedes Jahr reizte er die Grenzen im Keller weiter aus ins Unbekannte, geriet gelegentlich damit gefährlich nahe an den Abgrund, und das Ergebnis war Riesling Funkadelic, verrückt aber groovy.

Kais und Katharinas gemeinsam erzeugter Pettenspiel ist ein Verschnitt aus 50 % Riesling aus der Niersteiner Lage Pettenthal mit 50 % Riesling aus der Westhofener Lage Kirchspiel, also ein Wein, der vom deutschen Weingesetz nicht vorgesehen ist, was die Legalität seines Namens in Frage stellt. Das kümmert weder Kai noch Katharina, wenn die Menge von diesen Weinen wie berauscht ist, mit einer Sinnlichkeit, die weit über die Summe seiner ausdrucksstarken Einzelteile hinausgeht.

Dann war es Zeit für »noch ein Glas Wein« in der Weinbar Rutz, die im Erdgeschoss mehr oder weniger Bar ist, im ersten Stock aber ein michelinbesterntes Restaurant. Weinbars in Berlin sind häufig Restaurants und nutzen wie das Rutz das Wort »Bar«, um den Eindruck zu vermeiden, man müsse hier zwangsläufig ein achtgängiges Verkostungsmenü bestellen, um gut zu trinken. Als ich mich während der Euphorie der Wiedervereinigung erstmals in Berlin verliebte, war es wirklich schwierig, ein gutes Glas Riesling aufzutreiben. Elsässer war die einzige Chance. Deutscher Wein? Es wurde bezweifelt, ob der überhaupt trinkbar sei. Die coolen Adressen waren dem italienischen Wein gewidmete strenge Designertempel.

Billy Wagner, im Osten Deutschlands geboren und in der Nähe von Nürnberg im Westen aufgewachsen, war bis vor kurzem Gesicht und Stimme des Rutz – nach einer Reihe anderer begabter Sommeliers seit dem Tod des Gründers Lars Rutz 2003. In seiner verhältnismäßig kurzen Karriere hat Billy bereits einem ganzen Haufen von Jungwinzern durch die Abnahme maßgeschneiderter Weine Rückendeckung gegeben, die er unter der Dachmarke Rutz Rebell anbietet. Wir erwischten Billy gerade, bevor die erste Welle von Gästen über ihn hereinbrach, das eine Glas Riesling vervielfachte sich schnellstens, und plötzlich gab es kein Zurück mehr. Ich bin gespannt auf sein neues, eigenes Projekt namens »Nobelhart und Schmutzig«!

Es sind jetzt beinahe exakt 20 Jahre, seit das Weinstein als eine der ersten Weinbars in Ostberlin eröffnete. Damals war Roy »Weinstein« Metzdorf 29 Jahre alt und hatte gerade einen gut bezahlten Job als Elektro-Ingenieur in Stuttgart aufgegeben. Wie viele andere hochqualifizierte junge Ostdeutsche zog es ihn nach dem Mauerfall gen Westen, aber im Gegensatz zu den meisten von ihnen hatte er bereits gute Weine verschiedenster Länder probiert. Sein Vater durfte auf Geschäftsreisen »raus« nach Frankreich und Spanien und kam immer mit Wein zurück.

Daraus wurde bei seinem Sohn wahre Weinleidenschaft, und seit der Eröffnung des Weinstein 1993 hat es sich zu Berlins bester Weinbar entwickelt. Das erste Glas Wein muss hier der trockene weiße Haus-Riesling sein, Schlank im Schrank, vom Weingut Karlsmühle an der Mosel. »Seit dem ersten Tag sind wir immer wieder nach Hauswein gefragt worden, aber ich wollte das nicht, weil die meisten Hausweine billig sind und furchtbar schmecken,« erklärte Roy. »Dann entschieden wir, welchen nach unseren Vorstellungen machen zu lassen und ihn teurer zu verkaufen als unsere günstigsten Weine. Wir dachten uns den Namen aus, und Henning Wagenbreth entwarf das Etikett.«

Henning Wagenbreth ist nur einer der vielen international bekannten Künstler und Musiker, die man im Weinstein treffen kann, aber die Gäste sind viel bunter gemischt als das. Bis jetzt war ich leider nie am richtigen Abend dort, um die Musiker der Heavy Metal-Gruppe Rammstein oder die britische Modedesignerin Vivienne Westwood kennenzulernen. Das ist ein bisschen frustrierend, weil ich auf Rammstein stehe und oft Westwood-Sachen trage, aber es scheint mein Weinstein-Schicksal zu sein.

Unser letzter Halt an diesem Abend war die Cordobar, die wie alle Adressen zuvor eine unglaubliche Auswahl an Riesling auf der großartigen Weinkarte hat, darüber aber kein großes Aufheben macht, sondern das vielmehr als Selbstverständlichkeit betrachtet und darstellt. »Wie kann man eine großartige Weinkarte ohne eine unglaubliche Auswahl an Riesling haben?« Das ist die Art von Sprüchen, die der Österreicher Gerhard Retter dauernd von sich gibt, wenn er auf Senden ist – und wann ist er das nicht? Als ich ihn kennenlernte, war er Sommelier im Restaurant Lorenz Adlon im historischen Berliner Hotel Adlon, dann war er plötzlich abgetaucht. Jetzt ist er wieder da, mit der Cordobar, und die rockt seit dem ersten Abend. Natürlich schenkte Gerhard mir ein Glas Mosel-Riesling ein, den C.A.I. von Immich-Batterieberg, und das einzige Problem daran war, dass der mich so schnell und erfolgreich wiederbelebte, dass es schwierig war, den Absprung zu finden …

GRUNDLAGENFORSCHUNG:

Was ist positive Globalisierung, und wie kann man die selbst praktizieren?

Wie bin ich zu der globalen Riesling-Perspektive gekommen, von New York City und Berlin aus, eigentlich nur zwei Orte auf dem großen blauen Planeten? Ein Teil der Antwort lautet natürlich, dass ich so viel reise, zu den vielen anderen Orten, an denen Riesling produziert und konsumiert wird. Aber Reisen eröffnet einem nicht automatisch eine neue Perspektive. Wenn man dabei in seiner eigenen Kulturblase bleibt, dann ist der Effekt genauso, als betrachte man einen Haufen netter Bilder. Ein Mensch und ein Ort in Berlin bieten sich an, um zu erklären, wie meine globale Perspektive auf den Riesling entstanden ist: Jianhua Wu, besser bekannt als Herr Wu, und sein Restaurant Hot Spot.

Die Geschichte, wie ich Herrn Wu kennengelernt habe, ist es wert, hier wiedergegeben zu werden, weil sie viel über uns beide aussagt. Ich wurde ins Hot Spot durch meinen Zahnarzt geschleppt, Gerhard Gneist, der zugleich zu meinen »Wein-Informanten« gehört, und dessen Begeisterung fürs Hot Spot ich nicht richtig verstand, bis ich selbst dort war. Das Restaurant war bis 2007 ein Steakhaus, und um es chinesisch wirken zu lassen, hatten Herr Wu und seine Frau lediglich einige Bilder an die Wände gehängt und ein paar Porzellan-Vasen aufgestellt. Doch das Essen war auf spektakuläre Weise geschmacksintensiv, Lichtjahre entfernt von dem süßsauren Glutamat-Saucen-Zeug, das im Westen nach wie vor als chinesische Küche angeboten wird. Es war auch eine Überraschung, dass Herr Wu deutschen Riesling dazu servierte und das bei ihm so gut funktionierte. Trotzdem, ich dachte: »Prima, na und?« Doch dann klickte ich am 9. September 2010 die europäische Ausgabe der New York Times an, und da war ganz oben auf der ersten Seite ein Bild von Herrn Wu und ein Artikel mit dem Titel »Chinese Food, the Wines of Germany, and a Debate«, chinesische Küche, deutscher Wein und eine Debatte. Dort wurde er als positives Beispiel des multikulturellen Deutschlands dargestellt. Ich war baff und entschied, mehr über ihn herauszufinden.

Herr Wu erzählte mir, dass aufgrund des Artikels in der New York Times sich der Shanghai Wine Club bei ihm gemeldet habe. Das war ein ziemlicher Schock für ihn, weil er sein erstes Ingenieursdiplom in Shanghai gemacht hat, bevor er für weitere Studien 1984 nach Berlin kam. Damals begann er, sich für Wein zu interessieren und entwickelte sich zu einem erfolgreichen Gastronomen (alles ohne Hilfe eines PR-Agenten). Was für mich aber so interessant war, war seine einzigartige Einstellung zum deutschen Riesling, die auf der Shanghai- und Sichuan-Küche des Hot Spot basiert. Ich hatte zum Beispiel immer angenommen, dass zu scharfen chinesischen Gerichten am besten halbsüße und süße Rieslinge passten, aber Herr Wu zeigte mir, dass mala-scharfe Sichuan-Gerichte mit Sichuanpfeffer und Chili am besten mit kraftvollen trockenen Rieslingen wie jenen von Emrich-Schönleber von der Nahe harmonieren (siehe Seite ??). Manchmal schmeckten Weine, die ich vorher nicht besonders interessant fand, zu dieser Küche plötzlich wunderbar, und ich sah sie nach dem Essen im Hot Spot mit anderen Augen.

Das alles erinnerte mich daran, dass der Pianist Glenn Gould gesagt hat, ein großer Musiker könne eine Interpretation eines klassischen Musikstücks entwickeln, auf die der Komponist selbst nie gekommen wäre. Das erscheint mir wie positive Globalisierung. Herr Wu hat mit mir »vertrauten« Rieslingen so erfolgreich sein eigenes Ding gemacht, dass es mir den Atem verschlagen hat. Auf meinen Weinreisen versuche ich immer, für diese Art von Überraschungen offen zu sein, ob ich mich nun auf »vertrautem« Terrain bewege oder nicht. Riesling kann jeden überraschen, selbst wenn man annimmt, man wisse genau, was man daran mag oder nicht. Dazu braucht man wirklich nur ganz offen zu sein und schmecken, wie der Wein im Glas jetzt und hier schmeckt. Willkommen auf Planet Riesling!

KAPITEL 8:

EINSAME RUFER IN DER RIESLING-WÜSTE

ITALIEN

Wer an italienischen Wein denkt, hat entweder die berühmten Rotweine im Kopf wie Chianti und Barolo oder bereits die nächste Flasche langweiligen Pinot Grigio bestellt. Selbst wenn man die weltweite Mode für letzteren beiseite lässt, gibt es viele andere trockene Weißweine, die unser Bild vom italienischen Wein prägen, wie etwa Soave und Frascati. Italien hat doch nun sicher nichts mit Riesling zu tun, da wird doch so gut wie keiner angebaut, oder? Aber das »oder« ist ganz richtig, denn selbst in Italien gab es seit der Jahrhundertwende gleich eine ganze Reihe von Veränderungen, ähnlich wie nördlich der Alpen in Deutschland.

Anfang der 1990er hatte italienischer Riesling tatsächlich Seltenheitswert, und gute waren so selten wie vierblättrige Kleeblätter. Damals tranken lediglich ein paar italienische Weinfreaks und -profis, die in Deutschland oder Österreich gearbeitet hatten, Riesling. Für Geschmacksnerven, die an trockene Weißweine wie Pinot Grigio gewöhnt sind, die von Natur aus so säurearm sind, dass sie gelegentlich seifig wirken (manche Italiener benutzen diesen Begriff sogar als positive Beschreibung von Weißweinen!), war der Sprung zum knackig frischen Riesling groß. Doch es ist eine einfache und tiefe Wahrheit beim Wein, dass sich Qualität früher oder später immer durchsetzt, und heute lässt sich in Italien tatsächlich ein wachsender Riesling-Kult beobachten.

Deshalb war es auch keine besonders große Überraschung, als Gaia Gaja, die Tochter von Angelo Gaja (die heute Italiens berühmtestes Weingut in Barbaresco leitet) mir bei einem Besuch im Piemont im Herbst 2012 voller Stolz beim Mittagessen ihren trockenen Piemonteser Lieblingsriesling präsentierte. Es war der Hérzu vom Weingut **Ettore Germano** in Serralunga im Barolo, und trotz nahezu 14 % Alkohol und viel Power hat er eine strahlende Zitrus-Säure und schmeckt konzentriert und

salzig-mineralisch. Germano hat seine ersten Rieslingreben bereits 1995 gepflanzt und verfügt jetzt über Parzellen in Lagen von 500 bis 550 Meter über dem Meeresspiegel. Das verleiht dem Wein die Gebirgsfrische. Die kühlen Temperaturen auf dieser Höhe verlangsamen den Reifeprozess, sodass die Trauben erst Ende September oder im Oktober die volle Reife erreichen, die entscheidende Endphase also unter kühlen Bedingungen geschieht und so Säure und Aroma erhalten werden.

Der Wein ist beileibe kein Einzelfall: Das Weingut **Aldo Vajra** in Barolo erzeugt seit 1991 trockenen Riesling, war aber lange gezwungen, ihn als »Langhe Bianco« ohne den Namen der Rebsorte zu etikettieren. Mit dem Jahrgang 2011 änderte sich das Weingesetz im Gebiet, und seitdem prangt »Riesling« auf dem Etikett; ein Zeichen dafür, dass Riesling dort keine Kuriosität mehr ist, sondern sich im Gebietsportfolio der Rebsorten etabliert hat. Der knochentrockene Vajra Riesling wirkt großzügig und reif, verfügt aber über ausreichend Frische, um den vollen Körper zu tragen, und ich liebe sein Pfirsichbouquet. Giuseppe Vaira (ja, er schreibt seinen Namen anders als den der Firma) ist mit der heiklen Aufgabe konfrontiert, die begrenzte Zahl an Flaschen unter den Exportmärkten und den heimischen Abnehmern aufzuteilen.

Das bringt uns zu der nächsten großen Veränderung in Italien. Italienische Feinschmecker – und das Land scheint voller Feinschmecker – haben entdeckt, dass Riesling hervorragend zum Essen passt. Ein Trio von Rieslingerzeugern im zu weiten Teilen deutschsprachigen Südtirol/Alto Adige hat ihnen zu dieser Erkenntnis verholfen. Peter und Brigitte Pliger vom Weingut **Kuenhof** in der Nähe von Brixen im Eisacktal/Valle d'Isarco demonstrierten das Potenzial meiner Lieblingssorte in den grünen Alpentälern des Gebiets als erste. Sie nannten ihren Wein Kaiton, da das Gesetz in den 1990ern weder »Eisacktal« noch »Riesling« auf dem Etikett zuließ. Das änderte sich 2003, größtenteils weil der 1999 Kaiton der erste Eisacktaler Wein war, der je drei Gläser vom Gambero Rosso bekam, dem einflussreichen italienischen Weinführer. Heute wirbeln im Kaiton so viele großartige Kräuter- und Blütenaromen, dass er nach einem großen Glas verlangt, um sich ganz entfalten zu können, obgleich die beträchtliche Kraft fest gezäumt ist wie bei einem Rennpferd am Start eines großen Rennens.

Das Weingut **Unterortl/Castel Juval** unweit von Naturns im Vinschgau/Valle Venosta gehört Reinhold Messner, der den Mount Everest als erster ohne Sauerstoff bezwungen hat. Martin Aurich ist in Berlin aufgewachsen und übernahm 1991 die Leitung des Weinguts. Er sagt selbst, dass der Anbau vollreifer Rieslingtrauben auf 600 Meter über dem Meeresspiegel (und darüber) unter alpinen Bedingungen und auf sehr kargen Granitböden, die wenig Wasser speichern, mit dem Besteigen der welthöchsten Gipfel ohne Sauerstoff zweifellos vergleichbar ist. Das Schwierigste daran sei der Mangel an Erfahrungen vor Ort gewesen. Seit der Jahrhundertwende ist dies ein aufsehenerregender italienischer Riesling. Hier und bei Franz Pratzners nahe gelegenem Weingut **Falkenstein**, wo die trockenen Rieslinge satter und opulenter wirken mit superreifem Aprikosenduft, ist die Ähnlichkeit mit den Weinen Österreichs deutlich erkennbar, vielleicht weil die Böden vom Typ her jenen in den Hängen der Wachau gleichen. Oder hat es auch damit zu tun, dass diese Provinz bis 1920 zu Österreich gehörte? Nur wenige hier sehnen sich jedoch nach dieser Vergangenheit zurück, und die Weinbranche ist ein perfektes Beispiel dafür, wie sich zwei Kulturen auf positive Weise mischen und gegenseitig befruchten können.

Die Geschichte des Rieslings in Italien – nicht zu verwechseln mit jener der Rebsorte *Riesling Italico*, dem Welschriesling, der nicht verwandt ist mit dem echten, der hier auch Rhein-Riesling genannt wird, *Riesling Renano* – setzt sich südlich des Po in der Lombardei fort. Das

VERRÜCKTE RIESLING-ZAHLEN: Wandel, an den wir glauben können

Offiziell gibt es in Italien 624 Hektar Riesling. Aber in Italien ist Statistik schon immer – ich zitiere einen Marchese mit einem Wein-Imperium – eine »elastische« Angelegenheit. Es scheint sehr wahrscheinlich, dass Riesling dazu dient, trockene Weißweine aufzupeppen, die offiziell aus der Sorte Garganega erzeugt werden. Wir sprechen von der Sorte, die beim Soave im Veneto die Hauptrolle spielt. Das hat eine gewisse Logik, weil Garganega von Natur aus ziemlich säurearm ist; für Soave ist allerdings der Verschnitt mit Chardonnay, Pinot Bianco und Trebbiano erlaubt (insgesamt maximal 30%), nicht aber der mit Riesling. Lässt man diese haarige Frage und die Fragwürdigkeit der eingangs genannten Zahl beiseite, gibt es zumindest ein Gebiet in Italien, in dem in den letzten Jahren eine beträchtliche Steigerung bei der mit Riesling bepflanzten Fläche zu beobachten war. Dabei handelt es sich um die weithin deutschsprachige Provinz Südtirol/Alto Adige, wo die mit meiner Lieblingssorte kultivierte Fläche sich von 33 Hektar (2005) auf 52 Hektar ausdehnte (2011), also eine Steigerung von über 50 % in nur sechs Jahren. Die meisten dieser Neupflanzungen liegen im Vinschgau/Valle Venosta und im Eisacktal/Valle d'Isarco, wo ein Rieslingboom zu beobachten ist. Die Nachfrage nach diesen Weinen in Italien übersteigt das Angebot nach wie vor um Längen, sodass sich diese Zahl wahrscheinlich weiter nach oben entwickeln wird.

Oltrepò Pavese hat sich entgegen allen Erwartungen zu einem Zentrum der Rieslingproduktion entwickelt, und es gibt dort jetzt so viel davon, dass **Martini & Rossi** (die Wermut-Firma) unter seinen Schaumweinen auch einen Riesling Brut anbietet und dafür mit ganzseitigen Annoncen in italienischen Food-Zeitschriften Werbung macht. Der Erzeugername, nach dem man hier Ausschau halten sollte, ist **Ca' di Frara** in Mornico Losana, wo Luca und Matteo Bellani zwei trockene Rieslinge produzieren: den günstigeren, unkomplizierten Apogèo und den teureren Oliva. Beide haben Pfirsich-Aprikosen-Aromen, animierende Säure und eine sehr schöne Balance; der Oliva ist jedoch der deutlich ernstzunehmendere Wein mit mehr mineralischer Kraft und Frische. Beide zusammen werfen die Frage auf, ob Riesling nicht an vielen anderen Orten Norditaliens spannende Weine hervorbringen könnte.

Ost-Europa: Die verrücktesten Zahlen auf Planet Riesling

Manchen der weniger bekannten Riesling erzeugenden Länder bin ich schnell auf die Spur gekommen, weil ich früher oder später auf gute Weine stieß. In anderen Fällen jedoch war es eine mühsame detektivische Aufgabe, um etwas Interessantes aufzutreiben. Und dann gab es Orte, an denen ich beträchtliche Rieslingproduktion vermutete, es mir aber schwerfiel, auch nur aktuelle Informationen zu bekommen. So hat es angeblich in der Ukraine unmittelbar vor dem Ende der Sowjetunion um die 16 100 Hektar Riesling gegeben (nur Deutschland hat mehr zu bieten), aber hatte diese Zahl irgendeinen Bezug zur Realität? Die Ukraine hatte zweifellos eine bedeutende Schaumweinproduktion im Krim-Gebiet. Was waren jedoch die aktuellen Zahlen? Meine Suche nach solchen Daten führte oft ins Leere, während manche Zahlen, die ich fand, eher wie Vermutungen erschienen als tatsächliche Statistik.

Dann wurde 2012 das großartige, umfassende Kompendium *Wine Grapes* meiner britischen Kollegin Jancis Robinson veröffentlicht, und dort fand ich Rieslingzahlen für nahezu alle osteuropäischen Länder (außer für Polen, wo es vermutlich ein paar Hektar gibt) für 2009. Ich gebe diese hier wieder, weil ich nur in wenigen Fällen aktuellere Zahlen habe, und ein und dasselbe Jahr für mehr Vergleichbarkeit sorgt. Es soll nicht überraschen, dass die UKRAINE an erster Stelle steht, aber die 2702 Hektar liegen weit unter dem Wert von 20 Jahren zuvor, der vielleicht absichtlich zu hoch angesetzt war. Es ist trotzdem mehr als der Rheingau oder Gesamt-Österreich! Darauf folgt, zu meinem absoluten Erstaunen, mit 1343 Hektar das winzige, weinbesessene MOLDAWIEN. Dort war ich im Sommer 2007, begegnete aber keiner einzigen Flasche Riesling, und niemand erwähnte die Sorte. Im Vergleich mit Moldawiens Gesamtrebfläche von nahezu 150 000 Hektar, von der nur knapp zwei Drittel für die gewerbliche Erzeugung genutzt wird, ist diese Zahl jedoch ein winziger Tropfen im moldawischen Wein-Ozean. Das Land mag Europas ärmstes sein, aber Wein gibt es dort immer!

UNGARNs 1283 Hektar hingegen erschienen mir weit weniger überraschend, obgleich die Sorte in der dortigen Weinbranche quasi keine Beachtung findet. Man ist dort immer noch total auf dicke, gerbstoff- und alkoholbetonte Rotweine fixiert, und die große weite Weinwelt interessiert sich nur für Tokaji Dessertweine. Doch wie ich bereits bei meiner ersten Ungarn-Reise im Frühjahr 2009 entdeckt hatte, bietet das Land viel mehr an Wein. Ein außergewöhnliches Zufallstreffen mit József Szentesi im Dezember 2010 auf dem Budapester Flughafen führte dann dazu, dass ich die kraftvollen und doch lebhaften trockenen Rajnai Rizling verkostete, die **Szentesi Pince** aus Weinbergen mit Granitböden bei Nadap im Gebiet von Csúcsos-Hegy erzeugt. Der Wein wird in Józsefs uralten Kellern am südöstlichen Rand von Budapest ausgebaut, in einer Straße, in der es einst einen Wein-Keller neben dem anderen gab, die aber inzwischen von Vorort-Villen so gut wie verdrängt worden sind. Das Pfirsicharoma, die beträchtliche Kraft und mineralische Frische der Weine verblüffte mich. Józsefs Hauptgeschäft ist jedoch ein Budapester Fitnesscenter namens Gold Center. Dort hatte ich ihn bei einer Weinverkostung im Billardsaal beinahe zwei Jahre zuvor erstmals kennengelernt. Ich fand später heraus, dass er neben seinen eigenen, nur in sehr kleinen Mengen erzeugten Weinen auch für die Vermarktung und den Verkauf einer Handvoll anderer winziger, ambitionierter ungarischer Weingüter zuständig ist. Er ist ganz offensichtlich eine Schlüsselfigur für die Zukunft des ungarischen Weins.

Diese Erfahrungen hätten mir klar machen sollen, dass in Ost-Europa bedeutende Mengen Riesling produziert werden, aber ich klebte hartnäckig am Ostblock-Klischee. Idiot! Zurück zu Jancis Robinsons Buch, das auch berichtet, dass die TSCHECHISCHE REPUBLIK über 1270 Hektar Ryzlink Rynsky verfügt, was mich in meinem Vorhaben bestärkt, irgendwann die guten aufzutreiben. Ein großer Teil der tschechischen Weinproduktion wird in Prag konsumiert, wo sich leichter gute Preise erzielen lassen. Ich kann nichts über die Weine berichten, die aus den 1170 Hektar Riesling in BULGARIEN erzeugt werden, weil auch die wahrscheinlich nahezu komplett auf dem heimischen Markt konsumiert werden. Ich habe einige gut gemachte trockene Rieslinge aus KROATIEN verkostet, wo es 1072 Hektar meiner Lieblingssorte gibt. Das ist eine ganze Menge für ein Land mit insgesamt etwa 60 000 Hektar Weinbergen.

In dieser Hinsicht erscheinen die 998 Hektar Rzlink Rýský in der SLOWAKEI einfach nur wie ein weiteres kleines osteuropäisches Land mit einem ansehnlichen Bisschen Riesling. Doch liegt genau hier die Antwort auf alle Skeptiker, die immer noch daran zweifeln, dass Ost-Europa je in der ersten Liga der Qualitätsweine mitspielen wird. Der Riesling von Kastiel Béla in der Nähe von Stúrovo an der Donau, der unter dem Namen **Château Béla** vermarktet wird, ist das Werk des weltberühmten Saar-Rieslingerzeugers Egon Müller. Ich werde den leicht trüben Weißwein nie vergessen, den er mir im Frühjahr 2001 aus einer alten Limoflasche eingoss. Es war eine der ersten experimentellen Partien, die Kellermeister Miroslav Petrech ausgebaut hatte, um herauszufinden, ob die kommerzielle Produktion hier sinnvoll wäre. Egon engagierte sich bei diesem Unternehmen, weil das Schloss kurz zuvor von einem Zweig der Familie seiner Frau zurückgekauft worden war, den Ullmanns, von denen es 1946 konfisziert worden war. Sie haben es seitdem restauriert und daraus ein Fünf-Sterne-Hotel mit Gourmetrestaurant gemacht. Budapest liegt eine knappe Autostunde entfernt, und ins florierende Bratislava sind es auch nur etwa zwei Stunden. Die Weine werden inzwischen mit den Egon Müller-Scharzhof-Weinen vermarktet, und weil sie voll, trocken und fleischig sind, vertragen sie sich gut mit einer Vielzahl von Gerichten.

Man könnte annehmen, dies sei der slowakische Rieslingstil; was aber nicht zutrifft, wie die Weine von **Elesko** beweisen. Mit 110 Hektar Weinbergen im Gebiet von Malokarpatská (kleine Karpaten), etwa eine Autostunde nordöstlich von Bratislava, handelt es sich um ein höchst professionelles Unternehmen mit solider Finanzierung. Noch wichtiger ist, dass die Rieslinge kühle, nördliche Persönlichkeiten mit moderatem bis niedrigem Alkohol sind. Der »1« ist trocken mit strahlenden Zitronen- und Blütenaromen, geschliffen und knackig. Der »2« ist leicht, halbtrocken und sehr floral – ich könnte ihn leicht mit einem Mosel-Kabinett verwechseln. Dann ist da RUSSLAND, wo es im Gebiet von Krasnodar 882 Hektar Riesling gibt, und SLOWENIEN, mit 591 Hektar im slowenischen Teil der Steiermark (eine Provinz, deren anderer Teil zu Österreich gehört), und mindesten 52 Hektar anderswo. Ich stoße immer wieder auf gute Rieslinge aus Slowenien, habe aber bis jetzt nur die Weine des Weinguts **Joannes** (bei Maribor), mit gleichbleibend guter Qualität und beständiger Stilistik verbunden. Es sind überraschend schlanke und rassig mineralische Weine, die 12,5 % Alkohol zumeist nicht übersteigen.

Selbstverständlich hätte ich die kleinen Gebiete SACHSEN und Saale-Unstrut zusammen mit den »anderen« Rheingebieten erwähnen können, aber das wäre aus zwei Gründen falsch gewesen. Zuerst einmal fließen die Flüsse, an denen diese Weinberge liegen, nicht in den Rhein. Und dann lagen sie hinter dem eisernen Vorhang, und als ich sie das erste Mal sah, saß ich im Zug unmittelbar nach dem Fall der Mauer, noch vor der deutschen

Wiedervereinigung, auf einer langen, beschwerlichen Reise. Der größte Teil beider Gebiete befindet sich nördlich des 51. Breitengrads, und die Winter können hart sein, der Frühling kommt spät. Doch aufgrund von Klimawandel und dynamischen unabhängigen Erzeugern ist die Qualität sprunghaft gestiegen. Auch die Mengen an gutem Wein sind drastisch gewachsen; das äußerst zuverlässige Weingut des Prinzen zur Lippe **Schloss Proschwitz** in Meißen hat sich in 20 Jahren von null auf 88 Hektar ausgedehnt, zu denen vor kurzem 40 Hektar in der Nähe von Weimar gekommen sind.

Große Rieslinge sind jedoch seltener anzutreffen als große Grau- oder Weißburgunder, weil die weißen Burgunder deutlich früher reifen. **Klaus Zimmerling** ist mit seinem kleinen gleichnamigen Weingut im Dresdner Vorort Pillnitz der führende Rieslingerzeuger. Schmeckten sie nicht meist feinherb, könnte man seine Weine mit den goldenen Fruchtaromen, der Fülle und Stoffigkeit leicht für Österreicher halten. Das hat mit der terrassierten Lage Rysselkuppe zu tun, die auf den ersten Blick wie eine Maya-Pyramide wirkt. Der granitgeprägte Boden hier ähnelt denen der Wachau, und dort hat Klaus auch beim Weingut Nikolaihof seine Ausbildung gemacht. Wegen seines begrenzten Weinbergsbesitzes und der sehr niedrigen Erträge füllt Klaus seine besseren Weine in 500 ml-Flaschen, um so viele Flaschen wie möglich zu haben. Jeder Jahrgang zeigt auf dem Etikett eine unterschiedliche Skulptur seiner Frau, der polnischen Künstlerin Malgorzata Chodakowska. Wie die Weine sind auch die Gesichter ihrer Skulpturen unvergesslich.

Martin Schwarz leitet sein gleichnamiges Mini-Weingut von einer Wohnung in einer der coolsten Ecken der Dresdner Neustadt aus. Der ehemalige Kellermeister des Weinguts Schloss Proschwitz konzentriert sich auf ungewöhnliche Verschnitte, so wie seinen hervorragenden trockenen Weißwein aus Traminer und Riesling und den trockenen Rotwein aus Spätburgunder und Portugieser. Sein Spitzenwein ist jedoch ein trockener Riesling aus der Meissener Lage Kapitelberg mit intensivem Weinbergspfirsicharoma und kristalliner Klarheit.

Friedrich Aust im nahegelegenen Radebeul (Dresdens wichtigstem Weinbau-Vorort) begann in den 1990ern in den Weinbergen seiner Familie zu arbeiten, während seiner Ausbildung als Steinmetz. Er hat nicht mehr viel Zeit für das Bearbeiten von Steine im wortwörtlichen Sinn, aber hat sich zweifellos mit seinen äußerst mineralischen trockenen Rieslingen eine Nische erarbeitet. Sie fallen nie üppig aus, sind aber immer voller Charakter, wie alle seine Weine. Das Haus der Familie Aust lässt die Architektur so mancher berühmter Weingüter im Westen Deutschlands ziemlich schäbig wirken.

Dunkel, kühl, erdig, sogar geheimnisvoll, könnten die Rieslinge von **Uwe Lützkendorf** kaum unterschiedlicher ausfallen. Sie stammen alle von der Lage Karsdorfer Hohe Gräte in SAALE-UNSTRUT, die zum Teil eine historische Hanglage ist, die seit 1893 bis zur Zwangskollektivierung durch das kommunistische Regime im Besitz seiner Familie war, und ihnen nach der Wiedervereinigung Anfang der 1990er rückübertragen wurde. Der andere Teil ist vollkommen neu. Damit meine ich, dass seine neuen Weinberge auf einer breiten »Terrasse« im über einem Kilometer breiten »Krater« eines Steinbruchs liegen. Dort wurde nach den Anweisungen eines Geologen Boden aufgeschichtet, um dort Reben zu pflanzen, was natürlich vollkommen verrückt klingt. Obgleich die Weine aus dem alten Weinberg die charakteristischen Fenchel- und Kräuternoten der trockenen Lützkendorf-Rieslinge noch deutlicher zeigen, kommt er doch in den Weinen aus dem »Krater« ebenfalls zum Vorschein. Durch die extrem geschützte Lage ist Reife hier kein Problem.

Bernard Pawis vom Weingut **Pawis** gehörte zu den ersten Winzern in den Gebieten im Osten Deutschlands mit einem hohen Niveau an technischer Kompetenz, und er erzielte einen Erfolg nach dem anderen. Er restaurierte und baute ein historisches Anwesen in dem alten Ort Zscheiplitz aus, das jetzt einen eindrucksvollen Rahmen für seine selbstbewusst modernen trockenen Weißweine bildet. Die normalen Rieslinge sind geschliffen und aromatisch mit diskreter Säure und viel Charme. Im Gegensatz dazu ist sein trockener GG aus der Lage Edelacker ein imposanter Wein mit reifem Aprikosen-Bouquet. Saale-

Unstrut hat insgesamt 61 Hektar Riesling, in Sachsen sind es 70 Hektar. Diese Zahlen steigen allmählich, und das Klischee vom dünnen und sauren Wein des Ostens gehört endgültig in die Mülltonne der Geschichte.

Addiert man all diese Zahlen aus Jancis Robinsons *Wine Grapes*, gab es 2009 mindestens 11 363 Hektar Riesling in Ost-Europa (Sachsen und Saale-Unstrut ausgenommen), was knapp die Hälfte der Fläche in Deutschland ist! Zählt man Frankreich, Österreich, Italien, Nord- und Südamerika und Australasien hinzu, dann erkennt man, dass nicht (wie oft behauptet) weit über die Hälfte der Welt-Rieslingfläche in Deutschland liegt, sondern knapp darunter.

Die andere südliche Riesling-Hemisphäre: Chile, Argentinien und Südafrika

Für den Riesling kam der Fall der autoritären Regime in Süamerika und Südafrika Ende des letzten Jahrhunderts zu spät. Endlich war es begabten Winemakern in den betreffenden Gebieten möglich, ohne all die Einschränkungen zu arbeiten, die sie bis dahin zurückgehalten hatten, da setzte der weltweite Rotwein-Boom ein und riss sie mit. Kurze Zeit später zeigten außerdem die Erfolge Neuseelands mit Sauvignon Blanc ihre Wirkung und bewegten Winemaker in allen möglichen Ländern, sich auf diese Sorte zu konzentrieren (und Neuseeland preislich zu unterbieten). Auch günstiger Chardonnay war und ist weiterhin leicht abzusetzen, obwohl er produziert wird wie ein Bild beim Malen nach Zahlen und ihm jegliche Individualität abgeht. Riesling ging in all der atemlosen Hektik der großen Unternehmen aller drei Länder, sich in den bedeutenden Weinmärkten der nördlichen Hemisphäre Marktanteile zu sichern, einfach unter.

Bald verbreitete sich der Mythos, Riesling eigne sich für diese Klimazonen wesentlich weniger gut als ein ganzer Haufen anderer Rebsorten, weil es in diesen Gebieten zu heiß sei. Das ist jedoch vollkommener Blödsinn, weil Sauvignon Blanc viel empfindlicher als Riesling auf zu viel Hitze reagiert (die die markanten Aromen dieser Sorte im wortwörtlichen Sinn verbrennen kann). Deshalb sollte eigentlich überall dort, wo Sauvignon Blanc gute Ergebnisse erzielt, das auch mit Riesling möglich sein, obgleich er im Allgemeinen später gelesen werden muss. Es ist wenig bekannt, dass Sauvignon Blanc inzwischen in allen bedeutenden deutschen Gebieten erfolgreich Seite an Seite mit dem Riesling wächst.

Es mag absurd erscheinen, diese drei so unterschiedlichen Weinbauländer in einen Topf zu werfen, aber in punkto Riesling haben sie noch viel mehr gemeinsam als oben bereits angedeutet. CHILE hat die positivste Geschichte zu erzählen, selbst wenn es nicht ganz an Australien und Neuseeland heranreicht. Mit geradezu überschwänglichen Grapefruit-, Limetten-, weißen Pfirsich-, Passionsfrucht- und Blütenaromen zeichnet sich der Reserva Especial von **Cono Sur** durch eine wunderbare Ausgewogenheit zwischen fleischiger Frucht und strahlender Säure aus. Gegenwärtig ist dies der trockene Riesling, der mich aus ganz Südamerika am meisten begeistert.

Mit 333 Hektar hat Chile bereits genug Riesling für ein paar andere Spitzenweine sowie Marken von ähnlicher Qualität wie Cono Surs saftiger, knackiger Basis-Riesling. Zur Zeit kommt **Meli** mit seinem trockenen Riesling aus dem Maule Valley ihm am nächsten. Der Jahrgang 2011 des ambitionierten Terrunyo Riesling von **Concha y Toro** wirkt ein wenig simpel und die Kohlensäure etwas dominant, aber hier ist man ganz offensichtlich noch am Suchen.

Der Cono Sur Reserva Especial kommt aus dem Valle de Bío-Bío, dem kühlsten und feuchtesten der Weingebiete Chiles, wo auch Pinot Noir und Chardonnay von Frische und Eleganz geprägte Weine hervorbringen. Der Bío-Bío-Fluß bildete aufgrund des Widerstands der uransässigen Mapuche die eigentliche südliche Grenze des Landes ab seiner Gründung 1541 bis über ein halbes Jahrhundert, nachdem Chile 1810 seine Unabhängigkeit von Spanien erklärte. Es scheint daher mehr als angemessen, dass hier Weine entstehen, die sich vom billigen Industrie-Sauvignon Blanc und den fruchtbetonten Rotweinen, die Konsumenten weltweit mit Chile assoziieren, grundsätzlich unterscheiden.

So wie Chile mit der Sorte Carmenère, die ursprünglich aus Bordeaux stammt, dort aber vor über einem Jahrhundert quasi verschwunden ist, eine eigenständige Rotwein-Identität schaffen konnte, hat ARGENTINIEN das mit Malbec getan, ebenfalls eine Bordeaux-Sorte, die in ihrer Heimat lange unterschätzt worden ist. Malbec ist ganz offensichtlich gut geeignet für die extremen Temperaturschwankungen zwischen Tag und Nacht um Mendoaz herum, aber vielleicht passen diese Bedingungen ja ebenso gut für den Riesling. **Doña Paula Estate** ist überzeugt, dass das Mendoza-Untergebiet Gualtallary der richtige Ort für beide ist, und 2013 war der erste Jahrgang für den Doña Paula Estate Riesling aus der Lage Alluvia, die nach den unzähligen angeschwemmten Kieselsteinen in dem kargen, steinigen Boden benannt ist. Dieser erste Wein mit Walderdbeer- und Aprikosenaromen wirkt straff und strahlend, und Riesling scheint in Argentinien einen Verfechter gefunden zu haben. Gegenwärtig gibt es hier nur 109 Hektar, aber wenn Weine wie dieser Erfolg haben, könnte sich das ausweiten.

Im weltweiten Kontext liegen die Weinberge von Doña Paula Estate in Gualtallary ziemlich hoch, auf 1300 Meter. Doch im Vergleich mit der Lage Altura Máxima des Weinguts **Colomé** in der argentinischen Provinz Salta, nahe der Grenze zu Bolivien auf 3111 Meter über dem Meeresspiegel, erscheint das wie nichts. Donald Hess aus dem Napa Valley hat hier investiert, und der reguläre trockene Weißwein aus seinem Amalaya-Weinberg ist ein faszinierender Verschnitt der einheimischen Sorte Torrontés mit Riesling. Die von mineralischer Frische und knackiger Säure gefolgten Grapefruit- und Limettenaromen wirken sehr Riesling-artig. Salta hat sich zwar schnell einen Namen für Torrontés gemacht, scheint aber ganz offensichtlich auch ein beträchtliches Potenzial für Riesling zu haben.

Als Bruce Jack 2003 den Jack & Knox Frostline lancierte, gehörte dieser Wein zu den spannendsten trockenen Rieslingen aus SÜDAFRIKA seit dem Ende der Apartheid. Es war ein mutiger Wein, weil die Weinberge auf über 1000 Meter lagen, und wie der Name andeutet gefährlich nahe an der Frostgrenze. Wir sprechen hier über die Gefahr von Frostschäden in Sommernächten! Leider musste Bruce dieses und viele andere Projekte aus vertraglichen Gründen aufgeben, als er sein Weingut Flagstone 2007 an Constellation Brands verkaufte.

Und damit hatte Howard Booysen seinen Auftritt, der erste junge Winemaker, der 2006 die dreijährige Protégé-Ausbildung der Cape Winemakers Guild gewann. Das ermöglichte ihm nicht nur, das Weinmachen von Grund auf zu lernen, sondern auch zu reisen, und dabei verliebte er sich in Deutschland in Mosel und Rheingau, was natürlich Riesling bedeutet. 2010 startete er mit seinem eigenen winzigen Weingut **Howard Booysen**, und Bruce Jack half ihm, an die Frostline-Trauben zu kommen. Howards erster Wein war ein Riesling in einem halbtrockenen Stil, bei dem er sich an den Kabinett-Weinen jener Gebiete in Deutschland orientierte. Dieser Wein und der darauf folgende trockene Pegasus Riesling wurden zu Recht mit Lob überhäuft, weil sie viel mehr zu bieten hatten als die ziemlich einfach gestrickten Zitrusaromen mancher südafrikanischer Lagen. Howard ist außerdem Sommelier in dem hervorragenden Restaurant Aubergine in Kapstadt, das sich mit der besten Riesling-Karte der Stadt brüsten kann.

KAPITEL 9

STUART PIGOTTS WELTWEITE RIESLING-TOP 100

Beim Riesling geht es immer und vor allem ums Vergnügen, und da jedermanns Geschmack anders ist, ist der Gedanke eines einzigen Rieslings, eines Weins, der angeblich besser als alle anderen ist, vollkommener Blödsinn. Außerdem ist es ein Fakt, dass Wein abhängig von den jeweiligen Bedingungen immer etwas anders schmeckt. Deshalb gibt es hier keine Punktbewertungen einzelner Weine. Aber so gut wie alle Konsumenten suchen nach Orientierungspunkten, um sich im Dschungel des Weinmarkts zurecht zu finden. Da eine der wichtigsten Fragen bei der Wahl eines Rieslings die nach seinem Erzeuger ist, muss die Frage »Wer macht den besten Riesling?« so beantwortet werden, dass sie einem dem Weg zu Weinen aufzeigt, die einem Freude bereiten.

Riesling ist so vielseitig begabt, dass eine lange Liste der Weltbesten eher verwirrend als hilfreich wäre. Aus diesem Grund, und weil süß und trocken so grundlegend für persönliche Vorlieben bei allen Arten von Weinen sind, habe ich meine weltweiten Riesling-Top 100 unterteilt in trockene, halbtrockene, halbsüße und süße (bzw. Dessert-) Weine. Diese vier Kategorien lehnen sich an die Geschmacksskala an, die die International Riesling Foundation (IRF) vor einiger Zeit sehr erfolgreich eingeführt hat. In den USA findet man sie inzwischen ziemlich häufig auf dem Rückenetikett; ein einfach verständlicher und sehr hilfreicher Hinweis, was einen tatsächlich im Glas erwarten wird. Halbsüß mag dabei hierzulande für viele ein ungewohnter Begriff sein, füllt aber sehr sinnvoll die große Lücke zwischen feinherb/halbtrocken und richtig süß. Manche der Spitzenerzeuger sind Multitalente und tauchen auf mehreren Listen auf; andere konzentrieren sich ganz auf einen Stil.

Diese Kategorien scheinen alles abzudecken; doch Riesling ist gegenwärtig so dynamisch, dass eine zusätzliche Liste von »Blade-Runner«-Erzeugern notwendig ist, die die Sorte an besonders riskanten Orten anbauen und/oder ihre Weine in einem bewusst gewagten Stil machen. Wie bei den anderen vier Listen basiert meine Auswahl auch hier auf den Weinen der letzten fünf Jahrgänge, die vor meinem letzten Abgabetermin für die englischsprachige Ausgabe von Planet Riesling Ende 2013 auf den Markt kamen.

Unabhängig vom Stil sind dies alles großartige Rieslingerzeuger, deren Weine mich jedes Mal aufs Neue total begeistern. Aber natürlich gibt es viel mehr Spitzenproduzenten, als ich hier unterbringen kann. Aus diesem

Grund handelt es sich um eine Auswahl, die gänzlich und ungeniert meine ganz persönliche ist, von Weinen, die in meinen Augen beweisen, dass Riesling der beste Weißwein der Welt ist. Eine der Stärken des Rieslings wird in diesen Listen jedoch nicht berücksichtigt, und das ist die herausragende Qualität von Markenweinen in Auflagen von Hunderttausenden oder Millionen von Flaschen zu moderaten Preisen, was für mich deutlich unter zehn Euro bedeutet:

1. ***Leitz, Eins-Zwei-Dry (Rheingau, Deutschland) trocken***
2. ***Pacific Rim Dry (Washington, USA) trocken***
3. ***Charles Smith Kung Fu Girl (Washington, USA) feinherb***
4. ***Cave Spring Niagara (Ontario, Kanada) feinherb***
5. ***Chateau Ste. Michelle Columbia Valley (Washington, USA) zartsüß***
6. ***Pacific Rim Riesling (Washington, USA) zartsüß***
7. ***Loosen Bros. Dr. L (Mosel, Deutschland) zartsüß***
8. ***Red Newt Circle (New York, USA) zartsüß***
9. ***Urban (Mosel, Deutschland) zartsüß***
10. ***Pacific Rim Sweet (Washington, USA) süß***

TOP 20 TROCKENER RIESLING

Viele der spannendsten trockenen Weißweine weltweit sind Rieslinge. Vor einer Generation wäre diese Liste vom Elsass beherrscht worden, mit ein paar Österreichern und wenigen Deutschen zur Gesellschaft. Die geographische Zusammensetzung dieser Liste ist auch ein Zeichen dafür, wie sehr sich alles verändert hat. Für den Sprung in dieses »A-Team« mussten die Weine eines bestimmten Erzeugers ebenso mit Harmonie wie mit Kraft punkten, und für keine andere Liste gab es so viele Namen, die es beinahe geschafft hätten. Manche, denen das nicht gelang, machen trotzdem bessere Weine als jene, deren Namen hier eine Generation zuvor stünden.

Albert Boxler
Niedermorschwihr, Elsass (Frankreich)
Jean Boxler ist ein schüchterner Perfektionist, dessen Weine sämtlich auf kargen Granitböden wachsen, was ihnen eine fürs Elsass ungewöhnliche Schnittigkeit und Grazie verleiht. Spieglein, Spieglein an der Wand, Sommerberg oder Brand, wer ist der schönste Grand Cru im Boxler-Land?

Georg Breuer
Rüdesheim, Rheingau (Deutschland)
Theresa ist gerade 30 geworden, aber seitdem sie nach dem plötzlichen Tod ihres Vaters die Leitung des Weinguts übernommen hat, hat sie weiter an diesen sehnigen Langstreckenläufern gearbeitet und ihnen ein paar diskrete weibliche Kurven verliehen, ohne den moderaten Alkoholgehalt zu erhöhen.

Christmann
Gimmeldingen, Pfalz (Deutschland)
Steffen Christmann ist Präsident der deutschen Elite-Winzervereinigen VDP, aber hier zählt, dass er diese mächtigen trockenen Rieslinge so verfeinert hat, dass ihre Kraft heruntergespielt wird und vor allem ihre Subtilität wunderschön im Vordergrund steht.

Dönnhoff
Oberhausen, Nahe (Deutschland)
Der Hermannshöhle GG vom Vater-Sohn-Team Helmut und Cornelius Dönnhoff ist das Äußerste an Riesling-Filigranität und -Anmut, obgleich sie wahrscheinlich erröten werden, wenn sie dies lesen. Ihre anderen GGs sind ebenso starke Persönlichkeiten.

Emrich-Schönleber
Monzingen, Nahe (Deutschland)
Als Frank Schönleber den Keller von seinem Vater Werner übernommen hat, hat er die Kraft und Würze der trockenen Weine nochmals nach oben geschraubt. Jetzt sind sie imposant für ein Gebiet mit kühlem Klima, und es ist nicht einfach, Weine zu finden, die den Halenberg GG übertrumpfen.

Grosset
Auburn, Clare Valley (Süd-Australien)
Jeffrey Grossets Polish Hill ist nicht ohne Grund Australiens gesuchtester Riesling, und dieser asketische Gigant mit nahezu brutaler mineralischer Frische aus dem Schieferboden des Polish Hill ist ein einzigartiger Wein. Grossets Watervale Riesling ist viel fleischiger.

Hirsch
Kammern, Kamptal (Österreich)
Johannes Hirschs trockene Rieslinge sind bei weitem nicht die mächtigsten oder imposantesten, aber das ist auch nicht sein Ziel. Er strebt stets nach ausgeprägten Würz- und Kräuternoten in Verbindung mit einem Geschmack, der im Vergleich mit den meisten österreichischen »Spitzen«-Rieslingen subtil und elegant wirkt.

Keller
Flörsheim-Dalsheim, Rheinhessen (Deutschland)
Klaus-Peter und Julia Keller sind das Paar, die diese Ecke Rheinhessens auf die Welt-Weinkarte gesetzt haben. Ihre trockenen Einzellagen-GGs der letzten Jahrgänge sind imposant und konzentriert, aber von tadelloser Ausgewogenheit.

Franz Künstler
Hochheim, Rheingau (Deutschland)
Als Gunter Künstler 1987 den Keller des von seinem Vater gegründeten Weinguts übernahm, bewies er im Alleingang, dass trockener Rheingau-Riesling Fülle haben konnte, ohne an Lebendigkeit und Klarheit einzubüßen. Er tut dies nach wie vor mit seiner gesamten Kollektion.

Mitchell
Watervale, Clare Valley (Süd-Australien)
Andrew und Jane Mitchells Watervale Rieslinge sind ideal für alle, die trockene australische Rieslinge häufig als zu einseitig säurebetont empfinden. In diesem Kontext sind dies Weine für Seidenfetischisten, verfügen aber trotzdem generell über großes Durchhaltevermögen.

Nigl
Senftenberg, Kremstal (Österreich)
Heute fällt es einem schwer zu glauben, dass Martin Nigl, Flaschenwein-Erzeuger seit Ende der 1980er, dieses Weingut selbst gebaut hat. Seitdem verbinden sich in den Weinen reife Pfirsichfrucht mit feiner Würze und Gebirgsluftfrische.

Rudi Pichler
Wösendorf, Wachau (Österreich)
Rudi Pichlers Rieslinge besitzen die Reinheit und Balance, die den Weinen der Wachauer »Spitzen«-Produzenten aufgrund einem Übermaß an Alkohol und Opulenz oft fehlt. Ihr Geschmack ist voll und konzentriert, aber selbst seine Rieslinge aus der großartigen Lage Achleiten haben Finesse.

Rebholz

Siebeldingen, Pfalz (Deutschland)

Diese Giganten kommen von dem Ort, an dem die Weinberge der Pfalz auf die Berge treffen, und ihre Stärke basiert ebenso auf Mineralien und Würze wie auf Reife (obgleich sie ausreichend davon haben). Der Kastanienbusch GG ist ein neuer deutscher Klassiker.

Smith Madrone

Napa Valley, Kalifornien (USA)

Seit 1983 erzeugen Charles und Stuart Smith trockene Rieslinge, die jegliches Vorurteil widerlegen, diese Sorte eigne sich nicht für Napa. Ihr jugendlicher Charme kann täuschen, denn die Rieslinge der Brüder altern großartig.

Trimbach

Ribeauvillé, Elsass (Frankreich)

Niemand erzeugt länger und beständiger hochwertigen trockenen Riesling als die Familie Trimbach. Die super eleganten Clos Ste. Hune und Cuvée Frédéric Emile (intern respektive »1« und »2« genannt) trinkt man am besten ab einem Alter von sieben bis acht Jahren.

Wagner-Stempel

Siefersheim, Rheinhessen

Mit dem Jahrgang 2003 kehrte Siefersheim durch Daniel Wagners spektakuläre trockene Riesling-GGs aus den lange vergessenen Lagen Heerkretz (exotisch, rassig und brillant) und Höllberg (etwas runder und ein ganzes Stück fleischiger) zurück auf die Weinkarte.

Dr. Wehrheim

Birkweiler, Pfalz (Deutschland)

Knochentrocken und absolut geradlinig sind die Weine von Karl-Heinz Wehrheim und seinem Sohn Franz, atemberaubend reintönig und strahlend, mit ausgeprägten Kräuternoten. Entweder man ist stark genug für ihre Hardcore-GG-Rieslinge, oder man ist es eben nicht!

Weinbach/Faller

Kaysersberg, Elsass (Frankreich)

Die Grand-Cru-Schlossberg-Rieslinge der Familie Faller (drei Generationen!) der letzten Jahre sind mächtige Weine, aber dabei richtig trocken und von einer mineralischen Frische, die einen kühlen Gegenpol zu ihrer üppigen Seite bildet und sie noch verführerischer macht.

Wittmann

Westhofen, Rheinhessen (Deutschland)

Philipp Wittmann macht seine Weine auf ähnliche Weise wie sein Großvater, aber es sind sehr ausdrucksstarke moderne Rieslinge ohne eine Spur von Geschichtsstaub. Der majestätische Morstein GG bildet einen vollkommenen Gegensatz zum satten Aulerde GG.

Zind-Humbrecht

Turckheim, Elsass (Frankreich)

Olivier Humbrechts Rieslinge sind wie der Zusammenstoß einer Supernova mit einem Eisberg, eine Explosion von Frucht und Würze, Mineralien und Mysterium, und doch schmecken sie alle ganz unterschiedlich. Jetzt habe ich Schwierigkeiten, für seine Grands Crus Brand und Rangen Worte zu finden!

TOP 20 FEINHERBER RIESLING

Feinherb bedeutet halbtrocken und »halb« klingt nicht gerade sexy, und das überträgt sich manchmal auf »halbtrocken«, obgleich das der passendste Begriff für Riesling-Weine ist, die nicht knochentrocken sind, aber trocken genug, um zu herzhaftem Essen zu passen. Eigentlich ist diese Art von Riesling der beste Essensbegleiter und der flexibelste aller Weißweine, Punktum. Darüber hinaus ist diese Art von Weinen für unzählige Konsumenten überall auf Planet Riesling trocken genug und keineswegs zu süß. Kein Wunder, dass dies eine Kategorie ist, die in der letzten Zeit viel Aufmerksamkeit von den Medien erfahren hat.

Charles Baker
Vineland, Ontario (Kanada)
Obgleich er seine Weine im Keller des nahegelegenen Weinguts Stratus ausbaut, wo er auch arbeitet, zeigen Charles Bakers Rieslinge seit 2005, dass Niagara-Riesling anmutig und subtil sein kann, mit feinen Kräuter- und Blütenaromen.

Clemens Busch
Pünderich, Mosel (Deutschland)
Clemens Busch hat zwar in den letzten Jahren einige außerordentliche trockene GGs gemacht, aber seine konzentriertesten und komplexesten Rieslinge sind weiterhin halbtrocken und von großer Finesse und Anmut, mit eindrücklichen Namen wie Noa und Felsterrasse.

Cave Spring
Jordan/Niagara, Ontario (Kanada)
Seit der Gründung 1986 wird bei Cave Spring an der Perfektionierung des gerade-nicht-trockenen Riesling-Stils gearbeitet. Der letzte Neuzugang der vom CSV angeführten Kollektion ist der unglaublich elegante Adam's Steps. Jedes Mal, wenn ich diese Weine verkoste, sind sie noch ein Stück besser als vorher!

Chehalem
Willamette Valley, Oregon (USA)
Harry Peterson-Nedry und seine Winemaker-Tochter Wynne sind ein großartiges Riesling-Team in einem Staat, der wenig Aufmerksamkeit seitens der Medien für die Weine dieser Sorte erfährt. Mit ausgeprägter Säure, straff und brillant können diese Weine nahezu endlos altern.

Eroica
Columbia Valley, Washington (USA)
Weißes Pfirsich-Aroma, Saftigkeit und enorme Strahlkraft machen diese Joint-Venture von Chateau Ste. Michelle aus Washington State und dem Weingut Dr. Loosen in Bernkastel an der Mosel zu einem Prototyp von amerikanischem Riesling der neuen Art.

Thomas Fogerty
Woodside/Santa Cruz Mountains, Kalifornien (USA)
Der Skyline aus Trauben aus Monterey County gehört zu den fleischigsten und elegantesten kalifornischen Weißweinen, eine radikale Alternative zu all den überholzten und übertriebenen Chardonnays, die dort nach wie vor erzeugt werden.

Eva Fricke
Kiedrich, Rheingau (Deutschland)
Wie kann ein Start-Up einer jungen Winzerin, die in der Bierstadt Bremen (der Heimat von Becks) aufgewachsen ist, auf dieser Hitliste landen? Indem sie aus vergessenen Lagen wie dem Schlossberg und dem Seligmacher Rieslinge wie perfekt geschliffene Diamanten macht.

Chateau Grand Traverse
Old Mission Peninsula, Michigan (USA)
Sean O'Keefes Whole Cluster gehört zu den eigenständigsten – diese Lakritz- und Fenchelaromen! – Rieslingen Amerikas. Inzwischen erfährt er harte interne Konkurrenz durch seinen mächtigen trockenen Lot 49 Riesling!

Maximin Grünhaus
Mertesdorf, Ruwer (Deutschland)
Die Familie von Schubert ist in Deutschland am bekanntesten für ihre trockenen Weine und international für halbsüße, erzeugt aber auch halbtrockene Rieslinge von mindestens ebenso viel Eleganz, von denen die besten als »Superior« auf den Markt kommen.

Heymann-Löwenstein
Wiltingen, Mosel (Deutschland)
Seit einem Vierteljahrhundert arbeitet Reinhard Löwenstein an der Vervollkommnung seiner stoffigen, würzig-mineralischen Rieslinge aus den Winninger Spitzenlagen. Am erstaunlichsten sind der strenge Uhlen Rothlay und der cremige Uhlen Laubach.

Dr. Randolf Kauer
Bacharach, Mittelrhein (Deutschland)
Seit den Anfängen Ende der 1980er spezialisiert sich dieser kleine Ökoerzeuger (Kauer ist auch Professor für Ökoweinbau) auf halbtrockene Weine. Sie sind rassig und straff, dabei aber voller Aroma und frühlingshafter Lebendigkeit.

Reichsgraf von Kesselstatt
Schloss Marienlay, Mosel, Saar und Ruwer (Deutschland)
Annegret Reh-Gartner verfügt über jahrzehntelange Erfahrung, zeigt aber immer noch die gleiche Art von Schwung und Energie wie ihre feinherben Einzellagen-Kabinett-Weine. Der beste von ihnen kommt aus der Alleinbesitzlage Josephshöfer; doch alle sind großartige Essensbegleiter.

Kirsten
Klüsserath, Mosel (Deutschland)
Bernhard Kirsten und Inge von Geldern haben den Mosel-Riesling in die Gegenwart übersetzt und einen Riesling-Stil entwickelt, der ausgeprägt würzig und zurückhaltend fruchtig ist, muskulös, aber perfekt ausgewogen. Ebenfalls superb ist der Riesling-Sekt.

Lamoreaux Landing
Lodi, Finger Lakes/New York (USA)
Mark Wagner ist ein solcher Fanatiker in Sachen Weinbergsbewirtschaftung, dass ich mir vorstellen kann, dass er zwischen den Reben übernachten würde! Das Ergebnis sind beständig elegante und subtile Weine aus seinen Lagen Red Oak, Round Rock und Yellow Dog.

Peter Lauer
Ayl, Saar (Deutschland)
In nicht einmal zehn Jahren hat Florian Lauer die beeindruckenden Weine seines Vaters auf Weltklasse-Niveau gebracht. Jede einzelne Parzelle wird getrennt gelesen, vergoren und ausgebaut, zu Weinen, die stets konzentriert und kraftvoll sind.

Matthias Müller
Spay, Mittelrhein (Deutschland)
Dieser unauffällige Winzer wird selten so ernst genommen, wie er es verdient, aber was er unter der Bezeichnung feinherb anbietet, sind umwerfend hinreißende Rieslinge mit ausreichend Kraft, um scharf gewürztes Essen von Thai bis Texas-BBQ zu begleiten.

Pacific Rim
Columbia Valley, Washington (USA)
Von einem Büro in Portland, Oregon aus leitet der französische Winemaker Nicolas Quillé die schnellstwachsende Rieslingmarke Amerikas. Seine Einzellagenweine sind ausgeprägt kräuterig und so hefig wie frisch gebackenes Brot.

Van Volxem
Wiltingen, Saar (Deutschland)
1999 übernahm Roman Niewodniczanski dieses heruntergekommene Anwesen und rüttelte es bis in die Grundfeste wach. Sein Saar Riesling und Alte Reben Riesling sind cremige, komplexe Weine; die Einzellagenweine haben noch mehr Tiefe.

Hermann J. Wiemer
Dundee, Finger Lakes/New York (USA)
Die straffen, aber konzentrierten Einzellagen- und Reserve-Weine besitzen große Raffinesse und verlangen nach feiner Küche und/oder voller Aufmerksamkeit. Der normale »Dry« ist eine großartige Einführung in Wiemer und die Finger Lakes.

Wieninger
Wien (Österreich)
Fritz Wieninger ist zwar zuvorderst für seine Weine aus dem Wiener Gemischten Satz bekannt, unterschiedlichsten zusammen an- und ausgebauten Sorten, aber er erzeugt auch satte, fleischige Rieslinge, mit dem üblicherweise halbtrockenen Rosengartl an der Spitze.

TOP 20 ZARTSÜSSER RIESLING

»Zartsüß« ist eine für Riesling wichtige Kategorie, obgleich viele, die diese Weine mit großer Begeisterung trinken, diesen Stil anders bezeichnen, vor allem als Kabinett. Wenn diese Weine gelungen sind, dann wird ihre natürliche Traubensüße von belebender Säure so gekonnt ausgeglichen, dass sie am Gaumen wesentlich weniger schwer wirken als es der erste Eindruck aromatischer Süße erwarten ließe. Hier verbirgt sich oftmals das beste Preis-Leistungsverhältnis.

Schlossgut Diel
Burg Layen, Nahe (Deutschland)
Hier engagiert man sich sehr stark für Rieslinge dieses Stils, seit Armin vor einem Vierteljahrhundert Schwung in den Betrieb gebracht hat. Seine Tochter Caroline führt dies fort; ihre Weine sind noch ausdrucksvoller und nie zu süß.

Dönnhoff
Oberhausen, Nahe (Deutschland)
Der Riesling Kabinett der Dönnhoffs aus der Lage Leistenberg mit enormem Schwung und Rasse (Hut festhalten!) ist der unterschätzteste Wein dieses berühmten Erzeugers. Der normale nicht-trockene Riesling wirkt im Vergleich saftiger.

Felton Road
Bannockburn, Central Otago (Neuseeland)
Mit schneebedeckten Gipfeln und Seen wirkt Neuseelands südlichstes Weingebiet wie geschaffen für Riesling. Nigel Greening und Blair Walter beweisen mit ihren saftigen und eleganten Weinen, dass dieser Eindruck keineswegs trügt.

Chateau Fontaine
Lake Leelanau Peninsula, Michigan (USA)
Winemaker Shawn Walters Interesse gilt einzig und allein Weinen wie »Rockstar-Scheiße«. Obwohl die Methode, nach der er seine halbsüßen Rieslinge erzeugt, manchen ziemlich technisch erscheinen mag, entstehen so Weine von unglaublicher Konzentration und Klarheit.

Dr. Konstantin Frank
Hammondsport, Finger Lakes/New York (USA)
Frederick Frank gehört zu den zahlreichen Erzeugern, die meine Hitliste trockener Hitliste um Haaresbreite verpasst haben. Doch sein halbsüßer Riesling Reserve gehört zu beeindruckendsten und feinsten Weine der Finger Lakes. Der Célèbre-Sekt ist ebenfalls ein Star.

Gunderloch
Nackenheim, Rheinhessen (Deutschland)
Der unglaublich erfrischende Riesling-Kabinett ‚Jean Baptiste' der Familie Hasselbach liegt am trockenen Ende dieser Kategorie, schmeckt aber etwas süßer als die Weine der halbtrockenen Hitliste, mit feinen rosa Grapefruit- und Hagebuttenaromen.

Fritz Haag
Brauneberg, Mosel (Deutschland)
Ein Hauch von Vanilleschote und die trotz der strahlenden Säure nahezu seidige Struktur sind typisch für Oliver Haags Kabinettweine. Sie sind das Äußerste an Raffinesse und Feinheit in dieser Kategorie; für diese Weine war bereits Olivers Vater Wilhelm berühmt.

Reinhold Haart
Piesport, Mosel (Deutschland)
Kabinett wird allgemein als leicht beschrieben. Aber die Kabinettweine von Vater-Sohn-Team Theo und Johannes Haart haben ziemlich Power und sind sehr konzentriert im Geschmack. Die aus der berühmten Lage Goldtröpfchen strotzen vor schwarzem Johannisbeeraroma.

Toni Jost
Bacharach, Mittelrhein (Deutschland)
Cecilia Jost hatte Glück, dass bereits ihre Eltern Peter und Linde das Familienweingut zur anerkannten Nummer Eins am kleinen Mittelrhein machten, aber sie hat den von ihnen entwickelten vollen, saftigen Stil noch spannender gemacht.

Dr. Loosen
Bernkastel, Mosel (Deutschland)
Der junge Ernie Loosen hatte sich nie erträumt, die Welt für den Zauber des Mosel-Rieslings zu begeistern, aber genau das hat er sehr erfolgreich getan. Seine Kabinettweine sind zugleich Vorbilder des federleichten Ausbaus und ein weltweiter Verkaufsrenner.

Müller-Catoir
Neustadt-Haardt, Pfalz (Deutschland)
Dieser Erzeuger, der sich derart für trockene Weine engagiert, hat bereits immer als Spezialität auch zurückhaltend süßen Riesling gemacht, der das Großzügige der Pfalz mit einer makellosen Klarheit und strahlenden Art verbindet und schon immer gefragt war.

Egon Müller-Scharzhof
Wiltingen, Saar (Deutschland)
Lediglich Egon Müllers einfachere Weine fallen in diese Kategorie (Scharzhof -Riesling und die Kabinettweine), aber was für Meisterwerke an Charme und Finesse diese sind. Der direkte Preisvergleich mit anderen Erzeugern ist hier fehl am Platz, das ist großartig Geschmack fürs Geld!

Von Othegraven
Kanzem, Mosel (Deutschland)
Als Fernsehstar Günther Jauch dieses historische Weingut übernahm, war dessen einstiges Ansehen bereits wieder hergestellt worden. Seitdem hat er zusammen mit Betriebsleiter Andreas Barth die Qualität der saftigen und würzigen Kabinettweine noch einen Schritt weitergebracht.

Joh. Jos. Prüm
Wehlen, Mosel (Deutschland)
Nachdem Katharina Prüm die Leitung dieses weltberühmten Weinguts von ihrem Vater übernahm, waren die Weine der Kategorie Kabinett die ersten, bei denen sie wesentliche Veränderungen vornahm. Heute sind sie etwas trockener und weniger »stinkig« (hefig), wenn sie auf den Markt kommen.

Willi Schaefer
Graach, Mosel (Deutschland)
Selten ist ein Generationswechsel so unproblematisch verlaufen wie die Übergabe der Weinberge von Willi Schaefer an seinen Sohn Christoph, nicht zuletzt, weil beide genau die gleiche Vorstellung vom rassigen und super mineralischen Mosel-Riesling haben.

Selbach-Oster
Zeltingen, Mosel (Deutschland)
Johannes Selbach erzeugt nicht nur großartige Kabinettweine mit diesem Grad an Süße, seine Spätleseweine sind ebenfalls selten so süß wie die seiner Kollegen und fallen gleichermaßen in diese Kategorie. Dies sind Klassiker, deren Ausgewogenheit wie selbstverständlich erscheint.

Wwe. Dr. H. Thanisch
Bernkastel, Mosel (Deutschland)
Dieses berühmte Weingut ist zurück an der Spitze, dank Sofia Thanisch-Spiers Entschlossenheit und ihrem Gespür für Harmonie im Mosel-Riesling, was sich vor allem in den Kabinettweinen zeigt, mit ihrem Spiel zwischen subtilen Steinobstaromen und mineralischer Säure.

Weiser-Künstler
Traben-Trarbach, Mosel (Deutschland)
Vergiss die Bankbranche – Mosel-Riesling ist das einzig Wahre! Mit diesem simplen Motto haben der ehemalige Bankangestellte Konstantin Weiser und seine Frau Alexandra Künstler sich 2005 in den Weinbau gestürzt, und ihre supereleganten, superaromatischen Weine sind seit dem ersten Jahrgang ein echter Hit.

Zilliken
Saarburg, Mosel (Deutschland)
Selten wirken deutsche Rieslinge der Kategorie Kabinett so strahlend wie jene der Familie Zilliken aus der Lage Rausch in Saarburg. Mit rotem Thai-Curry oder Tex-Mex ein Selbstläufer!

TOP 20 SÜSSER RIESLING

Die Weine der unten stehenden Erzeuger reichen von Spät- und Auslesen -voll und saftig, aber frisch und belebend – bis hin zu dickflüssigen und honigsüßen Dessertweinen, Beeren- und Trockenbeerenauslesen (oder entsprechenden Weinen).

Clemens Busch
Pünderich, Mosel (Deutschland)
Clemens Busch hat nicht nur die trockeneren Moselweine um einiges voluminöser gemacht, sondern dasselbe auch für die süßen Weine des Gebiets getan. Ausladend und extrovertiert, dabei jedoch zugleich tief und dunkel gehören sie gewiss nicht in die Aperitif-Ecke!

Cave Spring
Jordan/Niagara, Ontario (Kanada)
Die Niagara-Halbinsel erzeugt eine Menge Eiswein, und obgleich die Rieslinge häufig zu den besten gehören, erreichen sie selten die wunderbare Reinheit und Brillanz, die Cave Spring jedes Mal zu gelingen scheint.

Schlossgut Diel
Burg Layen, Nahe (Deutschland)
Sei es eine straffe Spätlese oder ein geschmeidiger Eiswein, Caroline Diel hat grundsätzlich ein großartiges Gespür für die Balance dieser Weine. Immer fleischig, kraft- und ausdrucksvoll wirken sie nie auch nur andeutungsweise schwer oder klebrig.

Dönnhoff
Oberhausen, Nahe (Deutschland)
Für die Dönnhoffs ist Spätlese die den trockenen GG Spitzenweinen vergleichbare süße Kategorie, und es ist auch gar nicht nötig, bei ihnen nach Hochtrabenderem zu greifen, denn jede ihrer Spätlesen ist ein Mikrokosmos konzentrierter und doch feiner Aromen.

Emrich-Schönleber
Monzingen, Nahe (Deutschland)
Obgleich Frank Schönleber die süßen Rieslinge des Familienweinguts nicht in demselben Maß revolutioniert hat wie die trockenen Weine, haben sie doch an Beständigkeit gewonnen, ist das Spiel zwischen Frucht, Würze, Anmut und Gefahr noch ausdrucksvoller.

Framingham
Renwick, Marlborough (Neuseeland)
Was Andrew Hedley in nur einem Jahrzehnt für den neuseeländischen Riesling bewirkt hat, ist bemerkenswert. Viele seiner Kollegen haben versucht, den Moselstil an sattem und doch rassigem süßen Riesling zu verpflanzen, aber ihm ist dies auf spektakuläre Weise gelungen.

Gunderloch
Nackenheim, Rheinhessen (Deutschland)
Am östlichen Rand von Rheinhessen in Nierstein und Nackenheim gibt es ideale Bedingungen für hochwertige süße Rieslinge von großer Brillanz und aromatischer Finesse, ein Stil, den die Familie Hasselbach meisterhaft beherrscht.

Fritz Haag
Brauneberg, Mosel (Deutschland)
Reintönigkeit und sehr schlanke Konturen sind die Kennzeichen von Oliver Haags Weinen aus der Spitzenlage Juffer-Sonnenuhr in Brauneberg. Dies sind Weine, die nicht nur über Jahrzehnte altern können, sondern ihre Anmut auch bis ganz zum Schluss bewahren.

Reinhold Haart
Piesport, Mosel (Deutschland)
Rieslingfülle und -kraft können nicht eleganter auftreten als in den Spät- und Auslesen der Haarts aus der berühmten Lage Goldtröpfchen. Wer meint, süßer Riesling sei ein einfacher, leichter Wein, hat dies noch nicht erlebt!

Schloss Johannisberg
Johannisberg, Rheingau (Deutschland)
Berühmtheit hilft zweifellos beim Weinabsatz, aber man braucht Talent und Entschlossenheit wie Christian Witte, um ein Weingut wie Schloss Johannisberg auf ein den Erwartungen entsprechendes Niveau zu bringen. Die Ausdruckskraft seiner süßen Rieslinge ist spektakulär, von leicht bis superschwer.

Carl Loewen
Leiwen, Mosel (Deutschland)
Nachdem er sich am Anfang seiner Karriere ganz auf trockene Weine konzentrierte, verbrachte Karl-Josel Loewen anschließend 20 Jahre damit, die von ihm anfangs abgelehnten süßen Rieslinge zu perfektionieren und ihre tief bewegende Schönheit zu entdecken.

Egon Müller-Scharzhof
Wiltingen, Mosel (Deutschland)
Riesling mag ein demokratischer Wein sein, aber zu jeder Regel gibt es Ausnahmen. Egon Müllers legendären Scharzhof-Rieslingen gelingt es, enorme Tiefe mit wunderhafter Finesse zu verbinden, was seinen Preis hat.

Navarro
Philo, Mendocino/Kalifornien (USA)
Ted Bennet und Deborah Cahns spätgelesene Weine sind seit Ende der 1980er Weltklasse, haben so gut wie sämtliche erdenklichen Goldmedaillen und viele Best-of-Shows gewonnen, aber die amerikanische Presse neigt dazu, diese Meisterwerke mit indirekter Kritik abzulehnen.

Horst Sauer
Escherndorf, Franken (Deutschland)
Es ist sicher eine Überraschung für viele Leser, einen Weinerzeuger aus einem mit trockenen Weinen assoziierten Gebiet auf dieser Liste zu sehen. Niemand hat jedoch in den letzten Jahren mehr Anstrengung und Ehrgeiz in süße Rieslinge investiert als der Perfektionist Horst Sauer.

Willi Schaefer
Graach, Mosel (Deutschland)
Christoph Schaefers Produktionsmengen mögen klein sein und die Weine daher schwierig aufzutreiben, aber sie gehören zu den radikalsten und eigenständigsten süßen Rieslingen des gesamten Planeten, und genau wie die halbsüßen Weine sind sie superrassig und supermineralisch.

Daniel Vollenweider
Traben-Trarbach, Mosel (Deutschland)
2000 wagte der junge Schweizer Winzer Daniel Vollenweider den Sprung ins kalte Wasser und übernahm ein paar Steilhänge in der vergessenen Lage Wolfer Goldgrube an der Mosel, aus denen er inzwischen Rieslinge mit ebenso viel goldener Reife wie kühler Eleganz erzeugt.

Robert Weil
Kiedrich, Rheingau (Deutschland)
Wie wäre es heute um die Tradition des Rheingaus für hochwertige Riesling-Dessertweine (Beerenauslese, Trockenbeerenauslese) bestellt, gäbe es nicht Wilhelm Weils moderne Meisterwerke dieses Stils? Gräfenberg und Turmberg sind die Spitzenlagen.

Weinbach/Faller
Kaysersberg, Elsass (Frankreich)
Süße Rieslinge aus dem Elsass (Vendange Tardive und Sélection de Grains Nobles) können beeindruckend sein, aber auch übermächtig. Immer wieder gelingt es der Familie Faller, diesen Weine echte Finesse zu verleihen.

Hermann J. Wiemer
Dundee, Finger Lakes/New York (USA)
Neben ihren beeindruckenden trockenen Weinen erzeugen Fred Merwarth und Oskar Bynke auch süße spätgelesene Rieslinge, die spektakulär strahlend und feinaromatisch sind. Sie sind das diametrale Gegenteil der übertriebenen kalifornischen Kult-Cabernets!

Zilliken
Saarburg, Mosel (Deutschland)
Die geballte Kraft des süßen Riesling heißt Rausch – in jeder Beziehung – und besitzt eine Brillanz, die in Worten auszudrücken unmöglich ist.

TOP 20 RIESLING-BLADE-RUNNER

Entweder die herausfordernde Art der Blade-Runner-Rieslinge macht einem Spaß, zumindest gelegentlich, oder man möchte einfach nur einen gut gemachten Wein zu einem freundlichen Preis. Kein Problem, aber die Weinwelt wäre um einiges ärmer ohne diese Entdeckungsreisen an die äußersten Grenzen meiner Lieblingssorte!

J.B. Becker
Walluf, Rheingau (Deutschland)
Hajo Becker ist das Gegenteil eines coolen deutschen Jungwinzers, aber seine Weine gehören zu den kompromisslosesten trockenen und halbtrockenen Rieslingen des gesamten Planeten. Sie besitzen enormes Alterungspotenzial, beginnen aber bereits nach ein paar Jahren, ihre Seele zu zeigen.

Dandelion
Tanunda, Barossa (Süd-Australien)
Seit die geborene Bulgarin Elena Brooks ihren ersten trockenen Riesling aus einem uralten Weinberg im Eden Valley gemacht hat, arbeitet sie an einer neuen Definition des australischen Rieslings. Dieser Wein überrascht und fordert durch seine Finesse heraus, nicht durch Kraft.

Marcel Deiss
Bergheim, Elsass (Frankreich)
Bei den meisten seiner Weine schreibt Jean-Michel Deiss nicht einmal »Riesling« aufs Etikett. Doch seine Weine aus den Grands Crus Schoenenburg und Altenberg sind halbtrockene, vom Riesling bestimmte Verschnitte von imposanten Ausmaßen und Tiefe sowie großer Harmonie.

Bloomer Creek/Tanzen Dame
Hector, Finger Lakes/New York (USA)
Während der letzten Jahre hat Ken Engle bei diesem kleinen Weingut am Seneca-See in einem Alter, in dem die meisten seiner Kollegen bereits anfangen, über den Ruhestand nachzudenken, einen gewagt originellen Stil an Finger-Lakes-Riesling geschaffen – trocken, aber geschmeidig, weich und geheimnisvoll.

Mac Forbes
Healsville, Victoria (Australien)
Mac Forbes ist der erste australische Winemaker, der bewusst nach den kühlsten Orten sucht, um Rieslinge anzubauen, die keine Spur des für australischen Riesling »typischen« Limettenaromas zeigen. Gleichermaßen untypisch ist der Hauch von natürlicher Traubensüße, den diese inspirierenden Weine behalten.

Frankland Estate
Frankland, Great Southern (West-Australien)
»Sei bereit, vor deinen Schöpfer zu treten!« scheinen Hunter Smiths knochentrockene Rieslinge aus der biodynamisch bewirtschafteten Lage Isolation Ridge zu sagen. Häufig sehr zurückhaltend im Alkohol neigen sie dazu, sehr straff und ziemlich streng zu wirken, aber mit ausgeprägten Limetten- und Kräuteraromen.

Gaspereau Vineyards
Wolfville, Nova Scotia (Kanada)
An der klimatischen äußersten Grenze des Rieslings balanciert Gina Haverstock ihre Weine wortwörtlich auf des Messers Schneide, aber ihr Erfolg zeigt, wie gut sie all das verinnerlicht hat, was es in Deutschlands kühlen und kühlsten Weinbaugebieten zu lernen gibt.

Gut Hermannsberg
Niederhausen, Nahe (Deutschland)
Seit die ehemalige Staatsdomäne der Nahe 2009 an neue Besitzer überging, hat Betriebsleiter Karsten Peter Methoden von vor einem Jahrhundert wieder ins Leben gerufen (mithilfe von etwas moderner Technik), um rassige Weine mit enormer Kraft und unglaublicher Würze zu erzeugen.

Immich-Batterieberg
Enkirch, Mosel (Deutschland)
Gernot Kollmann war einer der ersten Weinbaustudenten in Deutschland ohne vorherige Verbindung zum Wein, und nach einer Zeit als Berater begann er, diesen einst berühmten Betrieb als Adresse für Riesling-»Stink« und -Paradox neu zu erfinden.

Kuenhof/Peter Pliger
Brixen, Alto Adige (Italien)
»Wild« ist ein furchtbar überstrapaziertes Adjektiv für Wein, aber Pligers Kaiton ist wirklich wilder Stoff, voller Aromen der Blumen, Kräuter und Wälder der Dolomiten im Norden Italiens. Aber aufgepasst, darauf folgt der Nachhall wie ein Peitschenschlag!

Peter Jakob Kühn
Oestrich, Rheingau (Deutschland)
Bernhard Kühn hat manche der extremen Ideen seines Vaters etwas zurückgenommen (er vergärt nichts mehr ein halbes Jahr lang mit der Maische), aber Schlehdorn, St. Nikolaus und Doosberg bleiben auch unter seiner Ägide phänomenal exzentrische Stars.

Nikolaihof
Mautern, Wachau (Österreich)
Dieser Erzeuger, mit einer Geschichte, die weiter zurück reicht als die Österreichs, hat bereits Jahrzehnte, bevor das cool wurde, auf biodynamische Prinzipien umgestellt. Die trockenen Rieslinge sind ungewöhnlich straff für Österreich und alles andere als extrovertiert, aber was sie einem ganz leise erzählen, ist höchst eigenständig.

Odinstal
Wachenheim, Pfalz (Deutschland)
Umgeben vom Wald, weit über dem Rest des Gebiets, liegt diese Insel an alternativem Riesling, wo die Pfälzer Norm an Gewichtigkeit und moderater Säure auf die bestmögliche Art auf den Kopf gestellt wird.

Pyramid Valley
Waikari, Waipara (Neuseeland)
Mike und Claudia Weersings Rieslinge kommen unter dem Growers Collection-Etikett auf den Markt und entstehen aus zugekauften Trauben. Trotzdem sind dies die auffallendsten alternativen neuseeländischen Weine aus dieser Sorte, mit floralen und gewagten »stinkigen« Noten.

Schäfer-Fröhlich
Bockenau, Nahe (Deutschland)
Auch wenn Offenheit noch nicht weithin mit Deutschland im Allgemeinen assoziiert wird, sind viele Weintrinker hier längst bereits bereit, in ihren Weinen wilde Seiten zu akzeptieren. Tim Fröhlichs trockene Riesling-GGs fordern sie allerdings mit jedem Jahrgang aufs Neue heraus.

Synchromesh
Okanagan Falls, Okanagan Valley/
British Columbia (Kanada)
Der Name von Alan Dickinsons Start-Up-Weingut kommt aus der Auto-Ingenieursbranche, und seine Weine verlangen fortwährendes Schalten, um mit ihrer erstaunlichen Konzentration und Individualität mitzuhalten.

Szentesi
Budapest (Ungarn)
Inmitten von imposanten Villen am Stadtrand von Budapest liegen Joszef Szentesis Keller zwei Autostunden nordöstlich von seinen Weinbergen in Nadap. Dies sind entschiedene trockene Weine, denen es gelingt, jegliche Spur von Schwere oder Opulenz zu vermeiden.

Tantalus
Kelowna, British Columbia (Kanada)
Auf dem Papier sind dies halbtrockene Weine, aber sie schmecken mächtig trocken. Unweit von Kanadas einzigen verlässlich warmen, sonnigen Stränden wachsen mit die straffesten, stahligsten, zitrusduftigsten und energiegeladensten Rieslinge des gesamten Planeten. Auf keinen Fall die brillante schäumende Version verpassen!

Tesch
Langenlonsheim, Nahe (Deutschland)
Martin Teschs Weine rocken, aber ich denke dabei an Punk, und manch einer mag ihren Sound zu heftig finden. Geradeheraus mit der Unnachgiebigkeit eines Samurai-Schwerts lautet die Tesch-Philosophie. Knochentrockene Rieslinge mit haufenweise Charakter, aber keinem Gramm Fett zu viel.

Unterortl/Castel Juval
Naturns, Alto Adige (Italien)
Über 600 Meter über dem Meeresspiegel entlockt der Berliner Martin Aurich in den Alpen dem kargen Granitboden mit die dramatischsten trockenen Weißweine Italiens. Der Geschmack der Gletscher!

BESONDERER DANK

Eine Reihe von Menschen half mir weit über das übliche Maß und meine Erwartungen hinaus. Besonderer Dank für unschätzbare Unterstützung während meiner Recherche gilt Paul Grieco/NYC, Bob Madill/FLX, Sean O'Keefe/OMP und Hunter Smith/WA. Dieses Buch wäre so nicht erschienen, wenn Michael Jacobs bei Abrams Books/NYC nicht daran geglaubt hätte. Die Idee dafür entstand in Jürgen Fränznicks Hotel of Hope im East Village/NYC. Der größte Teil wurde in My Sun Room bei Robin Schwartz um die Ecke vom Union Square/NYC geschrieben, und der Rest in Vuk Karadžićs No Comfort Zone in Berlin. Mein besonderer Dank an sie alle sowie das Team bei Abrams Books, die alle eine Rolle dabei spielten, es zu ermöglichen, diese so komplexe weltweite Übersicht so schnell zusammenzutragen. Und ein großes Dankeschön an die Professoren der Fachhochschule für Weinbau in Geisenheim, dass sie mein Verständnis von Boden, Klima Reben, Trauben und Wein vertieft haben.

Fotoindex

EUROPEAN FINE WINE MAGAZINE
Deutschland · Österreich · Schweiz · Skandinavien · Grossbritannien · USA · Australien
Fine
DAS WEINMAGAZIN
Jürgen Dollase im Tantris
Stuart Pigott: Neues aus Kalifornien
Die Tenuta Guado al Tasso
Das Weingut Ómina Romana
Raritäten aus Bordeaux
Stéphane Derenoncourt
Marc Kreydenweiss
Château Ausone
Klaus Peter Keller
VIER JAHRZEHNTE TIGNANELLO
RIESLING VON WEIL
DAS NEUE SPANIEN
ANTINORI, GAJA & SANDRONE
NEXT GENERATION:
101 JUNGE WINZER
DIE JEDER KENNEN SOLLTE
SPECIAL
100 JAHRGÄNGE RIESLING
COMTE DE VOGÜÉ
MONTEVERRO
CHÂTEAU LAFITE
SPECIAL N°2
NEW GENERATION
Die 111 besten deutschen Jungwinzer
Präsentiert von Stuart Pigott

Und was Sie sonst noch interessieren könnte

FINE New Generation –
Die 111 besten deutschen Jungwinzer
Stuart Pigott
ISBN 978-3-941641-79-2

Weinwunder Deutschland
Stuart Pigott
ISBN 978-3-941641-37-2

Michel Rolland
Wein – Mein Leben
Isabelle Bunisset
ISBN 978-3-944628-22-6

IMPRESSUM

Planet Riesling – Weißwein der Spitzenklasse
von Stuart Pigott

www.tretorri.de

Herausgeber
Ralf Frenzel

Autor: Stuart Pigott, Berlin und New York
Übersetzung und Lektorat: Ursula Heinzelmann, Berlin
Gestaltung: Gaby Bittner, Wiesbaden
Artwork Umschlag: Guido Bittner, Wiesbaden

Printed in Germany

ISBN 978-3-944628-41-7

Englische Ausgabe (US): Published in 2014 by Stewart, Tabori & Chang
An imprint of ABRAMS, Text copyright © 2014 Stuart Pigott